Daniel Kinnear Clark, W. H. Uhland

Die Straßenbahnen deren Anlage und Betrieb

Mit spezieller Bezugnahme auf die Straßenbahnen in Großbritannien

Daniel Kinnear Clark, W. H. Uhland

Die Straßenbahnen deren Anlage und Betrieb
Mit spezieller Bezugnahme auf die Straßenbahnen in Großbritannien

ISBN/EAN: 9783743443686

Hergestellt in Europa, USA, Kanada, Australien, Japan

Cover: Foto ©berggeist007 / pixelio.de

Manufactured and distributed by brebook publishing software (www.brebook.com)

Daniel Kinnear Clark, W. H. Uhland

Die Straßenbahnen deren Anlage und Betrieb

DIE

STRASSENBAHNEN,

DEREN ANLAGE UND BETRIEB

einschliesslich

einer fasslichen Geschichte der bedeutendsten Systeme und eingehenden Untersuchung der verschiedenen Arten von Zugkraft, als: Pferdekraft, Dampf, Heisswasser und comprimirte Luft, sowie einer Beschreibung der verschiedenartigen Betriebsmaterialien und Aufstellung der Anlage- und Betriebskosten

mit specieller Bezugnahme auf die

STRASSENBAHNEN IN GROSSBRITANNIEN

von

D. KINNAIR CLARK, C. I.,

Mitglied d. „Institution of Civil Engineers", Verfasser von Railway-Machinery", Railway-Locomotives" etc.

Autorisirte deutsche Ausgabe,

durch Beifügung der neuesten Verbesserungen sowie der wichtigsten Strassenbahn-Anlagen Deutschlands erweitert.

herausgegeben von

W. H. UHLAND,

Civil-Ingenieur und Redacteur des „Practischen Maschinen-Constructeur",

Mit 168 Holzschnitten und 21 Tafeln in Photolithographie.

Neue wohlfeile Ausgabe zum Preise von 12 .ℳ

Leipzig 1886,

Baumgärtner's Buchhandlung.

VORWORT.

Die Strassenbahnen haben sich nicht allein in den Metropolen diesseits und jenseits des Oceans, sondern in neuerer Zeit auch in Städten mittleren Umfangs als unentbehrliches Verkehrsmittel eingeführt und damit die Aufmerksamkeit der Fachmänner wie der Laien in hohem Grade auf sich gezogen. Dessenungeachtet fällt es dem Techniker schwer, sich über Einrichtung und Betrieb bestehender Anlagen von Strassenbahnen zu informiren, weil sich die Literatur über diesen Theil des Verkehrswesens meist zerstreut in Journalen vorfindet und nur wenige speciell diesen Gegenstand behandelnde Werke existiren.

Die Verlagshandlung glaubte deshalb vielfachen Wünschen zu entsprechen, indem sie eine deutsche Ausgabe des renommirten Werkes „Clark, Tramways" veranstaltete. Wie aus dem nachstehenden Inhaltsverzeichniss hervorgeht, enthält dieses Werk die eingehendste Beschreibung der wichtigeren Strassenbahnen aller Länder, welcher genaue Daten über Anlage- und Betriebskosten nebst instructiven Zeichnungen mit den nöthigen Details beigefügt sind. Dass das Original sich vorzugsweise mit den englischen Tramways beschäftigt, ist leicht begreiflich und auch vollkommen gerechtfertigt, weil die englischen Anlagen bis jetzt fast immer als Vorbild für die anderen gedient haben; um jedoch den etwas einseitig englischen Charakter des Originales zu modificiren, wurde die deutsche Ausgabe insofern wesentlich erweitert, als in derselben die neueren Anlagen Deutschlands beigefügt und überhaupt alle bemerkenswertheren Verbesserungen besprochen wurden, welche seit Erscheinen des Werkes im In- und Auslande gemacht worden sind. Besonders sind es auch die Resultate der Pariser Weltausstellung 1878, welche volle Berücksichtigung gefunden haben. Dass die normalspurigen Dampfwagen von Brown, Evrard, Ringhoffer und Weissenborn in das Werk aufgenommen wurden, erscheint dadurch gerechtfertigt, dass schon ganz ähnliche Wagen (Brunner, Rowan, Samuelson) für Strassenbahnen construirt worden sind und voraussichtlich diese Systeme bei der fortschreitenden Ausdehnung der Strassenbahnen auch auf diesen, wenn auch in etwas modificirter Form, zur Verwendung kommen werden.

Die vorliegende Arbeit unterscheidet sich demgemäss von der Originalausgabe nicht allein durch grössere Reichhaltigkeit im allgemeinen, sondern auch durch Vermehrung der Textfiguren und hauptsächlich durch gänzliche Umgestaltung und bedeutende Vermehrung der Tafelzeichnungen. Diese sind viel exacter ausgeführt, mit eingeschriebenen Maassen versehen und, der grösseren Genauigkeit in der Wiedergabe halber, durch Photolithographie reproducirt.

In dieser Form hofft der Herausgeber ein in jeder Beziehung zweckmässiges Handbuch zu bieten, das sich den Bedürfnissen der Praxis anpasst und dem Fachmann in vollem Umfange die Unterstützung gewährt, welche er von einem derartigen Werke erwarten kann.

Leipzig, im April 1880.

W. H. Uhland.

INHALTSVERZEICHNISS.

DRITTER THEIL.

Kosten der Strassenbahnen im allgemeinen und Betriebskosten.

VIERTER THEIL.
Strassenbahnwagen.

FÜNFTER THEIL.
Betrieb der Strassenbahnen durch mechanische Kraft.

SCHLUSS.

ANHANG.

Verzeichniss der Tafeln

Namenregister.

ERSTER THEIL.

Ursprung und Entwickelung der Strassenbahnen.

I. CAPITEL.

Einführung der Strassenbahnen.

Die innerhalb der letzten Decennien in den meisten Industriestaaten aufgetretenen verschiedenen Projecte für Strassenbahnen haben dem Ingenieurwesen ein weiter Versuchsfeld eröffnet. An den zahlreichen Misserfolgen hat man die Hauptfehler kennen gelernt, die bei derartigen Anlagen vermieden werden müssen und so hat die praktische Philosophie der Erfahrung Schritt für Schritt zum klaren Verständniss der massgebenden Bedingungen geführt. Seltsamer Weise herrscht in gewissen Kreisen die Ansicht, dass der Bau der Strassenbahnen als ein untergeordneter Zweig des Ingenieurwesens zu betrachten sei. Allerdings begegnen wir hier nicht den himmelan strebenden Bogen, den unterweltlichen Tunneln und gewaltigen Maschinen, wie sie die Neuzeit als Riesenwerke des Eisenbahnbaues aufzuweisen hat; allein die Strassenbahnen sind darum nicht minder das Ergebniss bedeutenden Aufwandes an intellectueller und physischer Arbeit, ein hoher Triumph der Beharrlichkeit im Kampfe mit dem fachmännischen wie mit dem öffentlichen Vorurtheil; sie sind für den Localverkehr der Städte und Vorstädte, was die Eisenbahnen für den Verkehr im weiteren Sinne sind: ein durch die Praxis sanctionirtes bequemes und wohlfeiles Transportmittel; ja sie bieten in der Wohlfeilheit und Rentabilität der Anlage den Eisenbahnen gegenüber wesentliche Vortheile. Die praktische Ausführung des Systems stellt eines der wichtigsten und schwierigsten Probleme des gesammten Maschinenbaues dar, das den Wetteifer der Erfinder diesseits und jenseits des Oceans mächtig angeregt und an dessen Lösung mancher sein Vermögen und seinen fachmännischen Ruf gesetzt hat. Gerade die Consequenz, womit man in den verschiedenen Ländern an der Idee ihrer Einführung festgehalten hat, muss als sicherster Beweis dafür gelten, dass sie einer gebieterischen Forderung des heutigen Verkehrslebens entsprechen. Die ihnen zukommende Bedeutung für das öffentliche Transportwesen werden sie jedoch erst dann erlangen, wenn in ihrem Betrieb überall die Maschine an die Stelle der Pferdekraft getreten sein wird, eine Reform, die für den civilisatorischen Fortschritt unserer Zeit nicht mehr allzu fern liegen kann.

Wir beginnen unsere Darstellung der seitherigen Entwickelung wie der gegenwärtigen Leistungen speciell der englischen Strassenbahnen mit einer kurzen Notiz über die ursprüngliche Bedeutung des neuerlich auch in den deutschen Sprachgebrauch übergegangenen Ausdruckes „Tramway". Derselbe ist von dem englischen Worte „tram" abzuleiten, das ebensowohl eine Grubenschiene (mit vorspringendem Rande) als einen vierrädrigen Karren zum Transport der Kohlen bezeichnet; dementsprechend bedeutet „tramway" im Englischen eine Förderbahn, einen Schienenweg mit hölzernem, steinernem oder eisernem Schwellengeleise.[1]) In Frankreich wurde dieser Ausdruck officiell für Pferdebahnen gebraucht, doch findet er jetzt in den verschiedenen Ländern für jede Art Strassenbahn Anwendung.

Die Tramways verdanken ihre Entstehung einer Zeit, in welcher sich die Landstrassen im allgemeinen in dem denkbar schlechtesten Zustande befanden. Vor länger als zweihundert Jahren wurden die ersten derselben in den Bergwerksdistricten Englands angelegt, um die Kohlen, welche damals als Brennmaterial in Aufnahme kamen, nach den Hafenplätzen zu befördern. Um die nach Regengüssen wahrhaft grundlosen Wege zu verbessern, kam man darauf, Bohlen oder Bannstämme in die Geleise zu legen, statt dieselben mit Steinen auszufüllen. Die Unbequemlichkeit der Geleise führte hinwiederum dazu, Bohlen oder hölzerne Schienen auf den ebenen Boden zu legen. Diese Schienen waren aus starkem Eichen-, später Tannenholz und durch Querhölzer oder Schwellen aus demselben Material verbunden, die mittelst hölzerner Nägel oder Pflöcke befestigt wurden

---

1) Nach dem Handbuch für Specielle Eisenbahntechnik ist Tramway aus Outramway entstanden, da ein Erbauer von Pferdebahnen Namens Outram im Jahre 1738 die Schwellen zuerst mit Eisenschienen belegt haben soll.

2

(s. Fig. 1). Ihre Höhe betrug 4 Zoll (100 mm), ihre Breite 4—5 Zoll (100—125 mm) und sie lagen parallel zueinander in Entfernungen von 3—4 Fuss (0,91—1,22 m) und in einer Länge von 6 Fuss (1,82 m). Die Querschwellen hatten 6 Fuss (1,82 m) Länge bei 4—5 Zoll (100—125 mm) Höhe und 5 Zoll (125 mm) Breite und lagen ca. 2 Fuss (0,609 m) zwischen den Mitten auseinander. Die schnelle Abnutzung der Schienen infolge

Fig. 1. Hölzerne Lang- und Querschwellen. In 1/24 der natürl. Grösse.

Fig. 2. Hölzerne, doppelte Langschwellen. In 1/24 der natürl. Grösse.

der plumpen Construction der Räder, sowie der Schwellen durch die Wirkung der Pferdehufe wurde veranlassung, dass man auf die erste Schwelle eine zweite legte (Fig. 2), welche leicht erneuert werden konnte, während die vermehrte Tiefe gestattete, dass man die Schwellen mit Erde überdeckte und dieselben so gegen Beschädigung durch Pferdehufe geschützt wurden. Diese zweite Schiene war aus hartem Holze — Birke oder Ahorn — 6 Fuss (1,82 m) lang und 4—6 Zoll (100—150 mm) hoch.

In der Folge wurde es allgemein gebräuchlich, bei Steigungen, wo die Zugkraft wesentlich gesteigert, die Schiene also mehr angegriffen wurde, schmiedeeiserne Stäbe in Anwendung zu bringen. Dieselben waren ca. 2 Zoll (50 mm) breit und 1/2 Zoll (12 mm) stark und wurden auf den hölzernen Schienen mittelst Nägel mit versenkten Köpfen befestigt; doch erwies sich diese Einrichtung von geringem Vortheil, indem sich die eisernen Schienen bei schwerer Belastung leicht verlegen.

Trotz der Unvollkommenheit der Anlage war durch die Einführung der Tramways die Leistung der Zugthiere um ein Bedeutendes erhöht worden. Während die regelmässige Ladung für ein Pferd auf der gewöhnlichen Landstrasse 17 Centner betrug, war dieselbe für die Tramways auf 42 Centner gestiegen.

Im Jahre 1767 wurde die Colebrooke Dale Company durch das Sinken der Preise für Roheisen darauf geführt, um ihre ausgedehnten Werke in Betrieb zu erhalten und zugleich das Fabrikat für bessere Zeiten aufzusparen, ihre hölzernen Schienen mit gusseisernen zu verkleiden und kam auf diese Weise das Gusseisen für den genannten Zweck in Gebrauch.

Man stellte die gusseisernen Schienen in einer Länge von 5 Fuss (1,52 m), einer Breite von 4 Zoll (100 mm) und einer Stärke von 1 1/4 Zoll (32 mm) her (s. Fig. 3) und befestigte sie mittelst dreier Nägel an den hölzernen Schienen.

Nachdem man durch Anwendung gusseiserner oder schmiedeeiserner Schienen mit erhöhtem Rande auf neu angelegten Strecken versucht hatte, den Uebergang von dem System der Tramways zu dem der Eisenbahnen zu vermitteln, kehrte man zu der für kurze

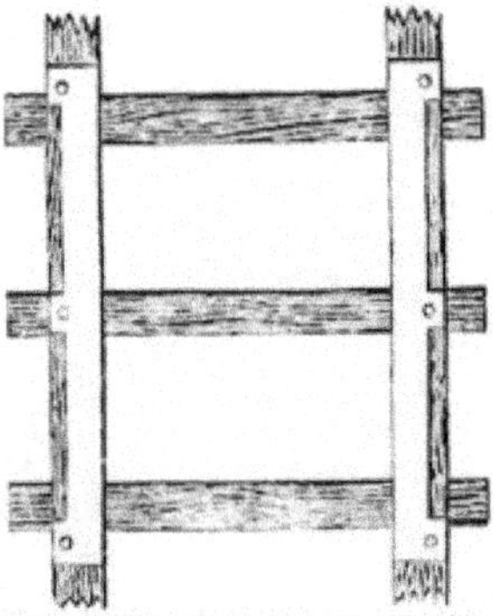

Fig. 3. Gusseiserne Schienen der Colebrooke Dale Iron Company. In 1/24 der natürl. Grösse.

Verkehrslinien allein anwendbaren Einrichtung der Tramways zurück und dehnte dieselbe nach Art des Omnibussystems auf die Beförderung von Passagieren in den Strassen der Städte und auf den öffentlichen Wegen aus, indem man auch hier den Betrieb durch Pferdekraft beibehielt.

Profile von New-Yorker Schienen. In 1/4 der natürl. Grösse.

Fig. 4. New-York und Haarlem.

Fig. 5. Brooklyn, Stadt.

Die Strassenbahnen wurden zuerst in den Vereinigten Staaten Nordamerika's eingeführt, wo die grossen Entfernungen und die schlechte Beschaffenheit der Strassen und Wege ein leichtes Verkehrsmittel dringend nothwendig machten. Die erste Linie war die zwischen New-York und Haarlem, die im Jahre 1832 der Benutzung des Publicums übergeben wurde. Dieselbe hatte eine Spurweite von 4 Fuss 8½ Zoll (1,435 m) gleich dem Normalspurmaass für Eisenbahnen; indessen vermochte sich die neue Einrichtung nicht in der öffentlichen Gunst zu erhalten und musste daher, auf eine Zeit lang wenigstens, eingehen. Dennoch kam dieselbe um das Jahr 1852 in New-York wieder in Aufnahme und zwar auf Antrieb eines französischen Ingenieurs, Loubat, der den Plan zu einer Anlage mit Schienen aus gewalztem Schmiedeeisen auf hölzernen Schwellen lieferte. Die Schienen hatten an der oberen Fläche eine Rinne zur Führung der mit Spurkranz versehenen Räder. Seitdem ist die Anzahl der Strassenbahnen in New-York in rascher Zunahme begriffen und verdankt die Stadt diesem Umstande zum grossen Theil den gewaltigen Aufschwung, den sie in commercieller und finanzieller Beziehung genommen hat. So fand das System in Amerika immer mehr Eingang und ist in der Gegenwart thatsächlich für die Hauptstädte der Vereinigten Staaten charakteristisch geworden. Die beigegebenen Abbildungen

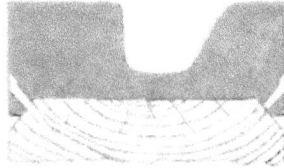

Fig. 6. New-York. II Avenue.

zeigen die colossalen Proportionen, die man in New-York den Schienen sowie den Rinnen derselben zu geben pflegt.

Im Jahre 1856—57 führte der englische Ingenieur Light, da er in den übertriebenen Verhältnissen dieser Schienen eine grosse Unbequemlichkeit erkannte, eine Anlage für die Stadt Boston mit Schienen von

Profile von New-Yorker Schienen. In ½ der natürl. Grösse.

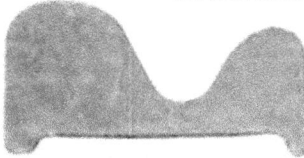

Fig. 7. New-York. III Avenue.

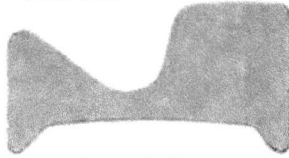

Fig. 8. New-York. VI Avenue.

geringeren Dimensionen aus, bei welchen die Tiefe der Rinne auf ¾ Zoll (19 mm) reducirt wurde, während die innere Seite derselben derart geschweift war, dass sie den Flanschen der Wagenräder ein leichtes Beseitigen von Schmutz und kleinen Steinen gestattete. Die geringere Tiefe der Rinne konnte auch die Räder gewöhnlicher Fuhrwerke viel weniger beschädigen, als dies bei den New-Yorker Schienen der Fall war. Diese Schienen (Fig. 10) waren aus Gusseisen in einer Länge von 6 und 8 Fuss (1,8— 2,4 m) hergestellt und wogen 75 Pfund pro Yard (37 kg pro laufenden Meter). In diagonaler Richtung angebrachte Dübel und

Fig. 9. New-York. VIII Avenue.

Keile, die an den Enden der Schienen ineinandergeschoben waren, dienten dazu, letztere auf gleichem Niveau zu erhalten. Einige Jahre später wurden diese Schienen durch schmiedeeiserne ersetzt. Um die Nachtheile der auf den New-Yorker Bahnlinien gebräuchlichen Schienen zu mindern, führte man in Philadelphia eine neue Form derselben, das sogenannte Schenkel- oder Rippenprofil (Fig. 11) ein, eine Schiene mit offener Rinne, bei welcher

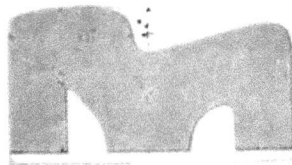

Fig. 10. Gusseiserne Schiene. Boston. U. S., System v. L. Light. In ½ der natürl. Grösse.

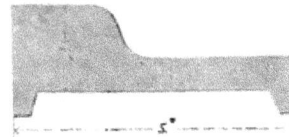

Fig. 11. Schiene mit Rippen. Philadelphia. In ½ der natürl. Grösse.

Anmerkung. Die Schienen, welche Loubat, wie nachstehend erwähnt, später in Paris legte, waren denen einer amerikanischen Anlage ähnlich.

1*

4

nur eine Erhöhung beibehalten wurde; solche Schienen wurden in Fifth und Sixth Streets gelegt, wo sie sich als ganz zweckmässig erwiesen. Sie bestanden aus einer flachen, 5 Zoll (127 mm) breiten Platte mit erhabener Leiste auf der einen Kante von ca. 25 mm Höhe. Die Platte hatte unten auf jeder Seite eine in einen correspondirenden Falz der oberen Schwellenseite eingelassene Rippe, um das Widerstandsmoment der Schiene zu vergrössern.

Fig. 12 u. 13. Strassenbahn in Philadelphia. In ⅟₃₀ der natürl. Grösse.

Das Gewicht betrug 46 Pfund pro Yard (22,8 kg pro laufenden Meter). Die Spurweite war auf 5 Fuss 2 Zoll (1,57 m) zwischen den Rippen festgesetzt, um so auch für gewöhnliche Fuhrwerke zu passen, deren Räder dann auf der niedrigeren flachen Schienenseite laufen konnten. Fig. 12 und 13 zeigt den Typus dieser im Jahre 1855 in Philadelphia eingeführten Strassenbahn, der auch jetzt noch vielfach gebräuchlich ist.

Die Schienen waren auf 5 Zoll (127 mm) breiten und 7 Zoll (177 mm) hohen Langschwellen von Weisstanne gelagert, die auf Querschwellen von 6 Zoll (152 mm) Breite und 5 Zoll (127 mm) Höhe verbolzt waren, deren Kniestücke die Spurweite der Schienen ergaben.

Nach dem Princip der Philadelphia-Schiene, nur mit grösserer Breite — 8 Zoll (203 mm) — wurde um 1860 in New-York eine ähnliche Schiene (Fig. 14) eingeführt, die sich besser zur Aufnahme der Räder gewöhnlicher Fuhrwerke eignete, deren Spurweite beträchtlich variirte, während die später construirten Wagen gewöhnlicher Art dem Schienenwege angepasst wurden.

Die breiten Rippen oder Schenkelprofile hatten den Nachtheil, dass sie den Hufen der Pferde, sowohl der Strassenbahn als jener anderer Wagen, wenig Halt boten; überdies klagte man allgemein über die Stufenform der Oberfläche, deren Erhöhung, obschon sie nie über 1 Zoll (25 mm) betrug, doch für Wagen, welche die Bahn in schräger Richtung kreuzten, ein bedeutendes Hinderniss war, und Räder und Achsen beschädigte. Hingegen hat die Rippenschiene im Vergleiche mit der Rinnenschiene den Vortheil, dass der Spurkranz des Wagenrades stets frei ist, da sich auf derselben weder Schmutz noch Kies ansammeln kann, und dass ferner die Räder gewöhnlicher Wagen sich nicht einklemmen können.

Trotz aller dagegen erhobenen Einwendungen ist die Rippenschiene in fast allen bedeutenderen Städten der Vereinigten Staaten in Gebrauch, und mag dies wohl darin seinen Grund haben, dass dort der Omnibus-

Fig. 14. Schiene mit Rippen New-York. In ¼ der natürl. Grösse.

und sonstige Wagenverkehr kein so vorherrschender ist wie in englischen Städten, der gerügte Uebelstand sich folglich weniger bemerkbar macht.

Auch auf den Strassenbahnen von Washington sind diese Schienen mit offener Spurrinne angewendet, wie denn überhaupt diese Form für alle amerikanischen Tramwayanlagen die herrschende zu sein scheint. Gegenwärtig sind sämmt-

liche Hauptstädte der Union nach allen Richtungen von Strassenbahnlinien durchzogen; so bestanden im Jahre 1875 allein im Staate New-York 87 Strassen-Eisenbahn-Gesellschaften, die eine Tramway-Strecke in der Gesammtlänge von 433 Meilen dem öffentlichen Verkehr übergeben hatten.

Die in den Vereinigten Staaten fast durchgängig angenommene Spurweite beträgt 4 Fuss 8½ Zoll (1,435 m).

Nirgend hat sich wohl der wohlthätige Einfluss der Strassenbahnen in Städten deutlicher gezeigt als in Buenos Ayres, der Hauptstadt der Argentinischen Republik, deren theils eröffnete, theils noch im Bau begriffene Strassenbahnlinien eine Gesammtstrecke von ungefähr 70 Meilen repräsentiren — eine Meilenzahl, wie sie im Verhältniss zur Grösse und Einwohnerzahl (200,000 E.) wohl keine andere Stadt der Welt aufzuweisen hat.

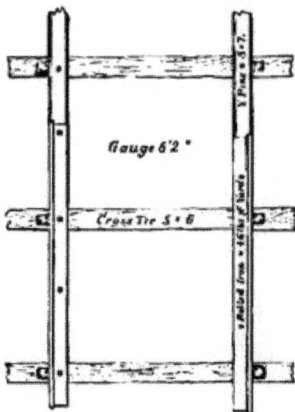

Diese ausserordentliche Entwicklung des Systems beweist augenscheinlich, wie richtig man die Vortheile zu würdigen wusste, die dasselbe hinsichtlich der Bequemlichkeit, Wohlfeilheit und Geschwindigkeit im Vergleiche mit den früheren Verkehrsmitteln bietet. Buenos Ayres ist wie fast alle Städte der Vereinigten Staaten im Quadrat gebaut, mit geraden, parallel laufenden rechtwinkligen Strassen, von denen fast jede ihre Bahnlinie hat; diese Linien sind meistens nach dem weiterhin beschriebenen Livesey'schen System angelegt. Die hauptsächlichsten derselben sind die City-, Billinghurst- (jetzt Argentine-), Lacroze-, National-, Mendez- und Southern-Tramways. Ein charakteristisches Merkmal dieser Bahnen, freilich auch eine Vermehrung der Betriebskosten, waren die berittenen „Trompeter", die den Wagen voranreiten mussten, um durch Trompetensignale Vorüberfahrende zu warnen und so einen Zusammenstoss an den Biegungen der Strassen zu verhüten; zugleich mussten diese Leute aber auch behülflich sein, schwerbeladene oder zerbrochene Wagen, die den Weg versperrten, aus den Geleisen zu entfernen.[1]

In England wurden die modernen Tramways durch G. F. Train eingeführt, der im Jahre 1857 den Vorschlag machte, in einigen Strassen der Hauptstadt, sowie in mehreren Provinzialstädten Strassenbahnen nach dem in Philadelphia üblichen System anzulegen. Train associrte sich mit James Samuel, doch glückte es den Beiden nicht, für ihr Project eine Concession vom Parlament zu erlangen, um welche sie im Jahre 1858 nachgesucht hatten, und zwar scheiterte ihr Vorhaben hauptsächlich an der Opposition des Sir Benjamin Hall, der die Behauptung aufstellte: „es sei ganz unmöglich, auf macadamisirten Strassen eiserne Schienen oder Platten zu legen, die man mit einiger Sicherheit auf dem gleichen Niveau erhalten könne; auch seien Wagen, welche in schräger Richtung die Schienen kreuzten, argen Beschädigungen ausgesetzt, und sei überhaupt zu befürchten, dass trotz aller Vorsichtsmassregeln ernstliche Unfälle dadurch veranlasst und selbst durch die Witterungseinflüsse solche herbeigeführt werden könnten."[2]

Obwohl Train nicht mit Unrecht behauptete, Hall habe Samuel's Beweisgründen nur Vorurtheile entgegengestellt, so sollte in der Folge Sir Benjamin doch Recht behalten.

Nachdem seine Bemühungen hier erfolglos gewesen, suchte Train im März 1860 bei den Behörden von Birkenhead um die Erlaubniss nach, in dieser Stadt seine Strassenbahn anzulegen, die ihm denn auch im Mai desselben Jahres ertheilt wurde, nachdem er sich im April sein System hatte patentiren lassen.

„In kurzem," so sagt Train, „wird mein Werk unter dem Schutze des Patentes ins Leben treten, und ich werde dafür Sorge tragen, dass mit so grosser Mühe und bedeutenden Kosten Errungenes vor fremden Eingriffen zu wahren, denen werthvolle Erfindungen nur zu häufig ausgesetzt sind."

So wurde denn die erste seiner Linien in den macadamisirten Strassen Birkenheads gelegt und im August 1860 eröffnet, fünf Monate, nachdem er sein Gesuch eingereicht. Diese Bahn erhielt gewalzte schmiedeeiserne Rippenschienen (Fig. 15 u. 16) von ca. 50 Pfund Gewicht pro Yard (24 kg pro laufenden Meter), die in der normalen Spurweite von 4 Fuss 8½ Zoll (1,435 m) gelegt sind. Die Schienen waren 6 Zoll (152 mm) breit und in der Mitte 9/16 Zoll (14 mm) stark mit einer Erhöhung von 3/4 Zoll (19 mm) über dem Boden und an beiden Rändern der unteren Seite mit einer Rippe versehen; sie ruhten durch Nägel gehalten auf hölzernen Langschwellen von 6 Zoll (152 mm) Breite

Fig. 15. Strassenbahn in Birkenhead von Train 1860. In 1/24 der natürl. Grösse

Fig. 16. Train's Schienenprofil in Birkenhead in 1/4 der natürl. Grösse

und 8 Zoll (203 mm) Höhe, die auf Querschwellen lagen, in welche sie eingelassen und mit je einem eisernen Nagel befestigt waren.

In ähnlicher Weise wurden mit Genehmigung der Localbehörden in London von Train und seinen Freunden im Jahre 1861 kurze Linien angelegt: — in Bayswater Road, zwischen dem Marble Arch und Notting Hill Gate, in Westminster und in Kennington Road. Im Jahre 1863 eröffnete Train eine von ihm angelegte 1¾ Meilen lange Linie in dem Potteries-District zwischen Burslem und Hanley für die Staffordshire Potteries Street-Railway-Company. Da man sich jedoch nach kurzem Versuch von der Unbequemlichkeit der Rippenschiene mit offener Rinne überzeugte, wurden die von Train in London gelegten Linien wieder abgeschafft, während die Birkenhead- und Potteries-Bahnen nur dadurch vor dem Eingehen bewahrt wurden, dass man bei Zeiten die Rippenschienen durch Rinnenschienen ersetzte. Die Rinnen in den neuen Schienen waren geräumig genug, um den Flanschen der Räder freien Spielraum zu gewähren, zugleich aber so schmal, dass die Spurkränze gewöhnlicher Wagenräder nicht eindringen konnten.

In England, wo die Strassen und Wege in verhältnissmässig gutem Zustande waren und Omnibusse und Kutschen und Omnibusse in genügender Anzahl und zu mässigen Fahrpreisen dem öffentlichen Verkehr zu Gebote standen, war das Bedürfniss der Tramway-Einrichtung weniger dringend als anderwärts. Die Vertreter des Systems gegen

---

[1] Engineering, 17. Mai 1872, p. 332.   [2] Observer, 21. Februar 1858.

sich, durch so auffallende Misserfolge dieser ersten Strassenbahn entmuthigt, eine Zeit lang zurück. Beresford Hope äussert hierüber, „man hat mich oft in Gesellschaft veranlasst, mich über den in Frage stehenden Gegenstand auszusprechen, und ich hatte dabei häufig zu der Beobachtung Gelegenheit, dass die Bevölkerung Londons im allgemeinen der Verbreitung des Systems nur ungern und mit einer gewissen Scheu entgegensieht."

Das in Amerika mit so grossem Erfolge eingeführte Strassenbahnsystem, bei welchem das Schienenprofil mit offener Spurrinne angewendet war, erfuhr in England eine nichts weniger als günstige Aufnahme und vermochte sich dort nur ganz kurze Zeit zu halten. Man liess überhaupt das Unternehmen bald ganz und gar fallen und erst nach Ablauf mehrerer Jahre belebte sich das Interesse für den Bau von Strassenbahnen wieder einigermaassen. Der Mangel, der diesem Profil besonders anhaftete, bestand darin, dass in kurzer Zeit das Gleispflaster vom Strassenfuhrwerke neben der Schiene rinnenartig ausgefahren wurde, wodurch dann das Fuhrwerk, gegen den glatten Vorsprung der Schiene stossend, zum Theil beschädigt und am Ausbiegen gehindert wurde.

Im Jahre 1862 legte man in Salford nach John Haworth's System flache Schienen, um die erwähnten Nachtheile der offenen Spurrinne zu vermeiden. Diese bestanden aus zwei Parallelreihen glatter Eisenplatten von 6 Zoll (152 mm) Breite und 1,2 Zoll (113 mm) Dicke, und einer mittleren gekehlten Schiene, deren Profil dem einer umgekehrten Hohlschiene glich. Diese Schienen ruhten mittelst Schrauben befestigt auf Langschwellen und lagen in gleicher Ebene mit der Oberfläche des Strassenpflasters. Während die Wagenräder frei über die Schienenplatten rollten, lief ein kleines in der Mitte mit Flansche versehenes Leitrad auf der mittleren Schiene. Das Leitrad hing an der Vorderseite eines gewöhnlichen Omnibusses und konnte vom Führer nach Belieben in die Höhe genommen oder herabgelassen werden.

Dieses Drei-Räder-System, als „on-and-off"-System bekannt, war nahezu acht Jahre in Gebrauch; aber es erwies sich als zu schwach, indem die Schienen sich leicht in den Fugen lockerten und häufig an den Enden anstanden, und so das Auftreten der Pferde gefährdeten; überdies war die Bahn äusserst schlüpfrig. So viele augenscheinliche Nachtheile und Mängel führten bald dazu, auch dieses System gänzlich aufzugeben.

II. CAPITEL.

Moderne Strassenbahnen in Grossbritannien. — Die erste Liverpool-Strassenbahn.

Im November 1865 wurde in Castle Street, Liverpool, eine kurze Probestrecke mit halbmondförmigen Schienen („crescent rail") nach Zeichnung von J. Noble (Fig. 17) angelegt, von der man grosse Erwartungen

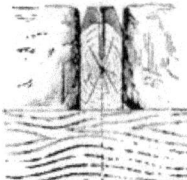

Fig. 17. J. Noble's Halbmond-Profil. In 1/4 der natürl. Grösse.

hegte. Diese in der That äusserst einfache und flache Schiene war bei der Tramwayanlage in den Vereinigten Staaten angewendet worden und wurde als mit dem Strassenpflaster auf vollkommen gleichem Niveau liegend von vielen Fachmännern als befriedigende Lösung des Problems einer den Verkehr nicht störenden Strassenbahn begrüsst. Die Schienen waren auf Langschwellen festgeschraubt, die auf Querschwellen ruhten. Um die Flanschen der Räder frei zu halten, war in dem Pflaster eine kleine Rinne oder Spalte offen gelassen; doch genügte diese Vorrichtung nicht und man war ausserdem gezwungen, diese Rinne von allen hindernden Gegenständen zu säubern, die der Zugkraft häufig bedeutenden Widerstand entgegensetzten; überdies waren die ungeschützten Kanten des Pflasters sehr dem Brechen ausgesetzt. So liess man dann auch das Noble'sche System wieder fallen, obschon es einen Theil des ursprünglichen Systems der Liverpool-Tramways bildete. Die Probelinie, welche als nicht zweckentsprechend nach vier Jahren ihres Bestehens wieder beseitigt wurde, hatte wenigstens den nicht zu unterschätzenden Nutzen gebracht, dass die mit derselben erzielten Resultate wesentlich dazu beitrugen, die Einwendungen der Gegner zu widerlegen. Der endlich für Liverpool eingeführte Typus war eine Schiene mit einer dem Boden gleichen Oberfläche und einer niedrigen Rinne zur Aufnahme und Führung der Räderflanschen.

In den Jahren 1866 und 1867 wurde im Parlament wiederholt die Concession zur Anlage eines Strassenbahnsystems in Liverpool nachgesucht und im Jahre 1868 wurde dieselbe ertheilt. Es ist dies das erste englische Tramway-System für Personenverkehr, das durch eine Parlamentsacte autorisirt worden war. Der von Fisher & Parrish aus Philadelphia unter der Leitung des Ober-Ingenieurs George Hopkins ausgeführte Bau wurde im Mai 1869 begonnen. Die Eröffnung der Süd-Linie von der Börse bis Dingle, eine Strecke von 3 Meilen 560 Yards, fand am 1. November 1869 statt, diejenige der Nord-Linie von Old Haymarket bis Spillow Lane und Whitechapel Street, in einer Länge von 2 Meilen 700 Yards, am 1. September 1870 und die seitdem eingegangene Linie von Aigburth Road, welche 1 Meile 260 Yards lang war, ein Jahr später, am 1. September 1871. Die Gesammtlänge der Strassenbahnen, resp. der von Tramways durchzogenen Strassen, betrug demnach 6 Meilen 1,520 Yard und war in einem Zeitraum von ca. zwei Jahren und drei Monaten ausgeführt worden. Die noch bestehende Strecke hat eine Länge von ca. 5 3/4 Meilen:

Einfaches Geleise	2	Meilen	820	Yards	3,8	km
Doppeltes Geleise	3	„	630	„	5,2	„
Im ganzen	5	Meilen	1,450	Yards	9,0	km

Die Spurweite der Liverpool-Strassenbahnen war auf 4 Fuss $8\frac{1}{2}$ Zoll (1,435 m) festgesetzt, somit ganz gleich mit jener der Staatseisenbahnen. Damit hatte man jedoch nicht etwa eine mögliche Verbindung derselben mit den Eisenbahnen im Auge, da in der That Eisenbahnwagen auf gewöhnlichen Tramway-Rinnenschienen nicht laufen können, sondern die normale Spurweite war in die Acte aufgenommen worden, weil die Unternehmer in ihrer ersten Eingabe um die Genehmigung zur Anlage einer „Eisenbahn" nachzusuchen hatten, da die Bezeichnung „Tramway" in den vorhandenen Bestimmungen nicht zu finden war und sie daher die für Eisenbahnen allein gestattete Spurweite annehmen mussten.

Die bei der ursprünglichen Construction der Liverpool-Strassenbahnen angewendete Schiene hatte eine flache Rinne, wie sie in Birkenhead zufriedenstellend befunden worden war, obwohl etwas schmaler als diese; sie wog 40 Pfund pro Yard (19 kg pro laufenden Meter), war ca. 1 Zoll (25 mm) dick und hatte eine Durchschnittsfläche von ca. 4 Quadratzoll (25 qcm). Später benutzte man Schienen von ähnlichem aber grösserem Durchschnitt (Fig. 18), die 45 Pfund pro Yard (22 kg pro laufenden Meter) wogen. Die Schiene war wenig mehr als eine flache Stange mit einer engen seichten Rille auf die Oberfläche und einer Leiste an der unteren Seite, die auf Langschwellen gebettet war; ihre Breite war 4 Zoll (100 mm) bei einer Dicke von $1\frac{3}{8}$ Zoll (35 mm). Die Rinne hatte abgeschrägte Seiten und war $\frac{3}{4}$ Zoll (19 mm) tief bei einer Breite von $\frac{5}{8}$ Zoll (16 mm) auf dem Grunde und der doppelten Breite auf der Oberfläche der Schiene. Die glatte für die Räder bestimmte Fläche war ca. 2 Zoll (50 mm) breit, wenn deren innere Kante in der Hälfte der Schiene lag; während die Leiste an der anderen Seite der Rinne auf der Oberfläche ca. $\frac{7}{8}$ Zoll (22 mm) hatte und querüber gerieft war, um das Ausgleiten der Pferde zu verhüten.

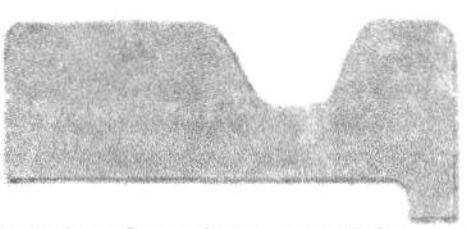

Fig. 18. Erstes Liverpooler Schienenprofil. In [illegible] der natürl. Grösse.

Die Schienen ruhten auf 4 Zoll (100 mm) breiten, 6 Zoll (152 mm) hohen Holzschwellen und waren mit $\frac{7}{8}$ Zoll (22 mm) starken schmiedeeisernen Platten verlascht, welche 12 Zoll (304 mm) lang u. 4 Zoll (100 mm) breit waren und unter den Stössen in die Oberfläche der Schwelle eingelassen waren, wie dies Fig. 20 veranschaulicht. Der Stoss war durch vier senkrechte Nägel, zwei für jede Schiene, befestigt, welche auf dem Boden der Rinne und der Lasche durch die Schiene getrieben wurden. Die Schienen wurden gleichfalls in regelmässigen Zwischenräumen auf den Schwellen festgenagelt. Die Nagelköpfe waren versenkt und so in die Schienen eingelassen, dass sie mit dem Boden der Rinne in gleicher Ebene lagen. Diese Combination von Schwelle und Schiene repräsentirte zu beiden Seiten eine verticale Fläche, an welche die Pflastersteine dicht und eben angelegt werden konnten. Fig. 19 zeigt das Querprofil dieser Bahnconstruction. Um die Bahn von jeder Stütze auf ungleichem Grunde unabhängig zu machen, wurde die Strasse in einer Tiefe von $14\frac{1}{2}$ Zoll (360 mm) in ihrer ganzen Breite abgegraben und in der ganzen Breite der Schienengeleise mit Concret ausgefüllt, auf welcher Unterlage dann die Schwellen verlegt wurden. Der Raum zwischen den Schwellen wurde zunächst mit einer Concretschicht und auf dieser mit 4zölligen Pflastersteinen ausgelegt. Die Schwellen lagen festgenagelt auf gusseisernen Stühlen (Fig. 20 u. 21), welche der Länge nach ca. 4 Fuss (1,2 m) von einander entfernt angebracht waren und direct auf dem Concretgrunde ruhten. Die Spurweite der Schienen wurde durch $1\frac{1}{2}$ Zoll (38 mm) hohe und $\frac{3}{8}$ Zoll (9 mm) starke eiserne Querstangen fixirt, deren schwalbenschwanzförmige Enden in Nuthen der inneren Seite der Stühle eingelassen sind. Die Stühle waren an den Fugen der Schwellen 6 Zoll (152 mm) und in den Zwischenräumen 3 Zoll (76 mm) breit. Die Fahrstrasse bestand fast ganz aus Macadam und das Material zum Concret war

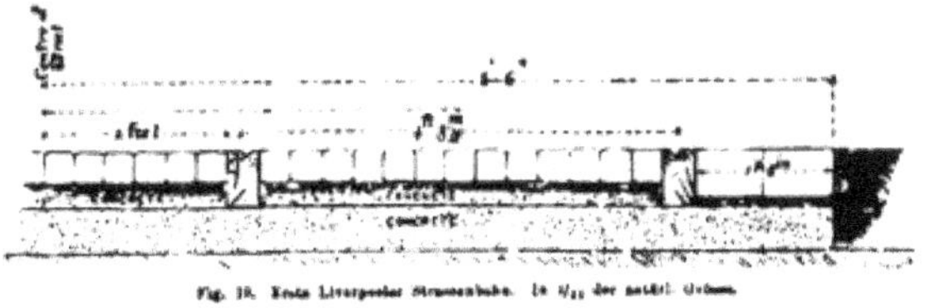

Fig. 19. Erste Liverpooler Strassenbahn. In [illegible] der natürl. Grösse.

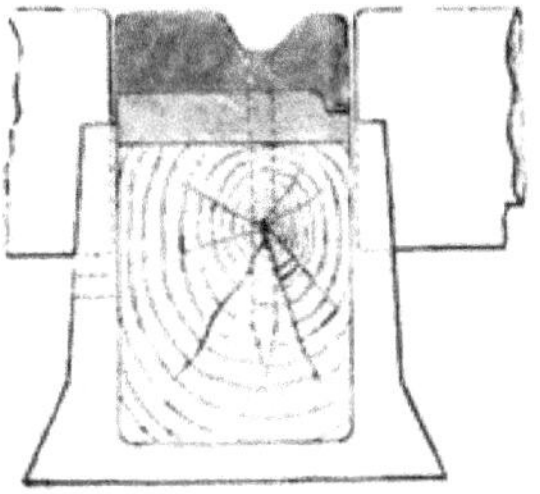

Fig. 20. Querschnitt am Stoss der Schienen. In $\frac{1}{2}$ der natürl. Grösse.

diesem Macadam entnommen, der auf der Bahnlinie abgeholzen und hierauf gesiebt, gereinigt und mit Löschkalk vermischt worden war; während die ganze Oberfläche zwischen den Schienen und 18 Zoll (460 mm) breit über die äussere Seite der Schienen hinaus mit 4 zölligen (100 mm) Granitwürfeln zwischen den Schienen und 6 zölligen (152 mm) ausserhalb derselben gepflastert wurde. Die Breite von 18 Zoll (460 mm) ausserhalb der Schienen war in der Acte vorgesehen und bestimmte die Grenze der Bahnbreite, für deren Instandhaltung die Strassenbahn-Gesellschaft Sorge tragen musste. Diese Breite war und ist noch immer vertragsmässig angenommen; sie bestimmt, wie J. Morris sagt, genau die Tragweite einer durch die Strassenbahn etwa verursachten Schädigung der Strasse und ist auf dem Continent allgemein und in Amerika fast durchweg als normal anerkannt.[1]

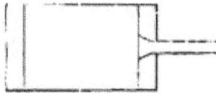

Fig. 21. Querschnitt Stahl der Langschwellen und Verbindungsstücke. In ½ der nat. Grösse.

Diese 18 Zoll (460 mm) breite Rand ist zur genügenden Aufrechterhaltung der Stabilität der Linie nothwendig, wenn diese auf ungepflasterten oder macadamisirten Strassen liegt und bietet zugleich den Hufen der Pferde beim Kreuzen der Schiene festen Halt. „Ich erinnere mich", sagt Hopkins, „dass in unsern ersten Parlamentsacten nur 9 Zoll (230 mm) Rand ausserhalb der Schiene angegeben war, doch wurde diese Breite vom Comité auf 18 Zoll (460 mm) erhöht."

In Liverpool wurden die Strassenbahngeleise, wo sie doppelt waren, in Entfernungen von 4 Fuss (1,2 m) gelegt — der bei Eisenbahnen üblichen Weite von 6 Fuss (1,5 m) entsprechend.

Die Steigungen der Liverpool-Strassenbahn-Linien sind, da die Stadt hügelig ist, sehr verschieden; die grösste Steigung ist 1 : 19.

Die in Liverpool eingeführte Anordnung der Strassenbahnen war auch für diejenigen in anderen Theilen des Landes massgebend geworden.

Im Jahre 1869 erhielt die „North Metropolitan Tramways-Company" die Bewilligung zur Anlage einer Strassenbahn in Whitechapel, Mile End und Bow Road und im Jahre 1870 wurde sie ermächtigt, diese nach Aldgate am westlichen, und Stratford, Leytonstone und Bromley am östlichen Ende auszudehnen. Ferner erhielt diese Gesellschaft im Jahre 1871 die Erlaubniss, im Norden und Osten Londons Strassenbahnen anzulegen, sodass die Gesammtlänge der ihr bewilligten Linien 30½ Meilen (49 km) betrug.

Gleichfalls im Jahre 1869 wurden der „Metropolitan Street Tramways-Company" und der „Pimlico, Peckham & Greenwich Tramway-Company" Concessionen ertheilt. Ersterer zur Anlage der Kennington-, Brixton- und Clapham-Linie von Westminster Road aus, letzterer für die Route von Pimlico über Vauxhall nach Greenwich. Diese beiden Gesellschaften waren hierdurch zur Anlage von Strassenbahnen in fast allen Hauptstrassen auf der Südseite der Themse — eine Strecke von 25 Meilen (41 km) — ermächtigt. Zu Ende des Jahres 1870 vereinigten sich beide Gesellschaften und nahmen den Titel „London Tramways-Company" an.

Im Jahre 1870 erhielt die „London Street Tramways-Company" die Genehmigung zur Anlage von Strassenbahnen auf der Nordseite Londons, von Lower Holloway bis zum Südende von Hampstead Road und von Kentish Town nach King's Cross.

Zu Anfang des Jahres 1873 waren 42 Meilen (67 km) Tramway in den Strassen der Hauptstadt eröffnet, und im Jahre 1876 war diese Länge bereits auf 61 Meilen (97 km) gestiegen. Die rasche Ausdehnung und die erfolgreiche Wirksamkeit der verschiedenen Systeme veranlasste zahlreiche Gesuche, welche die Anlage von Tramways in vielen grösseren und kleineren Städten zum Zwecke hatten.

Im Jahre 1868 wurde die Concession ertheilt für 1 Strassenbahn

„	„	1869	„	„	„	3	Strassenbahnen
„	„	1870	„	„	„	7	„
„	„	1871	„	„	„	7	„
„	„	1872	„	„	„	16	„
„	„	1873	„	„	„	10	„
„	„	1874	„	„	„	6	„
„	„	1875	„	„	„	7	„

Diese und andere Strassenbahnen früheren Datums sind auf der beifolgenden Tabelle nebst Angabe der Länge der einfachen und doppelten Geleise, des Zeitpunktes der Concessionsertheilung, sowie der Eröffnung aufgeführt.

Die Gesammtlänge der Tramway-Linien betrug am 30. Juni 1876 in Grossbritannien:

England und Wales	132,22 Meilen	(212 km)
Schottland	41,30 „	(66 „)
Irland	25,09 „	(40 „)
im ganzen:	198,61 Meilen	(318 km)

[1] Report of the Select Committee on Tramways Bill. 1870.

Genehmigte und dem Verkehr übergebene Strassenbahnen in Grossbritannien, am 30. Juni 1876.

Jahrzahl der Concessions-Ertheilung	Name der Bahnlinie	Strassenlänge der genehmigten Bahnlinien		Strassenlänge der dem Verkehr übergebenen Bahnlinien		Capital-Anlage
		engl.		engl.		
1860 (concessionirt)	Birkenhead					
1863 (privat)	Stockholms? Birkenhead					
1868	Liverpool					
1869, 1870, 1871	North Metropolitan					
1869, 1870	London					
1870	London Street					
1870, 1872, 1873	Glasgow Street					
1870	Glen Valley					
1870, 1871	Plymouth, Stonehouse & Devonport					
1870	Portsmouth Street					
1871	Cardiff					
1871, 1873	Dublin					
1871	Edinburgh Street					
1871	Greenock Street					
1871	Lowestoft and Yarmouth					
1871	Vale of Clyde					
1872	Aberdeen District					
1872, 1873, 1875	Belfast Street					
1872, 1874	Birmingham Internal					
1872	Bristol District					
1872	Cork					
1872	London					
1872	Hawick and Birkenhead					
1872, 1875	Hull Street					
1872	Leeds					
1872	Newcastle-upon-Tyne District					
1872	Sheffield					
1872, 1876	Southport					
1872	Stirling and Bridge of Allan					
1872	Southampton Street					
1872	Sutton Street					
1873	Bradford District					
1873	Dewsbury, Batley and Birstal					
1873	Kent					
1873	Leicester					
1873, 1875	Middlesbrough and Stockton					
1873	North District					
1873	Newport District					
1873	Wrexham District					
1874	Bent and Blackburn Street					
1874	Swansea					
1874	Wantage					
1874	Wirral					
1875	Bristol					
1875	Manchester Internal					
1875	North Dublin Street					
1875	Salford Internal					

1 Kette = 22 Yards. 50 Ketten = 1 Meile.

III. CAPITEL.

Strassenbahnen in London. — Die Leeds-Strassen-Bahn.

Systeme, gleich denen der Liverpool-Strassenbahnen, kamen auch bei den anfänglich in London unter Leitung des Ingenieurs George Hopkins construirten Linien zur Anwendung, so bei dem grösseren Theil der „North Metropolitan-Tramways", deren erste Section von Whitechapel bis Bow im Mai 1870 eröffnet wurde, und bei der ursprünglichen „Metropolitan Street-Tramways" (jetzt zur „London Tramways-Company" gehörig), eine Strecke von 5½ Meilen (20 km) von Westminster Bridge bis Brixton Church, Stockwell, Clapham Common und Brixton Hill, die gleichfalls im Jahre 1870 eröffnet wurde. Die Schienen waren in Form und Durchschnitt wie

Fig. 22. Erste Linien der North Metropolitan- und Londoner Strassenbahn. In 1/10 der natürl. Grösse.

die Liverpool-Schiene 4 Zoll (100 mm) breit und 1¾ Zoll (35 mm) dick und wogen 45 Pfund pro Yard (22 kg pro laufenden Meter). Das Constructionssystem, welches Fig. 22 zeigt, war dem zu Liverpool ähnlich. Das Steinpflaster oder der Macadam der Strasse wurde in einer für einfaches, bezw. doppeltes Geleise genügenden Breite abgehoben, mit Einschluss eines 2 Fuss (0,6 m) breiten freien Raumes über die äusserste Schiene hinaus, und in einer Tiefe von ungefähr 9 Zoll (230 mm) — der gewöhnlichen Höhe des Pflasters in der Hauptstadt entsprechend. In dem so blossgelegten Grunde wurden der Länge nach 9 Zoll (230 mm) tiefe und 16 Zoll (405 mm) breite Gräben gezogen, die der Lage der Langschwellen und der darauf ruhenden Schienen entsprachen. Diese Gräben wurden mit Concret ausgefüllt, der aus Portland-Cement oder hydraulischem Kalk, vermischt mit Flusskies, bereitet war und mit dem angehobenen Grunde auf gleiche Ebene gebracht, das Fundament für die Schienen bildete. Die 4 Zoll (100 mm) breiten und 6 Zoll (152 mm) hohen Schwellen lagen auf gusseisernen Stühlen, durch welche mittelst Querstangen, die an den Enden schwalbenschwanzförmig eingelassen waren, die Spurweite fixirt wurde. Die Schienen waren in den Rinnen mit Nägeln mit versenkten Köpfen auf den Schwellen befestigt. Der ganze Raum zwischen den Schwellen und ausserhalb derselben wurde hierauf soweit mit Concret ausgefüllt, der auch noch unter die Langschwellen gestopft wurde, dass er ein passendes Fundament für die Pflastersteine bildete, welch letzterer auf eine Schicht Sand gebettet, mit Mörtel vergossen und festgestampft wurden.

Die Schwalbenschwanzverbindung der Querstangen erwies sich als wenig zweckmässig, da sie dem Abrosten unterworfen und ihre Präcision mangelhaft war; denn wenn die Querstangen nicht sehr fest und genau eingepasst waren, sodass die Stühle weder nach Innen noch nach aussen weichen konnten, so genügte die Querverbindung nicht zum Festhalten der Schienen, sobald die durch das Pflaster gewährte Stütze weggenommen oder schadhaft geworden war. Ueberdies sind zwischen das Pflaster gelegte Querstangen besonders dem Pflastern hinderlich; ein grosser Uebelstand ist ferner, dass sie sich mit der Zeit an ihren Verbindungsstellen lockern und über die Oberfläche, häufig sogar über das Niveau des Pflasters hervorstehen. Alle diese Mängel veranlassten schliesslich ihre vollständige Beseitigung.

Als sehr unzweckmässig erwies sich auch, dass die Nagelung in der Rinne ungeordnet war. Es bedarf kaum der Erwähnung, dass die Form der flachen Schiene im Maximum von Material mit einem Minimum von Stärke und Steifheit verbindet, während die verticale Befestigung mit Nägeln, so einfach sie ist und so glücklich gewählt sie auf den ersten Blick erscheinen mag, wenig Festigkeit und Dauerhaftigkeit bietet und zur Vereinigung der Schienen mit den Schwellen so viel wie gar nichts beiträgt. Ueberdies springen die Schienen leicht, besonders an den Stössen, indem sie in federnde Spannung versetzt werden, die Nägel mit ihren flach versenkten Köpfen und ihrer beschränkten Festigkeit geben nach und nutzen sich ab; infolge dessen lockern sie sich allmählich, die Köpfe derselben verschleissen durch das fortwährende Heben und Sinken der Schiene und brechen schliesslich ab. Ferner sind die Nagelköpfe der Beschädigung durch die Räderflanschen ausgesetzt, welche wie die Schienen sich abnutzen, dann auf den Grund der Rinne eindringen und bisweilen die Schiene spalten.

Ueberall, wo senkrechte Bewegung stattfindet, hat das Wasser Zutritt, wodurch die Schienen und Schwellen nach und nach unterwühlt, die letzteren beschädigt werden und die Stabilität beider entsprechend abnimmt.

Fig. 23. Strassenbahn der Londoner Linien: Pimlico, Peckham und Greenwich. In 1/10 der natürl. Grösse.

Um die Unannehmlichkeiten der verticalen Befestigungsart zu vermindern, sowie eine starke Eisenverbindung an Stelle der schwachen Schwalbenschwanzverbindung herzustellen, wendete der Ingenieur Joseph Kincaid bei der Construction der Pimlico-, Peckham- und Greenwich-Section der Londoner Bahn (im August 1871 eröffnet) Querschwellen an. Diese (Fig. 23) wurden auf den Boden der ausgegrabenen Höhlung gelegt, um eine grössere Tragfläche zu gewinnen und die Langschwellen aufzunehmen, welche darauf ruhten. Auch boten die Querschwellen, welche in Zwischenräumen von 5—6 Fuss (1,5—1,8 m) angebracht waren, ein geeignetes Mittel, um die Langschwellen in der Spurweite zu befestigen. Statt der Stangen mit schwalbenschwanzförmigem Einschnitt kamen gusseiserne Laschen, je zwei für eine Querschwelle, als Widerlager zur Anwendung, die an jeder Aussenseite der Langschwelle nahe der unteren Fläche angenagelt waren und an den Seiten in die Höhe reichten, sodass sie der Centrifugalkraft nahezu directen Widerstand leisteten. Bei dieser Combination wurde dem auf die Schwelle ausgeübten seitlichen Drucke von oben her durch die Festigkeit der Construction im allgemeinen genügend Widerstand geleistet.

Die Schiene (Fig. 24) wurde an der unteren Fläche mit einer weiteren Leiste nach aussen hin versehen, sodass dieselbe jetzt deren zwei, je eine an jeder Seite hatte, um so fester auf der Schwelle aufzusitzen, als dies bei Schienen mit einer Leiste der Fall war. Auch fand man für nöthig, durch diese innere Leiste genügenden Widerstand herzustellen, nicht nur gegen den seitlichen Druck der Wagen mittelst der Flanschen ihrer Räder, sondern auch gegen die Stösse der Räder gewöhnlicher Fuhrwerke, welche die Strasse nach allen Richtungen kreuzten. Die Langschwellen waren sorgfältig abgekantet, um die Schienen aufzunehmen, welche wie früher mit Nägeln senkrecht durch die Rinne befestigt waren. Die Anwendung der doppelten Leiste, eine Nachahmung der alten amerikanischen Methode, war ein

Fig 24. Schienenprofil der Londoner Strassenbahn. In ⅓ der wirkl. Grösse.

merklicher Fortschritt in der englischen Praxis mit Rinnenschienen, indem dadurch die Biegungsfestigkeit verstärkt wurde.

Die Nutzfläche der Schiene war leicht gerundet und hatte eine Steigung von ¹⁄₁₆ Zoll (1,5 mm), wodurch deren Dicke auf 1¹⁄₁₆ Zoll (36,5 mm) erhöht wurde. Die Rinne wurde weiter als vorher angenommen, 1³⁄₈ Zoll (35 mm) auf der Oberfläche, wie war auf dem Grunde kreisförmig gerundet und verstärkte die Schiene dadurch, dass die geraden Umrisse derselben durch runde ersetzt waren, während sie gleichzeitig das Wegräumen von Geröll etc. wesentlich erleichterte. Die Ausschrägung der äusseren Seite der Rinne war dabei etwas grösser als an der früheren Schiene. Die neue Schiene war 4 Zoll (100 mm) breit, hatte eine Durchschnittsfläche von 4³⁄₄ Quadratzoll (30 qcm) und wog 45 Pfund pro Yard (23 kg pro laufenden Meter).

Zur Fundirung wurde die Oberfläche der Strasse abgehoben und der Grund bis zu einer Tiefe von ca. 12—14 Zoll (300—355 mm) ausgegraben, um die Querschwellen aufzunehmen. Nachdem die Langschwellen und Schienen vollständig gelegt und fixirt waren, wurde das noch erforderliche Höhe mit Concret aufgefüllt, der nach unter die Querschwellen gestopft wurde; hierauf wurde der ganze Raum mit Kalkmörtel ausgefüllt, soweit dies nöthig war, um das Stein- oder Asphaltpflaster aufzunehmen; an manchen Stellen der Bahn wurde letzteres statt der Granitpflasterung angewendet. Für Asphalt musste natürlich die Mörtelschicht höher gemacht werden als für Steine, da ersterer nur eine Tiefe von 1¹⁄₂—2 Zoll (38—50 mm) hatte, während letztere 6—7 Zoll (150—175 mm) dick waren; die Gesammtkosten der Anlage waren bei Asphalt grösser. Man hoffte viel von der Asphaltpflasterung für Tramways; doch bestätigte die Erfahrung diese Erwartungen keineswegs. Asphaltpflaster bröckelt an den Rändern nächst den Schienen sowie an der Aussenseite ab und bietet den Hufen der Pferde beim Anziehen der Wagen nicht den geringsten Halt, und ist daher dessen Anwendung für Strassenbahnen als ein gänzlich verfehltes Unternehmen zu betrachten.

Nachdem Kincaid durch die Peckham-Bahn die Vortheile der Querschwellen als nützliches Element in der Holzstructur bewiesen hatte, benutzte er sie auch bei der Anlage der ersten Section der Leeds-Bahn — Linie Headingley —, welche im October 1872 eröffnet wurde. Hier war die Spurweite 4 Fuss 8¹⁄₂ Zoll (1,435 m). Der Grund wurde in einer Tiefe von 7¹⁄₄ Zoll (183 mm) — die Tiefe der Schiene plus die der Langschwellen — in der ganzen Breite der Bahn ausgegraben, und ca. 9 Zoll (227 mm) tiefe Gräben gezogen, die mit Concret bis zur gleichen Höhe mit dem ausgegrabenen Grunde aufgefüllt wurden, um den Schwellen als Unterlage zu dienen. Die Querschwellen, welche 6 Zoll (152 mm) breit und 4 Zoll (100 mm) hoch waren, lagen in der Concretschicht der querlaufenden Gräben, ungefähr 3 Fuss (0,91 m) von einander entfernt und in gleicher Ebene mit der Oberfläche; auf diese Weise wurde ein fortlaufendes gleichmässiges Fundament für die Langschwellen und die Schienen gebildet. Die 4 Zoll (100 mm) breiten und 6 Zoll (152 mm) hohen Langschwellen waren auf den Querschwellen mittelst gusseiserner Laschen befestigt, deren je eine an jeder Seite der Langschwelle an beide Balken genagelt war. Die Schienen, welche 47¹⁄₂ Pfund pro Yard (24 kg pro laufenden Meter) wogen, waren flach gerillt, 4 Zoll (100 mm) breit und 1¹⁄₄ Zoll (31 mm) dick und hatten an der unteren Fläche zwei ¹⁄₂ zöllige (12 mm) Leisten, welche in die Schwellen eingelassen und mit Nägeln durch die Rinne auf denselben befestigt waren. Das 5 Zoll (126 mm) tiefe Pflaster war auf eine über den Grund gebreitete Schicht Asche oder Klinker gebettet.

Durch dieses System wurde eine Ersparniss an der Ausgrabung sowohl als an Concret erreicht, indem man letzteren ausschliesslich zum Stützen der Schwellen benutzte. Durch die Zwischenlage von Asche, welche gleichmässig über die ganze Oberfläche gestreut wurde, bezweckte man, dass das Pflaster über den Schwellen wie über dem ausgegrabenen Grund eine gleichmässige Ebene bildete.

2*

IV. CAPITEL.

Die städtischen Strassenbahnen in Glasgow.

Durch eine Parlaments-acte wurde im Jahre 1870 einer Privatgesellschaft der Bau der „Glasgow Street-Tramways" concessionirt; doch ging diese Vollmacht noch im selben Jahre auf die Gemeinde Glasgow über, von welcher in der Folge die Glasgower Strassenbahnen angelegt wurden.

Bei dem Plane der ersten Strassenbahn vervollkommneten die Ingenieure Johnstone & Rankine die Anwendung von Querschwellen als Befestigungsmittel und zur Herstellung der Tragfläche. Sie nahmen eine modificirte Form der alten flachgerollten Schiene in Verbindung mit Lang- und Querschwellen und bituminösem Concret an und erreichten so eine Anlage, welche alle vorhergehenden an Stärke und Dauerhaftigkeit übertraf. Von dem System der Construction gibt Fig. 25 ein deutliches Bild. Dasselbe wurde für den im September 1871 abgeschlossenen ersten Contract angenommen. Der erste Theil der auf Grund dieses Vertrages gebauten Linie war 2 Meilen 300 Yards (3,3 km) lang und wurde im August 1872 eröffnet. Zu Ende desselben Jahres waren 9 Meilen (14 km) Strassenbahn fertig und eröffnet und die ganze vertragsmässige Linie, die sich über eine Strassenlänge von 9²⁄₃ Meilen (15 km) erstreckte, wurde im Juni 1873 vollendet.

Fig. 25. Erstes System der Glasgower Strassenbahn in Q₂ der mittel. Grösse.

Bei der Schiene trat hier an die Stelle der zwei Leisten an den Seiten, wie sie bei anderen zu jener Zeit gefertigten Schienen angewendet wurden, eine einzige breite Leiste unterhalb der Rinne. Diese Leiste war in die Langschwelle eingelassen und stellte nicht nur an den Seiten den nöthigen Widerstand her, sondern half gleichzeitig die Schiene an ihrem schwächsten Durchschnittspunkte — unter der Rinne — verstärken und gestattete den versenkten Köpfen der verticalen Bolzen, womit die Schiene auf der Schwelle befestigt war, tiefer einzudringen. Der Bolzen mit geschlitztem Kopfe war an der Unterseite der Langschwelle in eine Mutter eingeschraubt, um das Drehen der Mutter beim Anziehen des Bolzens zu verhindern, war eine Klammer angebracht; letztere Vorrichtung wurde jedoch nach dem Bau der ersten Section wieder weggelassen.

Die dem Contract gemäss errichteten Anlagen — doppelgeleisig mit Ausnahme von 1,100 Yards — ca. ²⁄₃ Meile — die nur einfaches Geleise hatten — waren folgende:

Tramway Nr. 1. — Whiteinch, via Partick und Trongate nach Bridgeton . 5 Meilen 128 Yards.
Tramway Nr. 2. — Great Western Road, via Sauchiehall Street, Renfield
Street, Jamaica Street nach Port Eglinton . . . 3 „ 967 „
Tramway Nr. 3. — Verbindung der 1. und 2. Bahn via Derby Street . . 1 „ 78 „
(9²⁄₃ Meilen) (15 km) 9 Meilen 1,173 Yards.

Die Spurweite der Schienen musste laut Vertrag der Eisenbahn gleich gemacht werden, also 4 Fuss 8¹⁄₂ Zoll (1,435 m). Es trat insofern eine Aenderung ein, als durch die Acte vom Jahre 1871 die Linien der Vale of Clyde-Tramways für den Transit des Eisenbahnbetriebsmaterials bestimmt wurden; dem Gutachten der Gemeinde war es anheim gestellt, die Glasgower Bahnen auf dieselbe Spurweite anzulegen, wie die Vale of Clyde-Linien, um so für den ganzen Glasgower District eine Gleichheit der Spurweite zu erzielen. Es war daher Pflicht der Behörden, die Zukunft ins Auge zu fassen; als im Jahre 1871 der Contract für den ersten Theil der Bahn entworfen wurde, kamen die Ingenieure zu der Einsicht, dass, wenn die Spurweite eine einheitliche werden sollte, um den Eisenbahnwagen den Uebergang zu gestatten, die Vale of Clyde-Linie und folglich auch die städtischen Bahnen eine geringere als die normale Spurweite haben müssten; denn so sonderbar dies auf den ersten Blick erscheinen mag, eignet sich die Spurweite von 4 Fuss 8¹⁄₂ Zoll (1,435 m) bei gerillten Schienen nicht für Eisenbahnwagen. Die Flanschen der Eisenbahnräder sind nie unter 4 Fuss 5¹⁄₂ Zoll (1,358 m) von einander entfernt, was einer Breite von 3 Zoll (76 mm) weniger als die normale Spurweite entspricht, mithin 1¹⁄₂ Zoll (38 mm) für jede Schiene. Da jedoch die Breite der Rinne in der Tramwayschiene nur 1¹⁄₄, höchstens 1¹⁄₂ Zoll (25—32 mm) beträgt, so können natürlich die Räderflanschen der Eisenbahnwagen gar nicht eindringen.

Es wurde daher von den Ingenieuren Johnstone & Rankine ein Uebereinkommen angestrebt, bezüglich der Einrichtung einer allgemeinen Spurweite bei den im Bau begriffenen und den noch zu errichtenden Bahnlinien in und um Glasgow; diese Spurweite sollte sich ununterbrochen durch die ganze Gruppe fortsetzen und zugleich dem Verkehr der Eisenbahnwagen angepasst sein. Die beiden Ingenieure schlugen vor, die gewöhnliche Spurweite um ³⁄₄ Zoll (19 mm), also auf 7¹⁄₂ Zoll (197 mm) zu reduciren und die bereits von ihnen angenommene Minimalbreite der Rinne, 1¹⁄₄ Zoll (32 mm) beizubehalten; dadurch würde sich die Entfernung der

Schienen von einander — zwischen den inneren Seiten der Rinnen derselben — auf 4 Fuss 7³⁄₄ Zoll (1,416 m) weniger zweimal 1¹⁄₄ Zoll (32 mm) oder 4 Fuss 5¹⁄₄ Zoll (1,352 mm) verändern. Auf diese Weise würde die Linie den Eisenbahnwagen angepasst, wobei noch ein freier Raum von ¹⁄₄ Zoll (6 mm) zwischen dem Radkranz und den inneren Kanten der Rinnen bliebe. Eine Rinne von 1¹⁄₄ Zoll (32 mm) würde augenscheinlich weit genug sein, um die Räderflanschen der Eisenbahnwagen aufzunehmen, vorausgesetzt, dass diese gleiche Breite oder Dicke haben. Das Klemmen, das leicht stattfinden würde, wenn die Räder auf ihrer Rollfläche liefen, wurde durch die geringe Tiefe der Rinnen, welche nur ³⁄₄ Zoll (19 mm) betrug, verhindert; denn es folgte daraus, dass die Räder auf ihren Flanschen laufen mussten, welche, da sie mehr als ³⁄₄ Zoll (19 mm) tief waren, den Boden der Rinne berührten und so das Einsinken und Einklemmen der Räder in die Schiene verhüteten.

Hopkins als Ingenieur der Vale of Clyde-Bahnen stimmte dem Vorschlage zur Festsetzung einer allgemeinen Spurweite bei und empfahl eine solche von 4 Fuss 7³⁄₄ Zoll (1,419 m). Um die Wahl zwischen diesen beiden Breiten endgiltig zu entscheiden, legten Johnstone & Rankine im Auftrage der Gemeinde kurze Versuchsstrecken innerhalb des Bahnhofs der Glasgow- und South Western-Eisenbahn an, bei welchen Glasgower Schienen in einer Spurweite von 4 Fuss 7³⁄₄ Zoll (1,416 m) gelegt wurden. Bei der Probe, welche am 24. October 1871 stattfand, waren Hopkins und Andere zugegen. Die Eisenbahnwagen liefen auf dieser kurzen Tramwaystrecke zur vollsten Zufriedenheit; und das Resultat dieser Probe führte zu der einstimmigen Annahme der Spurweite von 4 Fuss 7³⁄₄ Zoll (1,416 m) für alle Strassenbahnen des Glasgower Districtes.

Die Gesammtbreite der Strassenbahn für doppeltes Geleise betrug 16 Fuss 10¹⁄₂ Zoll in folgender Anordnung:

Spurweite, 4 Fuss 7³⁄₄ Zoll × 2 =	. . . . .	9 Fuss	3¹⁄₂ Zoll	(2,832 m)
Breite des freien Raumes zwischen den Bahngeleisen,	3 „	11¹⁄₂ „	(1,205 „)
Vier Breiten Schienen-Rollfläche, 1³⁄₄ Zoll × 4 =	0 „	7¹⁄₂ „	(0,191 „)
Zwei gepflasterte Aussenränder, 18 Zoll × 2 =	3 „	0 „	(0,915 „)
	Ganze Breite	16 Fuss	10¹⁄₂ Zoll	(5,143 m)

Für eine einfache Linie beträgt die ganze Breite 7 Fuss 11¹⁄₂ Zoll (2,425 m).

Die Ausgrabung für Strassenbahnen wurde gleichmässig in einer Tiefe von 16¹⁄₂ Zoll (420 mm) unter der Oberfläche der Strasse in der ganzen Breite ausgeführt. Ueber die ganze Fläche des ausgegrabenen Grundes wurde ein 4 Zoll (100 mm) starkes Lager von bituminösem Concret gebreitet. Letzterer bestand aus frischen, vollkommen trockenen, in ca. 2 Zoll (50 mm) grosse Stücke geschlagenen Schlacken und aus Asphalt, der aus reinem Steinkohlentheerpech bereitet war. Dieser Asphalt wurde im flüssigen Zustand angewendet und war im Verhältniss von 31 Pfund pro Cubikfuss Schlacke gemischt. Die Querschwellen waren auf die Concretlage gebettet und nachdem die Längschwellen und Schienen genau gerichtet und befestigt worden, wurden die Zwischenräume zwischen den Querschwellen mit Concret von derselben Mischung ausgefüllt, bis sie mit der Oberfläche dieser Schwellen eine gleiche Ebene bildeten. Ueber diese neue Fläche wurde noch eine ¹⁄₂ Zoll (12 mm) hohe Schicht von Asphalt gegossen. Auch wurden die Längschwellen zwischen den Stühlen mit Concret unterstopft.

Die 4 Zoll (100 mm) breiten und 1³⁄₄ Zoll (44 mm) dicken Schienen (Fig. 25) wogen 60 Pfund pro Yard (29 kg pro laufenden Meter). Die Rollfläche hatte eine Breite von 1³⁄₄ Zoll (48 mm); die Rinne war 1¹⁄₄ Zoll (32 mm) breit und ³⁄₄ Zoll (19 mm) tief und deren Boden halbrund geformt; die innere Kante war ⁷⁄₈ Zoll (22 mm) dick und auf der Oberfläche gerieft, die Rollfläche leicht gerundet; die Leiste auf der Unterseite war ³⁄₈ Zoll (10 mm) hoch und vermehrte so die Gesammttiefe der Schiene auf 2 Zoll (51 mm); die Schienen waren in Längen von 24 Fuss (7 m) gewalzt, mit Ausnahme von 5 Procent, die kürzer waren, doch nicht unter 14 Fuss (4 m). Die Bolzenlöcher hatten ⁵⁄₈ Zoll (16 mm) Durchmesser und waren 1 Zoll (25 mm) im Durchmesser versenkt. Die aus paquetirten Eisenstäben hergestellten Schienen bestanden an der Unterseite aus freiem faserigen Eisen. Sie wurden an die Schwellen mittelst ⁵⁄₈ Zoll (16 mm) starker Bolzen befestigt, deren acht auf jede 24 Fuss (7 m) lange Schiene kamen. Ein Theil der Weichenschienen und Kreuzungen waren aus 2 zölligem (50 mm) Gusseisen, andere aus 1¹⁄₂ Zoll (38 mm) starkem Schmiedeeisen hergestellt und auf der Oberfläche gerieft; die Stühle waren aus Gusseisen.

Unter die Schienendösse wurden ³⁄₈ zöllige (10 mm) Laschen von 12 Zoll (304 mm) Länge gelegt.

Die Längschwellen waren aus amerikanischem Weisseichenholz, 4 Zoll (100 mm) breit und 6 Zoll (152 mm) hoch und mit ³⁄₄ zölligen (19 mm) eichenen Bolzen an den Stühlen befestigt; die Querschwellen bestanden aus baltischem Holz, waren 4 Zoll (100 mm) hoch und an den Stössen der Längschwellen 7 Zoll (177 mm) und in den Zwischenräumen 6 Zoll (152 mm) breit. Alles Holz war mit Kreosot getränkt, wobei 8 Pfund Kreosot auf den Kubikfuss Holz kamen (125 kg auf einen Cubikmeter).

Die Zwischenflächen, sowie eine Breite von 15 Zoll (455 mm) auf jeder Seite der Bahn sollten mit Granit aus den Steinbrüchen von Furnese oder Bonawe gepflastert werden. Die Steine waren je nach Bedarf 4—7 Zoll (100—177 mm) tief zu legen und zwar auf eine Sandschicht von 1—1¹⁄₂ Zoll (25—38 mm) Tiefe, welche die bituminöse Lage bedeckte. Man verband die Steine auf 3 Zoll (75 mm) an jeder Seite der Schiene mit Asphalt, das Uebrige mit Mörtelguss. Die Oberfläche des Pflasters hatte eine seitliche Neigung von ¹⁄₄ Zoll pro Fuss von der Mittellinie aus (10 mm pro 1 m).

Die Anwendung von Asphalt an den Fugen wurde in der Folge wieder aufgegeben, weil sich bei dem

Versuche herausstellte, dass derselbe schmelz und sich über die bestimmte Breite hinaus, sowie auch theilweise unter die Steine ergoss, also die Ausführung dieses Planes nicht vortheilhaft sei.

Der Contrahent hatte auf die Dauer von sechs Monaten nach Vollendung des Werkes für dessen Instandhaltung zu sorgen und ein ganzes Jahr lang alle schadhaft gewordenen Schienen zu ersetzen; doch konnte er bei der Anlage wie bei vorkommenden Reparaturen die vorhandenen Pflastersteine, sofern sie für die Arbeiten noch tauglich, wieder benutzen, nachdem sie neu zugerichtet waren.

Die Gesammtkosten der auf Grund des ersten Contractes construirten Bahnlinien waren folgende:

1872—73	Länge, einfaches Geleise	Gesammtkosten	Kosten pro laufend. Yard	Kosten pro Meile, einfaches Geleise	Unterhaltungskosten auf sechs Monate
	Yards	£	£	£	£
Nr. 1, I. Theil	8.781	27,850	3,363	5,919	30
„ 1, II. „	6.746	16,144	2,565	4,519	100
„ 1, III. „	2.920	6,288	2,143	3,772	20
Nr. 1	17,857	50,252	2,573	5,055	150
„ 2	12,254	30,655	2,551	4,437	20
„ 3	3.195	7,842	2,329	4,100	10
Im ganzen	32,916	88,529	2,849	4,733	180

Die Verschiedenheiten der Kosten pro Yard und pro Meile für die einzelnen Theile ergeben sich hauptsächlich durch die Pflasterung. Bei dem ersten Theile der Bahnlinie Nr. 1 bestand die Strasse aus Macadam und musste vollständig neues Pflaster gelegt werden; während bei der dritten Abtheilung die Strasse durchaus gepflastert war und die alten Steine, nachdem sie wieder zugerichtet waren, für die Bahn benutzt wurden. Bei den anderen Theilen war die Strasse theils Macadam, theils mit Pflaster versehen. Die respectiven Kostenpunkte für Pflasterung, die in den obigen Gesammtkosten mit inbegriffen, sind folgende:

1872—73	Pflasterungskosten	Kosten pro laufenden Yard	Kosten pro Meile, einfaches Geleise
	£	£	£
Nr. 1, I. Theil	12,370	1,404	2,629
„ 1, II. „	4,195	0,667	1,175
„ 1, III. „	1,810	0,748	0,600
Nr. 1	17,575	0,905	1,760
„ 2	8,476	0,693	1,220
„ 3	1,697	0,531	0,935
Im ganzen für Pflasterung	27,748	0,843	1,484
Im ganzen für die Bahn selbst	60,781	1,846	3,249
Gesammtkosten im ganzen	88,529	2,689	4,733

Aus diesen Daten ergiebt sich, dass die durchschnittlichen Anlagekosten pro Meile bei Doppelgeleise folgende waren:

Für die Bahn selbst   £ 6,498 pro Meile oder 69 Procent   (129,960 M)
Für Pflasterung   . 2,968 „ „ „ 31 „   (59,360 „)
Im ganzen £ 9,466 pro Meile oder 100 Procent (No.: 159,320 M)

Verzeichniss der Preise für den ersten Contract 1872 · 73:

		s.	d.	
Ausgrabung und Wegräumen des Macadams, bei doppeltem Geleise		7	0	pro lauf. Yard
Ditto, für einfaches Geleise		3	6	„ „ „
Abheben der Chaussée, Ausgraben und Wegräumen der Masse, für doppeltes Geleise		5	0	„ „ „
Ditto, für einfaches Geleise		2	6	„ „ „
Beschaffung von bituminösem Concret, dessen Einwerfen und Festestopfen unter die				
Querschwellen, für doppeltes Geleise		14	2	„ „ „

Beschaffung von bituminösem Concret, dessen Einwerfen und Festslopfen unter die Querschwellen, für einfaches Geleise	6	8	pro lauf. Yard	s. d
Beschaffung, Einwerfen und Completiren von bituminösem Concret auf die vorhergehende Schicht, in einer Tiefe von 1½ Zoll unter 6 zölligen Pflastersteinen oder von 1—1½ Zoll unter 7 zölligen Pflastersteinen, für doppeltes Geleise	14	2	„ „
Ditto, für einfaches Geleise	6	8	„ „

	£	s.	d.	
Schienen, fertig gelegt	9	9	0	pro Ton
Stühle, complet	4	10	0	„ „
Bolzen und Schraubenmuttern, complet	16	10	0	„ „
Schienenlaschen, complet	10	5	0	„ „
Bolzenblech, complet	12	0	0	„ „
Nägel, complet	9	12	0½	„ „
Gusseiserne Weichenschienen und Kreuzungen, fertig gelegt	7	10	0	„ „
Schmiedeeiserne	18	0	0	„ „
Querschwellen, mit Kreosot getränkt und fertig gelegt: Stoss	0	3	0	pro Stück
Ditto: Zwischenraum	0	2	6	„ „
Langschwellen, mit Kreosot getränkt und fertig gelegt	0	2	1½	pro lauf. Yard
Ditto, gelegt, ohne Kreosot	0	2	2¼	„ „
Zuschlag für Extrabreite der Längsbalken an Stössen und Kreuzungen	3	0	0	pro Geleise
Eiserne Bolzen von 5½ Zoll Länge und ⅝ Zoll Durchmesser	1	0	0	pro 1,000
Das Füllen aller Bolzen- und Nägellöcher mit russischem Theer, pro laufenden Yard des einfachen Geleises	0	3½	3	pro lauf. Yard
Beschaffung und Schütten des Sandes, 1½ Zoll tief unter den Steinen: doppeltes Geleise	0	0	9	„ „
Ditto: einfaches Geleise	0	0	4½	„ „
Beschaffung und Setzen der Pflastersteine, Ausfugen und Vergiessen derselben:				
4 Zoll tief, neue Steine, doppeltes Geleise	2	5	0	„ „
4 „ „ „ einfaches „	1	2	6	„ „
6 „ „ „ doppeltes „	2	19	0	„ „
6 „ „ „ einfaches „	1	9	6	„ „

Die sorgfältige Berücksichtigung der Solidität, wie sie bei der Construction der dem ersten Contracte gemäss erbauten städtischen Strassenbahnen von Glasgow obwaltete, trat in gleicher Weise bei der Ausführung der folgenden Contracte hervor. Das hierbei angewendete System, dessen Details auf Tafel II abgebildet sind, soll in der Folge eingehend beschrieben werden.

V. CAPITEL.

London Street-Tramways. — Die Belfast Tramways. System Larsen.

So grosse Fortschritte man in der zweckmässigen Anlage von Strassenbahnen gemacht und so viele und wichtige Verbesserungen in den verschiedenen Systemen eingeführt wurden, so fehlte es doch bisher noch immer an einer geeigneten Methode, die Schienen an den Schwellen zu befestigen, die frei von allen Mängeln der verticalen Bolzen, welche wir S. 10 hervorhoben, und ebenso durchgreifend als einfach gewesen wäre. Diesem Mangel half Jorgen Daniel Larsen dadurch ab, dass er die verticale durch seitliche Nagelung ersetzte — ein System, welches ihm im Februar 1871 patentirt wurde und das in Fig. 26 dargestellt ist.

Die verticale oder aufrechte Seite der Schiene, die auf der Schwelle befestigt werden soll, ist so beschaffen, dass sie in Form einer oder mehrerer Flanschen sich bis unter die Oberfläche der Langschwelle erstreckt und zwar an einer oder an beiden Seiten derselben. An jeder Flansche ist in kurzer Entfernung von der Oberfläche der Schwelle, auf der die Schiene liegt, eine Oeffnung angebracht, in welche, um die Schiene mit der Schwelle zu verbinden, gebogene Klammern eingesetzt und eingetrieben werden, die gleichfalls an der verticalen Seite der Schwelle befestigt sind. Der Theil der Klammer, welcher in das Loch eingesetzt wird, kann von verschiedener Form und so lang sein, dass er durch die Schwelle reicht und in eine correspondirende Oeffnung der Flansche auf der anderen verticalen Seite der Schiene eintritt; auch kann die Klammer so geformt sein, dass sie durch zwei oder mehr Löcher in derselben Flansche geht.

In der Schiene von Larsen sind zwei wichtige Vortheile vereint. Durch die Flanschen gewinnt sie

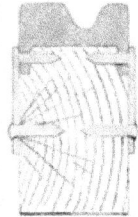

Fig. 26. Schienenprofil System Larsen. In ⅛ der natürl. Grösse.

bedeutend an Höhe und daher an Festigkeit in verticaler wie in lateraler Richtung und da sich die Nagelung an der Seite befindet, so kommen die hier verwendeten Klammern nicht nur mit den Räderflanschen nicht mehr in Berührung, sondern sind auch so angebracht, dass sie wesentlich zur Verstärkung der Verbindung der Schiene mit der Schwelle beitragen; denn es ist klar, dass die durch die Seitenflanschen gewährte breite Verbindungsfläche doppelt so grossen Widerstand zu leisten im stande ist, als die Befestigung mit verticalen Bolzen zu bieten vermag. Noch ein weiterer Vortheil ist der, dass Schienen mit Flanschen viel fester auf der Schwelle aufsitzen, als dies bei Schienen mit flachen Leisten je der Fall sein kann.

Dass die Stärke der Larsen-Schiene durch Hinzufügen von Flanschen erhöht wurde, scheint mehr Wirkung des Zufalls als Absicht des Constructeurs gewesen zu sein; denn die Höhe der Flansche reicht eben hin, der Befestigung genügenden Raum zu gewähren. In der absoluten Festigkeit des Profils war der Larsen-Schiene schon die Livesey-Schiene vorangegangen, welche bereits im Jahre 1839 patentirt worden und deren Beschreibung wir in Capitel IX, über Eisenbahnen, bringen werden; diese war an jeder Seite mit Flanschen von beträchtlicher Höhe versehen. Larsen muss jedoch entschieden das Verdienst zugeschrieben werden, die Flanschenschiene sowohl als die Methode der Seitenbefestigung in England eingeführt zu haben. Bei der Construction der London Street-Tramways, deren erster Theil im November 1871 eröffnet wurde, wendete Larsen, der den Bau leitete, zum ersten Male die Seitenbefestigung an Tramway-Schienen an (Fig. 27). Bei diesem ersten Versuch, auf dessen Resultat er sein Patent begründete, waren die Schienen 4 Zoll (100 mm) breit und wogen 60 Pfund pro Yard (29 kg pro laufenden Meter). Sie waren mit doppelten Flanschen versehen und mit den 6 Zoll (152 mm) hohen Langschwellen mittelst Seitenbefestigung verbunden, welche zu beiden Seiten aus je drei Stücken bestand: — ein eisernes Band von $3\frac{1}{4}$ Zoll (82 mm) Länge, $\frac{5}{8}$ Zoll (16 mm) Breite und $\frac{3}{8}$ Zoll (9 mm) Dicke und zwei Nägel, welche horizontal in die Schwelle durch Löcher an jedem Ende des Bandes eingetrieben wurden, indem der obere Nagel gleichfalls in der Schienenflansche seinen Halt hat. Der Grund wurde in einer Tiefe von 4 Zoll (100 mm) unter der Schwelle in der ganzen Breite der Bahn ausgegraben und mit einer eben so hohen Lage Concret wieder ausgefüllt, sodass unmittelbar auf letztere die Schwellen gelegt wurden. Die Balken lagen an den Weichen in gusseisernen Stühlen und die Spurweite war in bestimmten Zwischenräumen mittelst flacher Eisenstäbe fixirt, deren Enden geschrotet und in Winkel gebogen waren und zu beiden Seiten mit Bolzen oder Nägeln an den Schwellen befestigt wurden.

Fig. 27. Strassenbahn in London. System Larsen.

Ueber die Concretschicht wurde eine 2zöllige (50 mm) Lage Sand oder Kies gebreitet und auf diese das Pflaster gebettet, welches in der gewöhnlichen Weise gesetzt und mit Mörtel vergossen war. S. Fig. 28.

Fig. 28. Strassenbahn in London. In 1/20 der natürl. Grösse.

Eingedenk der Nachtheile, die eine vermehrte Anzahl von Verbindungsstücken brachte, reducirte Larsen in seinem Patent, wie bereits erwähnt, deren Zahl auf zwei, und brachte schon bei seiner nächsten Anlage der Belfast-Tramways diese Neuerung zur Anwendung. Mit der Ausführung dieser Bahnlinie wurde zu Anfang des Jahres 1872 begonnen und die erste Abtheilung derselben im Herbste desselben Jahres eröffnet.

Das System der Belfast-Bahn, das in Fig. 29 dargestellt ist, besteht aus Langschwellen, welche auf Querschwellen liegen, die von Concret eingeschlossen sind. Die Spurweite der Bahn beträgt 5 Fuss 3 Zoll (1,60 m), der Raum zwischen den Schienen eines doppelten Geleises 4 Fuss (1,2 m). Die Breite des Pflasters an den Aussenseiten der Schienen ist 2 Fuss (0,6 m), die Laufkante der Schienen $1\frac{7}{8}$ Zoll (48 mm) breit und die Gesammtbreite der Bahn für doppeltes Geleise folgendermaassen angeordnet:

Zwei Geleise, 5 Fuss 3 Zoll Spurweite . .	10 Fuss 6 Zoll	(3,200 m)
Zwischenfläche	4 „ 0 „	(1,219 „)
Zwei Breiten an den Aussenseiten à 2 Fuss	4 „ 0 „	(1,210 „)
Vier Laufkanten-Breiten à $1\frac{7}{8}$ Zoll . . .	0 „ $7\frac{1}{2}$ Zoll	(0,190 „)
Sa.:	19 Fuss $1\frac{1}{2}$ Zoll	(Sa.: 5,826 m)

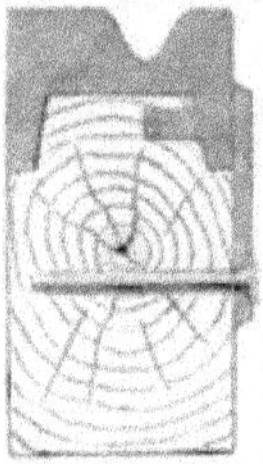
Fig. 29. Strassenbahn in Belfast. System Larsen. In 1/4 der natürl. Grösse.

Der Grund wurde in einer gleichmässigen Tiefe von $11\frac{1}{2}$ Zoll (290 mm) unter der Schienenoberkante ausgeworfen und zwar in der ganzen Breite der Bahn für doppeltes oder einfaches Geleise. Hölzerne Querschwellen von 4 Zoll (100 mm) Höhe, 6 Zoll (152 mm) Breite und 7 Fuss (2,12 m) Länge wurden in Zwischenräumen von 5 Fuss (1,5 m) auf den Boden dieser ausgegrabenen Fläche gelegt und auf diese die Langschwellen, welche $3\frac{7}{8}$ Zoll breit und 6 Zoll hoch waren und mittelst gusseiserner Laschen fixirt wurden, deren jede 5 Pfund wog. An jeder Stossstelle befand sich nur eine Lasche und waren dieselben abwechselnd an der inneren oder äusseren Seite der Langschwelle angebracht und mit je vier Nägeln befestigt.

Die Schienen wiegen ca. 62 Pfund pro Yard (30 kg pro laufenden Meter) und sind $3\frac{7}{8}$ Zoll (98 mm) breit und $1\frac{1}{2}$ Zoll (38 mm) dick; die Seitenflanschen sind $1\frac{1}{4}$ Zoll (32 mm) lang und an den Kanten

$^7/_{16}$ Zoll (11 mm) dick, wodurch die Schiene im ganzen eine Höhe von $2^3/_4$ Zoll (70 mm) erhält. Die Laufkante ist $1^3/_4$ Zoll (48 mm) breit, die Rinne $1^1/_8$ Zoll (25 mm) weit und $^{15}/_{16}$ Zoll (24 mm) tief und die
innere Leiste an der Kante $^7/_8$ Zoll (22 mm) breit. Die Seitenverbindung der Schiene mit der Schwelle besteht
aus zwei Stücken: einer eisernen Platte oder Band von $^1/_4$ Zoll (6 mm) Dicke, an deren oberem Ende ein Nagel
angeschweisst ist, welcher durch die Flansche der Schiene geht und deren unteres Ende mit einer Oeffnung versehen ist, durch welche ein grosser Nagel beinahe durch die ganze Schwelle getrieben wird. Die Verbindungsstücke waren in kurzen Zwischenräumen abwechselnd an beiden Seiten der Schienen angebracht.

Nachdem die Schwellen und Schienen genau adjustirt und die Querschwellen gehörig unterstopft waren,
wurden die Flächen zwischen den Querschwellen und der ganze Raum über denselben an jeder Seite der Langschwellen fest mit Concret gefüllt bis zu einer Höhe von 7 Zoll (177 mm) über dem Boden der Ausgrabung,
um eine geeignete Unterlage für das Pflaster zu bilden, welches aus 4 zölligen (100 mm) Granitwürfeln in einer
$^1/_2$ Zoll (12 mm) tiefen Schicht Sand bestand.

VI. CAPITEL.

Die Strassenbahnen von Dublin.

Die bei der Construction der London Street-Tramways mit seitlich befestigten Schienen erzielten Resultate
erwiesen deutlich den Vorzug, welcher dieser Verbindungsmethode vor jener mit verticalen Bolzen einzuräumen
ist, obschon bei diesen Bahnen, sowie später bei jenen von Belfast das System nur unvollkommen entwickelt
war. Hopkins verbesserte dasselbe, indem er an Stelle des zwei- oder dreitheiligen Verbindungsstückes eine feste
Krampe oder Klammer aus einem Stücke setzte, welche er bei der Anlage der Dublin-Tramways, mit deren
Leitung er betraut war und die im October 1871 in Angriff genommen wurde, zur Anwendung brachte. — Der Plan der Bahn war sehr einfach — vier Schienen auf vier Langschwellen, welche in vier mit Concret gefüllten Gräben gebettet waren, ähnlich dem ersten
System, welches Hopkins für die Londoner Strassenbahnen angewendet hatte. Die Schiene,
welche Fig. 30 im Durchschnitt zeigt, wiegt 53 Pfund pro Yard (26 kg pro laufendem
Meter) und ist 4 Zoll (100 mm) breit; obschon dünner als die Rinnenschiene früheren
Entwurfes, zeigt sie eine bessere Vertheilung des Materials als diese; besser sogar als die
von Larsen entworfene Belfast-Schiene, welche einer späteren Constructionsmethode ange-
hört. Die Rollfläche der Dublin-Schiene zeigt eine Breite von 2 Zoll (50 mm); die Rinne
ist $1^1/_2$ Zoll (35 mm) breit und $^{11}/_{16}$ Zoll (18 mm) tief und hat einen flachen Boden; die
Leiste ist auf der Oberfläche $^7/_8$ Zoll (22 mm) dick. Die Schienen wurden auf Langschwellen befestigt, welche 4 Zoll (100 mm) breit und 6 Zoll (152 mm) tief in
Längen von 18—25 Fuss (5,4—7,6 m) abgesetzt hergestellt waren, um die Schienen
aufzunehmen. Die Schienen wurden niedergedrückt und mit Schrauben in der richtigen
Lage festgehalten, um hierauf an den Schwellen mittelst Klammern befestigt zu werden,
welche in einem Stücke aus $1^1/_2$ zölligem (12 mm) Rundeisen geformt und an den unteren
Enden mit Widerhaken versehen waren. Eine derartige Verbindung von Schiene und
Schwelle stellt Fig. 30 im Durchschnitt dar. Die Klammern waren in Zwischenräumen von 3 Fuss (0,91 m)
zu beiden Seiten jeder Schiene angebracht; ungefähr 4 Zoll (100 mm) von den Enden der Schiene entfernt
befand sich eine solche an jeder Seite der Schiene. Bei Curven im Geleise, wenn sie nicht bedeutend waren,
wurden zuweilen die Schwellen an der Aussenseite stellenweise halb durchgesägt und Keile in die Einschnitte
getrieben, bis die Schwelle die nöthige Biegung erlangte. Bei scharfen Curven jedoch wurden die Schwellen in
kurzen Zwischenräumen durchgesägt, um die erforderliche Biegung zu geben. Die Enden der Schienen
wurden mit schmiedeeisernen Laschen versteift, welche 7 Zoll (177 mm) lang, $^5/_{16}$ Zoll (8 mm) dick und $2^1/_2$ Zoll
(64 mm) breit waren und in die in die Schwellen eingeschnittenen Vertiefungen eingelassen wurden. Diese
Laschen dienten hauptsächlich dazu, die Schienenenden auf gleicher Ebene zu erhalten.

Fig. 30. Profil und Befestigung
der Schienen in Dublin. In $^1/_{12}$
der nativ Grösse.

Fig. 31. Doppeltes Geleise der Dubliner Strassenbahn. In $^1/_{44}$ der natürl. Grösse.

Einen Totaldurchschnitt beider Geleise für eine doppelte Bahn gibt Fig. 31. Die Schienen eines jeden
Geleises sind in einer Spurweite von 5 Fuss 3 Zoll (1,6 m) gelegt (die Spurweite der irischen Eisenbahnen), obwohl die Strassenbahn nicht mit Eisenbahnwagen befahren werden kann. Zwischen den beiden Bahngeleisen ist

ein 4 Fuss (1,21 m) breiter freier Raum und ausserhalb der Ausseren Schiene die übliche Breite von 18 Zoll (455 mm) Pflaster. Die Laufkante der Rinne liegt in der Mitte der Schienenbreite, mithin 2 Zoll (50 mm) von jedem Rande entfernt; die ganze Breite der von dem doppelten Geleise der Bahn eingenommenen Strasse ergibt sich, wie folgt:

Zwei Geleise, 5 Fuss 3 Zoll Spurweite	10 Fuss	6 Zoll	(3,200 m)	
Zwischenraum	4 „	0 „	(1,219 „)	
Vier Schienen-Halbbreiten	0 „	8 „	(0,203 „)	
Zwei Breiten Pflaster an der Aussenseite	3 „	0 „	(0,914 „)	

Sa.: 18 Fuss 2 Zoll (Sa.: 5,536 m)

Dem Schienengeleise entlang worden vier Gräben gezogen in einer Tiefe von 18 Zoll (455 mm) unter dem Niveau der Strasse und in einer durchschnittlichen Breite von ca. 2 Fuss (0,6 m), während der dazwischen liegende Raum nur 11 Zoll (278 mm) tief abgegraben war. Die ausgegrabene Fläche wurde bis ca. 7½ Zoll (190 mm) unter der Oberfläche mit Concret angefüllt und bildete so ein ebenes Bett für die Schwellen. Der Mörtel war mit Lias-Kalk oder Portland-Cement bereitet. Die Enden der Schwellen lagen in gusseisernen Stühlen, ähnlich jenen der Liverpool-Linie und waren an dieselben mittelst zweier Nägel, je einer an einem Ende der Schwelle, befestigt. Die inneren Seiten waren mit Einschnitten versehen, um an jedem Punkte die Enden einer Ankerstange aufzunehmen. Verbindungsstangen von flachem Eisen waren in Zwischenräumen von ca. 7 Fuss (2,13 m) angebracht; dieselben waren an den Enden geschrotet und nach rechts und links in Winkel gebogen, in der Weise wie dies Fig. 27 zeigt, und mittelst Nägel oder Bolzen an den Schwellen befestigt. Ein Sandbett von 1 Zoll (25 mm) Dicke über dem Concret war dazu bestimmt, das Pflaster aufzunehmen, welches aus 6 Zoll (152 mm) tiefen Granitwürfeln bestand. Die 1 Zoll (25 mm) weiten Querfugen des Pflasters waren mit feinem Kies oder Grus gefüllt, welcher in dieselben festgestampft war, worauf das Pflaster wie gewöhnlich gerammt wurde.

In Folgendem geben wir einen Bericht über Massen, Gewichte und Kosten für eine Meile doppelten Geleises:

			s.	d.	£	s.	d.
Ausgrabung	3,500 Cubikyards	à 2	0		350	0	0
Concret	1,400 „	„ 6	0		420	0	0
Sand und Grus	400 Tons	„ 3	0		60	0	0
Schwellen	3,520 Cubikfuss	„ 2	6		440	0	0
Schienen, schmiedeeiserne	{7,040 lauf. Yards} {190 Tons}	„ £ 12			2,280	0	0
Stühle, gusseiserne	8¼ Tons	„ „ 8			66	0	0
Nägel	½ Ton	„ „ 24			12	0	0
Unterlagen	0,50 Tons	„ „ 10			5	0	0
Krampen, 14,080 à 350 Pfund pro 1,000 .	2¼ Tons	„ „ 26			57	4	0
Ankerstangen	11 Tons	„ „ 16			176	0	0
Legen der Schienen, einfaches Geleise . . .	3,520 lauf. Yards	„ 1	0		176	0	0
					4,043	4	0
Pflasterung	9,973 Quadratyards	„ 5	6		2,741	11	6
Schuttabfahren					50	0	0
Wachtgeld und Beleuchtung					120	0	0
Verwaltung und Nebenausgaben					150	0	0
Annähernde Gesammtkosten pro Meile doppelten Geleises:					7,195	15	6
Ditto pro Meile einfachen Geleises:					3,552	17	9

VII. CAPITEL.

Die Vale of Clyde-Strassenbahnen.

Die Vale of Clyde-Tramways, für welche im Jahre 1871 die Concession ertheilt wurde, bestanden aus zwei Sectionen — von Park House Toll, Glasgow nach Paisley, Johnstone und Govan; und von Port-Glasgow nach Greenock und Gourock. Wie schon früher erwähnt, musste die Vale of Clyde-Linie zwischen Glasgow und Govan den gesetzlichen Bestimmungen gemäss so angelegt sein, dass sie das Befahren mit Eisenbahnwagen gestattete, hauptsächlich um beladene Kohlenwagen von der Eisenbahnstation Govan nach den auf der Route liegenden Schiffsbauplätzen zu befördern. Sie war in einer Spurweite von 4 Fuss 7½ Zoll (1,416 m) gelegt, welche nach allgemeinem Uebereinkommen für die Strassenbahnen des Glasgower Districts angenommen und wie schon erwähnt, bei den städtischen Bahnen von Glasgow angewendet worden war.

Der erste Abschnitt der oberen Section der Vale of Clyde-Bahnen von Park House Toll, Glasgow nach Govan wurde von der Gemeinde Glasgow unter Leitung des Ingenieurs Hopkins gebaut. Es wurde mit der Construction desselben im Juli 1872 begonnen und die Linie am 16. December desselben Jahres dem Verkehr übergeben. Ein Theil der unteren Section — zwischen Greenock und Gourock — eine Strecke von 1½ Meilen wurde im Juli 1873 eröffnet; der Rest derselben, 3 Meilen lang, war von der Gemeinde Greenock angelegt und dieser abgepachtet worden. Die Längen der gegenwärtig eröffneten Linien sind folgende:

Glasgow und Govan . . . . 2¼ Meilen doppeltes Geleise
Greenock und Gourock . . . . 1½ „ — „

Im ganzen 6¾ Meilen doppeltes Geleise.

Die Govan-Schiene, Fig. 32, ist aus Stahl und wiegt 60 Pfund pro Yard (29 kg pro laufenden Meter). Die Vertheilung des Materials bei dieser Schiene entwickelt weniger Widerstandsfähigkeit als dies bei der Dublin-Schiene der Fall ist; der stärkere Durchschnitt war speciell für den Transport der Eisenbahnwagen berechnet und hat ausserdem eine festere Laufkante und grössere Dicke unter der Rinne als dem schwächsten Punkte.

Die Schiene hat eine nominelle Breite von 4 Zoll (100 mm); in Wirklichkeit ist sie an der Oberfläche 3⅞ Zoll (98 mm) breit und erweitert sich nach unten an den Kanten der Flanschen auf 4 Zoll (100 mm), um die Herstellung zu erleichtern. Die ganze Tiefe ist 2¾ Zoll (70 mm). Die Laufkante oder Rollfläche ist 1⅞ Zoll (45 mm) breit, leicht gerundet und hat eine Ueberhöhung von 1/16 Zoll (1,5 m). Die Rinne ist 1¼ Zoll (32 mm) breit, hat abschüssige Seiten und einen flachen Boden und ist nur 11/16 Zoll (17 mm) tief; sie eignet sich durch ihre Weite und geringe Tiefe zur Aufnahme der Räderflanschen der Eisenbahnwagen, welche, da sie mindestens 1 Zoll (25 mm) hoch sind, auf dem Boden der Rinne aufstossen. „Es war,"

Fig. 32. Schienenprofil der Vale of Clyde-Stra[ssen]bahn. In ½ der [natürl]. Grösse.

sagt Hopkins in seiner Beweisführung vor dem „Select Committee" von 1877, „einigermassen ein Gewaltsact, aber die Nothwendigkeit zwang uns, und es war dies der einzige Weg, den wir möglicherweise einschlagen konnten; denn hätten wir die Schienenrinne so tief gemacht, um den Radkranz der Eisenbahnwagen völlig aufzunehmen, so würde sie für den gewöhnlichen Strassenverkehr zu weit sein." Die Kante der inneren Seite der Schiene ist an der Oberfläche ⅜ Zoll (19 mm) breit.

Die Schienen waren in einer Länge von 24 Fuss (7,3 m) gewalzt bis auf 5 Procent der ganzen Anzahl, welche kürzer waren.

Das Constructionssystem bestand aus Schienen, welche auf Langschwellen lagen, die auf einem Untergrund von Concret gebettet waren, der die ganze Breite der Bahn ausfüllte.

Die Bahngeleise liegen, wo die Linie doppelt ist, 3 Fuss (0,91 m) von einander entfernt — zwischen den Schienen gemessen —. Inclusive der üblichen Breiten von 18 Zoll (457 mm) Pflaster an der Aussenseite, besteht die Breite der Bahn aus Folgendem:

Zwei Bahngeleise, 4 Fuss 7½ Zoll (1,416 m) Spurweite 9 Fuss 3½ Zoll (2,832 m)
Freier Raum zwischen den Geleisen . . . . 3 „ 0 „ (0,914 „)
Zwei Pflasterbreiten, à 18 Zoll . . . . 3 „ 0 „ (0,914 „)
Vier Laufkantenbreiten, 1⅞ Zoll × 4 ══ . . . . . 0 „ 7½ „ (0,190 „)

Gesammtbreite: 15 Fuss 11 Zoll (8a... 4,850 m)

Bei einfachem Geleise stellt sich die ganze Breite auf 8 Fuss ¼ Zoll (2,444 m). Die Strasse wurde in der vollen Breite der Bahn — 16 Fuss (4,875 m) für doppeltes Geleise — gleichmässig 13 Zoll (330 mm) tief unter der Schienenoberkante abgegraben. An Vereinigungspunkten und Kreuzungen, wo Querschwellen gelegt waren, wurde diese Tiefe auf 17 Zoll (430 mm) vermehrt, um den Schwellen Platz zu machen. An Stellen, wo der Boden der abgegrabenen Fläche nicht fest und dauerhaft genug war, wurde er noch tiefer gelegt und mit hartem Material oder Concret ausgefüllt. Ein Untergrund von Concret, welcher mit Portland-Cement bereitet war, bedeckte den Boden 6 Zoll (152 mm) tief in der ganzen Breite der Bahn. Der Concret war in folgenden Verhältnissen gemischt:

Portland-Cement 1 Theil
Kies . . . . 7 Theile
8 Theile.

Der Cement musste von der besten Qualität sein, mindestens 110 Pfund pro gestrichenem Scheffel (striked bushel) wiegen und so fein sein, dass 40 Procent davon durch ein Haarsieb Nr. 50 gingen. Er musste im Stande sein, nachdem er eine Woche unter Wasser gewesen, ein Gewicht von 200 Pfund pro Quadratzoll (0,14 kg pro Quadratmillimeter) tragen zu können.

Das Bettungsmaterial musste rein und scharf sein, im Verhältnisse von 6 Theilen Kies, Schotter oder durchgesiebtem Macadam auf 2 Theile reinen scharfen Sandes.

Bei trockenem Wetter musste der Grund tüchtig durchnässt werden, bevor man den Concret einfüllte.

Die Langschwellen waren aus dem besten Memel'schen Bauholz gefertigt, 6 Zoll (152 mm) hoch, 4 Zoll (100 mm) breit, regelmässig vierkantig gesägt in Längen von mindestens 20 Fuss (6 m) und den Schienen angemessen mit Nuthen versehen. Sie wurden auf das Concretfundament gelegt. Bei Curven von einem Radius von weniger als 200 Fuss (60,9 m) konnten die Schwellen kürzer sein und waren durch Einsägen den Curven angepasst. Querschwellen von dem gleichen Holze, jedoch 6 Zoll breit, 4 Zoll hoch und mindestens 7 Fuss (2,1 m) lang, wurden in Zwischenräumen von nicht über 4 Fuss (1,2 m) Länge an den Weichen und Kreuzungen unter die Langschwellen gelegt, um diese zu stützen. Ein Fundament von Concret diente zum Stützen der Querschwellen. Das Holz musste mit Kreosotöl, welches eine specifische Schwere von nicht über 0,95 haben musste, in dem Verhältniss getränkt sein, dass 10 Pfund Oel auf einen Cubikfuss (48 kg pro Cubikmeter) Holz kamen.

Die Schienen waren so gelegt, dass sie nach rechts und links über die Fugen der Schwellen hinausreichten. Für Curven von weniger als 20 Ketten (¼ Meile engl.) mussten die Schienen mittelst einer geeigneten Maschine in die richtige Biegung gebracht werden. In Gewenken zu schmieden oder durch Schläge zu biegen, war nicht gestattet. Bevor man das Pflaster legte, wurden die Schienen gerade gerichtet und planirt. Die Schienen und Schwellen waren, ehe man die Verbindungsstücke eintrieb, provisorisch mit Klammern fest gehalten; letztere wurden bei jedem Loche angewendet und so nahe als möglich an den Verbindungsstücken angeschraubt.

Die Langschwellen wurden paarweise gelegt und deren Enden regelrecht vierkantig geschnitten. Wie bei der Liverpool-Linie wurden sie an jeder Fuge, ausgenommen wo Querschwellen angewendet waren, in Zwischenräumen von 4—5 Fuss (1,2—1,5 m) mittelst schmiedeeiserner Stäbe von 2 Zoll (50 mm) Höhe und ⅜ Zoll (9 mm) Dicke verbunden, welche an den Enden mit Zinken versehen und aus dem besten Stabeisen gefertigt waren. Diese waren in schwalbenschwanzförmige Rinnen in gusseiserne Schienenstühle eingelassen, welche genau den Langschwellen angepasst und an diese mit ⅜ zölligen (9 mm) Nägeln von 2½ Zoll (63 mm) Länge befestigt wurden. Die an den Weichen und Kreuzungen angebrachten Querschwellen waren mit den Langschwellen mittelst zwei Paar gusseiserner Laschen verbunden, indem jede Langschwelle zwischen den Laschen eines jeden Paares gelagert und an dieselben mit ½ Zoll (12 mm) starken, 3¾ Zoll (96 mm) langen an den Spitzen geschrotenen Nägeln mit runden Köpfen befestigt war; auf jede Lasche kamen vier Nägel. Die Stösse der Schienen wurden durch ⅜ Zoll (9,5 mm) dicke, 3 Zoll (75 mm) breite und 8 Zoll (202 mm) lange Platten aus dem besten Stabeisen versteift, welche an den Ecken gerundet und in die Langschwellen eingelassen waren.

Die Verbindung der Schienen geschah mittelst doppelt in Winkel gebogener Klammern, welche im ganzen 8 Zoll (202 mm) lang und aus ⅜ Zoll (9,5 mm) dickem, ⅝ Zoll (16 mm) breitem Eisen hergestellt waren. Der obere Theil derselben, der durch Löcher in den Schienenflanschen gehen musste, war rund geschmiedet mit geschroteten Spitzen; der untere Theil griff in die Langschwellen eingetrieben. Jede Schiene von 24 Fuss (7,3 m) Länge war mit 23 Klammern befestigt, die man abwechselnd an beiden Seiten angebracht hatte; zwei Paare davon waren nahe den Schienenenden angebracht.

Die Krampen und die anderen an den Schienenstühlen, Laschen, Weichen etc. angewendeten Verbindungsstücke waren aus Lowmoor-Eisen angefertigt.

Nachdem man die Schienen und Schwellen an einander befestigt hatte, wurden sie durch Keile auf das gehörige Niveau gebracht, regelrecht planirt und gerade gerichtet. Hierauf wurden sie dicht und fest mit Concret unterstopft; letzterer war feiner und steifer als der beim Weglauf angewendete und aus folgenden Bestandtheilen zusammengesetzt:

Portland-Cement . . . 1 Theil
Reiner scharfer Sand 4 Theile
5 Theile.

Die Weichen und Kreuzungen waren aus Gusseisen hergestellt und zwar die ganze Oberfläche derselben bis zu einer Tiefe von mindestens ⅜ Zoll (9,5 mm) hart gegossen. Bewegliche Zungen waren aus Gussstahl gefertigt. Der ganze Raum zwischen den Schienen, sowie die 18 zölligen (457 mm) Breiten an den äusseren Seiten derselben waren mit Basalt bester Qualität in Würfeln von 3½—4 Zoll (90—100 mm) Breite und 6 Zoll (152 mm) Tiefe gepflastert, welche auf einer 1 Zoll (25 mm) dicken Schicht groben scharfen Sandes lagen. Alle Pflastersteine mussten regelmässig vierkantig zugerichtet und frei von Rissen, abgewetzten Ecken oder Höhlungen an den Seiten sein. Das Pflaster wurde in geraden parallelen Reihen quer über die Bahn gelegt, mit je einer Längsreihe von 3 Zoll (75 mm) Breite zu beiden Seiten, an welche der Macadam der gewöhnlichen Fahrstrasse grenzte. Wo die Steine mit den Stühlen oder Laschen in Berührung kamen, mussten sie sorgfältig von einem Maurer mit dem Meissel bearbeitet und durften nicht mit dem Hammer behauen werden. Die Seiten der Strasse nächst der Bahn wurden mit Schotter von Granit oder Basalt ergänzt, das Pflaster gut gerammt und die Fugen mit grobem trockenem Kies, welcher mit Asphalt vermengt war, theilweise ausgefüllt und mit Sand bedeckt. Die Oberfläche des Pflasters lag mit der Schienenoberkante auf gleichem Niveau.

VIII. CAPITEL.

Umbau der North Metropolitan-Tramways. — Kostenberechnung der Londoner Strassenbahnen.

Das eben abgebildete und beschriebene Constructionssystem der Vale of Clyde-Bahn ist bezeichnend für die Methode, nach welcher Hopkins bis vor ungefähr ein oder zwei Jahren im allgemeinen seine Anlagen auszuführen pflegte. Bei dem Umbau der North Metropolitan-Tramways, der 1877 im Werke war, liess er die gusseisernen Stühle und die eisernen Querstangen zur Verbindung der Schienen ganz fallen und wendete an deren Stelle eine Verbindungsstange (Fig. 33) von derselben Grösse wie vorher an mit einem ³⁄₄ zölligen (19 mm) Bolzen an jedem Ende, welcher durch die Langschwelle führt und an der Aussenseite derselben mit einer niedrigen Mutter verschraubt ist. Die Verbindungsstange ist an der Innenseite jeder Schwelle mit einem viereckigen Ansatz auf einer Unterlagscheibe in die Höhe geführt; die Mutter ist nur ¹⁄₄ Zoll (6 mm) dick, um das Verstehen und damit die Möglichkeit einer Berührung mit dem Pflaster auf der Aussenseite der Schwelle zu vermindern. Das bestehende Fundament ist theilweise erneuert, indem man unter jeder Schwelle einen flachen Graben durch den Concret zog, von 1¹⁄₂ Zoll (38 mm) Tiefe und 6 oder 7 Zoll (152 oder 177 mm) Breite. Dieser Graben ist mit feinem Mörtel angefüllt, in welchem die Langschwellen ungefähr ¹⁄₂ Zoll (12 mm) tief liegen. Die Schwellen

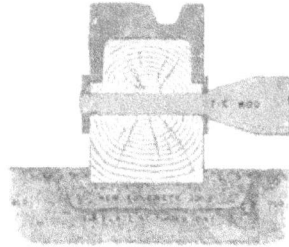

Fig. 33. Verbindung an der North Metropolitan-Strassenbahn in ¹⁄₂ der nätürl. Grösse.

sind 4 Zoll (100 mm) breit und 5 Zoll (126 mm) tief und den Schienen angepasst; sie ruhen an ihren Fugen auf 8 Zoll (202 mm) breiten und 2 Zoll (50 mm) dicken Platten aus Tannenholz, welche in das Fundament eingelassen sind. Die Schienen sind von Stahl und wiegen 60 Pfund pro Yard (29 kg pro laufenden Meter). Sie sind an der Oberfläche 3⁷⁄₈ Zoll (98 mm) breit, 2³⁄₄ Zoll (70 mm) tief über den Flanschen und 1³⁄₁₆ Zoll (33 mm) dick. Sie gleichen im Durchschnitt der Vale of Clyde-Schiene, haben dieselbe Tiefe wie diese, sind aber nicht so dick. Die Rinne ist 1¹⁄₄ Zoll (32 mm) breit und ³⁄₄ Zoll (19 mm) tief, wobei nur ⁹⁄₁₆ Zoll (14 mm) Metall unter derselben bleibt. Ihre Laufkante ist 2 Zoll (50 mm) breit und nur ganz wenig gerundet. Die Flanschen sind ³⁄₈ Zoll (9,5 mm) dick an der Kante. Jede Schiene von 24 Fuss (7,3 m) ist mit 25 Krampen befestigt, welche an jeder Seite 2 Fuss 2 Zoll (656 mm) von einander entfernt angebracht sind, mit Ausnahme jener an den Enden, wo zwei Paare derselben den Pflaster auf beiden, deren einige Tiefe wie diese, sind aber nicht so dick. andere 3 Zoll (75 mm) weiter angebracht ist.

Huntingdon[1] berichtet über die eben Contrahenten für die Anlage der Bahnlinie der „London-Tramways" erwachsenen Spesen nach Angaben, die ihm vor drei oder vier Jahren zugegangen sind. Sie mögen als approximative Kosten der Londoner Strassenbahnen überhaupt gelten. Die Spurweite der Bahn beträgt 4 Fuss 8¹⁄₂ Zoll (1,1 m); der Raum zwischen den Geleisen 4 Fuss (1,2 m). Die Schienen sind mittelst Krampen auf 21 Fuss (6,4 m) langen kyanisirten Langschwellen mit vier Querschwellen befestigt, welche durch ³⁄₄ zöllige (19 mm) Bolzen und Muttern in der Spurweite festgehalten werden. Die Krampen haben ⁵⁄₈ Zoll (16 mm) Durchmesser. Die Laschen an den Fugen sind 9 Zoll (225 mm) lang und ³⁄₄ Zoll (19 mm) dick und in die Langschwellen eingelassen. Die Schwellen ruhen in einer 6 Zoll (152 mm) tiefen Lage Concret aus Portland-Cement, auf welche das Pflaster gelegt ist.

Londoner Strassenbahnen. — Einfaches Geleise.

	Pro Yard	
	s.	d.
Schienen, 50 Pfund pro Yard (24 kg pro laufenden Meter), eiserne Bänder, Nägel, Bolzen, Krampen,		
Laschen etc., Schienen zu £ 10 10 s.	10	6
Holz mit Kreosot getränkt und zugerichtet	2	6
Legen und Befestigen, einschliesslich der Kreuzungen	1	6
Instandhaltung auf ein Jahr	0	6
Zufällige Ausgaben, Karrentransport, Beleuchtung, Aufsicht, Putzwolle etc.	1	6
Risico und Ertrag, 10 Procent	1	6
	Im ganzen:	
	17	0

1,760 Yards zu 17 s. = £ 1,496, rund £ 1,500 pro Meile.

---

[1] „Proceedings of the Institution of Civil Engineers", I. Band 1877, S. 28, in der Besprechung von Mr Robinson Souttar's Schrift über „Street-Tramways".

Die Kosten für Pflasterung mit Granitsteinen von 7 Zoll Tiefe, für doppeltes Geleise mit Concretunterlage, sind folgende:

Pro Quadratyard

	s.	d.
Granitpflaster, 7 Zoll tief, für 18 Fuss breite Bahn, Material und Arbeit	11	0
Concret, durchschnittlich 6 Zoll tief, inclusive Abgraben und Fortschaffen	1	6
Zufällige Ausgaben, Vergiessen mit Mörtel, Karrentransport, Aufsicht, Fortschaffen von Material,		
Einstreuen von Sand	1	0
Instandhaltung auf ein Jahr	0	3
Risico und Ertrag, 10 Procent	1	3
Im ganzen:	15	0

1,760 Yards × 6 Yards × 15 s. = £ 7,920, rund £ 8,000 pro Meile.

Die Kosten für Pflasterung bei einfachem Geleise betragen die Hälfte der oben angegebenen Summe, oder £ 4,000; und die Gesammtkosten der Bahnlinie bestehen in:

Bahn	£ 1,500 pro Meile
Pflasterung	„ 4,000 „ „
Einfaches Geleise:	£ 5,500 pro Meile

oder £ 11,000 pro Meile, doppeltes Geleise.

Extra-Arbeiten, Kreuzungen und Ausweicheplätze sind bei diesem Ueberschlag nicht mit eingerechnet.

Steigungen und Curven der Strassenbahnen in London.

Die bedeutendste Steigung von beträchtlicher Länge an dem „North Metropolitan"-System ist eine in der City Road, von ungefähr 1 : 40, in der Nähe des „Angel" in Islington. Kürzere Strecken sind an den Uebergängen von Canalbrücken von ca. 1 : 25. Die Curven sind von 40 Fuss (12 m) Radius mit Contrecurven von 50 Fuss (15 m) Radius.

Bei den „London Street-Tramways" sind die Steigungen leicht, mit Ausnahme einer kurzen Strecke von 1 : 23. Die schärfsten Curven haben einen Radius von 30 Fuss (9 m).

Bei den „London-Tramway" ist die vorherrschende Steigung 1 : 50; doch sind da auch Steigungen von 1 : 30.

IX. CAPITEL.

Bahnen mit eisernem Unterbau: Systeme Livesey — Cockburn-Muir — Kincaid — Dawson — Schenk.

Livesey's Bahn.

James Livesey hatte schon im Jahre 1869 die Anwendung eines eisernen Unterbaues für Strassenbahnen nach dem System der modernen Eisenbahnen mit in Zwischenräumen angebrachten Trägern befürwortet, wobei das continuirliche Holzschwellen-System, welches damals üblich war und gegen welches sich begründete Einwendungen erheben liessen, durch eine Schiene von gentigender Steifheit ersetzt war, welche auf gusseisernen Trägern oder Stühlen ruhte, auf welchen sie auf solide und einfache Weise befestigt war. In seinen Patenten aus diesem Jahre zeigte er mehrere Variationen von eisernen und stählernen Tramways, von welchen zwei Arten, wie sie in Fig. 34—37 dargestellt sind, in einer Spurweite von 4 Fuss 8½ Zoll (1,4 m) in der Altstadt von Buenos Ayres angelegt wurden, deren erster Theil im October 1870 eröffnet worden ist.

Fig. 34. Strassenbahn in Buenos Ayres, System Livesey. In ⅓ der natürl. Grösse.

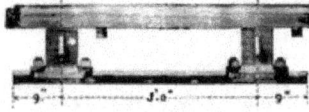

Fig. 35. Strassenbahn in Buenos Ayres. System Livesey. In ⅙₀ der natürl. Grösse.

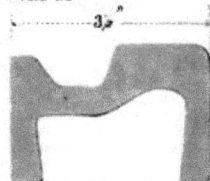

Fig. 36. Schienenprofil System Livesey. In ⅕ der natürl. Grösse.

Die stählerne Rinnenschiene, Fig. 34—36, wurde für die Altstadt-Linien angewendet; sie wog 40 Pfund pro Yard (19,5 kg pro laufenden Meter) und war in Längen von 24 Fuss (7,3 m) gewalzt. Sie ist 3½ Zoll (90 mm) breit und an der Aussenseite 2⅜ Zoll (60 mm) hoch; durch ihre tief herabreichenden Flanschen erreichte sie das praktisch anwendbare Maximum der Stärke für eine gegebene Quantität Material. Die Laufkante ist 1³⁄₄ Zoll (45 mm) breit; die Rinne hat 1³⁄₈ Zoll (35 mm) Weite und ¹¹⁄₁₆ Zoll (17 mm) Tiefe. Die Weite der Rinne beträgt mehr, als bei englischen Strassenbahnen gebräuchlich ist, doch ist sie nicht hinderlich gross, da in Buenos Ayres die schmalsten Radreifen gewöhnlicher Fuhrwerke 3 Zoll (75 mm) breit sind. Die geringste Dicke unter der Laufkante ist ³⁄₄ Zoll (19 mm) und an den Seiten ⁷⁄₁₆ Zoll (11 mm).

Die Schienen liegen auf Stühlen, welche 3 Fuss (0,9 m) von einander entfernt angebracht sind, ausgenommen an den Schienenstössen, wo ein besonderer Stuhl untergelegt ist. Die Stühle sind mit Schraubenbolzen auf gewellten schmiedeeisernen Grundplatten befestigt; auf jeder Platte stehen zwei (Fig. 35) unter den Schienenstössen drei Stühle. Die Grundplatten sind 4 Fuss 6 Zoll (1,37 m) lang, 5¹⁄₂ Zoll (140 mm) breit und ¹⁄₄ Zoll (6 mm) dick. Die Stühle sind je 3¹⁄₂ Zoll (88 mm) lang. Die Schiene ist so geformt, dass sie sich nach unten verbreitert und mittelst keilförmiger Bolzen fest niedergehalten. An den Stössen sind die Schienen durch je zwei keilförmige Bolzen und Muttern auf dem Stuhle befestigt. Die Seiten der Schienen bilden mit jenen der Stühle verbunden, eine verticale Wand, an welche sich das Pflaster eng anschliesst. Livesey ist der Meinung, dass, wenn man mit solch harten, spröden Materialien zu thun habe, Schmiedeeisen dem Gusseisen als Material für den Unterbau vorzuziehen sei und dass umgekehrt Gusseisen vor Schmiedeeisen den Vorzug für Träger oder Stühle verdiene, da die grössere Masse von Gusseisen die durch den Verkehr verursachten Stösse aufnimmt und nicht gleich den Schmiedeeisen den Wagen eine schwankende Bewegung mittheilt. Die Schienen sind in der Spurweite durch 1¹⁄₂ Zoll (35 mm) hohe und ³⁄₄ Zoll (9 mm) dicke schmiedeeiserne Verbindungsstangen fixirt, welche in Zwischenräumen von 3 Fuss (0,9 m) angebracht sind; diese gehen durch die Stühle, welchen sie durch Einschnitte angepasst sind und sind durch Keile in die richtige Lage geformt.

Die Masse und Gewichte, sowie die Kosten zu Tagespreisen (Juli 1877) sind folgende:

	Tons	
440 Längen stählerner Rinnenschienen, 24 Fuss lang, zu 40 Pfund pro Yard	63	
440 × 4 = 1,760 schmiedeeiserne Grundplatten, à 22 Pfund	17	75
440 × 8 = 3,520 gusseiserne Stühle, à 9¹⁄₂ Pfund . . .	18	
440 Laschen, à 15 „ }		
440 × 4 = 1,760 schmiedeeiserne Verbindungsstangen, à 10¹⁄₄ Pfund	8	
1,760 × 2 = 3,520 Keile, à 6 Unzen	0	60
3,520 + 440 = 3,960 × 2 = 7,920 Bolzen für die Grundplatten, à 7 Unzen	1	60
3,520 schmiedeeiserne gekrümmte Keile, à 1¹⁄₄ Pfund	2	
440 × 2 = 880 schmiedeeiserne Laschenbolzen, à 1 Pfund	0	40
Gesammtgewicht pro Meile, einfaches Geleise:	111	35

Zu £ 9 pro Ton im ganzen genommen, beliefen sich die Kosten für das Material auf £ 1,002 pro Meile.

Die Bahnlinien von Buenos Ayres, welche mit Holzunterlau construirt waren, sind abgenommen und durch eiserne ersetzt worden.

Die zweite Art Tramway (Fig. 37), welche in den Vorstadt-Districten von Buenos Ayres angewendet wurde, hat eine geflanschte oder Vignoles-Schiene, wie sie bei Eisenbahnen gebräuchlich ist, nur ist die Flansche derselben auf einer Seite kürzer als auf der anderen, sodass die Pflastersteine auf der anderen Seite ganz nahe an den Kopf der Schiene gelegt werden können. Die grössere Breite der Flansche an der Innenseite bestimmt die Weite der Rinne im Pflaster für die Räderflanschen und dient als Grenze für die nächstliegenden Pflastersteine. Die Schiene ruht auf einem gusseisernen Stuhl, auf welche sie mittelst Hakenbolzen und Muttern fixirt ist; der Stuhl ist mit Bolzen auf einer flachen schmiedeeisernen Grundplatte befestigt, welche auf dem Fundament ruht. Die Stühle sind durch Querstangen und Keile in der Spurweite festgehalten.

Gegenwärtig sind im Innern der Stadt Buenos Ayres nahezu tausend Meilen Strassenbahn nach Livesey's System gelegt, und hat beinahe jede Strasse dieser Stadt ihr Bahngeleise.

Fig. 37. Strassenbahn in Buenos Ayres. System Livesey. 1 : ¹⁄₈ der natürl. Grösse.

Bei dieser Gelegenheit mag noch erwähnt werden, dass Livesey in seinem Patent vom Februar 1875 eine Methode beschreibt, die Steinreihen in dem Pflaster nächst den Schienen mit letzteren auf gleichem Niveau zu erhalten. Die Schiene ist auf eine Langschwelle gelegt, welche auf einer flachen Platte ruht, die breit genug ist, um unter der ersten Steinreihe zu beiden Seiten der Schiene vorzustehen.

Cockburn-Muir's Bahn.

W. J. Cockburn-Muir wurde im November 1870 ein Bahnsystem mit eisernem Unterbau patentirt, welches er „Block-Schwellen"-System („Block-sleeper") benannte und welches für gewöhnliche und leichtere Eisenbahnen, sowie für Strassenbahnen einfacher Construction bestimmt war. Die Schienen sind bei diesem System durch gusseiserne Stühle oder Blöcke gestützt, welche in regelmässigen Zwischenräumen angebracht sind.

In Fig. 38, 39, 40 ist dasselbe in seiner Anwendung für Strassenbahnen dargestellt. Die Schienen sind von Schmiedeeisen, in Längen von 21 Fuss (6,4 m) gewalzt; sie haben die gewöhnliche Rinne auf der oberen Seite und an der unteren eine verticale Rippe, um den Schienen die nöthige Biegungsfestigkeit zwischen den Stützpunkten zu verleihen. Sie wiegen 30 Pfund pro Yard (14 kg pro laufenden Meter) und sind 3 Zoll (75 mm)

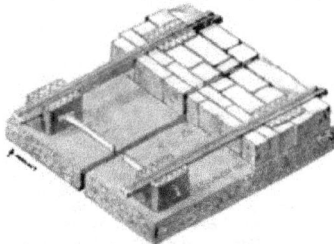

Fig. 38. Strassenbahn in Monte Video. System Cockburn-Muir.   Fig. 39. Ansicht der Schiene nebst Stuhl. System Cockburn-Muir

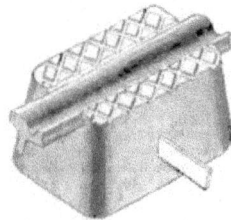

Fig. 40. Schienenprofil, Stuhl und Befestigungsweise der Cockburn-Muir'schen Strassenbahn. In ¹/₁₅ der natürl. Grösse

breit. Die gusseisernen Stühle sind rechtwinkelig, hohl, unten offen und innen gerippt. Sie sind an den Aussenseiten gemessen, ca. 11½ Zoll (290 mm) lang, 7½ Zoll (190 mm) breit und 6 Zoll (152 mm) hoch. Für den gewöhnlichen Verkehr sind sie 3 Fuss 6 Zoll (1 m) von Mitte zu Mitte entfernt gelegt. Sie liegen auf dem Boden der ausgegrabenen Bahn oder auf einer präparirten Concretschicht. Beim Legen werden sie umgewendet, mit Kies oder grobem Sand gefüllt und mit einem Bret geschlossen, dann in die gehörige Lage zurückgebracht, worauf das Bret weggezogen wird. Das Gewicht jedes Blockes variirt von 43½—48 Pfund (18—21 kg), je nach den Verkehrsverhältnissen. Die Blöcke sind auf der Oberfläche gewürfelt, um Widerhalt zu bieten; sie dienen zugleich als Pflastersteine und bilden eine Ergänzung des Strassenpflasters. Da die Stühle mit Pflastersteinen nächst den Schienen abwechseln, so ist die Bildung von Spuren und Furchen neben den Schienen vermieden.

Die verticale Rippe der Schiene passt genau in eine correspondirende Rinne der Stühle. Diese Rinne ist nun so geformt, dass an ihrer äusseren Seite noch ein 13 Zoll (330 mm) langer, gusseiserner Keil (Fig. 40) eingetrieben ist, welcher durch die ganze Länge des Blockes geht und auf letzterem die Schiene befestigt. Da die Schiene auf dem Stuhle in dessen ganzer Länge fest aufliegt, dient der Keil zugleich als Lasche an den Schienenstössen und ist daher die wirkliche Spannweite der Schiene zwischen den Stühlen auf 2 Fuss 6½ Zoll (773 mm) reducirt.

Die Schwellen sind querüber verbunden und in der Spurweite erhalten durch schmiedeeiserne Stangen, die gerade durch die Blöcke hindurchgehen, mit denen sie an der äusseren Seite verkeilt sind.

Die Höhe der Stühle gewährt Raum für eine ½ zöllige (12 mm) Schicht Sand und für 5½ Zoll (140 mm) hohes Pflaster.

Cockburn-Muir's System wurde für alle Strassenbahnen in Monte Video angenommen; auch in Buenos Ayres, Salto und Bahia fand dasselbe Anwendung und kurze Strecken desselben sind in Wien und Palermo gelegt worden. In Monte Video ist die Spurweite bei einer der Linien 4 Fuss 10½ Zoll (1,5 m), bei den anderen 4 Fuss 8½ Zoll (1,435 m). In Bahia ist ein Theil des Geleises in einer Spurweite von 4 Fuss 8 Zoll (1,423 m), ein anderer Theil in einer Spurweite von 2 Fuss 5½ Zoll (0,749 m) gelegt. An anderen Orten wurde dieses System mit der normalen Spurweite von 4 Fuss 8½ Zoll (1,435 m) angewendet.

Die Massen und Gewichte des Eisens pro Meile einfachen Geleise bei normaler Spurweite sind folgende:

	Tons	Ctr.	Pfund
Schmiedeeiserne Schienen zu 30 Pfund pro Yard (14 kg pro laufenden Meter)	47	0	0
830 Verbindungsstangen, à 7½ Pfund	2	13	75
1,660 Keile für Verbindungsstangen, à 0,15 Pfund	0	2	25
3,018 Block-Schwellen, à 43½ Pfund	58	12	25
3,018 Keile, à 2½ Pfund	3	7	50
Gesammtgewicht:	111 Tons 18 Ctr. 75 Pfund		

Die Kosten für die gesammten Materialien belaufen sich gegenwärtig (1877) auf ca. £ 870 pro Meile einfachen Geleise.

Ein Theil der Cockburn-Muir'schen Schienen wird regelmässig während der fortschreitenden Arbeit der Walzens auf Tragfähigkeit geprüft und zwar kommt eine Probe auf je 100 Schienen. Die Probeschienen werden in einer Spannweite von 2 Fuss 6½ Zoll (773 mm) zwischen den Stützen gelegt und durch in der Mitte aufgelegte Lasten geprüft. Folgendes sind annähernde Resultate von zehn Versuchen:

Gesammtes angewendetes Gewicht 5000 Pfund oder 2,23 Tons	6500 Pfund oder 3,03 Tons
Durchbiegung unter der Last 0,16 Zoll	0,60 Zoll
Durchbiegung, bleibende 0,01 Zoll	0,41 „
Elasticitätsgrenze	5200 Pfund oder 2,32 Tons
Aeusserste zulässige Belastung	9073 „ 4,05 „

Alle Proben wurden unversehrt abgenommen. Cochtern-Muir giebt an, dass das höchste Gewicht, welches in der Praxis auf die Schiene kommt, nicht über 3500 Pfund oder 1,12 Tons beträgt; dies ist gerade ungefähr die Hälfte der Elasticität der Schiene.

Ransomes, Deas und Rapier's Bahn.

Dieses System — eine gusseiserne Bahn auf Concretgrund gelegt — ist hier nur der historischen Reihenfolge wegen erwähnt. Es wurde im December 1869 patentirt und ist in Capitel IX ausführlich beschrieben. Eine Bahn nach diesem System wurde im Jahre 1870 am Hafen zu Glasgow gelegt.

Kincaid's Bahn.

Joseph Kincaid erlangte sein erstes Patent im März 1872 für sein System in den Formen, welche in Fig. 41—43 dargestellt sind; die Fig. 41 und 42 zeigen Schienen von der zu jener Zeit gebräuchlichen Construction, welche in geeigneten Entfernungen voneinander durch Stühle mit flacher Basis gestützt werden, die in der Mitte durchbrochen sind.

Indem der hierdurch entstandene Raum noch mit Concret ausgefüllt wird, ist der Stuhl von diesem Material von allen Seiten umgeben und erhält dadurch eine feste Lagerung.

Die Schiene war auf dem Stuhl mit einem verticalen Bolzen befestigt, der durch einen Pflock von hartem Holze geschlagen wurde, welchen man vorher in ein rundes Loch, das sich oben in dem Stuhle befand, eingetrieben hatte. Diese Befestigungs-Methode konnte durch eine seitliche ersetzt werden, mittelst durch Löcher in den Seitenflanschen der Schiene getriebener Nägel, welche in Plöcke eindrangen, die in horizontaler Richtung in dem Obertheil des Stuhles festsassen.

Kincaid zeigte auch eine Befestigungsmethode für Schienen von T förmigem Durchschnitt (Fig. 43), bestehend aus einer oberen Platte mit verticalem Fuss, welche in eine Vertiefung in dem Obertheil des Stuhles eingelassen und dort mit einem horizontalen Keile befestigt war.

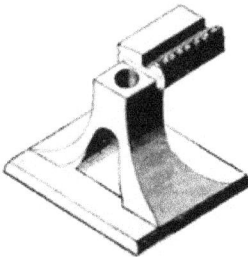

Fig. 41. Ansicht von Kincaid's patentirter Strassenbahn.

Fig. 42. Profil von Kincaid's Strassenbahn.

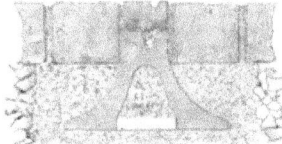

Fig. 43. Ende von Kincaid's Strassenbahn.

Sein erster Versuch wurde auf einer ¼ Meile langen Strecke der Headingley-Zweigbahn der Leeds-Tramways gemacht, auf welcher die Schienen von 47½ Pfund Gewicht pro Yard (23 kg pro laufenden Meter), auf 3 Fuss (0,9 m) voneinander entfernten gusseisernen Stühlen befestigt waren.

Bei der Anlage des ersten Theiles der „Sheffield-Tramways" — der Linie Attercliffe — nach seinem System mit eisernem Unterbau, welche im October 1873 eröffnet wurde, wendete Kincaid eine Schiene an, die 50 Pfund pro Yard (24 kg pro laufenden Meter) wog. Sie hatte also 2½ Pfund pro Yard (1 kg pro laufenden Meter) mehr Metall als die Versuchsschiene in Leeds und war von besserem Profil, da die Seitenflanschen von 1¼ Zoll (31 mm) Höhe hatte. In Zwischenräumen von 3 Fuss (0,9 m) durch gusseiserne Träger gestützt, wurde die Schiene genügend fest und steif befunden.

Das 5 Zoll (126 mm) hohe Pflaster lag auf einer 3 Zoll (75 mm) tiefen Schicht Asche und war mit einer asphaltartigen Mischung von Pech und Theer vergossen. Beim Abgraben wurde erst der Grund in einer gleichmässigen Tiefe von 8 Zoll (203 mm) in der ganzen Breite der Bahn weggeschafft und dann Löcher gegraben, um das Concretfundament und die Stühle aufzunehmen. Die Rinne der Schiene war, nebenbei bemerkt, auf höheren Befehl, nur 1 Zoll (25 mm) weit auf der Oberfläche gemacht worden. Sie erwies sich als zu schmal und hinderte die Wagenräder bei scharfen Curven.

Die „Dewsbury-, Batley- und Birstal-Tramway", für welche nacheinander Malcolm Paterson und Gomarsall als Ingenieure angestellt wurden und die 1874—75 construirt wurde, war nach Kincaid's System gelegt, in Uebereinstimmung mit seinem ersten Patente von 1572. Die ganze Länge der Linie — einfachen Geleise — beträgt 3,325 Meilen und wurde nacheinander in folgenden Abschnitten eröffnet:

Dewsbury nach Batley	1,325 Meilen	25. Juli 1874
Batley nach Carlinghow	1	25. März 1875
Carlinghow nach Birstal	1	23. Juni 1875
	3,325 Meilen	

Sie hat zehn Seitenlinien, von welchen acht je 66 Yards und zwei je 55 Yards lang sind. Die Linie hat leichte Steigungen von ca. 1 : 200, welche alle, mit wenig Ausnahmen, auf den Weg von Birstal nach Dewsbury fallen.

Die Schienen sind von Schmiedeeisen und wiegen 41 Pfund pro Yard (20 kg pro laufenden Meter). Sie sind 3½ Zoll (52 mm) breit, 2 Zoll (50 mm) hoch und werden von 3 Fuss (0,9 m) voneinander entfernten Stühlen getragen, auf welchen sie mittelst verticaler, durch den Boden der Rinne hindurchgehender Bolzen befestigt sind. Die Stühle liegen in Concret, der mit Pech vermengt ist; die Schienen sind gleichfalls mit Mörtel, einer Mischung von feinem Schotter und Pech, unterstopft.

Das Pflaster bestand aus Dalbeattie-Granitsteinen, von welchen die zwischen den Schienen gelegten 4 zöllige (101 mm) Würfel bildeten und die in den 18 zölligen (457 mm) Breiten an der Aussenseite gelegten 6 Zoll (152 mm) hoch waren. Sie waren mit Pech vergossen. Das Pflaster lag auf einem Untergrund, welcher aus einer mit einer 4 zölligen (101 mm) Schicht Sand bedeckten Lage Schotter bestand.

Die Anlagekosten der ersten 2¼ Meilen — von Dewsbury, durch Batley, nach Carlinghow — auf einer gepflasterten Strasse, betrugen £ 4600 pro Meile, während die letzte Meile — von Carlinghow nach Birstal — auf einer macadamisirten Strasse, mit Einschluss des vollständigen Pflasters, für £ 4000 hergestellt wurde.

Kincaid führte in seinem zweiten Patent, vom Januar 1876, verschiedene Verbesserungen an den Details seines Systems ein. Er erweiterte den Stuhlkörper zu der gleichen Breite mit der Schiene, die so an der Seite mit jenem ganz eben lag, schuf ein breiteres Lager für dieselbe, indem er die Flanschen einliess, und stellte eine ebene Fläche als Grenze für die Pflastersteine her. Er benutzte eine unter der Laufkante ausgehöhlte Schiene gleich der der Dewsbury-Linie und formte den oberen Theil des Stuhles so, dass er in die Höhlung passte und in derselben lagern konnte. Statt der verticalen Pflöcke und Bolzen gebrauchte er im Stuhle horizontale Pfropfen mit Krampen zur seitlichen Verbindung der Schiene mit den Stuhle.

Eine der neuesten Anwendungen des Kincaid'schen Bahnsystems zu Bristol ist auf Taf. I Fig. 13—22 dargestellt und soll in der Folge beschrieben werden.

Bei den Strassenbahnen, welche gegenwärtig (October 1877) in Adelaide, New-South-Wales gelegt werden, wendet Kincaid eine durch jedes Paar Verbindungsstühle hindurchgehende Querstange an, um den etwaigen Mangel an Steifheit, der aus dem Fehlen des Pflasters entstehen könnte, auszugleichen.

Dowson's Bahn.

Fig. 11. Querschnitt in Madras, System Dowson. In ⅛ der natürl. Grösse.

J. E. und A. Dowson erfanden ein System eines eisernen Oberbaues mit continuirlichem Lager in verschiedenen Formen, welches im Jahre 1871 und im März 1573 patentirt wurde.

Die „Madras-Tramways", welche im Jahre 1874 eröffnet wurden und die aus 11 Meilen einfachen Geleise in einer Spurweite von 1 m bestanden, waren nach einer der 1573 patentirten Formen (Fig. 11) construirt. Die Schiene war aus Schmiedeeisen — eine gewöhnliche flach gerillte Schiene. Sie lag auf einer Reihe gusseiserner Schwellen, deren Enden an den Seiten übereinandergriffen, wo sie miteinander verbolzt waren und ein continuirliches Lager für die Schiene boten. Die Schwellen waren mit seitlichen Leisten versehen, wodurch sie eine gleiche Ebene bildeten, um die Schienen tragen zu können; die Verbindung bestand aus verticalen Bolzen mit versenkten Köpfen, die durch die Rinne der Schiene hindurchgingen und mit den Schwellen verkeilt waren.

Die Schienen waren 1 Zoll (25 mm) dick und $3^3/_4$ Zoll (95 mm) breit und wogen 26 Pfund pro Yard (13 kg pro laufenden Meter). Die Schwellen wogen 40 Pfund pro Yard (19 kg pro laufenden Meter); sie waren 2 Fuss (0,6 m) lang, von geflanschter Form, $4^1/_3$ Zoll (123 mm) hoch und 2 Zoll (50 mm) breit. Die Breite der Tragfläche auf dem Fundamente, welches aus Concret bestand, betrug 4 Zoll (101 mm). Die Querverbindung der Schwellen war durch stellenweise angebrachte hakenförmige Stangen hergestellt.

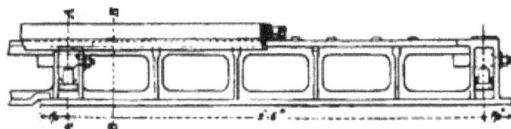

Fig. 43. Verbesserte Dowson's Strassenbahn. In $1/_3$ der natürl. Grösse.

Fig. 44. Profil Dowson; Schnitt nach BB. Fig. 43. In $1/_3$ der natürl. Grösse.

Fig. 45. Profil Dowson; Schnitt nach AA. Fig. 43. In $1/_3$ der natürl. Grösse.

J. E. und A. Dowson haben kürzlich eine andere und verbesserte Form ihres Bahnsystems ausgeführt, welche die Fig. 45 — 47 zeigen. Die Schwellen greifen mit ihren Enden ineinander und sind in Längen von 2 Fuss 6 Zoll (761 mm) hergestellt. Sie sind mit Doppelflanschen versehen, auf dem Boden 4 Zoll (101 mm), auf der Oberfläche $1^1/_2$ Zoll (38 mm) breit und $4^1/_2$ Zoll (114 mm) hoch. Das Metall im Gusskörper ist ca. $^7/_{16}$ Zoll (11 mm) in der Flansche und im Fusse $^1/_4$ Zoll (6 mm) dick. Die Enden (Fig. 47) sind mittelst schmiedeeiserner doppelköpfiger Verbindungs-stücke nahe am Boden zusammengefügt und an der oberen Fläche mit schrägen Kanten geformt, welche in correspondirende Winkel an der unteren Seite der Schiene einge-lassen sind. Sie werden getrennt in diese Vertiefungen eingewängt mit Hilfe eines schmiedeeisernen Keiles, welcher in der Mitte zwischen beide eingetrieben und durch Schraubenende und Mutter befestigt wird. Da der Keil sich mitten zwischen dem Ver-bindungsstücke unten und der Schiene oben befindet, so wird der Wirkung des Keiles, durch welchen die übergreifenden Enden der Langschwellen getrennt sind, gleichzeitig durch das Verbindungsstück auf den Schienen Widerstand geleistet; die Schienen werden durch die Keilform ihrer Rippen auf die Schwellen niedergezogen und so wird eine feste Verbindung der Schienen unter sich und der Schienen mit den Schwellen hergestellt. Die Schwellen wiegen 35 Pfund pro Yard (17 kg pro laufenden Meter).

Die Schienen sind von Schmiedeeisen und wiegen 30 Pfund pro Yard (14 kg pro laufenden Meter); sie sind $3^1/_4$ Zoll (52 mm) breit und an der Laufkante 1 Zoll (25 mm) dick. Ihre schrägen unteren Rippen sind $^3/_4$ Zoll (19 mm) hoch und $^3/_8$ Zoll (9 mm) stark. Da die Rippen über 2 Zoll (50 mm) voneinander entfernt sind, während die obere Platte der Langschwelle nur $1^1/_2$ Zoll (38 mm) breit ist, so bleibt ein freier Raum zwischen Rippen und Platte in der ganzen Länge von einem Ende der Schwelle zum andern, weit genug, um die Schienen den Curven der Linie gemäss zu biegen, während sie gleichzeitig auf gerade Schwellen gelegt werden können. Die Curven bedingen daher keine beson-dere Gussform.

J. E. und A. Dowson liefern folgenden Bericht über Masse und Gewichte, sowie über Kosten ihres Bahnoberbaues pro Meile einfachen Geleises:

Material		Gewicht				Kosten des Materials		
	Pfund	Tons	Ctr.	Pfund	£	£	s.	d.
3520 Yards schmiedeeiserne Schienen . . .	30	47	3	0		277	4	0
3520 Yards gusseiserne Schwellen	35	55	0	0		385	0	0
880 Verbindungsstangen, 6 Fuss Entfernung	10	3	18	50	13	51	0	6
4533 Keile und Muttern	$^1/_2$	1	0	25	23	23	5	9
4533 eiserne Bänder	$^1/_4$	0	10	14	23	11	13	0
4533 Unterlegscheiben	--	0	1	0	1	1	0	0
Im ganzen:		107	12	89		849	3	3

4*

Schenk's Bahnsystem

A. O. Schenk hat eine Bahn entworfen, welche im December 1876 patentirt wurde und für Anwendung mechanischer Zugkraft bestimmt war (Fig. 46). Sie ist als ein gemischtes System von eisernen Schienen und Stühlen und hölzernen Schwellen zu bezeichnen und besteht aus zwei schmiedeeisernen Schienen von beträcht-

licher Höhe, gleich Platten, welche auf Kanten hängen, um grosse Biegungsfestigkeit zu erzielen; die eine dient als Tragschiene, die andere als Gegenschiene, welche beide in gusseisernen Doppelstühlen mittelst hölzerner Keile befestigt werden. Schliesslich sind auf hölzerne Querschwellen die Stühle genagelt. Die Tragschiene und die Gegenschiene sind je 5 Zoll (12 mm) hoch und am Fusse ca. ⁵⁄₁₆ Zoll (8 mm) dick. Der Kopf der Schiene ist nur 1¹⁄₂ Zoll (35 mm) breit und ca. 1³⁄₄ Zoll (35 mm) hoch; er ist an der Seite gerundet und lagert in der Mitte des Stuhles. Der Kopf der Gegenschiene steht gleichfalls 1³⁄₄ Zoll

Fig. 46. Strassenbahn. System Schenk.

(35 mm) über dem Stuhle; er ist ³⁄₄ Zoll (16 mm) dick und ruht auf dem Obertheil des Stuhles mittelst einer an ihm befindlichen seitlichen Flansche. Die Nettobreite der durch die beiden Schienen gebildeten Rinne ist ⁷⁄₈ Zoll (22 mm) und die ganze Breite der Schienenoberfläche, inclusive der Rinne, 3 Zoll (75 mm). Die Rippen der Schienen sind nicht von gleichmässiger Dicke, sondern verbreitern sich nach dem unteren Ende zu von einer Dicke von ⁵⁄₁₆ Zoll (8 mm) zu einer solchen von ³⁄₈ Zoll (9,5 mm). Diese Verstärkung, welche ¹⁄₁₆ Zoll (1,5 mm) beträgt, dient dazu, das Losspringen und Kippen der Schienen infolge der Wirkung der darüber gleitenden Lasten zu verhindern:

Gewicht pro Yard, Tragschiene . . . . . . 27 Pfund

" " " Gegenschiene . . . . . . 23 "

Gesammtgewicht der Schienen pro Yard: 50 Pfund

Die Schienen sind in den gusseisernen Stühlen durch 1¹⁄₂ Zoll (35 mm) dicke Keile aus hartem Holze befestigt, welche in verticaler Richtung von der Oberfläche der Bahn aus eingetrieben werden. Die Stühle sind am Boden 12³⁄₄ Zoll (322 mm) lang und haben 6 Zoll (152 mm) Höhe. Der mittlere Theil — der eigentliche Stuhl —, auf welchem die Schienen lagern, ist hohl gegossen. Die Verbindungsstühle wiegen je 35 Pfund (15 kg); die dazwischen liegenden Stühle je 20 Pfund (9 kg). Dieselben sind mit eichenen Nägeln auf den Schwellen befestigt. Die Schwellen sind aus Holz gefertigt und mit Kreosot getränkt, 9 Zoll (228 mm) breit, 4¹⁄₂ Zoll (114 mm) dick und 7 Fuss 6 Zoll (2,25 m) lang; sie sind in Zwischenräumen von 3 Fuss (0,9 m) angebracht. Das Profil der Tragschiene eignet sich vortrefflich zur Bildung von Weichen, Kreuzungen und Curven im Geleise.

Quantitäten pro Meile für einfaches Bahngeleise, Schenk's System.

1760 Yards Schienen à 50 Pfund	. . . .	79	Tons	0 Ctr.	0 Pfund
3080 Stühle à 20 Pfund	. . . .	27	"	10 "	0 "
440 " à 35	. . . .	6	"	17 "	50 "
	Gewicht des Eisens:	113	Tons	27 Ctr.	50 Pfund

7920 Keile aus hartem Holz
7920 Holznägel
1760 Schwellen, 7 Fuss 6 Zoll × 9 Zoll × 4¹⁄₂ Zoll, jede mit Kreosot getränkt.

Der hohle Raum zwischen den Schienen, in Form einer mit Asphalt ausgegossenen Rinne, kann nach Belieben zum Drainiren der Bahnstrecke benutzt werden. Die Continuität der Rinne ist durch das hohle Mittelstück des Stuhles vorgesehen.

Mit diesem System beabsichtigte Schenk den Einwendungen zu begegnen, welche gegen die älteren englischen Tramwaysysteme erhoben wurden, und den neuen Bedingungen gerecht zu werden, die das Ersetzen der Pferdekraft durch mechanische Kraft hervorrief. Schenk macht folgende Vortheile für sein System geltend: 1) Die von ihm angewendete Schiene von dem beschriebenen Profil ist an sich selbst steif genug, um eine continuirliche Stütze entbehren zu können. 2) Schienen und Verbindungsstücke können erneuert werden, ohne dass man einen einzigen Stein abzuheben braucht. 3) Kein Verbindungsstück von Eisen ist angewendet. 4) Die Tragschiene ist unabhängig von der Gegenschiene; die Schienen können daher unabhängig voneinander ausgewechselt werden. 5) Bei diesem System ist weniger Rollfläche geboten als bei anderen. 6) Die Schienen lassen sich leicht in Curven biegen. 7) Die Bahnstrecke kann mittelst der Asphaltrinne drainirt werden. 8) Die ersten Kosten der Anlage sind vortheilhaft im Vergleiche mit anderen.

Gegenwärtige Anwendung der Tramway-Constructionen in Grossbritannien.

I. CAPITEL.

Die „Edinburgh Street-Tramways", 1871—75.

(Mit Zeichnungen auf Tafel I, Fig. 1—3.)

Die von dem Ingenieur John Macrae angelegten „Edinburgh Street-Tramways", wurden ganz nach dem System der Schienen mit geschlossener Rinne, welche auf in Concret gebetteten Langschwellen liegen, construirt, wie sie auf Tafel I, Fig. 1—3 dargestellt sind. Die einzelnen Abtheilungen der Bahnlinie wurden zu verschiedenen Zeiten von 1871—1875 eröffnet, wie folgt:

Eröffnet	Bahnstrecke	Doppeltes Geleise		Einfaches Geleise		Ganze Strassenlänge	
		Meilen	Yards	Meilen	Yards	Meilen	Yards
Oct. 1871	Haymarket und Leith	3	1200	0	230	3	1530
Apr. 1872	Powburn und Newington	1	1630	—	—	1	1630
Nov. 1872	Morningside und Grange	3	880	—	—	3	880
Dec. 1873	Newhaven Zweigbahn		360	0	1270	1	1630
Mai 1875	Linie Portobello		770	2	1590	3	600
		9	1310	3	1420	13	970

Die Bahn liegt in der Mitte der Strasse, in der normalen Spurweite von 4 Fuss 8½ Zoll (1,435 m). Bei doppelten Bahnlinien sind die Geleise 9 Fuss (2,7 m) voneinander entfernt und beträgt die Gesammtbreite 17 Fuss (5,181 m) in folgender Anordnung:

Für doppeltes Geleise.

Entfernung zwischen den inneren Bahngeleisen	9 Fuss	0	Zoll	(2,743 m)
Zwei halbe Spurweiten	4 „	8½ „		(1,435 „)
Zwei Breiten Schienenrollfläche (1¾ × 2 =)	0 „	3½ „		(0,089 „)
Zwei Pflasterbreiten von je 18 Zoll	3 „	0 „		(0,914 „)

Sa.: 17 Fuss 0 Zoll (Sa.: 5,181 m)

Für einfaches Geleise.

Spurweite	4 Fuss	8½ Zoll		(1,435 m)
Zwei halbe Schienenbreiten	0 „	3½ „		(0,089 „)
Zwei Pflasterbreiten von je 18 Zoll	3 „	0 „		(0,914 „)

Sa.: 8 Fuss 0 Zoll (Sa.: 2,438 m)

Die Steigungen der „Edinburgh Street-Tramways" sind ungewöhnlich steil. Jene am Leith Walk, der schlimmsten Bahnstrecke, beginnen an dem höchsten Punkte der schiefen Ebene auf dem Niveau von Princess Street und sind folgende:

1 : 22 Steigung	. . . .	165	Länge (Yards)
1 : 14 „	. . . .	43	„ „
1 : 50 „	. . . .	151	„ „
1 : 24 „	. . . .	137	„ „
1 : 20 „	. . . .	110	„ „
1 : 24 „	. . . .	71	„ „
1 : 23 „	. . . .	54	„ „
1 : 29 „	. . . .	166	„ „
1 : 35 „	. . . .	272	„ „
1 : 42 „	. . . .	100	„ „
1 : 52 „	. . . .	244	„ „
1 : 43 „	. . . .	218	„ „
1 : 35 „	. . . .	139	„ „

Im Durchschnitt 1 : 32 Steigung   Gesammtlänge 1,570 Länge (Yards)
oder 1 Meile 110 Yards

Der Radius der Curve auf der schiefen Ebene am höchsten Punkte von Leith Walk ist 47 Fuss 8 Zoll (14 m), an der innersten Schiene gemessen.

Die Steigung an der North Bridge ist 1 : 17 auf eine Länge von 154 Yards; die durchschnittliche Steigung der Portobello Road ist 1 : 30 auf 1500 Yards (1371 m), die steilste 1 : 24 auf 200 Yards (182 m).

Folgendes sind Details der Construction und Kosten der kürzlich angelegten Portobello - Zweigbahn, für welche der Contract im Juli 1874 abgeschlossen wurde.

Da das Niveau der vorliegenden Chaussee gleichzeitig mit dem Tramwaybau bedeutend erhöht wurde, so war es nicht immer nöthig, das Fundament der Strassenbahn in der beabsichtigten Tiefe von $13^{1}/_{2}$ Zoll (342 mm) auszugraben. Die ausgrabende Breite betrug, wie schon erwähnt, für doppeltes Geleise 5,181 m, für einfaches 2,478 m.

In dem ausgegrabenen Bett wurde eine Lage Concret gebreitet von der normalen Höhe von 6 Zoll (152 mm), welche, wo es nöthig war, noch erhöht wurde. Wo jedoch der vorhandene Macadam der Strasse fest genug war, um als Fundament für Schwellen und Pflaster zu dienen, wurde nur dessen Oberfläche zugerichtet und geebnet, um eine dünne Concretschicht aufzunehmen. Der Concret wurde sorgfältig festgestampft und die Oberfläche desselben mit jener der Strasse gleichgemacht.

Die Zusammensetzung des Concrets war folgende:

Arden-Kalk, bester Qualität	2 Theile
Reiner Basalt so gebrochen, dass er durch einen zweizölligen Ring ging .	4 „
Viertelzölliger Fisherrow- oder Basalt-Kies	1 „
	7 Theile

Man stellte die Schwellen aus baltischem Rothtannenholze — von Riga — oder aus Pechtannenholz, 4 Zoll (100 mm) breit und 5 Zoll (126 mm) hoch her und hobelte sie an den oberen Kanten ab, um sie zur Aufnahme der Schienenleisten geeignet zu machen. Die Fugen der Schwellen ruhen in gusseisernen Stühlen, deren Fuss in die untere Seite der Schwelle eingelassen ist und mit dieser der Concretschicht eine ebene Fläche bietet. Die Schwellen sind mit Kreosot bester Qualität getränkt, und zwar in dem Masse von 10 Pfund pro Kubikfuss Holz (157 kg pro cbm), unter einem Druck von 200 Pfund pro Quadratzoll (14 Atmosphären).

Die Schwellen sind in Zwischenräumen von nicht über 6 Fuss (1,82 m) durch schmiedeeiserne Verbindungsstangen in der Spurweite festgehalten; diese Stangen haben 2 Zoll (50 mm) Breite auf $\frac{3}{8}$ Zoll (9 mm) Dicke und die Enden derselben sind in Winkel gebogen und an jeder Schwelle mittelst eines $\frac{5}{8}$ zölligen (16 mm) Bolzens nebst Mutter und Unterlegscheibe befestigt. Die Verbindung der Schienen mit den Schwellen ist gleichfalls durch $\frac{5}{8}$ zöllige (16 mm) Bolzen, Muttern und Unterlegscheiben hergestellt. Die Bolzen sind versenkt und oben mit einer Vertiefung für den Schraubenschlüssel versehen. Alle Bolzenlöcher werden mit siedendem russischen Theer gefüllt, ehe die Bolzen eingetrieben werden. Die Schwellen lagern auf einer $\frac{1}{2}$ zölligen (12 mm) Schicht von festem Concret, welcher folgendermassen zusammengesetzt ist:

Portland - Cement	1 Theil
Fisherrow - Kies	3 „
	4 Theile

mit Wasser vermischt und angemacht.

Die Schienen sind aus Schmiedeeisen, aus grossen Packeten des besten Roheisens gewalzt und derart angeordnet, dass der untere Theil derselben faserig, die Rollfläche dagegen, sowie der obere Theil von feinkörnigem Eisen sind. Die Schiene wiegt 52 Pfund pro Yard (25 kg pro m), ist 4 Zoll (101 mm) breit und $1^{1}/_{2}$ Zoll (38 mm) dick und hat an der unteren Seite an jeder Ecke zwei Leisten von $\frac{3}{8}$ Zoll (9,5 mm) im Quadrat. Auf der oberen Seite ist die äussere oder Rollfläche $1^{3}/_{4}$ Zoll (45 mm) breit und die Rinne $1^{1}/_{4}$ Zoll (32 mm); die innere Leiste ist 1 Zoll (25 mm) breit und tief gerieft, mit 18 Einschnitten pro laufenden Fuss.

Die Tiefe der Rinne beträgt ⅝ Zoll (22 mm), wobei unter derselben eine Stärke von ⅝ Zoll (16 mm) bleibt; sie ist am Boden ¹¹⁄₁₆ Zoll (18 mm) breit und die seitliche Abschrägung an der inneren Seite der Schiene größer. Die Normallänge der Schienen ist 21 Fuss (6,4 m); doch kann eine Anzahl derselben — nicht über 5 Procent — von Fuss zu Fuss minder lang hergestellt sein, jedoch keine derselben unter 12 Fuss (3,6 m) Länge. Die gestattete Abweichung in der Länge betrug ¼ Zoll (6 mm). Die Schienen sind mit den Schwellen durch ⅝ zöllige (16 mm) Bolzen in Entfernungen von 2 Fuss (0,61 m) verbunden, ausgenommen an jedem Ende, wo dieselben mittelst zwei 4½ Zoll (114 mm) voneinander entfernter Bolzen befestigt sind, von denen der äusserste sich 1½ Zoll (38 mm) vom Ende der Schiene befindet. Die Bolzenlöcher gehen durch den Boden der Rinne, mit welchem die Köpfe der Bolzen, wenn sie eingeschraubt sind, auf gleicher Ebene liegen (Fig. 2).

Die Enden der Schienen sind durch schmiedeeiserne Laschen von 15 Zoll (370 mm) Länge, 3 Zoll (75 mm) Breite und ⅝ Zoll (16 mm) Dicke verbunden, von welchen eine an jedem Stoss flach in die Schwelle eingelassen und mittelst der oben erwähnten vier Bolzen befestigt ist. Die Löcher in den Laschen sind oval geformt, ⅝ Zoll (16 mm) breit und ⅞ Zoll (22 mm) lang, in Rücksicht auf geringe Unregelmässigkeiten. Das Gewicht einer Lasche beträgt 7 Pfund (3,1 kg). Die Weichen und Kreuzungen sind aus Hartguss oder anderem Material hergestellt.

Eine dünne Schicht reinen scharfen Sandes oder eine ¼ Zoll hohe Lage Fishsrrow oder Basalt-Kies kann über den Concret gebreitet und unter die Steine gestopft werden, um Unregelmässigkeiten der Oberfläche auszugleichen. Wo das Unterstopfen nicht nöthig ist, legt man die Steine jedoch direct auf den Concret.

Der Chausseebewurf oder das Pflaster erstreckt sich auf die ganze Oberfläche zwischen den Schienen und auf eine Breite von 18 Zoll (457 mm) auf jeder Seite über die äussersten Schienen hinaus. Die Pflastersteine sind 3 Zoll (75 mm) breit, 7 Zoll (177 mm) hoch und durchschnittlich 10 Zoll (254 mm) lang, ausgenommen da, wo sie dem angrenzenden Pflaster angepasst werden mussten. Sie bestehen aus neuem Granit oder Basalt aus den Westfield-, Drumbowie- oder Barnton-Steinbrüchen. Sie sind trocken und hart aneinander gelegt, mit einer Mischung von gleichen Theilen Portland-Cement und ¼ Fishsrrow-Kies vergossen und mit einer dünnen Schicht feinen Sandes überzogen. Zum Legen des Pflasters hat man Schablonen benutzt. Für die Zwecke der Vermessung ist die Breite des Pflasters für einfaches Bahngeleise zu 7 Fuss 4 Zoll (2,234 m) und für doppeltes Geleise zu 15 Fuss 8 Zoll (4,774 m) — exclusive der Breite der Schienen — angenommen.

Der Contrahent war verpflichtet, die Bahn auf ein Jahr vom Tage der Vollendung in gutem Zustande zu erhalten. Der Fabrikant musste alle jene Schienen zurücknehmen und dafür Rabatt gewähren, welche innerhalb zweier Jahre vom Tage der Fabrikation unbrauchbar geworden waren. Durch Rabatt, Straffälligkeit oder Schadenersatz veranlasste Zahlungen waren monatlich bis zum Betrag von 80 Procent des Werthes der fertigen Arbeit zu entrichten. Der Ueberschuss wurde nach Ablauf von sechs Monaten nach dem Tage der Vollendung bezahlt werden.

Die Lieferungspreise für Arbeiten bei der Anlage der Portobello-Linie (1874—75), nebst denen für Aenderungen, Rabatt und Extra-Arbeiten, waren folgende:

Vom Ende der bestehenden Linien bis zum östlichen Ende von Waterloo-Place.

Abheben und Fortschaffen des vorhandenen Chausseebelags, Zurichten der Oberfläche; Beschaffen und Legen der Concretbettung; Material für den Oberbau; neue Granitblöcke, mit Cement vergossen und mit feinem Kies überzogen; Vollenden der vollständigen Bahn.

	£	s	d
Doppeltes Geleise, 27 lauf. Yards à 6 £ 0 s. 0 d.	162	0	0
Einfaches Geleise, 130 „ „ „ 3 „ 0 „ 0	390	0	0

Vom östlichen Ende von Waterloo-Place nach Portobello.

Abgraben des Macadams und Zurichten der Oberfläche; Beschaffen und Legen des Fundamentes, Mörtelbettung, Material für den Oberbau; neue Basalt-Pflastersteine, mit Cement vergossen und mit feinem Kies überzogen; Vollenden der vollständigen Bahn.

	£	s	d
Doppeltes Geleise, 633 lauf. Yards à 5 £ 0 s. 0 d.	3323	5	0
Einfaches Geleise, 5070 „ „ „ 2 „ 12 „ 0	13305	15	0
Beschaffen und Fertiglegen von Weichen und Kreuzungen für 17 einfachgeleisige Verbindungsstrecken, nebst besonderen Auslagen für den Oberbau à 20 £	340	0	0
Wiederherstellen der im Wege liegenden Gas- und Wasserröhren oder anderer beschädigter Anlagen; Beleuchtung, Beaufsichtigung und zeitweilige Umzäunen.			
Aufstellen der Kostenanschläge, Preisverzeichnisse etc. à 1 Procent	175	0	0
Gesammtkosten:	17699	0	0
Instandhalten der ganzen Anlage auf ein Jahr nach der Eröffnung	250	0	0
Gesammtkosten, inclusive Unterhaltungskosten auf ein Jahr	17949	0	0

Die Kosten ohne Weichen und Kreuzungen dürften so ausgezogen werden:

860 Yards doppeltes Geleise,	3458 £	5 s. 0 d.	oder 9294 pro Meile	
5200 „ einfaches „	13698 „	15 „ 0 „	— 4637 „ „	
5860 „ (3.33 Meilen)	17184 £	0 s. 0 d.	— 5160 „ „	
6520 „ (3.70 „ gleiche Länge einfachen				
Geleises kosten			4644 „ „	

Preisverzeichniss.

	s.	d.	
Ausgrabung des Macadams in der für Chausseebelag und Concret erforderlichen Tiefe	2	0	pro Quadratyard
Ausgrabung in der für Concret erforderlichen Tiefe, wo der vorhandene Chausseebelag abgehoben ist	1	0	„ „
Zurichten und Räumen der Concretfläche, wo die vorhandene Concretbettung bleiben kann	1	0	„ „
Beschaffen und Legen eines neuen Fundamentes von Kalkconcret von 6 Zoll Dicke, wie oben specificirt	3	0	„ „
Ditto, mit Cement statt Arden-Kalk	3	6	„ „
Beschaffen und Legen einer 2 bis 3 Zoll dicken Schicht Cementconcret zum Unterstopfen der Schwellen	1	0	pro lauf. Yard
Ditto, mit Arden-Kalk statt Cement	0	9	„ „
Cementverguss, wie specificirt	1	6	pro Quadratyard
Vergiessen mit Arden-Kalk	1	3	„ „
Abheben und Bewältigen des vorhandenen Strassenpflasters	1	0	„ „
Abheben des vorhandenen Strassenpflasters, Zurichten und Wiederlegen desselben, incl. Vergiessen mit Cement und Ueberziehen mit feinem Kies	6	0	„ „
Beschaffen und Legen neuer Granitblöcke, incl. Vergiessen mit Cement und Ueberziehen mit feinem Kies	13	0	„ „
Beschaffen und Legen neuer Basaltblöcke, incl. Vergiessen mit Cement und Ueberziehen mit feinem Kies	12	0	„ „
Schmiedeeiserne Schienen	£ 10	pro Ton	

	s.	d.	
Gusseiserne Stühle für die Schwellenenden	7	6	pro Centner
Verbindungsstangen aus Stabeisen, 2 Zoll bei ¾ Zoll	14	0	„ „
Bolzen und Muttern zum Befestigen der Schienen auf den Schwellen	0	3	pro Pfund
Gewöhnliche Bolzen und Muttern	0	3½	„ „
Laschen	14	0	pro Centner
Langschwellen	0	6	pro lauf. Fuss
Beschaffen, Legen und Befestigen von Schienen, Schwellen, Stühlen, Verbindungsstangen, Bolzen etc. in der beschriebenen Weise, einfaches Geleise	20	0	„ „ „
Ditto, doch vorausgesetzt, dass die Schienen von der Gesellschaft geliefert werden .	10	0	„ „ „
Beschaffen und Legen der Weichenschienen aus Hartguss	£ 5	jede	
Ditto, mit beweglicher Zunge	6	„	
Ditto, Kreuzungen	5	„	

	s.	d.	
Extra-Preis für Verbindung zwischen den Kreuzungen und Weichen, einfaches Geleise	3	6	pro lauf. Yard
Ditto, für Uebergänge zwischen den Weichen einfaches Geleises	3	6	„ „

Quantitäten pro Meile einfachen Geleise, 8 Fuss breit, und Kosten nach den verzeichneten Preisen.

Arbeit und Material	Quantitäten	Preis	Betrag
Abgraben des Macadams und Zurichten der Oberfläche	4693 Quadrat-Yards	2 s.	469 £ 6 s. 0 d.
Concretbettung, 6 Zoll dick	4693 „	3 s.	703 „ 19 „ 0 „
Schienen, 52 Pfund pro Yard	82 Tons 0 Ctr. 0 Pfd.	£ 10 pro Ton	820 „ 0 „ 0 „
Bolzen und Muttern für die Schienen	5 „ 3 „ 0 „	3 d. pro Pfd.	144 „ 4 „ 0 „
Verbindungsstangen	7 „ 0 „ 0 „	£ 14 pro Ton	98 „ 0 „ 0 „
Bolzen und Muttern für letztere	0 „ 7 „ 0 „	3½ d. pro Pfd.	11 „ 8 „ 0 „
Schienenstühle	2 „ 13 „ 0 „	7 s. 6 d. pro Ctr.	19 „ 17 „ 0 „
Laschen	1 „ 12 „ 0 „	14 s. pro Ctr.	22 „ 8 „ 0 „
Schwellen	10560 lauf. Fuss	6 d.	264 „ 0 „ 0 „
Cement für die Schwellen	3520 lauf. Yards	1 s.	176 „ 0 „ 0 „
Basalt-Pflaster und Verguss	4520 Quadr.-Yards	12 s.	2712 „ 0 „ 0 „
Gesammtkosten pro Meile einfaches Geleise			5441 £ 3 s. 2 d.

Der Kostenbetrag pro Meile, wie er hier nach dem Preisverzeichniss berechnet ist, stellt sich grösser heraus, als der wirkliche contractmässige Betrag pro Meile. Die Differenz erklärt sich theils durch eine Herabsetzung des zuerst accordirten Betrages, theils dadurch, dass das Niveau der Strasse erhöht wurde, nachdem die Bahn gelegt war, wodurch die Tiefe und Quantität der Abgrabung, sowie des Concretgrundes im allgemeinen geringer wurden als die angeführten normalen Beträge.

II. CAPITEL.

Dundee Street-Tramways, 1877.

(Mit Zeichnungen auf Tafel I. Fig. 4—7.)

Die Polizeicommission des Städtchens Dundee schloss im April 1877 einen Vertrag, nach dem Plane ihres Ingenieurs, Mackison, Feldmesser des Städtchens, eine Strecke von 2346 Yards oder 1⅓ Meilen Strassenbahn zu bauen, welche im Juli desselben Jahres vollendet wurde. Die Bahnlinie führt zwischen Dalhousie Terrace und dem Hauptpostamt, Perth Road, Nethergate, Reform Street entlang, nach Euclid Crescent.

Dem Constructionssystem gemäss, welches dem Hopkins'schen Plane von 1873 ähnlich und in Tafel I, Fig. 4—7 veranschaulicht ist, wurden gekämpfte Schienen auf Langschwellen gelegt, welch letztere auf einer Concretbettung ruhen, und durch Verbindungsstangen, deren Enden in gusseiserne Schienenstühle eingelassen sind, in der Spurweite fixirt. Die Oberfläche ist gepflastert. Man benutzte Schienen und Schwellen von zweierlei Querschnitt, nämlich grösserem und kleinerem, und zwar die leichteren für eine Strecke von 1562 Yards, zwischen Dalhousie Terrace und South Tay-Street, und die schwereren von dort bis zum Postamte — eine Länge von 784 Yards — der verkehrsreichste Theil der Bahnstrecke.

Die Geleise liegen in einer Spurweite von 4 Fuss 8½ Zoll (1,435 m) mit einem freien Raum von 4 Fuss (1,2 m) zwischen den Schienen. Die Rollfläche der Schiene vom grösseren Querschnitt ist 1⅞ Zoll (45 mm) breit; das Pflaster ist ausserhalb der Geleise in einer Breite von 18 Zoll (457 mm) an jeder Seite gelegt. Die Gesammtbreite für doppeltes Bahngeleise ist 17 Fuss (5,1 m):

Zwei Geleise, 4 Fuss 8½ Zoll Spurweite . . . 9 Fuss 5 Zoll (2,870 m)
Ein Zwischenraum . . . . 4 „ 0 „ (1,219 „)
Zwei Breiten von 18 Zoll . . . . 3 „ 0 „ (0,914 „)
Vier Rollflächen (1⅞ Zoll × 4 ―) . . . . . 0 „ 7½ Zoll (0,190 „)

Sa.: 17 Fuss 0½ Zoll (Sa.: 5,193 m)

Die Steigungen der Linie vom Postamte an beginnend sind folgende:

			Transport: 1243 Yards
1 : 100 für eine Länge von . . 65 Yards	1 : 674 für eine Länge von . .	99 „
1 : 451 „ „ „ . . 167 „	1 : 133 „ „ „ „ . .	65 „
1 : 100 „ „ „ . . 200 „	1 : 17 „ „ „ „ . .	98 „
1 : 210 „ „ „ . . 234 „	1 : 77 „ „ „ „ . .	67 „
1 : 50 „ „ „ . . 67 „	1 : 133 „ „ „ „ . .	88 „
1 : 36 „ „ „ . . 48 „	1 : 34 „ „ „ „ . .	166 „
1 : 31 „ „ „ . . 228 „	1 : 50 „ „ „ „ . .	131 „
1 : 47 „ „ „ . . 99 „	1 : 121 „ „ „ „ . .	263 „
1 : 117 „ „ „ . . 132 „	1 : 250 „ „ „ „ . .	126 „
Latus: 1243 Yards		Sa.: 2346 Yards

Die Steigungen fallen nicht alle nach einer Richtung. Es besteht eine Niveau-Differenz von 76 Fuss (23 m) zwischen den beiden Endpunkten der Bahn, deren niedrigeres Ende das Postamt bildet.

Die Strasse wurde für die Bahn mit 60pfündigen Schienen (29 kg pro m), in einer gleichmässigen Tiefe von 13¾ Zoll (350 mm) unter dem Niveau des Weges in der ganzen Bahnbreite abgegraben. Der Grund wurde von weichem oder sonst untauglichem Material gesäubert, nivellirt und gestampft, um eine solide und gleichmässige Unterlage zu sichern. Auf diesem Grunde liegt in der ganzen Breite ein 6 Zoll (152 mm) hohes Fundament von Concret, welches mit einer schweren Ramme fest gestampft ist. Die Mischung des Concrets ist folgende:

2 zöllige Basaltstückchen, durch ein ¾ zölliges Sieb geworfen . . . . . . 2 Theile
Kies, zerkleinerter Basalt oder zerbröckelte Mauersteine . . . . 2 „
Reiner, scharfer Flusssand . . . . 1 „
Portland-Cement . . . . 1 „

7 Theile

Zum Stützen der Langschwellen werden in einer Höhe von 1 Zoll (25 mm) und einer Breite von 7 (177 mm) und an den Stühlen 9 Zoll (228 mm) Streifen von Cementmörtel, aus zwei Theilen Sand und einem Theil Portland-Cement bestehend, auf den Concret gelegt.

Die Langschwellen sind von Rothtannenholz aus Riga, Memel oder St. Petersburg, 4 Zoll (101 mm) breit, 5 Zoll (126 mm) hoch und abgekantet, um die 60 pfündige Schiene aufzunehmen; für die 34 pfündigen Schienen sind sie $3\frac{1}{2}$ Zoll (88 mm) bei $5\frac{1}{2}$ Zoll (148 mm). Sie sind für gerade Strecken mindestens 21 Fuss (6,4 m) lang, in Curven gebogen oder gesägt hingegen in Längen von 12—18 Fuss (3,6—5,4 m) hergestellt. Das ganze Holz ist mit Kreosot getränkt, und zwar in dem Verhältniss von 10 Pfund Kreosot pro Kubikfuss (157 kg pro cbm). Die Enden der Schwellen stossen stumpf aneinander und ruhen in 6 Zoll (152 mm) langen Stühlen, welche in Zwischenräumen von 4—5 Fuss (1,2—1,5 m) angebracht sind. Die Stühle sind auf den Schwellen mittelst $\frac{3}{8}$ zölliger (9 mm) Nägel von $2\frac{1}{2}$ Zoll (62 mm) Länge befestigt, die aufgehauene Spitzen und halbrunde Köpfe haben. Querlaufende schmiedeeiserne Verbindungsstangen von 2 Zoll (50 mm) Breite und $\frac{3}{8}$ Zoll (9 mm) Dicke sind in die Stühle eingelassen.

Die Schienen aus Schmiedeeisen wiegen 34 resp. 60 Pfund pro Yard (16 resp. 29 kg pro m) und sind in Längen von 21 Fuss (6,4 m) gewalzt, mit Ausnahme von 5 Procent der ganzen Anzahl, welche kürzer hergestellt sind, jedoch nicht unter 12 Fuss (3,6 m). Die 60 pfündigen (29 kg) Schienen haben eine Breite von 4 Zoll (101 mm), eine Dicke von $1\frac{3}{8}$ Zoll (35 mm) und eine Höhe von $2\frac{3}{4}$ Zoll (70 mm) über den Flanschen; letztere sind $1\frac{3}{8}$ Zoll (35 mm) hoch und durchschnittlich $\frac{3}{8}$ Zoll (9 mm) dick. Die Rinne ist $1\frac{5}{16}$ Zoll (33 mm) breit und $\frac{5}{8}$ Zoll (15 mm) tief und hat einen flachen Boden, ähnlich den Vale of Clyde- und Glasgow-Schienen. Die Rollfläche der Schiene ist $1\frac{7}{8}$ Zoll (48 mm) breit; die äussere $\frac{13}{16}$ Zoll (21 mm) breite Flansche ist auf der Oberfläche gerieft. Die 34 pfündige (16 kg) Schiene hat $3\frac{1}{2}$ Zoll (89 mm) Breite und 1 Zoll (25 mm) Dicke; die Rinne ist $\frac{5}{8}$ Zoll (15 mm) tief und die Dicke des Metalls unter derselben beträgt $\frac{3}{8}$ Zoll (9 mm). Die ganze Tiefe der Schiene beträgt $1\frac{15}{16}$ Zoll (49 mm). Die Schienen sind auf den Schwellen mittelst seitlich angebrachter Krampen von Lowmoor-Eisen befestigt, von welchen 21 auf jede 21 Fuss (6,4 m) lange Schiene kommen.

Die Weichen und Kreuzungen sind aus Hartguss, 2 Zoll (50 mm) dick und den Schienen entsprechend gerieft.

Das neue Pflaster besteht aus Pitrodie Basaltsteinen von 3—4 Zoll (75 bis 101 mm) Dicke, 7 Zoll (177 mm) Höhe und 6—11 Zoll (152—279 mm) Länge mit einem granitnen Rande von durchschnittlich 6 Zoll (152 mm) Breite an jeder Seite der Schienen in der ganzen Länge der Bahnstrecke. Alte, wieder zugerichtete Pflastersteine durften nicht über $4\frac{1}{2}$ Zoll (114 mm) dick und nicht unter $6\frac{1}{2}$ Zoll (165 mm) hoch sein. Das Pflaster wurde auf eine 2 zöllige (50 mm) Schicht von grobem Earn-Sand dicht aneinander gelegt; es steht $\frac{1}{4}$ Zoll (6 mm) über dem Niveau der Schienen, wobei noch $\frac{3}{4}$ Zoll (19 mm) tief Sand bleibt. Die Oberfläche hat zu beiden Seiten der Mittellinie der Bahn eine Neigung von mindestens $\frac{1}{8}$ Zoll (3 mm) pro Fuss in horizontaler Richtung. Das Pflaster ist mit einer Mischung von einem Theil gemahlenen gelöschten Charleston-Kalks und zwei Theilen scharfen Sandes vergossen und die Oberfläche mit einer Lage groben Flussandes bedeckt.

Der Contrahent hatte für die Instandhaltung der Anlage auf ein Jahr nach Eröffnung derselben zu sorgen, für die der Schienen sogar zwei Jahre.

Zahlungen für fertige Arbeit wurden monatlich geleistet; doch wurden 10 Procent davon als Caution zurückbehalten, von welchen $\frac{3}{5}$ nach Ablauf eines Jahres und $\frac{2}{5}$ zwei Jahre nach der Vollendung bezahlt wurden.

Die Anlage wurde dem beifolgenden Preisverzeichnisse gemäss construirt:

	£.	s.	d.	
Abheben und Beiseiteschaffen des Strassenmaterials, incl. Pflastersteine an Kreuzungen	0	0	6	pro Quadratyard
Abheben, Beiseiteschaffen und Zurichten alter Pflastersteine	0	1	0	„ „
Ausgrabung, in dem Sumpfe zu Magdalen Green abgelagert, incl. Zurichten der Fläche für den Concret	0	2	0	pro Kubikyard
Concret aus Portland-Cement, 6 Zoll dick	1	2	6	„ „
Mörtel aus Portland-Cement, 1 Zoll dick	0	1	0	„ Quadratyard
Langschwellen von (baltischem) Rothtannenholz 4 Zoll breit und 5 Zoll hoch, in Längen von 21 Fuss, fertig zum Verlegen der Schienen, Laschen, Muttern und Stühle, mit Kreosot getränkt und gelagert: — eine Schwelle	0	1	6	pro lauf. Yard
Ditto, in Längen von 12—18 Fuss, 6 Zoll breit und 5 Zoll hoch, im Radius geschnitten und zubereitet wie oben	0	2	0	„ „ „
Gusseiserne Stühle von 11 Pfund Gewicht, gelagert	0	7	0	pro Centner
Schmiedeeiserne Laschen von 2,3 Pfund Gewicht, für die Bolzen gelocht	0	12	6	„ „
Schmiedeeiserne Verbindungsstangen à 11,2 Pfund	0	12	6	„ „
Schmiedeeiserne Krampen zur seitlichen Befestigung	1	17	6	„ „
Eiserne Schienen, von 60 Pfund Gewicht pro Yard, für Seitenverbindung gelocht, auf den Schwellen befestigt (9 £ 16 s. pro Ton)	0	5	3	pro lauf. Yard
Eisenschienen, von 34 Pfund Gewicht pro Yard, zugerichtet wie oben (12 £ 7 s. pro Ton)	0	3	9	„ „ „

	r.	s.	d.
Eisenschienen an Kreuzungen und Curven, in Radien gebogen, alle zusammen . .	0	5	0 pro lauf. Yard
Gusseiserne Weichen und Kreuzungen, auf den Schwellen befestigt, incl. Gussmodelle	1	10	0 „ Centner
Basalt-Pflaster aus dem Pitrodie Steinbruch, auf Sand gebettet	0	9	8 pro Quadratyard
Pflasterung mit neu zugerichteten Steinen, auf Sand gebettet	0	1	0 „ „
Vergiessen der Pflasterfugen	0	1	0 „ „
Ueberziehen des Pflasters mit Sand	0	0	6 „ „
Adjustiren und Wiedereinsetzen macadamisirter Strassen und Kreuzungen, der Bahn entlang, zwischen gepflasterten Rändern und Rinnen, mit dem alten Material .	0	0	2 pro lauf. Yard
Instandhaltung der Anlage auf ein Jahr, für jede der drei Abtheilungen	20	0	0 „ „ „

Kosten für 100 Yards einfaches Geleise, mit 60pfündiges Schienen (1877).

Arbeit und Material	Quantitäten	Preise	Beträge
Abheben und Beschaffen des Strassenmaterials	283 Quadr.-Yards	0 r. 0 s. 6 d.	7 r. 1 s. 6 d.
Ausgrabung	87 Kubik-Yards	0 „ 2 „ 6 „	10 „ 17 „ 6 „
Concret	47 „	1 „ 2 „ 6 „	52 „ 17 „ 6 „
Cement-Mörtel	34 Quadr.-Yards	0 „ 1 „ 0 „	1 „ 14 „ 0 „
Langschwellen	200 lauf. Yards	0 „ 1 „ 6 „	15 „ 0 „ 0 „
Gusseiserne Stühle	13 Centner	0 „ 7 „ 0 „	4 „ 11 „ 0 „
Verbindungsstangen	6,5 „	0 „ 12 „ 8 „	4 „ 2 „ 6 „
Krampen	2 „	0 „ 13 „ 6 „	1 „ 15 „ 0 „
Stuhlnägel	5,5 „	0 „ 17 „ 6 „	0 „ 2 „ 11 „
Schienen, 60 Pfund pro Yard	200 Yards	0 „ 5 „ 3 „	52 „ 10 „ 0 „
Laschen	0,8 Centner	0 „ 12 „ 8 „	0 „ 7 „ 6 „
Basalt-Pflaster	181 Quadr.-Yards	0 „ 9 „ 0 „	73 „ 0 „ 0 „
Granit-Pflaster (Randsteine)	100	0 „ 13 „ 0 „	65 „ 0 „ 0 „

Die Kosten der Bahn, ohne Pflaster, betragen £ 151 für 100 Yards; gleich £ 1 10 s. 2½ d. pro laufenden Yard einfaches Geleise oder £ 2638 pro laufende Meile. Die Pflasterung kostet £ 1 7 s. 6 d. pro laufenden Yard oder £ 2120 pro laufende Meile. Der Kostenbetrag für Bahn und Pflaster zusammen ist £ 5078 pro Meile einfaches Geleise oder £ 10156 pro Meile doppeltes Geleise. Die Wiederbenutzung alter, noch in brauchbarem Zustande befindlicher Pflastersteine und sonstige Vortheile in Anschlag gebracht, hoffte man jedoch, dass die Gesammtkosten für 1½ Meile doppeltes Geleise sich nicht höher als £ 13300 belaufen würden, die Meile zu £ 9975 gerechnet.

III. CAPITEL.

Die städtischen Strassenbahnen von Glasgow, 1874—75. — System Johnstones und Rankine.

(Mit Zeichnungen auf Tafel I. Fig. 4—12.)

Indem die Ingenieure der „Glasgow Corporation Tramways", Johnstones und Rankine, das in dem ersten Contract für Strassenbahnen (1872) angenommene, früher beschriebene Construction-ssystem verfolgten, führten sie verschiedene Aenderungen ihrer früheren Entwürfe bei den später (1874—75) angelegten Tramways ein. Während des Baues gestaltete sich allmählich die in dem ersten Contract beschriebene Anlage zu der in Tafel II, Fig. 5—12 veranschaulichten, welche jetzt beschrieben werden soll.

Die Veränderungen bestanden:

1) In dem Ersatz der flachen Schiene durch die gedämpfte oder kastenförmige Schiene, welche an der Seite befestigt werden kann.
2) Der Anwendung einer dünneren Schicht Sand unter den Pflastersteinen.
3) Dem Weglassen der unteren Concretbettung, d. i. des Concrets unter den Schwellen.
4) Der Benutzung von Kalkconcret statt bituminösen Concrets.
5) Dem Vergiessen der ganzen Pflasterung mit Asphalt statt Kalk.

Die Bahnlinien haben eine Spurweite von 4 Fuss 7¾ Zoll (1,415 m), mit einem freien Raum von 3 Fuss 11½ Zoll (1,206 m) zwischen den zwei Geleisen, während das Pflaster in einer Breite von 18 Zoll (457 mm) auf jeder Seite darüber hinausreicht. Die Gesammtbreite für doppeltes Geleise besteht in Folgendem:

3 *

Zwei Spurweiten	9 Fuss	3¹/₂ Zoll	(2,830 m)
Zwischenraum	3 „	11¹/₂ „	(1,206 „)
Zwei Strecken Pflaster . . :	3 „	0 „	(0,914 „)
Vier halbe Schienenbreiten 1(³/₈ × 4 —) . .	0 „	7¹/₂ „	(0,190 „)
	16 Fuss	10¹/₂ Zoll	(5,140 m)

Für einfaches Geleise beträgt die Gesammtbreite 7 Fuss 11¹/₂ Zoll (2,425 m).

Die steilsten Steigungen der Glasgower Strassenbahnen liegen in Renfield Street. Im nördlicher Richtung von St. Vincent Street nach Cowcaddens sind die Steigungen folgende:

$$
\begin{aligned}
&1:27 \text{ für } 96 \text{ Yards}\\
&1:21 \text{ „ } 113 \text{ „}\\
&1:26 \text{ „ } 52 \text{ „}\\
&1:43 \text{ „ } 22 \text{ „}\\
&1:81 \text{ „ } 88 \text{ „}\\
&1:20 \text{ „ } 215 \text{ „}\\
&\overline{\text{Im ganzen } 1:21 \text{ für } 586 \text{ Yards}}
\end{aligned}
$$

Die Steigungen in Great Western Road, westlich von Kelvin Bridge, Hillhead, sind:

$$
\begin{aligned}
&1:37 \text{ für } 85 \text{ Yards}\\
&1:27 \text{ „ } 110 \text{ „}\\
&1:30 \text{ „ } 37 \text{ „}\\
&1:33 \text{ „ } 98 \text{ „}\\
&1:44 \text{ „ } 85 \text{ „}\\
&\overline{\text{Im ganzen } 1:33 \text{ „ } 415 \text{ Yards}}
\end{aligned}
$$

Für doppeltes Geleise wurde die Strasse in einer Breite von 17 Fuss (5,18 m) und für einfaches Geleise 8 Fuss (2,43 m) breit in einer gleichmässigen Tiefe von 12¹/₂ Zoll (316 mm) unter der Schienenoberkante abgegraben.

Die abgegrabene Oberfläche wurde von allem Abfall, Schlamm, lockeren und weichen Materialien gesäubert, ehe man den Concret und die Schwellen legte.

Die Schienen bestanden aus Schmiedeeisen und wogen 60 Pfund pro Yard (29 kg pro m); sie waren in Längen von 24 Fuss (7,3 m) gewalzt, doch wurden ungefähr 5 Procent derselben kürzer hergestellt. Das Profil war beinahe das nämliche wie das der bei den „Vale of Clyde Tramways" angewendeten Schienen. Sie sind 3⁷/₈ Zoll (98 mm) breit und 1⁷/₁₆ Zoll dick (37 mm); die leicht gerundete Rollfläche ist 1⁷/₈ Zoll (48 mm), die Rinne 1¹/₄ Zoll (32 mm) und die Flansche an der inneren Seite ³/₄ Zoll (19 mm) breit. Die Rinne hat einen flachen, ³/₈ Zoll (9 mm) dicken Boden und ist nur ¹¹/₁₆ Zoll (17 mm) tief. Die unteren Seitenflanschen sind reichlich ³/₄ Zoll (19 mm) dick und 1³/₈ Zoll (35 mm) tief, was einer Gesammttiefe von 2¹³/₁₆ Zoll (72 mm) gleichkommt. Wenn man diese neue Schiene mit der alten, Fig. 25, vergleicht, so findet man, obschon sie beide 60 Pfund pro Yard (29 kg pro m) wiegen, bei der neuen eine bessere Vertheilung des Metalles; denn während sie ³/₁₆ Zoll (5 mm) dünner ist als die erste Schiene, ist sie mit den Flanschen ¹³/₁₆ Zoll (20 mm) tiefer als jene. Auch behält infolge der verhältnissmässigen Flachheit der Rinne die neue Schiene, obgleich die dünnere, eine genügende Dicke unter derselben, wo sich der schwächste Punkt derartiger Schienen befindet.

Die Langschwellen oder Balken sind aus baltischem Rothtannenholz, 4 Zoll (101 mm) breit und 6 Zoll (152 mm) hoch, an beiden Seiten für die Aufnahme der unteren Flanschen der Schiene abgekantet und nicht unter 24 Fuss (7,3 m) lang. Die Fugen der Schwellen sind vierkantig geschnitten. An Curven sind die Balken dem Radius entsprechend gesägt, und wo der Radius weniger als 80 Fuss (25 m) beträgt, konnte die Länge der Balken auf 14 Fuss (4,2 m) reducirt werden. Die Schienen werden mittelst starker Klammern fest auf die Langschwellen niedergezogen und jede 24 Fuss (7,3 m) lange Schiene auf letzteren mittelst seitlich angebrachter Krampen befestigt, welche, auf beiden Seiten abwechselnd, 13¹/₂ Zoll (342 mm) voneinander entfernt sind. Jeder Schienenstoss ist mit einer 8 Zoll (203 mm) langen, 3 Zoll (75 mm) breiten und ³/₈ Zoll (9 mm) dicken Eisenplatte verlascht, welche flach in die Oberfläche des Balkens eingelassen und auf letzterem mittelst zwei Paar Krampen festgehalten ist. Jede 24 Fuss (7,3 m) lange Schiene ist mit der Schwelle durch 26 Krampen verbunden; diese sind von Lowmoor-Eisen und haben ³/₈ Zoll (9 mm) bei ⁵/₈ Zoll (15 mm) Querschnitt; sie sind im ganzen 8 Zoll (203 mm) lang und in zwei Haken geschmiedet, von denen der obere zugespitzt ist und durch in die Flanschen der Schienen gestossene Löcher geht, der untere jedoch mit Widerhaken versehen ist.

Die Querschwellen sind aus baltischem Rothtannenholz hergestellt, 8 Fuss (2,4 m) lang und 4 Zoll (101 mm) hoch; die Schwellen an den Stössen sind 7 Zoll (177 mm), die dazwischen liegenden 6 Zoll (152 mm) breit. Eine Stossschwelle ist unter jeden Stoss der Langschwellen gelegt, und an jedem Schienenstoss sind zwei Zwischenschwellen angebracht, welche höchstens 2 Fuss (0,6 m) voneinander liegen. An anderen Stellen ist die Entfernung der Zwischenschwellen voneinander nicht über 3 Fuss 8 Zoll (1,117 m) von Mitte zu Mitte und sind Nagellöcher durch die Schwellen gebohrt.

Alles Holz war mit Kreosot getränkt bis im Betrage von 10 Pfd. Kreosot auf den Kubikfuss (157 kg p. cbm).

Die Langschwellen ruhen in festen gusseisernen Schienenstühlen, welche zwischen den Flanschen 4 Zoll (101 mm), für die Fugen der Schwellen 6 Zoll (152 mm) und dazwischen 4 Zoll breit sind. Der Fuss eines jeden Stuhles ist 9³/₄ Zoll (247 mm) lang und ruht auf der Querschwelle, welche zur Aufnahme desselben zugerichtet ist; derselbe ist ³/₄ Zoll (19 mm) dick, und die Flanschen laufen spitz aus, sodass sie unten 1 Zoll (25 mm) und an der oberen Kante ¹/₂ Zoll (12 mm) haben. Die Verbindungsstühle wiegen je 21 Pfund (9 kg) und die Zwischenstühle je 14 Pfund (6 kg). Die Stühle sind auf den Schwellen mittelst ³/₅ zölliger (15 mm) schmiedeeiserner Nägel von 4 Zoll (101 mm) Länge, mit halbrunden Köpfen befestigt, welche von ¹/₂ Zoll (12 mm) auf ³/₈ Zoll (9 mm) an den Enden zugespitzt sind. Die Langschwellen sind in den Stühlen mittelst ⁵/₈ zölliger gepresster eiserner Stifte fixirt, welche durch die Flanschen der Stühle und durch in die Schwellen gebohrte Löcher getrieben werden. Die Enden der Stifte sind dicht an den Flanschen abgesägt (Fig. 8).

Nachdem die Schwellen und Schienen genau gelegt und adjustirt waren, wurden erstere mit feinem Concret unterstopft, der aus folgender Mischung bestand:

Basaltstückchen, ¹/₂ zöllig zerkleinert	3	Theile
Sand	3	"
Orchard - Roman - Cement	1	"
Arden - Kalk	1	"
	8	Theile

Der Raum zwischen den Schwellen wurde bis zum Niveau der Oberfläche derselben mit Concret aufgefüllt, der folgendermaassen zusammengesetzt war:

2 zöllige Basaltstückchen, gänzlich von Schlamm und Schmutz befreit . . .	6	Theile
Sand	1	"
Orchard - Roman - Cement	1	"
Arden - Kalk	1	"
	9	Theile

Auf diese Concret-Bettung und über die Schwellen wurde eine Schicht von feinem Concret in solcher Dicke gelegt, dass sie bis ¹/₂ Zoll (12 mm) unter das Pflaster reichte. Bei 6¹/₂ Zoll (164 mm) hohen Pflastersteinen betrug die Dicke der Schicht ungefähr 1¹/₄ Zoll (31 mm). Das Pflaster wurde auf eine ¹/₂ Zoll (12 mm) dicke Lage von reinem, scharfem Sande gebettet. Das neue Pflaster sollte aus Granit aus den Steinbrüchen von Furness oder Bonawe sein oder, nach Wunsch der Gemeinde, aus Aberdeen-Granit. In der Folge wurde der Granit ausschliesslich aus den Aberdeen-Steinbrüchen bezogen. Die Steine mussten 3—4 Zoll (76—101 mm) breit, 6—7 Zoll (152—177 mm) hoch und 6—12 Zoll (152—304 mm) lang sein und wurden in geraden, parallelen Reihen quer über die Bahngeleise gelegt, dicht an die Schienen grenzend, wobei die über den Stühlen liegenden Steine diesen angepasst wurden. Die Oberfläche des Pflasters hatte in diagonaler Richtung eine Neigung von ¹/₄ Zoll (6 mm) pro Fuss vom Mittelpunkte der Bahn aus. Es wurde mit einer Mischung von Asphalt vergossen, der aus reinem Kohlentheerpech und Pechöl von einem specifischem Gewicht von 95 hergestellt war. Oel musste in genügender Menge angewendet werden, um einen plastischen Verguss herzustellen; dieser wurde heiss eingegossen und die Fugen ganz damit ausgefüllt.

Die Weichen und Kreuzungen sind von Gusseisen, auf der oberen Seite mindestens ³/₄ Zoll (9 mm) hoch hartgegossen.

Der in Bezug auf ökonomischen Betrieb und Leistungsfähigkeit in der neuesten Praxis der „Glasgow Corporation Tramways" gegenüber dem ersten Constructionssystem erzielte Fortschritt zeigt sich deutlich bei einem Vergleich der Illustrationen. Man liess die 4 zöllige (101 mm) Unterlage von Concret weg, da man fand, dass der ausgegrabene Grund fest genug war, um die Querschwellen zu tragen. Auf diese Weise wurde auch eine Ersparniss bei der Ausgrabung erzielt, indem die Tiefe derselben um 4 Zoll (101 mm), nämlich von 16¹/₄ Zoll (412 mm) auf 12¹/₄ Zoll (307 mm), reducirt wurde.

Bei der früheren wie bei der späteren Anlage waren, nur in verschiedener Weise, Vorkehrungen getroffen, um den Bau wasserdicht zu machen. Bei der ersten Anlage hatte man die Dichtung auf dem Boden angebracht und bestand dieselbe aus bituminösem Concret, während sie bei der zweiten auf die Oberfläche der Strasse verlegt und durch Vergiessen des Pflasters mit bituminösem Mörtel hergestellt war.

Sehr vortheilhaft war bei der späteren Anlage die Anwendung einer dünneren Lage Sand für das Pflaster — ¹/₂ Zoll (12 mm) statt 1¹/₄ Zoll (31 mm) —; es wurde dadurch eine grössere Festigkeit des Pflasters erreicht, welches besser auf gleichem Niveau mit den Schienen erhalten werden konnte und die Vorzüge des guten Fundaments deutlich bewies.

Die wichtigste Verbesserung endlich bestand darin, dass die flache Rinnenschiene mit verticaler Bolzenverbindung durch Flanschenschienen, die seitlich befestigt waren, ersetzt wurde.

„Glasgow Corporation Tramways". — Preisverzeichniss.

Abheben des Chausseebelages, Ausgraben und Wegschaffen des Strassenmaterials, von gepflasterten, resp. macadamisirten Strassen:

		£	s.	d.	
Doppeltes Geleise		0	4	0	pro lauf. Yard
Einfaches Geleise		0	2	0	" " "

Beschaffen und Legen von grobem, sowie von feinem Concret:

| Doppeltes Geleise | | 0 | 11 | 6 | " " " |
| Einfaches Geleise | | 5 | 9 | 0 | " " " |

Transport der Schienen, Bögen und Verlegen derselben:

Doppeltes Geleise					
Einfaches Geleise		0	1	9	" " "
Schienenstühle, fertig verlegt		7	17	0	pro Ton
Stossplatten, ditto		13	0	0	" "
Schienennägel, ditto		16	0	0	" "
Klammern, ditto		44	0	0	" "
Hartguss-Weichenschienen, fertig verlegt		6	0	0	pro Stück
Ditto, Kreuzungen, ditto		5	5	0	" "

Querschwellen mit Kreosot getränkt und gelegt:

Zwischenschwellen		0	3	2	" "
Stossschwellen		0	3	6	" "
Langschwellen, mit Kreosot getränkt und gelegt		0	1	11	pro lauf. Yard
Kieferne Stifte		0	0	$0\frac{1}{2}$	pro Stück

Beschaffen und Schütten des Sandes:

| Doppeltes Geleise | | 0 | 0 | 9 | pro lauf. Yard |
| Einfaches Geleise | | 0 | 0 | $4\frac{1}{2}$ | " " " |

Zurichten und Wiedersetzen der alten Pflastersteine:

| Doppeltes Geleise | | 0 | 8 | 0 | " " " |
| Einfaches Geleise | | 0 | 4 | 0 | " " " |

Neues Pflaster, fertig gesetzt:

| Doppeltes Geleise | | 2 | 17 | 0 | " " " |
| Einfaches Geleise | | 1 | 8 | 6 | " " " |

Vergiessen des Pflasters mit Pech:

Doppeltes Geleise		0	12	0	" " "
Einfaches Geleise		0	6	0	" " "
Extra-Ausgrabung		0	2	0	pro Kubik-Yard
Ditto, Concret		0	11	6	" "

Aberdeen-Granit zum Pflaster:

| Doppeltes Geleise | | 2 | 16 | 0 | pro lauf. Yard |
| Einfaches Geleise | | 1 | 8 | 0 | " " " |

Quantitäten und Kosten pro Meile einf. Geleise der „Glasgow Corporation Tramways", neueste Anlage 1874—75.

Arbeit und Material	pro Meile			pro lauf. Yard		
	Quantitäten	Kosten		Quantitäten	Kosten	
		£	s.	d.		£ s. d.
Bahn						
Ausgrabung	1694 Kubik-Yards	178	0	0	96 Kubik-Yards	0 2 5
Concret	639	505	0	0	36 "	0 5 9
Schwellen	3852 Kubik-Fuss	247	10	0	220 Kubik-Fuss	0 3 $0\frac{3}{4}$
Stühle	29,82 Tons	161	17	2	$26\frac{1}{2}$ Pfund	0 1 10
Schienennägel	2356 Pfund	16	16	7	1,34 "	0 0 $2\frac{1}{2}$
Eichenholznägel	3528	7	5	0	2, "	0 0 1
Schienen	91,3 Tons	990	3	0	120 "	0 11 3
Stossplatten	1099 Pfund	6	12	6	62 "	0 0 $0\frac{3}{4}$
Klammern	1149 "	22	14	0	6,5 "	0 2 $8\frac{1}{2}$
Im ganzen	—	2137	0	3	—	1 6 7
Pflaster						
Sand	1760 lauf. Yards	33	0	0	1 lauf. Yard	0 0 $4\frac{1}{2}$
Neue Pflastersteine	4591 Quadr.-Yards	559	0	0	2,61 Quadr.-Yards	1 8 8
Pech-Verguss	1760 lauf. Yards	52	0	0	1 lauf. Yard	0 8 0
Im ganzen	—	3692	0	0	—	1 14 11
Summa						
Bahn	—	2137	0	3	—	1 6 7
Pflaster	—	3069	0	0	—	1 14 4
Gesammtkosten	—	5406	0	3	—	3 1 0

IV. CAPITEL.

Die Strassenbahnen von Bristol, Leicester, Salford: — Kincaid's System, 1876 — 77.

Die Bristol-Strassenbahnen.

(Mit Zeichnungen auf Tafel I. Fig. 13—22).

Kincaid's neuestes Strassenbahn-System ist auf Tafel I, (Fig. 13—21) veranschaulicht, auf welcher Construction und Details der im Jahre 1876 angelegten „Bristol-Tramways" ersichtlich. Die „Hull Street-Tramways" wurden nach dem gleichen System in denselben Jahre construirt; die Strassenbahnen von Leicester im Jahre 1874, die späteren Abtheilungen der „Leeds-Tramways" und die Sheffield-Tramways" (Fig. 21—22) in den Jahren 1876—77.

Die Spurweite dieser Linien ist 4 Fuss 8½ Zoll (1.435 m). Die Bristol-Tramways" sind eingeleisig, 1 Meile 1452 Yards lang, mit Maximalsteigungen von 1:17. Die macadamisirte Fahrstrasse wurde in einer Breite von 8 Fuss (2,4 m) zu einer gleichmässigen Tiefe von 8 Zoll (203 mm) abgegraben; zur Fundirung der Stühle wurden in Entfernungen von 3 Fuss (0,9 m) von Mitte zu Mitte 18 Zoll (457 mm) breite und 16 Zoll (406 mm) lange Löcher in einer Tiefe von 15 Zoll (380 mm) unter die Strassenoberfläche gegraben. Der angewendete Concret bestand aus folgender Mischung:

Reiner scharfer Kies oder Schotter von 1zölliger (25 mm) Grösse . . . . 3 Theile
Sand . . . . 2 „
Frisch gebrannter Aberthaw-Kalk . . . . 1 „
                                                              5 Theile

Die Löcher wurden im ganzen 8 Zoll (203 mm) hoch mit Concret gefüllt, in welchen der Fuss der Stühle 3 Zoll (76 mm) tief eingedrückt wurde. Concret wurde gleichfalls in der ganzen Breite zwischen den Stühlen unter die Schienen gestopft, theilweise, um Tragfläche zu bieten, hauptsächlich aber, um den Raum unter der Schiene auszufüllen und ihn von Wasser frei zu halten.

Die Schienen sind aus Schmiedeeisen aus einem einzigen Barren vom besten hämmerbaren Roheisen Nr. 2 gewalzt und wiegen 43 Pfund pro Yard (21 kg per m), indem sie zwischen 42 und 44 Pfund (20—22 kg pro m) variiren. Sie sind, mit Ausnahme von 5 Procent der ganzen Zahl, die kürzer sind, in Längen von 24 Fuss (7,3 m) hergestellt. Die Schienen sind 3½ Zoll (88 mm) breit und unter der Laufkante und der Rinne ⁷⁄₁₆ Zoll (11 mm) dick und halten zu beiden Seiten 2¼ Zoll (57 mm) hohe, schwach konische Flanschen, die an den unteren Kanten ⁷⁄₁₆ Zoll (11 mm) dick sind. Die Laufkante der Schiene ist 1⅝ Zoll (40 mm), die Rinne 1⅜ Zoll (35 mm) breit und die äussere Kante an der Kante ½ Zoll (12 mm) dick und gerieft. Die Rinne wird nach unten schmaler und ist meistens nach der Aussenseite zu abgeschrägt. Die Laufkante der Schiene ist flach, aber etwas geneigt, mit einer Ueberhöhung von ¹⁄₁₆ Zoll (1,5 mm) gegen die Mitte der Schiene zu. Bei einer solchen Bildung concentrirt sich die Berührung der Waggonräder mit der Laufkante auf dem inneren Rande der letzteren; die Last ist dadurch auf die Mitte der Schiene verlegt und ungehöriges Umkanten und Ausbiegen infolge seitlicher Belastung vermieden, ein Punkt von besonderer Wichtigkeit für die Stabilität der nur stellenweise unterstützten Schienen.

Der viereckige Fuss der gusseisernen Stühle ist 14 Zoll (355 mm) breit, 12 Zoll (304 mm) lang und ¾ Zoll (19 mm) stark und liegt 10 Zoll (254 mm) unter der Schienenoberkante. Die Stühle selbst sind, wie die Schienen, oben 3½ Zoll (88 mm) breit und halten letzteren eine Stützfläche von 3¼ Zoll (88 mm) Länge in den Zwischenräumen und von 7 Zoll (177 mm) an den Schienenstössen; sie sind von Mitte zu Mitte 3 Fuss (0,9 mm) voneinander entfernt. Die Schienen sind an den Stühlen zu beiden Seiten mittelst Klammern (Fig. 20) befestigt, welche aus halbrundem Stabeisen, bestem Staffordshire, gefertigt sind, in durch die Schienen gestossene Löcher eingreifen und in Blöcke (Fig. 18 und 19) von hartem Holz getrieben werden, die in den Löchern der Stühle sitzen. An jedem Schienenende stellen zwei Klammern (Fig. 17), je eine an jeder Seite, die Verbindung her und kommen auf eine 24 Fuss (7,3 m) lange Schiene je 11 Klammern an jeder Seite. Die Löcher für die Blöcke in den Stühlen sind schwach konisch; sie haben an ihrem stärkeren Ende 1⅜ Zoll (34 mm) Durchmesser für die Stossstühle und 1⅜ Zoll (34 mm) für die Zwischenstühle.

Die Weichen und Kreuzungen sind aus Gusseisen, mit schmiedeeisernen Zungen; die Oberfläche derselben ist mit der Feile bearbeitet. Auf jede Weiche treffen drei gusseiserne Stühle und auf jede Kreuzung deren zwei.

Alle Gussstücke sind aus starkem grauen Eisen Nr. 1.

Das Pflaster besteht aus Granitwürfeln von 5 Zoll (127 mm) Höhe und ist in der grössten Breite von 8 Fuss (2,4 m) auf eine 3 Zoll (76 mm) dicke, auf den ausgegrabenen Grund gebreitete Kiesbettung gesetzt. Dasselbe war mit flüssigem Mörtel, aus sechs Theilen feinen Sandes und einem Theil frischgebrannten Kalkes, vergossen; es wurde gerammt, ehe der Verguss sich gesetzt hatte, und dann nochmals vergossen.

Wirkliche Kosten der Bristol-Strassenbahnen (Kincaid's Bahn) pro Meile einfaches Geleise, 1876.

	£	s.	d.	£	s.	d.
Gewalzte Eisenschienen, 44 Pfund pro Yard, 65 Tons	7	10	0	510	0	0
Gusseiserne Stühle, incl. Abgaben, 79 Tons	6	12	9	524	7	3
4000 Holzplöcke, pro 1000	4	10	0	18	0	0
9700 gusseiserne Klammern, pro Stück	0	0	2	80	16	8
Verlegen der Bahn, incl. Ausgrabung und Concret, pro lauf. Yard	0	7	0	616	0	0
Gesammtkosten der Bahn . . .				1749	3	11
Beschaffen und Setzen des Granitpflasters, incl. Kiesbettung und						
Verguss, 4400 Quadrat-Yards	0	12	0	2640	4	0
				4389	4	0

Die Anlage musste auf 6 Monate nach der Vollendung und Eröffnung in gutem Zustande erhalten werden. Zahlungen wurden monatlich gemacht mit Abzug von 10 Procent, welche bis nach Ablauf des Contractes zurückbehalten wurden.

Die Leicester-Bahnen.

Im Anschluss an die im Jahre 1874 gebaute, 4,14 Meilen lange Bahnstrecke hat die „Leicester Tramways-Company" im October 1877 einen Contract für die Anlage einer weiteren Strecke von 5 Meilen Strassenbahn nach Kincaid's System abgeschlossen. Die Schienen müssen aus Siemens-Stahl gewalzt sein und 47 Pfund pro Yard (23 kg pro m) wiegen, die Klammern aus Lowmoor-Eisen hergestellt sein. Folgendes sind Details des Contractes:

	£	s.	d.	£
Schienen aus gewalztem Siemens-Stahl, 47 Pfund pro Yard, 47 Tons	8	7	6	620
75 Tons Kincaid's gusseiserne Stühle	3	18	6	294
Klammern aus Lowmoor-Eisen und Plöcke	—	—	—	100
5 Paar Gussstahlweichen	—	—	—	50
Fundamentirung, incl. Ausgrabung für Pflaster sowohl als für Bahn und Concretbettung, pro lauf. Yard	0	5	1	450
Gesammtkosten				1514

Beschaffen und Setzen des Leicestershire-Granit-Pflasters, 5 Fuss breit, wie folgt:
Steine von 6 Zoll × 4 Zoll innerhalb der Schienen und eine Reihe innerhalb derselben;

	£	s.	d.	£
„Random-Granit" von mindestens 4 Zoll Kubus für die übrige Fläche, pro lauf. Yard	0	6	4	1300
Gesammtkosten für Bahn und Pflaster				2514
Dazu, für Ingenieur-Arbeiten und gerichtliche Taxen .				186
Im ganzen pro Meile einfaches Geleise				£ 3000

Die städtischen Strassenbahnen von Salford.

Als Beispiel für die neueste Entwickelung des Kincaid'schen Systems dienen die kürzlich nach dem Plane des städtischen Ingenieurs und Feldmessers Alfred M. Fowler angelegten, in den Fig. 49, 50, 51 dargestellten Salford-Strassenbahnen. Die Details der Schienen und der Befestigung derselben sind speciell von Fowler entworfen worden. Die Bahnen bestehen aus zwei Linien: — einer doppelgeleisigen, von Albert Bridge nach Pock Horse Inn, 1 Meile 1437 Yards lang, und einer eingeleisigen Strecke, in Bury New Road, zwischen dem Chaussehaus von Kersal und dem Gasthaus von Grove, 1 Meile 479 Yards lang. Die Strassen waren theils gepflastert, theils macadamisirt.

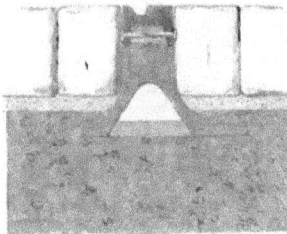

Fig. 49. Städtische Strassenbahn von Salford: Kincaid's System, modificirt von A. M. Fowler. In 1/6 der natürl. Grösse.

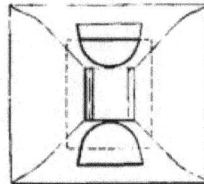

Fig. 50. Städtische Strassenbahn von Salford. Grundriss eines Stühles. In 1/6 der natürl. Grösse.

Die Schienen liegen in einer Spurweite von 4 Fuss 5½ Zoll (1,435 m), mit einem freien Raum von 4 Fuss (1,2 m) zwischen den zwei Geleisen einer doppelten Linie. Die Gesammtbreite für doppeltes Geleise, incl. 18 Zoll (457 mm) Breite an jeder Seite, ist 17 Fuss (5,18 m) in folgender Anordnung:

4 Fuss $8\frac{1}{2}$ Zoll × 2 =	9 Fuss	5 Zoll	(2,870 m)
Zwischenraum	4 „	0 „	(1,219 „)
18 Zoll × 2 =	3 „	0 „	(0,914 „)
4 halbe Schienenbreiten ($1\frac{3}{4}$ × 4 =)	0 „	7 „	(0,177 „)
Ganze Geleisbreite	17 Fuss	0 Zoll	(Sa.: 5,180 m)

Für einfaches Geleise beträgt die ganze Breite 8 Fuss (2,4 m).

In einer gleichmässigen Tiefe von 8 Zoll (203 mm) auf ganze Geleisbreite wird das Pflaster abgehoben, resp. der Macadam ausgegraben. Für die Fundirung der Schienenstühle werden in Entfernungen von 3 Fuss (0,9 m) von Mitte zu Mitte, in einer Tiefe von 15 Zoll (380 mm) unter der Schienenoberkante Löcher gegraben; dieselben sind auf dem Grunde 18 Zoll (457 mm) lang und 20 Zoll (507 mm) breit.

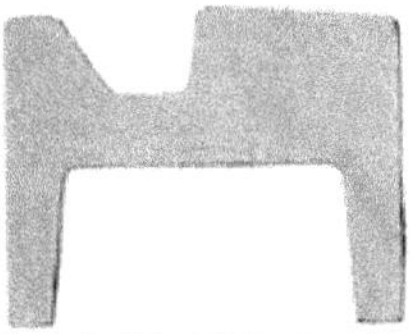

Fig. 51. Profil der städtischen Strassenbahn von Salford. In $\frac{1}{2}$ der natürl. Grösse.

Der Concret, welcher auf einer hölzernen Unterlage gehörig gemischt und frisch angewendet wird, ist folgendermaassen zusammengesetzt:

Reiner scharfer Kies, Schotter oder Macadam	4 Theile
Bester Portland-Cement	1 „
	5 Theile

Die für die Fundirung der Stühle gegrabenen Löcher werden mit Concret gefüllt, in welchen die Stühle eingesetzt und hierauf nivellirt werden; der Concret wird unter dem Stuhle und rings um denselben festgestampft. Jeder Concretblock ist 18 Zoll (457 mm) lang, 20 Zoll (507 mm) breit und 8 Zoll (203 mm) tief; der Fuss des Stuhles ist $1\frac{5}{8}$ Zoll (41 mm) tief in die Oberfläche des Blockes eingedrückt. Der Raum unter den Schienen, zwischen den Stühlen wird mit Concret gefüllt, indem man ihn an einer Seite der Schiene abschliesst und von der anderen Seite den Concret mit hölzernen Rammen feststampft.

Die Stühle stehen in gleicher Ebene $8\frac{5}{8}$ Zoll (218 mm) unter der Schienenoberkante, bis zur unteren Seite des Stuhles gemessen. Der Fuss hat eine durchschnittliche Dicke von 1 Zoll (25 mm); die Seiten haben eine Minimaldicke von $\frac{3}{4}$ Zoll (19 mm); der mittlere Theil des Zwischenstuhles hat $3\frac{1}{2}$ Zoll (55 mm) im Quadrat, während der obere Theil, welcher die Schiene aufnimmt, schwach konisch und $2\frac{1}{2}$ Zoll (62 mm) breit ist. Schiene und Stuhl stossen in einer geraden Fläche zusammen. Die Zwischenstühle wiegen ca. 48 Pfund (23,8 kg pro m) und die Stossstühle je 68 Pfund (30 kg). Die Löcher für die Pflöcke in dem oberen Theile der Stühle sind konisch und haben am breiteren Ende 1 Zoll (25 mm) Durchmesser; die Pflöcke sind aus Eschenholz.

Die eisernen Schienen sind aus Packeten ausgesuchten Roheisens gewalzt, oben körnig, unten faserig; dieselben mussten 50 Pfund pro Yard (24,8 kg pro m) wiegen und in Längen von 24 Fuss (7,3 m) hergestellt sein. Fünf Procent der ganzen Schienenzahl waren in kürzeren Längen, jedoch mindestens 12 Fuss (3,6 m) lang, gewalzt. Schienen, welche weniger als 50 Pfund (24,8 kg) oder mehr als 52 Pfund (25,7 kg) wogen, waren ausgeschlossen. Die Schienen sind $3\frac{1}{2}$ Zoll (88 mm) breit und im ganzen $2\frac{3}{4}$ Zoll (69 mm) hoch bei einer Maximaldicke von $1\frac{3}{8}$ Zoll (34 mm). Die Laufkante oder Rollfläche ist $1\frac{5}{8}$ Zoll (41 mm), die Rinne $1\frac{1}{4}$ Zoll (31 mm) breit und $\frac{3}{4}$ Zoll (19 mm) tief; die äussere Kante ist auf der Oberfläche $\frac{1}{2}$ Zoll (12 mm) breit und hat pro Fuss Länge 14 tiefe Einschnitte. Die Oberfläche der Laufkante ist flach und so geneigt, dass sie in der Mitte der Schiene $\frac{1}{8}$ Zoll (3 mm) höher ist als an der Seite, um den Druck der Wagenräder in der Mitte der Schiene zu erhalten.

In jede 24 Fuss (7,3 m) lange Schiene sind paarweise in Entfernungen von 3 Fuss (0,9 m) 18 Löcher gebohrt, durch welche zur Befestigung derselben auf den Stühlen $\frac{3}{8}$ zöllige (9 mm) runde schmiedeeiserne Nägel getrieben werden, welche $2\frac{1}{4}$ Zoll (56 mm) lang und unten zugespitzt sind. Die Schienennägel mussten von der besten Qualität sein, um sich kalt ohne Riss im rechten Winkel biegen zu lassen. Die Schienen wurden mittelst einer Schraubenklammer fest auf die Stühle gepresst, während man die Nägel nahe dem oberen Theil der Pflocklöcher so eintrieb, dass die Schiene fest auf den Obertheil des Stuhles zu sitzen kam. Die Köpfe der Nägel sind $\frac{1}{4}$ Zoll (6 mm) dick und stehen um so viel an den Seiten der Stühle vor, welche im übrigen mit den Schienen eine flache Grenze für die Pflastersteine bieten.

Die Weichenschienen sind 8 Fuss (2,4 m) lang; sie sind aus Hartguss, gehärtetem Gussstahl oder Vickers' Schmiedestahl hergestellt. Für Kreuzungen werden gewöhnliche Schienen in den erforderlichen Winkeln glatt abgeschnitten, sodass sie sich den Seiten der Schienen der zu kreuzenden Hauptstrasse genau anpassen. Die anliegenden Flanschen an dem Schienenstoss werden mit $\frac{1}{2}$ zölligen (12 mm) Bolzen verbolzt.

Das Pflaster besteht aus Granitsteinen von 6 Zoll (152 mm) Höhe, welche auf einer 2 Zoll (50 mm) dicken Sandbettung liegen.

Die ganze Anlage musste 1 Jahr nach der Vollendung unterhalten werden, die Schienen auf 2 Jahre.

Die Kosten des Werkes, excl. Pflasterung, beliefen sich auf £ 1925 pro Meile einfaches Geleise.

V. CAPITEL.

Die Strassenbahnen von Southport und die Wirral-Bahn von C. H. Beloe. — Beloe's neue Systeme.

(Mit Zeichnungen auf Tafel II. Fig. 1—7.)

Die im Jahre 1873 eröffneten „Southport-Tramways", deren Ingenieur Charles H. Beloe ist, bestehen in einer eingeleisigen Bahnstrecke von 4 Meilen Länge und sind mit geflanschten Eisenschienen verlegt; diese sind auf Langschwellen befestigt, welche auf Querschwellen mit einer Unterlage von Concret ruhen. Die Spurweite beträgt 4 Fuss 5½ Zoll (1,135 m). Die ganze Anordnung ist in Tafel II, Fig. 5—7 veranschaulicht. Der Grund wurde in einer gleichmässigen Tiefe von 12½ Zoll (316 mm) unter der Oberfläche der Fahrstrasse auf eine Breite von 8 Fuss (2,4 m) abgegraben und die ganze Fläche mit einer 3 Zoll (76 mm) dicken Concretschicht bedeckt.

Der Concret bestand aus:

Schotter	3 Theile
Grobem Sand oder feinem Kies	1 „
Blauem Lisskalk	1 „
	5 Theile

Auf diese Basis legte man Querschwellen aus Pechtannenholz von 6 Zoll (152 mm) Breite und 3 Zoll (76 mm) Höhe in Zwischenräumen von 6 Fuss (1,52 m) von Mitte zu Mitte. 3 Zoll (76 mm) breite und 6 Zoll (152 mm) hohe Langschwellen ruhten auf diesen Querschwellen, in welche sie 1 Zoll (25 mm) tief eingelassen und auf denen sie mit je 4 Klammern an jedem Einschnitt befestigt waren. An den Fugen der Langschwellen stellten gusseiserne Laschen die Verbindung mit den Querschwellen her.

Die Schienen, im Gewicht von 40 Pfund pro Yard (19,8 kg pro m), sind 3 Zoll (76 mm) breit, 1¼ Zoll (31 mm) dick und mit den Seitenflanschen 2¼ Zoll (56 mm) hoch. Die Breite war auf 3 Zoll beschränkt, weil man glaubte, dass eine Schiene von dieser Breite dem gewöhnlichen Verkehr weniger hinderlich sein würde als eine solche von der gewöhnlichen Breite von 4 Zoll (101 mm) und überdies die Anlagekosten geringer sind. Die Schienen sind auf den Langschwellen mittelst Klammern befestigt, welche in Zwischenräumen von 3 Fuss (0,9 m) zu beiden Seiten der Schienen angebracht sind. An jedem Schienenende sitzen zur Sicherung der Schienenstösse ein Paar Klammern, sowie eine schmiedeeiserne Lasche von 15 Zoll (380 mm) bei 2¼ Zoll (56 mm) und ⅜ Zoll (15 mm) Dicke.

Nachdem Schienen und Schwellen dem Niveau der Strasse gemäss adjustirt waren, wurde der Raum um die Querschwellen und 2 Zoll (50 mm) über diesen mit Concret ausgefüllt, dessen gleichmässige Oberfläche 4¼ Zoll (173 mm) unter dem Niveau der Strasse lag. Auf diese Weise waren die Querschwellen von einer 8 Zoll (203 mm) tiefen Concretmasse eingeschlossen. Das Pflaster, 4 zöllige (101 mm) Steinwürfel, wurde auf eine ½ zöllige (12 mm) Sandschicht gelegt und vergossen.

Die Strassenbahnen von Southport: — Quantitäten und Kosten für eine Meile einfaches Geleise, 1873.

			£	s.	d.	£	s.	d.
Ausgrabung, 8 Fuss breit:								
Macadam, 3 Zoll tief	4693½ Quadr.-Yard à 2½ d.		48	17	8½			
Untergrund der Strassen, 9½ Zoll tief	1238 Kubik-Yard à 1 s.		61	18	0			
Nivelliren des abgegrabenen Bodens .	4693½ Quadr.-Yards à ½ d.		9	15	6½			
Concret 8 Zoll tief (1043 Kub.-Y.);						120	11	3
Rabatt für 52 Kub.-Y. Schwellen .	991 Kubik-Yard à 9 s.					445	19	0
Holz:								
Langschwellen von Pechtannenholz, 6 Zoll × 3 Zoll, in Längen von 21 Fuss	10560 lauf. Fuss à 5 d.		220	0	0			
Querschwellen, in Abständen von 6 Fuss eingeschnitten, 7 Fuss lang × 550 =	6160 lauf. Fuss à 5 d.		128	8	8			
Eisenschienen, 21 Fuss lang, 1760 × 2 = 3520 Y. zu 40 Pfd. pro Yard	63 Tons à £ 13					348	6	8
						819	0	0
Klammern:								
Kurze, 4 an jedem Stoss 2008 à 4 Unzen Lange, 4 an jedem Stoss 2008	4½ Centner à 24 s.		5	9	0			
Lange, 4 auf jedem Yard der Bahn . . . 7040								
à 4½ Unzen: 9048	23 Centner à 24 s.		27	12	0			

			£	s.	d.	£	s.	d.
	Transport:		33	0	0			

Klammern:
Gedrehte, 4 an jeder Querschwelle,
ausgenommen an den Stössen der
Langschwellen — 550 Querschwellen, weniger 251 Stösse = 629 × 4 =
2516 à 5 Unzen . . . . . 7 Centner à 24 s. 5 6 0

		41	8	0

Doppel-Laschen, 2 an jedem Langschwel-
lenstoss; 502 Stösse × 2 = 1004
à 5 Pfund 6 Unzen . . . . 48½ „ à 14 s. 33 15 8
Eichene Nägel, 6 an jedem Langschwel-
lenstoss; 502 Stösse × 6 = 3,012 à £ 6 pro 1000 18 0 0
Schienenlaschen, 502 à 5,56 Pfund . 26¼ „ à 13 s. 17 1 3

Ausgrabung u. Material f. d. Strassenbahn 1544 1 10
Pflasterung, 4400 Quadr.-Yards:
Granitsteine à 6 s. 2 d. pr. Quadr.-Y. ⎫
Pflasterung . . . à 4 d. „ „ ⎪
Verguss . . . . à 6 d. „ „ ⎬ 4400 Quadr.-Yards à 7 s. 0¼ d. 1544 11 8
Sand . . . . à ¼ d. „ „ ⎪
Ausbesserung zwischen dem neuen und ⎭
alten Pflaster . . . . . 1760 lauf. Yards à 6 d. 169 14 0
Anlegen der Bahn . . . . . . 1760 „ „ à 1 s. 10 d. 161 6 8
Anpassen der Laschen . . . . 502 Stellen à 4 d. 8 7 4

Transport: Tons Ctr.
Schienen und Laschen . 64 6½
Winkellaschen . . . 2 8½
Klammern 1 15
Holznägel 0 1
Holz 38 5
Granitsteine . . . 782 0

Gesammtgewicht: 889 Tons à 1 s. 6 d. 66 13 6
Aufsicht, Beleuchtung, Nebenausgaben 100 0 0

Gesammtkosten: 3769 1 0

Guthaben . . . .
Altes Material 41 0 0

Reinkosten: 3728 1 0

Rund: £ 3725 pro Meile.

Die „Wirral Tramway" (Tafel II, Fig. 1—4) (Birkenhead, Tranmere, Rock Ferry und New Ferry) ist eine eingeleisige Bahnstrecke von 3 Meilen Länge, incl. Seitenlinien. Sie wurde nach dem Entwurf des Ingenieurs Beloe construirt und im Jahre 1877 eröffnet. Der Ingenieur hatte bei Anlage dieser Linie, welche ebenfalls die normale Spurweite aufweist, die Construction wesentlich vereinfacht im Vergleiche zu jener der Southport Linie.

Die Schienen sind auf Langschwellen gelegt, welche in Concret gebettet und durch Zugstangen verbunden sind. Bei der Wahl dieses Constructionssystems, in welchem Zugstangen die Stelle der Querschwellen vertreten, war der Ingenieur von dem Wunsche beeinflusst, das bereits vorhandene Fundament nicht zu zerstören. Dieser Untergrund bestand in einer 10 Zoll (254 mm) tiefen Schicht Asphalt oder rohen Steinen, die mit der Hand eingelegt waren; hätte man daher Querschwellen gelegt, so wäre der Asphalt in einem Maasse durchbrochen worden, dass dadurch das Fundament bedeutend an Festigkeit verloren hätte. Obschon jedoch durch die Anwendung von Zugstangen an Stelle der Querschwellen die Kosten wesentlich geringer wurden, so bereute der Ingenieur gleichwohl, den alten Asphalt nicht herausgenommen und durch ein Concretfundament in der ganzen Bahnbreite ersetzt zu haben.[1]

Die Schienen sind von Stahl und breiter und schwerer als die Southport-Schienen, 4 Zoll (101 mm) breit, wiegen 52 Pfund pro Yard (25,7 kg pro m) und sind in Längen von 21 Fuss (6,4 m) gewalzt. Sie sind 1⅓ Zoll (34 mm) dick und haben ¹⁵⁄₁₆ Zoll (23 mm) hohe Seitenflanschen, wodurch die Gesammthöhe 2⁹⁄₁₆ Zoll (57 mm) beträgt. Beloe verbesserte so die Southport-Schiene, da er gefunden hatte, dass diese keine genügende Steifigkeit besass. Die Schienen ruhen auf 4 Zoll (101 mm) breiten, 6 Zoll (152 mm) hohen Lang-

[1] Proceedings of the Institution of Civil Engineers, vol. I page 41.

6 *

schwellen und sind an diesen mittelst seitlich angebrachter schmiedeeiserner Klammern befestigt, von denen je 10 auf jede Schiene kommen und welche in Entfernungen von 6 Fuss (1,82 m) an jeder Seite angebracht sind, ausgenommen an den Schienenstössen, wo sie näher aneinander liegen.

Die Enden der Schwellen liegen in 9 Zoll (228 mm) langen gusseisernen Stühlen, welche querüber durch ³⁄₄ zöllige (19 mm) Zugstangen verbunden sind; letztere werden an den inneren Seiten der Stühle durch Unterlegscheiben gehalten, gehen durch Stühle und Schwellen und sind an der Aussenseite mit Muttern angezogen (Fig. 3). Die Schwellen sind gleichfalls durch drei dazwischenliegende Zugstangen verbunden, welche durchgezogen und an der Aussenseite verschraubt sind.

Der Grund wurde in einer gleichmässigen Tiefe von 7¹⁄₂ Zoll unter der Schienenoberkante ausgehoben; überdies wurden unter den Schwellen zwei 12 Zoll (304 mm) breite und 3 Zoll (76 mm) tiefe Langgräben gezogen und beträgt hier die Gesammttiefe ungefähr 10¹⁄₂ Zoll (266 mm). Nachdem die Schienen und Schwellen adjustirt waren, wurde der ausgegrabene Grund, sowie die Gräben unter den Schwellen, bis zu einer Höhe von 3 Zoll (76 mm) über dem Boden ganz mit Concret gefüllt, sodass die Schwellen ebenso tief in demselben liegen und dass 4¹⁄₂ Zoll (113 mm) für das Pflaster bleiben; letzteres besteht in 4 zölligen (101 mm) Würfeln, die auf einer ¹⁄₂ zölligen (12 mm) Lage Sand ruhen.

Wirral-Bahn: — Quantitäten und Kosten für eine Meile einfaches Geleise, 1877.

			£	s.	d.	£	s.	d.
Ausgrabung, 8 Fuss breit:								
Macadam, 3 Zoll tief	4693 Quadrat-Yards à 6 d.		118	0	0			
Strassenuntergrund	668 Kubik-Yards à 4 s.		134	0	0			
Nivelliren des Grundes	4693 Quadrat-Yards à 1 d.		20	0	0			
						272	0	0
Concret	440 Kubik-Yards à 9 s.					198	0	0
Holz	2000 Kubik-Fuss à 2 s. 6 d.					250	0	0
Eisenschienen à 52 Pfund pro Yard	54 Tons 6 Ctr. à £ 8 10 s.					717	0	0
Klammern	15 Ctr. à £ 1 2 s. 6 d.					17	0	0
Stühle	4 Tons 16 Ctr. à £ 6					29	0	0
Schienenlaschen	1 Ton 11 Ctr. à £ 9					14	0	0
Zugstangen	5 Tons 2 Ctr. à £ 14					71	0	0
	Ausgrabung und Strassenbahnmaterial					1,569	0	0
Pflasterung: — Granitsteine	759 Tons à £ 1 8 s. 6 d.	1,082	0	0				
Setzen, Verguss und Sand	4,300 Quadr.-Yards à 1 s. 8³⁄₄ d.	372	0	0				
						1,454	0	0
Ausbesserung zwischen altem und neuem Pflaster	1,760 lauf. Yards à 5 d.					37	0	0
Arbeit, Fundamentirung d. Strassenbahn	1,760 „ „ à 2 s. 6 d.					220	0	0

Transport:	Tons	Ctr.
Schienen und Laschen	55	17
Stühle	4	6
Klammern	0	15
Zugstangen	5	02
Holz	30	12
Granitsteine	759	0

			£	s.	d.
Gesammtgewicht: 856 Tons à 2 s.			89	0	0
		Summa:	3,368	0	0

Belse hat sich kürzlich ein System einer Doppelschiene — oder Zwillingsschiene, wie man sie auch nennen kann — patentiren lassen, welche an gusseiserne auf Querschwellen ruhende Stühle verlötet ist, wie in Fig. 52—55 ersichtlich. Die Schienen sind aus Stahl und wiegen einzeln 30 Pfund (14,8 kg) pro Yard (29 kg pro m). Sie sind 3¹⁄₂ Zoll (88 mm) hoch und jede derselben an der Rollfläche 1 Zoll breit (25 mm), mit einem eine Rinne bildenden Zwischenraum von 1 Zoll (25 mm): somit beträgt die Gesammtbreite 3 Zoll (76 mm). Die Schienen sind an gusseisernen Stühlen befestigt und werden mittelst einer ³⁄₄ zölligen (19 mm) rechts- und links-zöligen Schraube, welche in der Mitte zwischen den Schienen einen vier- oder sechsseitigen Kopf bildet, zusammengehalten. Die Stühle sind entsprechend geformt, um sich dem Steg der Schiene fest anzulegen, und nach oben verjüngt, um die Schienen aufzunehmen. Die flachen Aussenseiten der Schienen bilden mit dem Stühle an beiden Seiten eine steile Ebene und bieten so zwei verticale Wände für die Pflastersteine. Der Raum unter den Schienen, zwischen den Stühlen ist mit Concret angefüllt und zwischen den Schienen mit einer Lage Asphalt überzogen, welche gleichzeitig den Boden der 2¹⁄₂ Zoll (62 mm) tiefen Rinne bildet.

Eine andere Constructionsmethode, bei welcher die flachen Seiten der Doppelschienen nach innen gewendet sind, zeigt Fig. 56. Durch diese Anordnung genügt ein gewöhnlicher Bolzen und Mutter zur Befestigung, da der Bolzenkopf und die Mutter in der Vertiefung der Schiene liegen können und so vor jeder Berührung mit dem Pflaster geschützt sind.

Fig. 52. Zwillingsschiene von C. R. Beloe. In 1/15 der natürl. Grösse.

Fig. 53. Zwillingsschiene von C. R. Beloe. In 1/15 der natürl. Grösse.

Fig. 54. Seitenansicht. In 1/15 der natürl. Grösse.

Fig. 55. Beloe's Schienenprofil. In 1/5 der natürl. Grösse.

Fig. 56. Zwillingsschiene von C. R. Beloe. In 1/15 der natürl. Grösse.

Beloe macht unter anderen Vortheilen zu gunsten seines neuen Systems folgende geltend: — die Ersparniss der Kosten für Langschwellen, da die Schiene sich frei trägt; die Vertheilung des Metalls in der Schiene, als einer doppelköpfigen; die Leichtigkeit, mit welcher Schienen von diesem Profil gewalzt werden können; die Möglichkeit, mittelst der doppelseitigen Schraube die Schienen zu befestigen, ohne das Pflaster aufzureissen. Die Schienen können, wenn ein Kopf derselben abgenutzt ist, umgekehrt werden. Eine leichte einköpfige Schiene würde 21 Pfund pro Yard, doppelt also 42 Pfund (20 kg), und das schwerste (10 kg pro m) Profil im Duplicat 60 Pfund (29 kg) wiegen. Die Weichen und Kreuzungen können aus den Schienen geschmiedet werden und kann daher die Anwendung von Gusseisen als Material für dasselben wegfallen.

Kürzlich hat Beloe als Ersatzmittel für die doppelseitige Schraube eine neue Bolzenbefestigung erfunden, die im Falle eines Bruches leichter beseitigt werden kann.

VI. CAPITEL.

Die städtischen Strassenbahnen von Manchester. — Barker's System, 1877.

(Mit Zeichnungen auf Tafel II. Fig. 18 — 22.)

Die nach dem ersten Contract ausgeführte Strecke der „Manchester Corporation Tramways" wurde am 5. Mai 1877 vollendet und am 12. desselben Monats eröffnet. Es gehören dazu noch folgende drei Abtheilungen:
1) Lower King Street, Bridge Street, nach Salford und Pendleton.
2) Deansgate; Endstation in Manchester.
3) Hunts Bank, Bury New-Road bis zur Grenze der Altstadt, nach Higher Broughton führend.

Die ganze Strecke beträgt zwei Meilen — eine halbe Meile mit doppeltem und 1 1/2 Meilen mit einfachem Geleise — und hat sechs Ausweichstellen. Die höchste Steigung der Linie ist im Verhältniss von 1 : 40. Nachdem die eingeleisige Strecke in Bury New-Road sechs Monate in Betrieb war, fand man, dass sie mit einem Geleise nicht vortheilhaft sei, und beschloss daher, ein zweites Geleise nach Barker's System in dieser Strasse zu legen. Die Anwendung dieses Systems soll auch auf andere Bahnlinien unter der Oberaufsicht der Stadt Manchester ausgedehnt werden. Ebenso ist das System für die im Bau begriffenen Strassenbahnlinien zu Pancroft und für die Linien nach Newton Heath, Levenshulme, Openshaw und anderen Orten angenommen worden.

Die Manchester-Linien wurden unter der Oberaufsicht des Civil-Ingenieurs J. H. Lynde nach dem im März 1876 patentirten B. Barker'schen Schienenweg-System construirt (Tafel II, Fig. 18 — 22). Hauptmerkmale dieses Systems sind die gusseisernen Langschwellen, die der Schiene sowie dem Aufpflaster eine continuirliche Stütze bieten, sowie die Rinnenschiene, deren Auflagefläche im Querschnitt rechts und links einen Winkel bildet und die in der Mitte eine Flansche oder einen Fuss hat, durch welchen sie mittelst eines Keiles an der Schwelle befestigt ist. Die Schwelle gleicht im Querschnitt der gewöhnlichen Hohlschiene, wie sie für Eisenbahnen gebräuchlich ist, nur hat sie grössere Dimensionen. Sie besteht aus einem hohlen verticalen Theile von 3 Zoll (76 mm) Breite, der in einem festen Obertheil endigt, welch letzterer so geformt ist, dass er sich der Schiene genau anpasst und dieselbe trägt, und zwei horizontalen Flanschen von 4 — 4¹⁄₂ Zoll (101 — 113 mm) Breite, welche im ganzen eine continuirliche Basis von 12 Zoll (304 mm) Breite bilden. Die Gesammthöhe von Schiene und Schwelle ist 7³⁄₄ Zoll (186 mm) und die lichte Höhe über der Flanschenbasis 6³⁄₄ Zoll (174 mm), wovon ⁷⁄₈ Zoll (22 mm) Raum für Bettung unter den Pflastersteinen bleibt, welche letztere 6 Zoll (152 mm) hoch sind und dicht an den Schienen liegen. Die Schwellen sind in Längen von 2 Fuss 11¹⁄₂ Zoll (902 mm) gegossen und durch zwei Querrippen zwischen den verticalen Rippen versteift. Die Dicke des Metalls der Schwelle ist ¹⁄₂ Zoll (12 mm), ausgenommen für die Flanschen, welche unten an den verticalen Rippen ⁵⁄₈ Zoll (15 mm) dick hergestellt sind und sich nach den Kanten zu auf ³⁄₈ Zoll (9 mm) verjüngen. Die Gussstücke wurden aus umgeschmolzenem Eisen hergestellt, das mindestens ein Sechstel Abfalleisen enthielt. An jedem Tage, an dem gegossen wurde, wurden zwei Probestangen von 1 Zoll (25 mm) Breite, 2 Zoll (50 mm) Höhe und 3 Fuss 6 Zoll (1 m) Länge hergestellt; eine von diesen wurde in einer Spannweite von 3 Fuss (0,9 m) auf die hohe Kante gelegt und durfte unter einem auf der Mitte lastenden Gewicht von weniger als 27 Centner nicht brechen. Hielt die Probestange die Prüfung nicht aus, so wurden alle Stücke aus demselben Guss verworfen. Jede Langschwelle masste mindestens 137 Pfund (61 kg) wiegen, d. h. für eine Länge von rund 3 Fuss 137 Pfund pro lauf. Yard (61 kg). Die Lage der in die Schwellen gegossenen Löcher für die Keile durfte nicht mehr als ¹⁄₁₆ Zoll (1,5 mm) von der angegebenen abweichen.

Die Schienen waren aus Bessemer-Stahl gewalzt, in Längen von 18, 21 und 24 Fuss (5,4; 6,4; 7,3 m); sie waren 3 Zoll (76 mm) breit und wogen 40 Pfund pro Yard (19,5 kg pro m). Die Lauffläche oder Rollfläche derselben ist 1¹⁄₂ Zoll (38 mm) breit und gerundet, mit nahezu ¹⁄₈ Zoll (3 mm) Ueberhöhung; die Breite der Rinne beträgt 1¹⁄₈ Zoll (28 mm) und die Tiefe ¹¹⁄₁₆ Zoll (17 mm); die äussere Leiste ist auf der Oberfläche ³⁄₈ Zoll (9 mm) breit und ¹⁄₈ Zoll (3 mm) niedriger als die Laufkante. Die Seite der Rinne nächst der Laufkante ist vertical, der Boden derselben ³⁄₄ Zoll (19 mm) breit und die Abschrägung der Rinne nach der Leiste zu gerichtet. Die untere Seite der Schiene ist der Länge nach ausgekerbt und hat abgeschrägte Seiten, von welchen der mittlere Fuss ausgeht; letzterer ist ¹⁄₂ Zoll (12 mm) dick und die ganze Höhe der Schiene beträgt 3 Zoll (76 mm). Die Schiene ist mittelst horizontaler Keile von gehärtetem Schmiedeeisen, welche gerade durch die Schienenflansche und den Oberheil der Schwellen gehen, mit letzteren verbunden. An jeder Schwelle ist nur ein Keil angebracht, ausgenommen an den Schienenstössen, wo ein besonderer Keil für jedes Ende sich befindet. Diese Befestigungsmethode sichert die Schiene wegen der zahnförmigen Berührungsfläche gegen seitliches Verschieben, während der Keil dazu dient, dieselbe auf die Schwelle niederzuziehen.

Die Schienen wurden aus einer Mischung von besten Rotheisenerz und Spiegeleisen hergestellt sein, welche in Barren von genügendem Gewicht gegossen wurde, um ein oder mehrere Schienen zu formen. Die Curvenschienen wurden kalt in einer Biegemaschine in die betreffenden Radien gebogen.

Die Spurweite beträgt 4 Fuss 8¹⁄₂ Zoll (1,435 m), mit einem Zwischenraum von 4 Fuss (1,2 m) bei doppeltem Geleise. Das neue Pflaster ist nicht auf die übliche Breite von 18 Zoll (457 mm) ausserhalb der Bahn beschränkt, sondern erstreckt sich in manchen Fällen auf die ganze Breite der Fahrstrasse, um die Oberfläche gleichmässig zu machen. Wenn man zum Zwecke des Vergleiches die übliche Pflasterbreite von 1¹⁄₂ Zoll (457 mm) ausserhalb der Bahn annimmt, so ergiebt sich bei doppeltem Geleise folgende Gesammtbreite:

Zwei Spurweiten, 4 Fuss 8¹⁄₂ Zoll	. . . . .	9 Fuss 5 Zoll	(2,870 m)
Zwischenraum		4 „ 0 „	(1,219 „)
Zwei Breiten von 13 Zoll . . .		3 „ 0 „	(0,914 „)
Vier halbe Schienenbreiten (1¹⁄₂ Zoll × 4) . .		0 „ 6 „	(0,152 „)
		Sa.: 16 Fuss 11 Zoll	(Sa.: 5,155 m)

Die Schwellen stossen nicht aneinander, sondern haben an den Enden ¹⁄₂ Zoll (12 mm) Zwischenraum, sodass die Gesammtlänge einer geraden Schwelle zu 3 Fuss (0,914 m) anzunehmen ist. Für scharfe Curven sind die Schwellen in kürzeren Abschnitten in Längen von 18 Zoll (457 mm) gelegt. In manchen Fällen sind die Schwellen den Curven entsprechend gegossen, doch soll es nicht nöthig sein, dieselben curvenförmig herzustellen.

Die Strasse wurde in einer gleichmässigen Tiefe von ca. 8 Zoll (203 mm) abgegraben und der Boden der Ausgrabung als Fundament für die Schwellen benutzt, da man den Grund für fest genug erachtete, um mit seiner beträchtlichen Tragfläche die Strassenbahn ohne Beihilfe eines besonderen Concretfundamentes zu unterstützen. Die Schwellen wurden gleichwohl, zum Behufe des Unterstopfens, auf eine 1 zöllige Lage rohen Mörtels gebettet, der aus drei Theilen Klinker und einem Theil gemahlenen Ardwick (hydraulischem) Kalk bestand.

Die Schienen und die Schwellen in Gastheer gebettet, welcher dazu dient, etwaige leere Zwischenräume auszufüllen. Flache Schienen ohne Rinne wurden nur als äussere Schienen an einer Curve der Bahn, welche einen Radius von 32 Fuss (9,7 m) hatte, gelegt.

Das Pflaster besteht aus 3 Zoll (76 mm) breiten und 6 Zoll (152 mm) hohen Granitsteinen, welche auf eine 2 Zoll (50 mm) tiefe Bettung von feinem Kies oder altem Macadam gelegt sind. Die Fugen wurden mit feinkörnigem Kies oder kleinen Granitabfällen ausgefüllt und mit einer kochenden Mischung von Pech und Kreosot vergossen, nach dem System, welches jahrelang beim Setzen des Pflasters in Manchester [1] angewendet worden war.

---

[1] Näheres über das Manchester Pflasterungssystem siehe „Construction of Roads and Streets" 1877. Crosby Lockwood & Co.

Die Contrahenten hatten die Verpflichtung, alle schadhaft befundenen Schwellen oder Schienen während des Zeitraumes von zwölf Monaten nach Vollendung der Anlage zu ersetzen. Zahlungen im Betrag von 80 Procent der ausgeführten Arbeit wurden von Zeit zu Zeit geleistet; der Rest war nach Ablauf von drei Monaten nach Vollendung der Arbeiten zahlbar.

Auf eine Meile einfachen Geleises des Barker'schen Strassenbahnsystems, wie es in Manchester zur Anwendung kam, kommen 215 Tons gusseiserne Schwellen und 63 Tons Stahlschienen. Von der Mörtelbettung für die Schwellen wurden 40 Tons pro Meile gebraucht. Der Preis der Schienen bei der Ablieferung war £ 5 pro Ton und jener der Schwellen £ 5 4 s. 6 d. pro Ton. Die Mörtelbettung kostete an Ort und Stelle geliefert 7 s. 6 d. pro Ton. Die Gesammtkosten für Material und Arbeit, Abheben des alten Pflasters, Zurichten der Bettung für die Schwellen mit einer 1zölligen Schicht von rohem Mörtel und Fertigverlegen der Strassenbahn (excl. aller Kosten der Pflasterung), betrugen pro Meile einfaches Geleise £ 2320. Beifolgendes ist ein Verzeichniss der Kosten in Tabellenform:

Die städtischen Strassenbahnen von Manchester, Barker's System. — Kosten pro Meile einfachen Geleise, 1877.

	£	s.	d.	£	s.	d.
215 Tons gusseiserne Schwellen . . . . à 5 4 6				1123	7	6
63 „ Stahlschienen, 40 Pfund pro Yard . à 8 0 0				504	0	0
1760 lauf. Yards, Arbeit, Mörtelbettung und Abgaben . à 0 7 3				638	0	0
Keile	—	—	—	25	0	0
Materialtransport (nur Eisen)	—	—	—	29	12	6
Kosten der Bahn	—	—	—	2320	0	0
1400 Quadrat-Yards Pflaster	—	—	—	2640	0	0
Im ganzen	—	—	—	4690	0	0

Eine Schiene nebst Stuhl (Fig. 57) nach demselben Constructionsprincip, aber von schwächeren Dimensionen ist für den geringeren Verkehr auf dem Lande, für Linien, die mit 4zölligen Steinen gepflastert sind, oder für auswärtige mit Macadam belegte Linien entworfen worden. Die Schiene aus Stahl wiegt 31½ Pfund pro Yard (15,6 kg pro m), ist 2¾ Zoll (69 mm) breit und hat eine Rollfläche von 1½ Zoll (38 mm) Breite. Die Schwelle wiegt 90 Pfund pro Yard (44 kg pro m); die Basis derselben ist 10 Zoll (254 mm) breit und liegt 5 Zoll (127 mm) unter dem Niveau der Schiene. Die Zugstangen, welche bei macadamisirten Strassen zur Anwendung kommen, sind aus Stabeisen, ⅞ Zoll (22 mm) bei 1½ Zoll (6 mm) und werden durch Keile, die an den Aussenseiten der Schwelle eingetrieben sind, befestigt. Die Kosten dieser Constructionsart betragen £ 1650 pro Meile, ohne Pflasterung.

Fig. 57. Barker's System für leichten Verkehr. In ⅛ der natürl. Grösse.

VII. CAPITEL.

Die Strassenbahnen von Liverpool: — Deacon's System, 1877.

(Mit Zeichnungen auf Tafel II. Fig. 4 — 17.)

Die Strassenbahnen von Liverpool sind (December 1877) nach dem System und unter der Oberleitung des städtischen Ingenieurs George F. Deacon im Umbau begriffen.

Innere Linie.

Die Pläne und Specificationen für den Umbau der „inneren Linie", durch welche alle äusseren verbunden sind, wurden von dem städtischen Ingenieur vorbereitet und von dem Ingenieur der „Liverpool Tramways Company" gutgeheissen. Die Haupteigenthümlichkeit des auf Tafel II, Fig. 8 — 17 dargestellten Deacon'schen Systems besteht in der Art, wie die Schiene auf der Langschwelle und dem Concretfundament mittelst eines im Mittelpunkt angebrachten Bolzens befestigt ist. Diese Befestigung eignet sich ebensowohl für Schienen, deren Rinne seitwärts angebracht, als für solche, bei welchen sie in der Mitte liegt; in Liverpool wurden jedoch Schienen mit mittlerer Rinne angenommen. Die Breite der freiliegenden Metallfläche ist hierbei auf ein Minimum reducirt, während dadurch, dass der ganze Raum, welcher nicht von der Rinne eingenommen ist, als Laufkante dient, die Gesammtbreite der Rollfläche grösser ist als die der gewöhnlichen Rinnenschiene.

Um zugleich für das Pflaster und die Schienen dasselbe Fundament herzustellen und die ganze Oberfläche gleichmässig zu ebnen, sind gleichzeitig mit der Anlage der Bahn die Strassen der inneren Linie gänzlich umgepflastert und in der ganzen Breite der Fahrstrasse mit einer neuen Concretunterlage versehen worden. Das alte Fundament der Bahn wie der Strasse wurde ganz herausgenommen und der abgegrabene Grund in einer Tiefe von $14\frac{1}{2}$ Zoll (367 mm) unter der Oberfläche der Strasse nivellirt. Auf den Grund wurde 7 Zoll (177 mm) tief in der ganzen Breite der Strasse ein Fundament von Concret aus Portland-Cement gelegt, dessen Oberfläche vollkommen eben zugerichtet wurde. Man lässt den Concret mindestens acht Tage lang sich setzen und erhärten, ehe man das Pflaster legt. Die Langschwellen, auf welchen die Schienen liegen, sind aus Rothtannenholz von Memel, Danzig oder Riga, $5\frac{7}{8}$ Zoll (149 mm) hoch und $3\frac{1}{4}$ Zoll (82 mm) breit. Für gerade Strecken sind sie entweder 24 Fuss 2 Zoll (7,365 m) oder 18 Fuss $1\frac{1}{2}$ Zoll (5,534 m) lang; für Curven sind sie aus hartem Holz in Längen von 6 Fuss $\frac{3}{4}$ Zoll (1,847 m) in die erforderlichen Bogen gesägt. Die Oberfläche ist der Form der Schiene entsprechend gebildet. Zur Aufnahme der Bolzen sind Oeffnungen von oben und von einer Seite in die Schwellen geschnitten. Sämmtliche Schwellen sind mit mindestens 10 Pfund Kreosotöl pro Kubikfuss Holz (157 kg pro cbm) getränkt. Die Schwellen werden in die richtige Lage gebracht, wenn der Concret vollkommen fest geworden ist und nachdem die Muttern an den Bolzen verschraubt sind.

Die Schienen sind aus Bessemerstahl im Gewicht von 61 Pfund pro Yard (30 kg pro m) in Längen von 21 Fuss 2 Zoll (7,365 m) gewalzt; zehn Procent derselben sind 21 oder 17 Fuss (6,4 oder 5,1 m) lang und Stücke zum Ausgleichen sind noch kürzer hergestellt. Sie sind $3\frac{1}{4}$ Zoll (82 mm) breit und über den Flanschen ebenso hoch. Die Rinne befindet sich in der Mitte, ist 1 Zoll (25 mm) breit und $\frac{11}{16}$ Zoll (17 mm) tief, wobei der Boden derselben halbrund geformt ist. Die Laufflächen sind je $1\frac{1}{8}$ Zoll (28 mm) breit. — Deacon giebt zu, dass einem mangelhaften Spurmasse der Räder und Schienen einigermassen Rechnung zu tragen ist; aber er ist der Meinung, dass $\frac{3}{4}$ Zoll (19 mm) eine genügende Breite für die Rinne sei. Die Dicke der Schiene, von der Oberfläche aus gemessen, beträgt $1\frac{3}{8}$ Zoll (34 mm). Unter der Rinne ist dieselbe auf $\frac{1}{2}$ oder $\frac{11}{16}$ Zoll (12 — 17 mm) reducirt; da aber die Tiefe der Rinne zweimal so gross ist als die Tiefe der Radflanschen, so können letztere an diesem Punkte der Schiene nicht auflaufen. Die Flanschen reichen $1\frac{7}{8}$ Zoll (47 mm) unter den Schienenkopf und sind sehr stark, da sie zunächst den Kanten $\frac{1}{2}$ Zoll (12 mm) dick sind und nach oben sich verbreitern. Um die Schienen zu prüfen, legt man sie auf 5 Fuss (1,5 m) voneinander entfernte Stützen und lässt ein Gewicht von 20 Centner aus einer Höhe von 12 Fuss (3,6 m) auf die Mitte derselben fallen. Bricht die Schiene unter dieser Belastung, so können alle weiteren Schienen von derselben Charge zurückgewiesen werden. Die Schienen werden ebenfalls durch chemische Analyse geprüft. Findet man, dass sie weniger als 0,3, oder mehr als 0,45 Procent Kohlenstoff enthalten, so können sie ebenfalls zurückgewiesen werden.

Die Schienen werden auf der unteren Seite mit dickem Kohlentheer überzogen, bevor sie auf den Schwellen in die richtige Lage gebracht werden. Sie sind mittelst $\frac{3}{4}$ zölliger (19 mm) Bolzen von veränderlicher Länge (Fig. 12) befestigt, an deren oberem Ende eine Oese angebracht ist, welche einen $\frac{9}{16}$ zölligen (14 mm) eisernen Querbolzen einschliesst, der horizontal durch $\frac{7}{8}$ zöllige (22 mm) runde Löcher in den Flanschen der Schienen geht. Der Bolzen geht durch die Schwelle und beinahe durch die ganze Concretschicht und bildet an dem unteren Ende einen Kopf, der auf einer runden gusseisernen Platte oder Unterlegscheibe von 6 Zoll (152 mm) Durchmesser aufliegt, welche sammt dem unteren Theile des Bolzens in Concret gebettet ist. Der Bolzen besteht aus 2 Theilen, deren Enden durch eine doppelte rechts- und linksgängige Mutter verbunden sind, mittelst welcher man an den Seitenöffnungen der Schwellen die Schiene fest auf diese, sowie beide zusammen auf das Fundament niederschrauben kann. Nach dem Niederschrauben wird die Seitenöffnung mit einem mit Mennige getränkten Leinwandstückchen bedeckt. 8 Zoll (203 mm) von jedem Schienenende entfernt ist ein gleicher Zugbolzen angebracht; in der Mitte befinden sich solche in Zwischenräumen von ca. 3 Fuss 2 Zoll (974 mm). Beim Legen der Unterlegscheiben wird eine Lehre angewendet, in welche in den gehörigen Abständen die Bolzen eingehängt werden. Für die Oeffnung des Bolzens wird eine gusseiserne Hülse eingesetzt, welche wieder entfernt wird, sobald der Concret sich gesetzt hat. Das Schmiedeeisen musste im stande sein, ein Gewicht von 21 Tons pro Quadratzoll zu tragen. Das Gusseisen musste von solcher Stärke sein, dass eine Stange von 1 Zoll im Quadrat (645 qmm) und 3 Fuss 6 Zoll (1,06 m) Länge unter keiner geringeren Last als 850 Pfund (382 kg) brechen durfte, wenn diese bei einer Spannweite von 3 Fuss (0,9 m) auf die Mitte einwirkte.

Die Pflastersteine liegen auf einer $\frac{1}{2}$ zölligen (12 mm) Lage Sand und sind $7-7\frac{1}{2}$ Zoll (177 — 189 mm) hoch, ausser den den Schienen zunächst befindlichen, welche aus dem dauerhaftesten Stein, dem härtesten Granit oder grobkörnigem Trapp, bestehen. Dieselben sind sorgfältig in der Weise mit dem Hammer bearbeitet, dass ihre Kanten die Seiten der Schienen berühren und ihre Seitenflächen in der Nähe der Schienen aneinander liegen und somit das Pflaster eine continuirliche Ebene bildet. Deacon denkt, auf diese Art die Abnutzung und das Senken des Pflasters zunächst den Schienen auf ein Minimum zu reduciren und die Unannehmlichkeit der Höhlungen oder Ungleichheiten des Niveaus zwischen den Schienen und dem Pflaster zu vermeiden. Die Steine nächst den Schienen werden auf Cement statt Sand gebettet; sie sind abwechselnd ganze und halbe, und da sie nach allen Richtungen genau gemessen sind, können sie ohne Störung für das umliegende Pflaster herausgenommen und durch ähnliche ersetzt werden. Die Steine sind 5—7 Zoll (127—177 mm) lang und von solcher

Dicke, dass vier derselben, aufs Gerathewohl gewählt und nebeneinander gelegt, zusammen nicht mehr als 14 Zoll (355 mm) messen. Sie werden so dicht aneinander gelegt als es die gerade Richtung der Strecke gestattet. Die Fugen werden hierauf mit reinem trockenen Kies von $^3\!/_{16}$—$^5\!/_8$ Zoll (4—15 mm) Durchmesser ausgefüllt, welcher durch das Rammen des Pflasters eingeschüttelt wird. Dieses Verfahren wird so lange wiederholt, bis die Fugen mit Kies gefüllt sind und die Steine nicht mehr unter der Ramme schüttern. Schliesslich werden die Fugen noch mit einer kochenden Mischung von Pech und Kreosot vergossen, wodurch die kleinsten Spalten und Zwischenräume vollständig ausgefüllt und die Fugen vollkommen wasserdicht werden.

Eine kurze nach diesem System gebaute Strassenbahnstrecke wurde zu Mitte des Jahres 1875 an Stelle eines Theiles einer alten Linie in Liverpool gelegt. Die gewöhnlichen Wagen laufen seitdem auf der neuen Strecke in zufriedenstellender Weise.

Im vergangenen Sommer (1877) wurde die ganze Länge der inneren Linie umgebaut und dem Verkehr übergeben. Wie berichtet wird, laufen die gewöhnlichen Wagen auf dieser neuen Strecke mit weit grösserer Leichtigkeit als auf den ursprünglichen Theilen der Linie. Wenn die gewöhnlichen Wagenräder abgenutzt sind, werden sie durch solche mit mittlerer Flansche ersetzt, die zu beiden Seiten der Flansche eine Laufkante halten; solche Räder werden also, bis sämmtliche bestehenden Linien umgebaut sind, gleichzeitig Schienen mit seitlicher und solche mit mittlerer Rinne befahren.

Zweiglinien.

Das allgemeine Princip, welches bei der Anlage der inneren Strassenbahnlinie angewendet wurde, welches eine Gleichmässigkeit des Fundamentes mit dem Pflaster sichert und einer feste Verbindung zwischen Schiene und Fundament herstellt, ist in der für die Zweiglinien vorgeschlagenen modificirten Form (Tafel II, Fig. 13) beibehalten.

Die Dimensionen der für die innere Linie verwendeten 7—7½ Zoll hohen Pflastersteine übersteigen um einen Zoll die Höhe der in Liverpool für alle Strassen, mit Ausnahme der besonders verkehrsreichen, gebräuchlichen. Würden daher Schienen von dem gleichen Profil wie die auf der inneren Linie gelegten für das minder tiefe Pflaster angewendet werden, so würde es schwer sein, die Tiefe der Schwellen um einen Zoll zu reduciren, ohne letztere an jedem Bolzen übermässig abzuschneiden. Aus diesem Grunde und auch in der Absicht, die Befestigung der Schienen so anzuordnen, dass dieselben ohne Störung für das Pflaster befestigt und abgenommen werden können, unterscheiden sich die angewendeten Unterlegscheiben von jenen für die innere Linie angewendeten dadurch, dass sie eine grössere Höhlung zur Aufnahme des Bolzenkopfes haben und dass die Bolzenlöcher einen halben Zoll (12 mm) grösser als die Bolzen sind. Wenn der Concret gelegt wird, wird die Unterlegscheibe durch eine Schieferplatte fixirt, die, wie ersichtlich (Fig. 15) unter derselben angebracht ist, oder durch einen Steinen oder Ziegel, der dieselbe stützt. Während man den Concret über die Unterlegscheibe formt, bleibt die Metallhülse um den Bolzen und wird erst abgenommen, wenn der Concret sich gesetzt hat. Die verticalen Löcher durch die Schwellen sind gleichfalls einen halben Zoll (12 mm) grösser als die Bolzen. Die oberen Enden der letzteren sind in eine oben geschlossene Mutter (Fig. 14) aus Phosphorbronze verschraubt, welche durch den Boden der Rinne in die Schiene versenkt (Fig. 15) und mittelst Mennige fest in dieselbe eingegossen ist. Ebenso ist der Bolzen, wo er durch die Schiene geht, genau angepasst. Da derselbe sich in verticaler wie seitlicher Richtung frei in dem Concret bewegen kann, so ist der Schienenstuss dem Verschieben infolge von Schwingung oder der Last des Verkehrs nicht ausgesetzt.

Bei der Befestigung wie sie Fig. 16 und 17, Tafel II zeigen, reicht die Unterlegscheibe bis an den oberen Rand des Concrets. Der Concret kann daher fertig gemacht werden, ohne dass irgend vorspringende Theile im Wege sind. Der Concret wird hierauf aus dem hohlen Raum der Unterlage entfernt und der Kopf des Bolzens in diesem eingesetzt.

Wenn die Schwelle gelegt wird, wird eine Mischung von kochendem Pech und Kreosot in die Rinne eingegossen, um das Loch in der Schwelle und den hohlen Raum in der Unterlegscheibe zu füllen. Dieser Asphalt ist, wenn er sich gesetzt hat, plastisch und gestattet dem Bolzen, während er ihn am Drehen hindert, eine schwingende Bewegung mit der Schiene. Die Unterlegscheibe ist von rechtwinkeligem Querschnitt, 3 Zoll (76 mm) lang bei 6 Zoll (152 mm) in der Querrichtung der Schiene. Mit einer solchen Verbindung soll die Strassenbahn sehr leicht zu legen sein und das Einsetzen der Bolzenköpfe in den hohlen Raum der Unterlegscheibe ein Spielraum von 3 Zoll (76 mm) nach einer und ¾ Zoll (19 mm) nach der anderen Richtung gelassen ist, so ist dabei kein besonderer Grad von Genauigkeit erforderlich. In Liverpool ist diese Befestigungsmethode gegenwärtig für den schwersten Verkehr in Gebrauch.

Die Schiene ist von Stahl und wiegt 42 Pfund pro Yard (20 kg pro m). Sie ist von T-förmigem Querschnitt mit einer mittleren Rinne und einer mittleren Rippe, 3 Zoll (76 mm) breit und 2⅞ Zoll (72 mm) hoch. Die Mutter wird mittelst eines vierseitigen Schlüssels verschraubt und Dexon's Versuche zeigen, dass ein Mann leicht die Schienen mit einem Drucke von 2—3 Tons zu jeder Verbindungsstelle niederziehen kann. Die Höhe der Schiene und Schwelle zusammen beträgt 6 Zoll (152 mm), gleich der der Pflastersteine. Für Linien auf dem Lande oder in den Vorstädten kann eine vollkommen feste Strassenbahn nach diesem System gebaut werden, indem man einfach jede Schwellenstrecke auf ein 9 oder 18 Zoll (209—457 mm) breites Fundament von Concret legt. In Canada, wo Holz in Menge vorhanden ist, ist eine Strassenbahnlinie nach dem Princip der oben beschriebenen, ohne irgend eine Concretunterlage vorgeschlagen worden, mit einem Fundament aus Holzschwellen, die flach auf die Seite gelegt werden, um die mit Rinnen versehenen Schwellen und die Schienen zu stützen.

Die Anwendung von gusseisernen Schwellen nach Deacon's Anordnung ist gleichfalls in Tafel 11, Fig. 17 veranschaulicht. Er erachtet es nicht für nöthig, solche Schwellen in den Concret zu versenken. Indem man sie über dem Concret erhält, ist man beim Legen des letzteren nicht behindert. Sie sind auf eine dünne Cementschicht gebettet.

Die mit dem Deacon'schen Befestigungssystem gemachten Erfahrungen zeigten, dass weder Querschwellen noch Querstangen nöthig sind, da sich selbst unter dem schweren Verkehr der Hauptstrassen Liverpool's die Spurweite erhalten hat.

Obschon Deacon für Strassenbahnen, die mit Linien mit Seitenrinnenschienen nicht in Verbindung stehen, die Anwendung der Schiene mit mittlerer Rinne empfiehlt, so kann doch das von ihm entworfene Schienen- und Befestigungssystem ebenso leicht für Schienen mit seitlicher Rinne angewendet werden, wie Tafel 11, Fig. 16 zeigt.

Nachfolgende Tabelle enthält Details der Anlagekosten der Strassenbahnen nach Deacon's Systeme, für vier Arten von Bahnen, wie sie auf Tafel 11 dargestellt sind. Die dritte und vierte sind leichtere und weniger kostspielige Formen nach demselben Hauptprincip wie die zweite. Die Schienen wiegen hier nur 35 Pfd. pro Yard (17 kg pro m) und sind von entschieden stärkerem Profil als viele Schienen älterer Form und von grösserem Gewicht.

Die Kosten des Steinpflasters in Liverpool — ohne Concretfundament — incl. Pflastersteine, Sandschicht und Verguss mit Kies und Asphalt, betragen ca. 9 s. pro Quadratyard, wenn die Steine 6 Zoll tief sind und 6 s. 6 d., wenn sie 4 Zoll tief sind. Die Kosten pro laufenden Yard und pro Meile, einschliesslich zweier 18 Zoll breiten Strecken ausserhalb der Schienen, sind folgende:

	Pro lauf. Yard	Pro Meile
Einfaches Geleise		
Für 6 zöllige Pflastersteine	1 £ 2 s. 6 d.	1804 £
" 4 "	0 " 16 " 3 "	1430 "

Die Liverpool-Strassenbahnen. — Deacon's System. Quantitäten und annähernde Kosten pro lauf. Yard einfaches Geleise (ohne Pflasterung). [1]

Material und Arbeit	Nr. 1 Taf. 11, Fig. 12		Nr. 2 Taf. 11, Fig. 12		Nr. 3		Nr. 4	
	Pfd. Loth	s. d.	Pfd. Loth	s. d.	Pfd. Loth	s. d.	Pfd. Loth	s. d.
Schienen aus Bessemer-Stahl	1 10 0	0 8 8	77 0	0 6 2	64 0	0 4 10	64 0	0 4 10
Schmiedeeiserne Schraubenbolzen, Muttern und Stifte	0 6 16	0 1 5	(Keine Muttern oder Stifte) 2 20	0 0 7	(Keine Muttern oder Stifte) 2 20	0 0 7	1 30½	0 0 6
Zwei gusseiserne Unterlegschrauben	0 10 16	0 0 5	14 0	0 0 10	14 0	0 0 10	5 15½	0 0 4
Zwei Muttern aus Phosphorbronze mit geschlossenen Enden	0 0 0	0 0 13	—	0 1 6	—	0 1 0	6 10	0 0 9
Löcher in die Schienen gebohrt	2 Löcher	0 0 4	4 Löcher	0 1 0	4 Löcher	0 1 0	4 Löcher	0 1 0
Schwellen aus baltischem Rothtannenholz, getrocknet, geformt und mit Kreosot getränkt zwei l. Yards	3'×3½'×4" 81 Kubikfuss	0 2 10	5½'×3" 688 Kubikfuss	0 2 ?	5½'×3" 688 Kubikfuss	0 2 ?	3½'×3" 688 Kubikfuss	0 2 8
Löcher für die Verbindungsstücke in die Schwellen bohren und schneiden	—	0 0 8	—	0 0 3	—	0 0 3	—	0 0 3
Fundament	Concret aus Portland-Cement, 6" tief, 2½ Quadr.-Yar.	0 1 1	Concret aus Portland-Cement, 6" tief, 2½ Quadr.-Yar.	0 7 6	Concret aus Portland-Cement, 6" tief, ½ Quadr.-Yar.	0 2 2	2 lauf. Yards Querschwellen	0 2 7
Ausgraben	—	0 3 4	—	0 2 6	—	0 2 0	—	0 2 0
Legen der Schienen und Schwellen	—	0 2 0	—	0 1 0	—	0 1 1	—	0 1 3
Kosten pro lauf. Yard (ohne Pflaster)		1 10 11		1 3 7		0 16 3		0 16 2
Kosten pro Meile (ohne Pflaster)		2721 0 0		2076 0 0		1430 0 0		1423 0 0

1] Die Kosten für Pflasterung mit 6 Zoll tiefen Steinen, incl. der 18 zölligen Breiten ausserhalb der Schienen, betragen £ 1 s. 6 d. pro lauf. Yard oder £ 1804 pro Meile.

Weichen und Kreuzungen.

Bei den umgebauten Linien sind die Kreuzungen durchgängig dadurch gebildet, dass man die Enden des einen Schienengeleises abschrägt und in das andere eine Rinne schneidet. Die festen Weichenschienen sind aus gehärtetem Gusseisen und die beweglichen Zungen von Gerbstahl. Bei der gewöhnlichen Weichenschiene mit seitlicher Rinne läuft die Kante des Rades eine Strecke weit nur auf der dünnen Kante der Schiene und schleift diese schnell ab. Ist die Weiche auf diese Weise abgenutzt, so sinkt das Rad und läuft unter dem Niveau der Schiene und hat beim Uebergang derselben von der Zweiglinie zur Hauptlinie wieder auf die Schiene der letzteren zu steigen, wodurch nach und nach an der Oberfläche der Schiene eine schiefe Ebene entsteht. Dieser Uebelstand soll nun zum grossen Theil durch den Gebrauch der Räder mit Mittelflansche, wie man sie zum Befahren der Deacon'schen Schienen anwendet, vermieden werden, da hier eine der Radkanten stets auf der Laufkante der Schiene läuft. Um ferner die Breite der Rollfläche zu vergrössern, ist die Weite der Rinne an und nahe den Weichen möglichst reducirt und das Rad gelangt, wenn es von der Zweiglinie aus über die Weiche läuft, in viel kürzerer Zeit auf die Laufkante der Schiene der Hauptlinie. Zu gleichem Zwecke — Erhaltung einer continuirlichen Tragfläche — wird die Tiefe der Rinne dem Vorsprung der Radflansche gleich gemacht.

VIII. CAPITEL.

Robinson Scultar's Strassenbahnsystem.

Robinson Scultar erfand ein Strassenbahnsystem mit Holzunterbau, welches ihm im März 1876 patentirt wurde und in den Fig. 58—61 dargestellt ist. Es ist ein System von Lang- und Querschwellen, auf welchen Schienen mit Doppelflanschen liegen. Die beifolgende Beschreibung ist einem ausführlichen Berichte entnommen.

Für eine Spurweite von 4 Fuss 8½ Zoll (1,435 m) ist die Strasse in einer Breite von ca. 8 Fuss (2,4 m) für einfaches und 16½ Fuss (5 m) für doppeltes Geleise auszuheben; die Tiefe des flachen Bodens richtet sich nach der Qualität des Grundes; sie beträgt durchschnittlich 14½ Zoll (367 mm) und nie weniger als 12½ Zoll (316 mm). Ein 7 Zoll (177 mm) tiefes Concretfundament muss in folgender Weise zubereitet und gelegt werden. Der Concret besteht aus:

Fig. 58 und 59. Robinson's System. In ¼ der natürl. Grösse.

Portland-Cement	1	Theil
Reinem, scharfem, sandigem Kies	4	„
Schotter	5	„
	10	Theile

Der Cement muss von der besten Qualität sein, ohne gepresst zu werden 87½ Pfd pro Kubikfuss (1375 kg pro m) wiegen und durch ein Sieb von 50 Maschen pro Zoll gehen, und dürfen beim Durchwerfen höchstens 10 Procent des ganzen Quantums zurückbleiben. Beim Prüfen darf der Cement, nachdem er 7 Tage unter Wasser

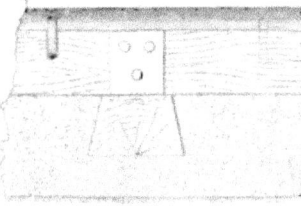

Fig. 60. Seitenansicht. In ¼ der natürl. Grösse.

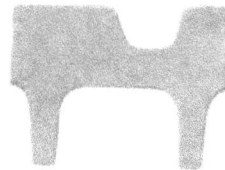

Fig. 61. Schienenprofil von Robinson. In ¼ der natürl. Grösse.

war, unter keiner geringeren Last als 800 Pfund auf einen Querschnitt von 2½ Quadratzoll brechen. Er muss frei von Schmutz, Erde, Lehm oder anderen fremden Beimischungen sein. Zum Mengen dasselbe muss der Kies auf Breter, nicht auf den Boden (und zwar nicht mehr als 6 Kubikfuss auf einmal) gebreitet werden. Der Cement wird hierauf gleichmässig über den Kies gegossen und im trockenen Zustande mit diesem gehörig ver-

7*

mischt; dann lässt man aus einem kleinen Wasserbehälter durch eine Brause Wasser zu und mischt das Ganze im nassen Zustande nochmals tüchtig durcheinander. Während des Setzens ist der Concret vor Sonnenhitze, starkem Regen und Frost zu schützen.

Für jede Querschwelle ist eine 3 Zoll (76 mm) tiefe Bettung von feinem Concret auf den Grund zu legen, in welche dieselbe eingedrückt und mittelst Richtscheit und Setzwage adjustirt werden muss. Wenn die Schwellen derart adjustirt sind, muss eine Lage gut nass gemachter Schotter über den abgegrabenen Boden gebreitet werden, auf diese eine Schicht Concret, auf welche abermals Schotter gelegt und in den Concret eingestampft wird. Hierauf folgen abwechselnd Lagen von Concret und Schotter, bis die Oberfläche der Querschwelle erreicht ist; den Schluss bildet eine Lage feiner Concret, welcher fest gestampft und der Oberfläche gleich gemacht wird; die Gesammttiefe des Concrets beträgt 7 Zoll (177 mm). Das Verhältniss von Schotter und Kies zu Cement darf im Durchschnitt nicht mehr als 9 zu 1 betragen.

Die Schwellen müssen vom besten baltischen Rothtannenholz hergestellt, von allen Seiten regelmässig quadratisch gesägt und mit 10 Pfund Kreosotöl pro Kubikfuss (157 kg pro cbm) getränkt sein. Die Querschwellen müssen 7 Fuss 6 Zoll (2,28 m) lang, von trapezförmigem Querschnitt, 4 Zoll (101 mm) tief, an der unteren Seite 7 Zoll (177 mm) und an der oberen 5 Zoll (127 mm) breit sein. Sie müssen in einer Entfernung von 4 Fuss (1,5 m) von Mitte zu Mitte gelegt werden, ausgenommen an Weichen und Kreuzungen, wo noch mehr derselben erforderlich sein können. Die Langschwellen müssen 4 Zoll (101 mm) breit und 6 Zoll (152 mm) hoch sein; die geraden Schwellen sind in Längen von 18,24 resp. 30 Fuss (5,4; 7,3 resp. 10 m) zu schneiden; solche für Curven müssen aus hartem Holze genau gesägt sein; für Curven von weniger als 300 Fuss (91 m) Radius kann deren Länge auf 12 Fuss (3,6 m) reducirt werden. Die Langschwellen müssen rechtwinkelig aneinanderstossen und genau den Schienen angepasst sein; sie werden mittelst schmiedeeiserner Laschen, deren je eine an jeder Seite angebracht ist, mit den Querschwellen verbunden. Die Laschen sind von ¼ zölligem (6 mm) Blech, 4 Zoll (101 mm) breit, flach in beide Schwellen eingelassen und an jeder mit vier 3 zölligen (76 mm) Nägeln befestigt.

Die Schienen müssen aus Bessemerstahl bestehen, 55 Pfund pro Yard (27 kg pro m) wiegen und in Längen von 24 Fuss (7,3 m) mit einer angemessenen Zahl derselben — höchstens 5 Procent der ganzen Menge — von geringerer Länge, doch nicht unter 18 Fuss (5,4 m) hergestellt sein.

Die Curvenschienen müssen in der Fabrik gebogen werden. Die 4 Zoll (101 mm) breite Schiene hat zwei Seitenflanschen, welche jedoch nicht wie bei den gewöhnlichen Flanschenschienen mit dem Schienenkopf an der Seite gerade auslaufen, sondern an der äusseren Seite eine Aussparung von ⅜ Zoll (9 mm) breit. Zweck dieser Aussparung ist, die zur Befestigung der Schienen angewendeten Klammern aufzunehmen, welche so eingetrieben werden, dass sie mit den Seiten der Schwelle und der Schiene in gleicher Fläche liegen und dass daher kein Vorsprung das feste Anlegen der Pflastersteine an die Schienen hindert, wodurch zugleich vermieden wird, dass sich Risse und Risse im Pflaster bilden. In jede Schiene von 24 Fuss (7,3 m) Länge werden 18 Löcher, abwechselnd durch die Seiten derselben gestossen; bei kürzeren verhältnissmässig weniger. Die Enden der Schienen sind durch 12 Zoll (304 mm) lange, 2 Zoll (50 mm) breite und ½ Zoll (12 mm) dicke Stossplatten versteift, welche durch in die Schwellen eingelassene und den Schienen angepasst sind. Die Klammern sind je aus einem ¾ Zoll (19 mm) breiten und ⅜ Zoll (9 mm) dicken Stück Lowmoor-Eisen geformt; ihr oberes Ende ist geschrotet, ihr unteres zugespitzt und mit Widerhaken versehen. In die Seite der Schwelle ist eine Vertiefung eingestemmt, um die Klammer aufzunehmen. Die Langschwellen werden mittelst starker Schraubenzwingen in die Schienen gepresst und müssen so gehalten werden, bis die Klammern eingetrieben sind.

Die Schienen müssen so gelegt werden, dass die Stösse der Langschwellen in möglichst gleicher Entfernung von denen der Schienen sind; jedenfalls aber mindestens 4 Fuss (1,2 m) von den Schienenstössen entfernt. Die gebogenen Schienen müssen unbedingt mittelst einer Klammer adjustirt und dürfen nicht durch Hammerschläge gelegt werden.

In der folgenden Zusammenstellung der Kosten pro Meile einfachen Geleises einer Strassenbahn nach Soutar's System ist eine gleichmässig über die ganze Breite vertheilte 7 Zoll dicke Lage Concret mit inbegriffen, während die Kosten für Pflasterung nicht mit eingeschlossen sind:

Arbeit und Material	Qualitäten	Preis	Betrag
Abgrabung und Wegschaffen des Ueberschusses	1695 Quadrat-Yards	9 d.	175 19 s. 9 d.
Concret mit Portland-Cement, 7 Zoll tief	1693 „	3 s. 6 d.	821 . 5 . 6 .
Langschwellen mit Kreosot getränkt	10560 Fuss	6½ d.	275 . 0 . 0 .
Querschwellen mit Kreosot getränkt	880 „	4 s.	176 . 0 . 0 .
Stahlschienen, 55 Pfund pro Meile	86 Tons	8 s.	688 . 0 . 0 .
Klammern, 7040 pro Meile	2816 Pfund	f 21 pro Ton	28 . 5 . 0 .
Stossplatten	440 „	6 d.	11 . 0 . 0 .
Winkellaschen, 3520 pro Meile à 2½ Pfund	8880 „	f 12 pro Ton	47 . 2 . 10 .
3 zöllige Nägel	1120 „	f 27	15 . 0 . 0 .
Legen, Aufsicht und Beleuchtung	1760 Yards	2 s.	176 . 0 . 0 .
Gesammtkosten (ohne Pflaster)	f 1 7 s. 4½ d. pro Yard	—	f 2410 6 s. 1 d.

Eine gleichmässige und dicke Lage von Portlandcement-Concret ist hierbei berechnet und ist eine solche für eine Strasse, die schwerer Belastung ausgesetzt ist, sehr wünschenswerth. In den Vorstädten und überall, wo auf Ersparniss Rücksicht zu nehmen ist, kann dieser Posten bedeutend reducirt werden und dürfte unter ähnlichen Umständen auch eine leichtere Schiene genügen.

IX. CAPITEL.

Die Hafen-Strassenbahnen.

Die Glasgower Hafenbahn.

Für den Güterverkehr geeignete Strassenbahnen, aus zwei gusseisernen Schienenplatten und zwischenliegendem eisernen Pflaster bestehend, haben in der Devonshire Street-Station der „Great Eastern Railway" London, über 20 Jahre bestanden.

Eine gusseiserne Bahn, in Concret gebettet, hauptsächlich für den Güterverkehr der Strassen und Landungsplätze bestimmt, wurde im December 1869 der Firma Ransome, Dean & Rapier patentirt. Eine nach diesem System gebaute 4½ Meilen lange Strassenbahn wurde 1870 auf dem Broomlaw Quay zu Glasgow angelegt. Dieselbe ist gleichzeitig für geflanschte und ungeflanschte Wagenräder eingerichtet. Die Bahn besteht aus hohlen rechtwinkeligen gusseisernen Blöcken, Fig. 62 und 63, von 5 Fuss (1,5 m) Länge, 10 Zoll (254 mm) Breite und 8 Zoll (203 mm) Höhe, welche oben 1 Zoll (25 mm) und an den Seiten ½ Zoll (12 mm) dick sind. Eine 1½ Zoll (38 mm) breite und ebenso tiefe Rinne in der Mitte der Oberfläche dient zur Aufnahme der Radflanschen. Die hartgepresste Oberfläche zu beiden Seiten der Rinne ist gerieft, um den Hufen der Pferde Widerhalt zu bieten. Die Enden der Schienen sind mit Vertiefungen zur Aufnahme

Fig. 62. Glasgower Hafen-Bahn System Ransome, Dean & Rapier. In 1/24 der natürl. Grösse.

Fig. 63. Schienenprofil von Ransome, Dean & Rapier. In 1/24 der natürl. Grösse.

der in gewöhnlicher Weise verbolzten Laschen gegossen. Die Blöcke wurden ganz mit Concret gefüllt, welcher aus 7 Theilen Kies und Sand und 1 Theil gut gestoßenem Portland-Cement bestand und welchen man drei oder vier Tage sich setzen liess. Der Grund wurde wie der einer gewöhnlichen guten Strasse mit trockenem Bruchstein zugerichtet und zwei Concretstrecken von 1 Fuss 10 Zoll (558 mm) Breite und 6 Zoll (152 mm) Tiefe wurden für die Schienenblöcke vorbereitet. Letztere wurden hierauf umgewendet und mit Cement auf dem Concretfundament befestigt.

Man glaubte erst an der Aussenseite der Blöcke Flanschen anbringen zu müssen, fand sie jedoch beim Pflastern hinderlich, worauf man solche an der Innenseite anbrachte, die sich sehr gut bewährten. Doch liess man sie später, um an Material zu sparen, ganz weg und erwiesen sich Schienenblöcke von der Construction, wie sie die Abbildung (Fig. 63) zeigt, als vollkommen haltbar. Die Strasse wurde vollkommen fest gemacht und die einmal gelegten Blöcke verblieben. Anfangs wendete man Querstangen an, fand sie jedoch in der Folge nicht nöthig, da die Blöcke selbst erforderlichen Falls nicht mehr von der Stelle bewegt werden konnten. In einigen Fällen, wo man die Blöcke heben musste, um Wasser- oder Gasleitungsröhren zu legen, fand man sie so fest in dem darunter befindlichen Concret stecken, dass man sie thatsächlich wegnehmen musste.

Die Quantitäten und Kosten für dieses Strassenbahnsystem sind für einfaches Geleise folgende:
Gusseiserne Blöcke, 406 Pfund pro lauf. Yard oder 319 Tons pro Meile.
Concret, 0,30 Kubik-Yard pro lauf. Yard; oder 528 Kubik-Yards pro Meile.

	pro lauf Yard			pro Meile		
	£	s.	d.	£	s.	d.
Gusseiserne Blöcke, incl. Winkellaschen, Bolzen und Muttern	1	5 s.	0 d.	2200	0 s.	0 d.
Concret, à 15 s. 6 d. pro Kubik-Yard	0	4	6	310	13	0
Setzen	0	2	6	220	0	0
	1	12 s.	0 d.	2530	13 s.	0 d.

Dazu kommen noch die Kosten für Ausgrabung und Pflasterung.

Die mit dieser Strassenbahn in Glasgow gemachten Erfahrungen fielen sehr befriedigend aus. Täglich befahren 100 — 140 Bahnwagen den belebtesten Theil der Bahn, der sogar von schweren Lastzug-Locomotiven benutzt wird. Die höchste Geschwindigkeit der Eisenbahnwagen beträgt ca. 5 Meilen pro Stunde und die der Strassengüterwagen 6 Meilen pro Stunde. Bemerkenswerth ist, dass Pferde, wenn sie die Strassenbahn verlassen müssen, aus eigenem Antrieb wieder dahin zurückkehren. Nach dem Bericht Deas', des Ingenieurs der „Clyde Navigation", erhellt, dass noch kein einziger der gusseisernen Blöcke gebrochen ist und die hartgepresste Oberfläche noch in ebenso gutem Zustande sich befindet als zur Zeit der Anlage der Bahn. Man glaubte ursprünglich, dass die Blöcke, um haltbar zu werden, in Längen von 10 Fuss (3 m) gegossen werden müssten; doch stellte sich dies als unnöthig heraus, da die Blöcke von 5 Fuss (1,5 m) Länge vollkommen unbeweglich lagen.

Eine Abart dieser Strassenbahn, ausschliesslich für Wagen mit geflanschten Rädern, zeigt Fig. 64. Der gusseiserne Block ist auf der Oberfläche nur 4 Zoll (101 mm) breit und bildet auf dem Boden Seitenflanschen, welche

Fig. 64. System Ransome, Deas und Kapier, für leichten Verkehr. In ¹⁄₁₅ der natürl. Grösse.

dem Fusse desselben eine Breite von 9 Zoll (228 mm) geben. Die Kanten sind zur Benutzung für gewöhnliche Strassenfuhrwerke in Zwischenräumen von 3—4 Zoll (70—101 mm) eingekerbt. Die Blöcke werden mit Concret gefüllt und mit Cement auf zwei 6 Zoll (152 mm) tiefe und 18 Zoll (457 mm) breite Concretstrecken gelegt. Die Quantitäten und Kosten für einfaches Geleise sind folgende:

Gusseiserne Blöcke, 305 Pfund pro lauf. Yard von zwei Schienen oder 242 Tons pro Meile.
Concret, ¹⁄₃ Kubik-Yard oder 352 Kubik-Yards pro Meile.

	pro lauf. Yard			pro Meile
Gusseiserne Blöcke; incl. Laschen, Bolzen und Muttern	£ 0	19 s.	0 d.	£ 1672
Concret à 16 s. 3 d. pro Kubik-Yard	„ 0	3 „	3 „	„ 286
Setzen	„ 0	2 „	3 „	„ 198
	£ 1	4 s.	6 d.	£ 2156

Im Jahre 1871 wurde nach diesem System eine Strecke von ungefähr 700 Yards Strassenbahn in den Höfen der städtischen Gasanstalt zu Glasgow gelegt. Laut Bericht des Directors hat sich dieselbe sehr gut bewährt, keiner Ausbesserung bedurft und niemals irgendwelche Störung verursacht.

Belfast-Hafenbahn.

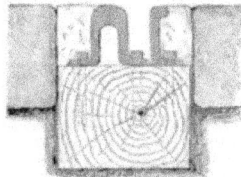

Fig. 65. System Lizar. Belfast Hafenbahn. In ²⁄₉ der natürl. Grösse.

Eine speciell für den Handelsverkehr bestimmte Strassenbahn wurde im Jahre 1869 auf den Quais von Belfast unter Oberaufsicht Lizar's, des Ingenieurs der Hafencommission angelegt und im Jahre 1870 eröffnet. Dieselbe hat einfaches Geleise mit Seitenlinien. Sie bedeckt aus zwei 9½ Zoll (240 mm) breiten und 7 Zoll (177 mm) hohen Langschwellen von Pechtannen- oder Memelholz (Fig. 65) auf welche gewöhnliche Ω-Schienen von 4 Zoll (101 mm) Höhe und 80 Pfund pro Yard (39 kg pro m) wiegen und mittelst durch die Flanschen gestossener Nägel befestigt werden. Eine ebenso hohe Gegenschiene von L förmigem Querschnitt, welche 39 Pfund pro Yard (19 kg pro m) wiegt, wurde der Tragschiene entlang auf dieselbe Schwelle genagelt, so zwar, dass ein Zwischenraum oder eine Rinne von 1½ Zoll (40 mm) Breite blieb. In dem abgehobenen Grunde waren Gräben für die Schwellen gezogen, welch letztere auf Kies oder Asche gebettet wurden. Das Pflaster bestand aus länglichen Steinen von 7 Zoll (177 mm) Höhe auf einer mit Kalk vergossenen Lage Sandes, welche dicht an den Schwellen anlagen.

Fig. 66. System Salmond. Belfast-Hafenbahn. In ²⁄₉ der natürl. Grösse.

Es ist klar, dass sich bei diesem System zwischen den Schienen und dem Pflaster weite Zwischenräume, 2½ Zoll (62 mm) an jeder Seite, bildeten; diese wurden bis zur Oberfläche des Pflasters mit Concret ausgefüllt. Diese Combination ermangelte jedoch der Stabilität. Sie war sehr leicht aus der Ordnung gebracht, da die Gegenschiene, so fest sie auch auf die Schwelle genagelt sein mochte, leicht nach aussen gegen den Concret gedrückt wurde, der ihr keinen Widerstand bot, und die Rinne sich dadurch in einem Maasse erweiterte, dass der Verkehr gefährdet war.

Ein besseres System wurde in der Folge von dem gegenwärtigen Ingenieur der Commission T. R. Salmond für die Verlängerungen und Auswechselung eines Theiles der Linie entworfen. Eine einzelne Schiene von starkem Profil (Fig. 66), welche 70 Pfund pro Yard (34 kg pro m) wog, ersetzte hier die combinirte Hohlschiene und Gegenschiene. Dieselbe ist 6 Zoll (152 mm) breit und hat eine 1½ Zoll (38 mm) breite und 1¾ Zoll (44 mm) tiefe Rinne und eine erhöhte Tragfläche auf einer Seite der letzteren. Die durchschnittliche Dicke beträgt ca. ¾ Zoll (19 mm). Die Schiene wird auf einer Langschwelle von 6 Zoll (152 mm) im Quadrat in Entfernungen von 3 Fuss (0,9 m) mittelst

³⁄₄ zölliger (15 mm) verticaler Nägel mit versenkten Köpfen, an den Stössen mittelst ⁵⁄₈ zölliger (15 mm) Bolzen und Muttern befestigt. Die Muttern sind an der unteren Seite auf einer 12 Zoll (304 mm) langen und ¹⁄₂ Zoll (12 mm) dicken Lasche von der Breite der Schwelle verschraubt. Die Langschwellen sind auf 9 Zoll (225 mm) lange Querschwellen von Lärchenholz, welche je 4 Fuss (1,2 m) von Mitte zu Mitte voneinander entfernt sind, festgenagelt.

Das Pflaster besteht aus Steinen von 6 Zoll (152 mm) Höhe, 3¹⁄₂—4 Zoll (90—101 mm) Breite und 8—12 Zoll (203—304 mm) Länge, welche zu beiden Seiten dicht an Schwelle und Schiene anliegen.

Bei der Construction scharfer Curven wird die Combination, Fig. 67, angewendet; diese besteht aus einer Hohlschiene, die auf einer Querschwelle von 6 Zoll (152 mm) im Quadrat liegt, an deren einer Seite eine ³⁄₄ Zoll (19 mm) dicke 6¹⁄₂ Zoll (164 mm) breite Eisenplatte angenagelt ist, welche eine 1³⁄₄ zöllige (44 mm) Rinne bildet. Die Schiene von dem hier beschriebenen Profil eignet sich zur Bildung von Curven viel besser als die für die geraden Theile der Bahnlinie benutzte starke, breite Schiene. Auch ist zu bemerken, dass die seitlich angebrachte Platte, welche als Gegenschiene dient, viel besser an der Schwelle befestigt werden kann als die in dem früheren Entwurf benutzte Gegenschiene.

Die neuen Schienen wurden 1873 mit glatter Oberfläche angeordnet und im Jahre 1875 theilweise zur Anlage von 100 Yards Bahn benutzt, von welchen 50 Yards als Ersatz eines Theiles der alten Linie gelegt wurden; die übrige Strecke diente zur Beförderung von Dampfkrahnen längs der Quais. Im Jahre 1875 wurden

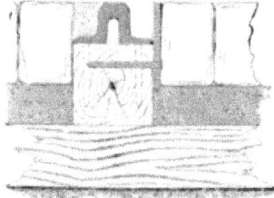

Fig. 67. Belfast-Hafenbahn für scharfe Curven. In ¹⁄₁₂ der natürl. Grösse.

Schienen mit erhöhter Oberfläche auf dem neuen „Queen's Quay" gelegt. Diese Linien befriedigen ungemein; es wird berichtet, dass die Befestigung unter dem steten Verkehr, für welchen sie befahrenden Eisenbahnwagen und Locomotiven sehr gut hält. Die Dauerhaftigkeit derselben ist vor allem der Anordnung zu danken, durch welche sie ganz aus dem Bereiche der Räder gebracht ist.

Die für das Material der neuen Bahn gezahlten Preise sind folgende:

Schienen 70 Pfund pro Yard, incl. Transport	7 £ 10 s. 0 d.	pro Ton
Langschwellen 6 Zoll im Quadrat, incl. Zuhauen und Legen derselben	0 „ 3 „ 0 „	pro Kubik-Fuss
Querschwellen von Lärchenholz, 9 Fuss lang	0 „ 3 „ 0 „	pro Stück
Richten	0 „ 8 „ 0 „	pro Quadr.-Yard
Weichen und Kreuzungen	13 „ 0 „ 0 „	pro Satz

X. CAPITEL.

Ueber Strassenbahnen im Auslande.

Paris.

Nach seiner Rückkehr von Amerika führte Loubat in Paris sein System mit geringen Abänderungen (Fig. 68 und 69) ein und legte dort vom Place de la Concorde nach Passy in der Avenue de la Reine eine Strassenbahnlinie an. Es war dies die erste in Frankreich angelegte Pferdebahn. Sie hatte eine Spurweite von 1,54 m oder 5 Fuss ¹⁄₂ Zoll. Die Schiene war unten von halbsechseckiger Form, um auf eine Holzschwelle gesetzt zu werden, welche abgekantet war, um sie aufzunehmen und auf welcher sie mittelst diagonal durch die Seiten gehender Nägel befestigt wurde. Eine 6 Zoll (152 mm) lange und ³⁄₈ Zoll (9 mm) dicke eiserne Lasche wurde unter jeden Stoss gelegt. Die Schiene wog 19 kg pro m, oder 38 Pfund pro Yard. Sie war an der Oberfläche 3 Zoll (76 mm) breit; die Rinne 1¹⁄₄ Zoll (31 mm) breit und 7⁄₈ Zoll (22 mm) tief; während die Laufkante nur 1¹⁄₄ Zoll (2½ mm) breit war.

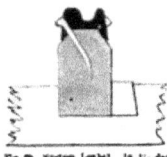

Fig. 68. System Loubat. In ¹⁄₈ der natürl. Grösse.

Fig. 69. Schienenprofil von Loubat 19 kg pro m. In ¹⁄₄ der natürl. Grösse.

Die Langschwellen waren 4 Zoll (101 mm) breit und 6 Zoll (152 mm) hoch und lagen auf 6 Zoll (152 mm) breiten und 4 Zoll (101 mm) hohen Querschwellen, die 2 m oder 6 Fuss 7 Zoll von Mitte zu Mitte voneinander entfernt lagen. Die Querschwellen hatten Einschnitte, um die Langschwellen aufzunehmen, welche mit Holzkeilen auf jenen befestigt wurden. Die Nägel erwiesen sich jedoch als Befestigung ungenügend, denn sie wurden entweder abgebrochen oder herausgerissen, weil sie auf der Schwelle nicht hinreichend Halt fanden, auf welcher offenbar die Schiene durch den excentrischen Druck der Last verschoben werden musste.

Diese Schiene wurde von der „Compagnie Générale des Omnibus" auf den Linien von Place de la Concorde nach Sèvres und Boulogne gelegt.

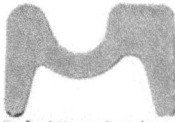

Das zunächst angewendete Profil, Fig. 70, war das einer Strassenbahnschiene für eine von einer Privatgesellschaft angelegte Linie zwischen Sèvres und Versailles. Diese Schiene wog 46 kg pro m oder 32 Pfund pro Yard und war, um an Material zu sparen, an der unteren Seite ausgehöhlt.

Diese Schienen (Fig. 68, 69 und 70) erhielten sich nach Goschler 10 Jahre hindurch. Zu Ende dieses Zeitraums war die Rollfläche so abgenutzt, dass die Flanschen der Wagenräder auf dem Boden der Rinne aufliefen. Eine Schiene, Fig. 71, von schwererem Profil, welche 46 Pfund pro Yard (23 kg pro m) wog und auf eine Dauer von 20 Jahren berechnet war, wurde hierauf als Ersatz für die leichtere Schiene angewendet. Eine ähnliche Schiene, Fig. 72, ebenfalls von 23 kg pro m wurde von der Omnibus-Gesellschaft auf der Linie zwischen dem

Fig. 70. Schienenprofil zwischen Sèvres und Versailles 46 kg pro m. In ⅛ der natürl. Grösse.

Arc de l'Étoile und dem Place du Trône, auf den „Tramways Nord", gelegt. Dieselbe ist 4 Zoll (101 mm) breit und 2,16 Zoll (53 mm) hoch und, wie die vorhergehende, auf den hölzernen Langschwellen mittelst durch den Boden der Rinne hindurchgehender verticaler Bolzen mit versenkten Köpfen und Muttern befestigt. Die Anordnung der Muttern nebst Unterlegscheibe zeigt Fig. 30, Tafel II. Die Schienen waren in Längen von 6 m oder nahezu 20 Fuss gewalzt und an den Stössen, wie Fig. 28, Tafel II zeigt, mit eisernen Platten verlascht, deren Form der unteren Seite der Schiene angepasst war. Fig. 29 stellt einen Stoss der Langschwelle dar. Auf Tafel II, Fig. 25 ist die Anordnung des Geleises für eine gerade Strecke und in Fig. 26 die für eine Curve gezeichnet, bei welcher aussen eine flache Schiene verwendet wurde.

Fig. 71. Stärkeres Schienenprofil als Fig. 70. 23 kg pro m. In ⅛ der natürl. Grösse.

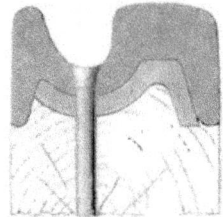

Fig. 72. Schienenprofil der Tramways-Nord 23 kg pro m. In ⅛ der natürl. Grösse.

Da man annahm, dass Querschwellen nicht nöthig seien, so wurden sie bei der Ausbesserung der Geleise weggelassen und benutzte man an deren Stelle schmiedeeiserne Zugstangen; doch gab man auch diese nach einiger Zeit wieder auf. Wo die Geleise in Macadam ohne jegliche Pflasterung verlegt waren, stellten sich die Unterhaltungskosten sehr hoch, da die gewöhnlichen Wagen fortwährend das Strassenbahngeleise benutzten. Der Macadam musste daher in einer Breite von 10 Zoll (254 mm) zu beiden Seiten der Schienen fortwährend durch neuen ersetzt werden und das beständige Erneuern loser Steine verursachte vermehrten Widerstand und schnellere Abnutzung der Strassenbahn. Um solch ernstliche Bedenken zu vermeiden, ersetzte die Omnibus-Gesellschaft den Macadam in den äusseren Theilen des Systems durch gepflasterte Ränder zunächst den Schienen und durch vollständiges Pflaster auf den Linien im Inneren der Stadt.

Obschon die erste Strassenbahnlinie — die Loubat'sche — in einer Spurweite von 1,54 m oder 5 Fuss ½ Zoll gelegt worden war, nahm man bei den in der Folge angelegten (Fig. 25, Tafel II) die für die Eisenbahnen übliche Spurweite von 1,435 m (4 Fuss 8½ Zoll) oder 1,43 m (4 Fuss 8½ Zoll) an. Eine gleichmässige Spurweite wurde in der Absicht angenommen, eine Verbindung zwischen den Güterstationen der Eisenbahn herzustellen; doch sah man sich in dieser Erwartung getäuscht.

Die im Jahre 1867 angenommenen Preise für Anlage von Strassenbahnen auf macadamisirten Strassen waren, nach Goschler, folgende:

	Franc	£	s.	d.	
Schienen, mit 10 versenkten Löchern gebohrt, pro 100 kg	26	10	8	0	pro Ton
Bolzen oder Laschen pro 100 Stück	22	0	17	5	
Eichene Langschwellen, 6 Zoll bei 8 Zoll, pro Ster	134	0	3	0	pro Kubik-Fuss
Zerkleinerter Mühlstein (Macadam) pro Kubik-Meter	12	0	7	3	pro Kubik-Yard
Sand pro Kubik-Meter	3	0	1	10	
Arbeit, pro Stunde	0,35	0	0	3,32	pro Stunde
Einspännige Karre, pro Stunde	1	0	0	9½	

Auf Grund dieser Preise sind die Kosten pro Yard einer eingeleisigen Strassenbahn mit der Schiene von 23 kg pro m, Fig. 72, folgende:

		s.	d.
Schienen		8	8
Langschwellen		2	10,8
Formen der Schwellen		0	8,7
Bolzen		0	7,7
Laschen		0	5,1
Unterlegscheiben		0	0,7
Ausgrabung		0	6,6
Anpassen		0	1,7
Legen und Unterstopfen		0	5,2
Sand		0	1,7
Schotter		0	8,7
Begiessen und Walzen		0	2,2
Aufsicht und allgemeine Ausgaben		0	8,3
Im ganzen		16	4

Oder £ 1437 5 s. 8 d. pro Meile.

Die für die „Tramways-Nord" in der Avenue de la Grande Armée angewendete Schiene zeigt Fig. 73. Dieselbe wiegt 22 kg pro lauf. m, ist 90 mm breit und hat eine Gesammthöhe von 43 mm. Das Interessanteste an dieser Schiene ist ihre Befestigungsart, welche auf Tafel 11, Fig. 24 wiedergegeben ist. Die Schiene ist nämlich mittelst zweier versenkter Nieten auf einem schmiedeeisernen Bügel befestigt, der hinwieder mit vier 70 mm langen und 8 mm starken Nägeln auf der Langschwelle festgenagelt ist. Die Löcher in den Seiten des Bügels sind versetzt, damit die Nägel sich im Holze nicht treffen. Unter dem Stosse zweier Schienen liegt, wie Fig. 24 zeigt, eine Lasche von 200 mm Länge und 10 mm Dicke. Am Stosse sind stets zwei Bügel angewendet, deren jeder ungefähr 60 mm von dem Schienenende entfernt ist. Diese Befestigungsmethode beseitigt das Eindringen des Wassers in die Schwelle, hat jedoch den Fehler, dass durch allmähliches Auf- und Niederbiegen der Schiene die Köpfe der Nieten von den Rädern der Wagen getroffen werden.

Fig. 23 Tafel 11 zeigt die für die Linie zwischen Saint-Augustin und Pont Bineau verwendete Schiene, sowie die Befestigung derselben. Um eine grössere Wohlfeilheit der Anlage zu erzielen, wurde die Gesammtbreite dieser Schiene zu 90 mm und ihr Gewicht zu 18 kg pro m angenommen. Die Laufkante derselben ist 45 mm breit, die Rinne 25 mm weit und die innere Kante 15 mm stark. Die Schiene ist auf der Schwelle mittelst senkrechter Nägel und überdies auch auf der einen Seite durch Krampen befestigt. Diese letztere Befestigung ist wohl gut dem Principe nach, doch dürfte der Zapfen der Krampen schwierig zu schmieden sein und ausserdem bei einer seitlichen Verschiebung der Schiene leicht aus dem Loche herausspringen.

Das der englischen Praxis entlehnte Profil der zunächst für die „Tramways-Nord" angenommenen Schiene, welche im Jahre 1873 auf der macadamisirten Strasse zwischen Porte Maillot und dem Pont de Neuilly gelegt wurde, ist in Fig. 74 dargestellt. Das Gewicht dieser Schiene ist 60 Pfund pro Yard (29 kg pro m); sie ist durch die Rinne auf eichene Langschwellen von 4 Zoll (101 mm) Breite und 6 Zoll (152 mm) Höhe verlascht; letztere liegen auf 6 Zoll (152 mm) breiten und 3½ Zoll (79 mm) hohen Querschwellen, welche 5 Fuss (1,5 m) von Mitte zu Mitte voneinander entfernt sind.

Die Kosten dieser Bahn pro Meile einfachen Geleise sind auf £ 1418 geschätzt, incl. Kosten für Schienen, gusseiserne Schienenstühle und Winkellaschen, Bolzen, Schwellen, Legen der Bahn, Aufsicht und diverse Ausgaben. Obgleich das Schienenprofil der englischen Praxis nachgebildet war, schien man doch den Hauptvorzug der Flanschen, das Ersetzen der verticalen Bolzen durch seitliche Befestigung, nicht begriffen zu haben.

Die gesammten Anlagekosten der Pariser „Tramways-Nord" sind in der Agenda-Dunod, 1877, enthalten, welcher folgender Auszug entnommen ist:

Kosten pro lauf. Yard doppelten Geleise, auf gepflasterter Strasse.

		£	s.	d.
Abheben des Pflasters und Abgraben		0	2	2
Pflasterung		1	7	7
Bahn		1	15	7
Im ganzen		3	5	4

Oder £ 5750 pro Meile.

Aus der Bilanzrechnung der Gesellschaft ergiebt sich, dass die gesammte Capitalanlage für diese Bahnen £ 31900 pro Meile beträgt.

Fig. 73. Schienenprofil der Avenue de la Grande Armée. 22 kg pro m. In ⅓ der natürl. Grösse.

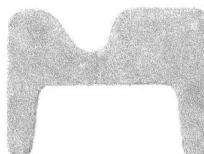

Fig. 74. Schienenprofil der Avenue de Neuilly. 29 kg pro m. In ⅓ der natürl. Grösse.

Oppermann giebt einen Auszug der Betriebskosten der Linie zwischen Saint-Germain-des-Prés und Montrouge, eines Theiles der „Tramways-Sud" in Paris. Die Linie ist 3,12 Meilen lang. Ein Wagen macht 20 Fahrten in 16 Stunden pro Tag und legt (3,12 × 20 =) 62,40 Meilen pro Tag zurück. Jeder Wagen enthält 16 Passagiere im Inneren, 18 auf dem Dache und 10 auf den Plattformen, im ganzen also 44 und wird von zwei Pferden gezogen, welche viermal ausgewechselt werden, was eine Anzahl von 10 Pferden pro Wagen bedingt.

	Francs
Ein Pferd kostet pro Tag an Fütterung	4,50
Beschlagen, Stallung, Wartung, Erneuerung etc.	1,00
Im ganzen	5,50
Leistung der Pferde pro Wagen und Tag 5,50 × 10 =) . .	55,00
Ditto, pro Meile Fahrt 55 Francs oder 8,37 d.	

Das von Francq im Jahre 1875 für die Strassenbahnen von Versailles angeführte System ist in den Fig. 75, 76 und 77 dargestellt. Es besteht in Schienen auf einem Holzunterbau von Langschwellen, die auf Querschwellen ruhen. Die Schiene wiegt 30½ Pfund pro Yard (15 kg pro m), ist von verhältnissmässig flachem Profil, 1¼ Zoll (31 mm) hoch, an der Oberfläche etwa 3 Zoll (76 mm) breit und an jeder Seite mit

einer Leiste versehen, die ¼ Zoll (6 mm) vorsteht, wodurch die Schiene eine Gesammtbreite von 3½ Zoll (92 mm) erhält. Die Rollfläche ist 1⁹⁄₁₆ Zoll (39 mm) und die Rinne 1¼ Zoll (31 mm) breit. Die Fläche unter der Laufkante ist ausgehöhlt und nimmt in diese Höhlung einen Vorsprung der Langschwelle auf. Letztere sind von Föhrenholz und mit Kreosot getränkt, 3 Zoll

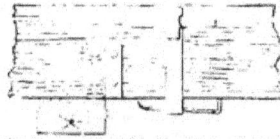

Fig. 75. Spuren Francq Strassenbahn in Versailles. In ½₄ der natürl. Grösse.

(76 mm) breit und unter der Schienensohle 7 Zoll (177 mm) hoch. Sie sind in einem Winkel von 1:20 einwärts geneigt, und liegen auf eichenen Querschwellen von 6 Zoll (152 mm) Breite und 3½ Zoll (89 mm) Höhe, die in Zwischenräumen von 5 Fuss (1,5 m) von Mitte zu Mitte angebracht sind. Die Befestigung ist eigenthümlich: die seitlichen Leisten sind in Zwischenräumen von 4 m und zwar 40 Zoll von Mitte zu Mitte eingeschnitten, um die beiden Enden eines unter der Schwelle gelegenen eisernen Bügels aufzunehmen, die entsprechend geformt sind, um in die Einschnitte der Leisten einzudringen und auf letzteren fest aufzuliegen; dieselben werden mittelst Bolzen und Muttern durch die Schwelle in der richtigen Lage erhalten, während der Bügel selbst durch einen unter der Schwelle eingetriebenen Keil aus hartem Holze befestigt wird.

Fig. 77. Schienenprofil der Versailler Strassenbahn. In ½₄ der natürl. Grösse.

Die Langschwellen sind mit den Querschwellen durch eine Eisenplatte verbunden, welche an einer Seite der Querschwelle verbolzt, ausgeschnitten und geflanscht ist, um die Langschwelle aufzunehmen, welche an dieselbe festgenagelt wird. Fig. 27, Tafel II lässt die Befestigungsweise der Schiene bei einer Curve erkennen, für welche aussen eine flache Schiene verwendet wird.

Einzuwenden ist gegen dieses jüngst in Frankreich eingeführte System, dass die Befestigung der Langschwellen auf den Querschwellen nicht dauerhaft und die Schiene von zu flachem Profil und infolge dessen zu schwach ist; dass ferner die letztere gegen das Verschieben auf der Schwelle nicht genügend seitlichen Widerstand hat; dass die seitlichen Leisten eine Materialverschwendung zu nennen und zugleich dem Anschluss des Pflasters an die Schiene hinderlich sind; dass überdies noch andere Vorsprünge vorhanden sind, die in gleicher Weise stören; und dass die Lage der Keile zum Anziehen der Schienbefestigung — unter der Schwelle — zum Zwecke der Inspection und Auswechserung sehr unpassend ist. Dieses System würde wie viele andere, die sich in der Praxis nicht bewährt haben, seinem Zwecke vollkommen entsprechen, wenn es nur zur Befestigung dienen sollte, nicht aber um dem Druck der rollenden Bewegung schwerer Körper Widerstand zu bieten.

Neuerdings sind jedoch die grösseren Pferdebahnanlagen in Paris nach dem System Larsen ausgeführt, dessen Anordnung Fig. 31, Tafel II zeigt. Die Nagelung geschieht rationell von der Seite mittelst Klammern. Die Langschwellen sind 150 mm hoch und 90 mm breit, während die Querschwellen 100 mm hoch und 150 mm breit sind. Beide sind aus Eichenholz und geschieht ihre Verbindung durch Winkeleisenstücke.

Lille.

Die Strassenbahnen von Lille sind wie Niveauübergänge für Eisenbahnen construirt, nämlich mit zwei Schienen und zwei Gegenschienen, mit genügendem Raum an jeder derselben für die freie Bewegung der Radflanschen (Fig. 78). Die Schiene und Gegenschiene sind an einen gusseisernen Stuhl geschraubt. Die Stühle sind auf Querschwellen, in Zwischenräumen von 5 Fuss (1,5 m), ohne dazwischenliegende Langschwellen mittelst Schrauben befestigt. Der freie Raum zwischen Schiene und Gegenschiene ist 1,20 Zoll (30 mm) breit für Strassenbahnwagen, wie in Fig. 78; befestigt man jedoch die Gegenschiene mit ihrer flachen Seite nach Innen, wie in Fig. 79, so vermehrt sich die Breite auf 1,80 Zoll (45 mm) und dient so für den Verkehr der Eisenbahnwagen.

	Pfd. pr. Yard	kg pr. m
Gewicht der 3,60 Zoll tiefen Schiene	25,7	14
Gewicht der 3,60 Zoll tiefen Gegenschiene	22,5	11
Gesammtgewicht, pro Yard, für jede Schiene	51,2	25 kg

Das gleiche System — Schiene und Gegenschiene — ist kürzlich für die Anlage der Genfer Strassenbahnen angenommen worden.

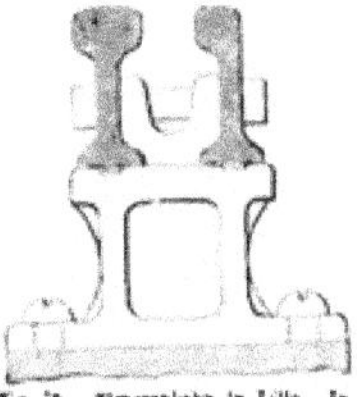

Fig. 78. Strassenbahn in Lille. In $\frac{1}{3}$ der natürl. Grösse.

Fig. 79. Strassenbahn in Lille für Eisenbahn-Verkehr. In $\frac{1}{3}$ der natürl. Grösse.

Belgien

In Brüssel wird der Betrieb der Strassenbahnen von vier verschiedenen Gesellschaften geleitet, von welchen jede ihre bestimmten Schienenformen angenommen hat. Die älteste Linie ist die $1\frac{1}{2}$ Meilen lange zwischen Schaerbeeck und dem Bois de la Cambre, welche im Jahre 1869 eröffnet wurde. Die anderen Linien sind sämmtlich seit 1874 angelegt worden. Die Länge der zu Ende des Jahres 1874 eröffneten Brüsseler Strassenbahnlinien ist folgende:

	Meilen
„Belgian Street-Railway"	$8\frac{1}{2}$
„Compagnie Brésilienne"	$6\frac{3}{4}$
„Compagnie des Voies Ferrées Belges (Bois de la Cambre)"	$4\frac{3}{4}$
„Compagnie Becquet"	$3\frac{1}{2}$
Im ganzen	$23\frac{1}{2}$

Spurweite der Bahn, 4 Fuss $8\frac{1}{2}$ Zoll (1,435 m).

In anderen Städten Belgiens waren in demselben Jahre folgende eröffnet:

Antwerpen	6,16 Meilen	Spurweite 4 Fuss $5\frac{1}{2}$ Zoll	(1,358 m)
Lüttich	4,78 „	„ 4 „ $8\frac{1}{2}$ „	(1,435 „)
Gent	4,66 „	„ 4 „ $8\frac{1}{2}$ „	(1,435 „)

was eine Gesammtlänge von ca. $35\frac{1}{2}$ Meilen Strassenbahn ausmacht.

Die ersten drei Brüsseler Strassenbahnen hatten doppeltes, die vierte einfaches Geleise. Die Strassenbahnen in den drei anderen Städten waren ebenfalls eingeleisig, mit Ausnahme eines kleinen Theiles der Strassenbahn in Gent.

Die Fig. 80—90 zeigen die Profile der bei den belgischen Strassenbahnen angewendeten Schienen.

Fig. 80. Belgische Strassenbahn in den Vorstädten von Brüssel. 11 kg pro m. In $\frac{1}{3}$ der natürl. Grösse.

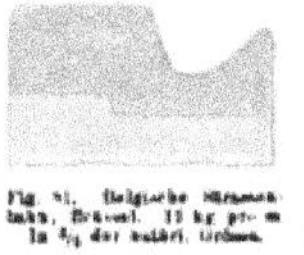

Fig. 81. Belgische Strassenbahn, Brüssel. 11 kg pro m. In $\frac{1}{3}$ der natürl. Grösse.

Fig. 82. Voies Ferrées Belges. In $\frac{1}{10}$ der natürl. Grösse.

Fig. 83. Schienenprofil der Voies Ferrées Belges. 25 kg pro m. In $\frac{1}{3}$ der natürl. Grösse.

Fig. 84. Voies Ferrées Belges. Innere Schiene für Curven. 18 kg pro m. In $\frac{1}{3}$ der natürl. Grösse.

Fig. 85. Voies Ferrées Belges. Äussere Schiene für Curven. 15 kg pro m. In $\frac{1}{3}$ der natürl. Grösse.

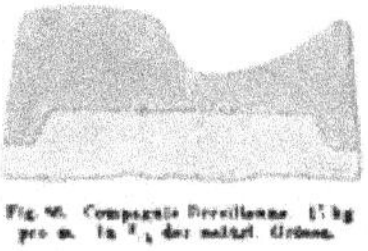

Fig. 86. Compagnie Brésilienne. 17 kg pro m. In $\frac{1}{3}$ der natürl. Grösse.

Fig. 87. Schienenprofil in Antwerpen. 15 kg pro m. In $\frac{1}{3}$ der natürl. Grösse.

Der freie Raum zwischen zwei Bahngeleisen beträgt in Brüssel 1 m oder 40 Zoll; ausgenommen in engen Strassen, wo er nur 0,8 m, 32 Zoll beträgt; in Antwerpen ist er 1 m und in Gent 1,05 m oder 42 Zoll

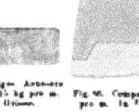

breit; in Lüttich, in Rücksicht auf die das Geleise befahrenden Eisenbahnwagen, 1 ½ — 1 ¾ m oder 5 Fuss bis 5 Fuss 9 Zoll.

Der kleinste für eine Strassenbahn gestattete Curvenradius ist im allgemeinen 14 m oder 46 Fuss. In Brüssel ist der Radius gewöhnlich 100—130 Fuss (30—39 m); zuweilen beträgt er aus Mangel an Raum nur 65 Fuss (20 m) und in einigen seltenen Fällen sogar 46 Fuss (14 m). In Antwerpen ist der Minimalradius

Fig. 88. Compagnie Becquet. 18 kg pro m. In ¾ der natürl. Grösse.　Fig. 89. Schienenprofil in Lüttich. 27 kg pro m. In ½ der natürl. Grösse.　Fig. 90. Schienenprofil in Gent. 11,5 kg pro m. In ½ der natürl. Grösse.

25 m oder 82 Fuss und in Gent 15 m oder 50 Fuss. In Lüttich ist die niedrigste Grenze 25 m oder 82 Fuss, angenommen für die mit Eisenbahnwagen befahrenen Strecken, wo der Radius mindestens 75 m oder 246 Fuss hat.

Die Bahn besteht im allgemeinen aus Rinnenschienen, die auf einen Holzunterbau von Langschwellen auf Querschwellen gelegt sind. Die einzige Ausnahme von der Rinnenschiene bilden die in den Vorstädten von Brüssel und in Gent angewendeten Schienen, die nach dem Princip der „halbmondförmigen Schiene" (Fig. 17) geformt sind, bei welchem eine Spalte zwischen der Schiene und dem Pflaster die Rinne bildet. An den Schienenprofilen (Fig. 89—90) sieht man, dass die Schienen meistentheils mittelst durch die Rinne gehender verticaler Schrauben auf den Langschwellen befestigt sind. Die einzige Ausnahme ist die bei den „Voies Ferrées Belges" (Fig. 82) angewendete Seitenbefestigung mittelst Klammern. In Lüttich ist die Schiene mit einer 2 Zoll breiten Rinne geformt. Das Gewicht der oben abgebildeten Schienen ist folgendes:

Brüssel:

„Belgien Street", Vorstädte	23 Pfund pro Yard	11 kg pro m
„ „ in der Stadt	24 ½ „ „ „	12 „ „
Voies Ferrées Belges	52 „ „ „	25 „ „
Brésiliennes	34 „ „ „	17 „ „
Compagnie Becquet	37 „ „ „	18 „ „
Antwerpen	30 „ „ „	15 „ „
Lüttich	56 „ „ „	27 „ „
Gent	24 „ „ „	11,5 „ „

Laut einer kürzlich erschienenen Publikation [1] betrug zu Ende des Jahres 1876 die Länge der eröffneten Strassenbahn in Brüssel 45,312 m oder 28 Meilen. Die Zahl der auf sämmtlichen Linien im Betrieb befindlichen Wagen betrug 84, die der Pferde 750. Die Betriebskosten dürften annähernd nach folgender Grundlage berechnet werden:

	Gesammtkosten pro Tag			Zurückgelegte Meilen pro Tag
	£	s.	d.	
1 Pferd	3	7 — 4	0	12 — 19
1 Wagen	16	0 — 20	0	60 — 80

Die Anlagekosten der Brüsseler Strassenbahnen waren ungefähr folgende:

Bahn, einfaches Geleise	£ 1270 — 1600 pro Meile
Pferde, incl. Geschirr und Zubehör	„ 48 pro Pferd
Wagen im Dienst nebst Zubehör	„ 360 „ Wagen
Stallungen, Schuppen, Bureaux, Werkstätten etc. pro Pferd im Dienst	„ 80 — 100 pro Pferd

Constantinopel.

Die von dem Ingenieur Lebout in Constantinopel angelegten Strassenbahnen, haben eine Rinnenschiene von 46 Pfund Gewicht pro Yard (23 kg pro m), wie sie bei den Pariser Strassenbahnen angewendet worden war, die in der in Fig. 91 ersichtlichen Weise befestigt ist. Die Schienen sind auf Langschwellen verlegt, welche auf eine 8 Zoll (203 mm) tiefe auf den ausgegrabenen Boden gebreitete Schicht Sand gelegt sind. Die Langschwellen sind durch runde Zugstangen verbunden, welche durch dieselben gezogen und an beiden Seiten durch Muttern verschraubt sind, wie der Querschnitt der Bahn (Fig. 92) zeigt. Strassen von 13 — 23 Fuss (4 — 7 m) Breite wurden in der ganzen Breite gepflastert (Fig. 93).

1) Revue Universelle, 13. September 1876, S. 375.

Die Schienen nebst Zubehör wurden nach Angaben Goschlers, aus den Werken von Terre-noire in Frankreich bezogen und in Constantinopel zu folgenden Preisen abgeliefert:

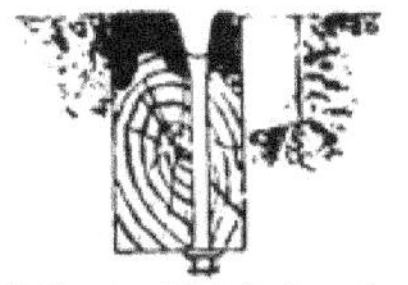

Fig. 91. Strassenbahn in Constantinopel. Schienenprofil 21 kg pro m. In ⅛ der natürl. Grösse.

Schienen und Laschen . . £ 10 1 s. 6 d. und £ 10 17 s. 6 d. pro Ton
Bolzen . . . . „ 23 15 „ 6 „ „ „
Unterlegscheiben . . . . „ 31 16 „ 6 „ „ „
Zugstangen in 2 m oder 13,12 Fuss Abstand „ 33 9 „ 0 „ „ „

Das Gewicht des Materials pro Yard einfaches Geleise, war folgendes:

Schienen pro lauf. Yard 46 Pfd. . . 92 Pfd. pro 1. Yard der Bahn
Schienenlaschen 5 Pfd. das Stück . . 1,5 „ „ „ „ „
Laschen f. d. Langschwellen 1½ P. d. St. 1,35 „ „ „ „ „
Bolzen ½ Pfd. das Stück . . . . 1,54 „ „ „ „ „
Zugstangen 13½ Pfd. das Stück . . 3 „ „ „ „ „

Im ganzen pro Yard, einf. Geleise 100 Pfd.

Im ganzen, wenn die Zugstangen 2 m oder 6,56 Fuss Abstand haben 103 Pfd.

Kosten für Bahnanlage, incl. Wagen und Instandhaltung für ein Jahr . . . . 2 s. 5 d. pro Yard
Kosten für Pflasterung . . . . 3 „ 7½ „ „

Fig. 92. Anlage der Strassenbahn in Constantinopel. In ⅛ der natürl. Grösse.

Goschler giebt einen Auszug aus den Berichten der Strassenbahnen von Constantinopel für 1872, welcher viele lehrreiche Details enthält. [1]

Fig. 93. Strassenbahn in einer engen Gasse Constantinopels. In ¹/₁₁₁ der natürl. Grösse.

Moskau.

Der erste Theil der Moskauer Strassenbahnen wurde im August 1874 eröffnet und im Jahre 1875 war bereits eine Gesammtlänge von 60 Meilen dem Verkehr übergeben. Dieselbe war von dem Strassenbahn-Ingenieur Colonel Sytenko entworfen, welcher vor allen Dingen die Rinnenschiene beseitigte und dafür den Typus der Vignoles-Schiene annahm, welche, wie in den Fig. 94 und 95 ersichtlich, auf Langschwellen gelegt wurde. Die Schienen sind aus Stahl, aus den Werken zu Creusot und wiegen 36 Pfund pro Yard (17,8 kg pro m). Sie sind in einer Höhe von 5 Zoll (127 mm) hergestellt, um das Anlegen

Fig. 94. Strassenbahn in Moskau. In ¹/₂₄ der natürl. Grösse.

genügend hoher Pflastersteine über den Schwellen zu gestatten. Die Pflastersteine zunächst den Schienen an der inneren Seite sind ausgehöhlt, um eine Rinne für die Radflanschen zu bilden. Gegenschienen fand man augenscheinlich nur von den Weichen und Kreuzungen nothwendig. Die Schienen sind in einer Spurweite von 5 Fuss (1,52 m) gelegt und ruhen auf Querschwellen, die in Zwischenräumen von 4 Fuss 3 Zoll (1,3 m) angebracht sind. Man glaubt — und nicht mit Unrecht — dass bei diesem Bahnsystem die erforderliche Zugkraft um die Hälfte geringer sei, als bei der gewöhnlichen Rinnenschiene sie bedingt.

Fig. 95. Schienenprofil in Moskau. 17,8 kg pro m. In ½ der natürl. Grösse.

Leipziger Strassenbahnen.

Der erste Theil der Leipziger Strassenbahnen, die Promenadenlinie um die Stadt und die Zweiglinien nach Reudnitz und Connewitz, zusammen eine Strecke von ungefähr 6 englische Meilen, wurde am 18. Mai 1872 eröffnet. Die Linie nach Lindenau wurde im September desselben Jahres eröffnet, sodass im Jahre 1872 im ganzen 8½ englische Meilen Bahn dem Verkehr übergeben waren. Gegenwärtig sind fünf Linien eröffnet, die zusammen eine Strecke von 11,30 Meilen ausmachen.

Die Schienen sind in einer Spurweite von 4 Fuss 8½ Zoll (1,435 m) gelegt und ähnlich wie in Wien, nach Loubats System gebildet. Dieselben sind von Eisen und wiegen 30 Pfund pro Yard (14,8 kg pro m); sie sind 3 Zoll (76 mm) breit und haben schräge Flanschen, wie in den Fig. 96 und 97 zu sehen ist und liegen auf hölzernen Langschwellen, deren hohe und schmale Form, — sie sind 8 Zoll (203 mm) hoch und 2¾ Zoll (69 mm) breit — bemerkenswerth ist. Letztere sind algeblautet, um die Schienen aufzunehmen, welche auf denselben mittelst 4½ zölliger (113 mm) Nägel befestigt werden, die durch in die Flanschen gestossene Löcher

1) „Les Chemins de Fer Nécessaires", Compte Rendu de la Société des Ingénieurs Civils 1873. S. 366.

gehen. Die Langschwellen liegen in Einschnitten auf den 7 Zoll (177 mm) breiten, 5 Zoll (127 mm) hohen und 6½ Fuss (1,95 m) langen Querschwellen, welche in Entfernungen von 6 Fuss (1,8 m) von Mitte zu Mitte auf einer Kiesunterlage ruhen. Zur Befestigung der Langschwellen auf den Querschwellen dienen Keile aus Eichenholz. Bei Linien, welche durch bereits gepflasterte Strassen führten, wurde das Pflaster in der ganzen Breite erneuert.

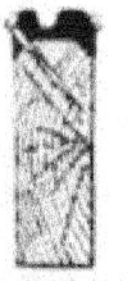

Die Strassenbahn in Cassel.

Die Casseler Strassenbahn wurde am 9. Juli 1877 eröffnet, um mit von der Firma Merryweather & Sons gelieferten Locomotiven betrieben zu werden. Das Profil der Schiene, nebst dem den Radkranzes der Locomotive, zeigt Fig. 98.

Lissabon.

Fig. 96. Leipziger Strassenbahn. In ⅛ der nat. Grösse

Fig. 97. Schienenprofil in Leipzig. In ⅛ der natürl. Grösse.

Fig. 98. Strassenbahn in Cassel. In ⅛ der natürlichen Grösse.

Im Jahre 1873 erlangten Edwin Clark, Punchard & Co. eine Concession zu Anlage und Betrieb eines Strassenbahnsystems in Portugal, eine Strecke von 51 Meilen — von Lissabon nach Cintra für Personenverkehr und von Lissabon nach Torres-Vedras, hauptsächlich für Waaren- und Weintransport. Die Bahnen bestanden aus einem Geleise, das auf die gewöhnliche Fahrstrasse verlegt war und sollten durch Tenderlocomotiven betrieben werden, welche Züge von Personen- und Güterwagen mit einer Geschwindigkeit von 15 Meilen pro Stunde beförderten. Die vorherrschende Steigung war 1 : 20 und die schärfsten Curven hatten 25 Fuss Radius (7,6 m).

Die Bahn besteht aus drei auf Querschwellen liegenden parallelen Schienen. Die mittlere Schiene ist von Eisen und am Fusse flach, wiegt 36 Pfund pro Yard (17 kg pro m) und wird auf die Schwellen genagelt. Die äusseren sind Holzschienen (Eichenholz) von 8 oder 9 Zoll (203—228 mm) Breite und 3 Zoll (76 mm) Höhe und in einer Spurweite von 4 Fuss 2 Zoll (1,25 m) von Mitte zu Mitte verlegt. Die Querschienen sind abwechselnd lang genug, um alle drei Schienen aufzunehmen und so kurz, dass nur die mittlere aufliegt. Maschine und Zug werden durch die mittlere Schiene geleitet, auf welcher das Gewicht derselben ruht, während der grössere Theil des Gewichtes der Maschine durch die Treibräder auf den hölzernen Schienen lastet.

Die Maschinen hatten zwei Dampfcylinder von 11 Zoll (279 mm) Durchmesser und 18 Zoll (457 mm) Hub; die Treibräder hatten 3 Fuss 9 Zoll (1,14 m) im Durchmesser und waren am Radkranz 14 Zoll (355 mm) breit. Der Druck im Dampfkessel betrug 140 Pfund pro Quadratzoll (10 Atmosphären). Die Maschine ruhte auf zwei drehbaren Radgestellen, die vorne und hinten an derselben angebracht waren und auf der mittleren Schiene liefen. Der Zwischenraum von Mitte zu Mitte dieser Radgestelle betrug 13 Fuss (3,9 m). Das Eigengewicht der Maschine war 11 Tons 11½ Ctr. und im Betriebszustande 13¼ Tons, von welchen 8½ Tons als Adhäsionsgewicht nutzbar waren. Curry's Bericht[1] zufolge waren diese Maschinen im stande einen Zug von sechs Personenwagen mit 132 Passagieren, im Gesammtgewicht von 22½ Tons, eine Steigung von 1 : 20 hinauf zu befördern. Die schwersten Güterzüge, welche auf derselben Steigung befördert wurden, bestanden aus sechs Wagen, die beladen 28½ Tons wogen.

Wie verlautet, sind diese Strassenbahnen wieder aufgegeben worden.

Die „Wellington City-Tramways", Neuseeland.

Fig. 99. Strassenbahn in Wellington. In ⅛ der natürl. Grösse.

Bei dem Entwurf dieser im Bau begriffenen Strassenbahnen, Fig. 99, welche eine Spurweite von 3 Fuss 6 Zoll (1066 mm) aufweisen, scheint man die besten Resultate der in Europa und Amerika gemachten Erfahrungen ganz unbeachtet gelassen zu haben. Die Schiene ist eine flache 3½ Zoll (88 mm) breite, 1⅛ Zoll (25 mm) dicke Stange mit einer ¾ Zoll (19 mm) tiefen Rinne, unter welcher das Metall nur ⅜ Zoll (9 mm) dick ist. Dieselbe ist mit durch die Rinne gehenden Nägeln auf einer 4 Zoll (101 mm) breiten, 6 Zoll (152 mm) hohen Langschwelle befestigt. Die letzteren ruhen auf 6 Zoll (152 mm) breiten, 4 Zoll (101 mm) hohen und 5 Fuss (1,5 m) langen Querschwellen, welche in Zwischenräumen von 3 Fuss 5 Zoll (1,04 m) von Mitte zu Mitte angebracht sind. Die Befestigung der Langschwellen an den Querschwellen geschieht durch einen kleinen Winkel an jeder Seite mit einem Nagel nach jeder Richtung.

---

[1] „The Lisbon Steam-Tramway", eine Schrift, welche am 6. März 1874 im „Institution of Civil Engineers" von Matthew Curry, jun., Schüler des genannten Institutes, verlesen wurde.

Strassenbahn in München

(Mit Zeichnungen auf Tafel III. Fig 1—4.)

In München sind zwei Oberbausysteme in Anwendung; das eine besteht in einer Rinnenschiene auf eichener Langschwelle von 170 mm Höhe und 90 mm Breite gelagert, welche wiederum auf 1,5 m voneinander entfernten kiefernen Querschwellen von 80 mm Höhe und 400 mm Breite ruht. Der Schienenstoss ruht auf einer Querschwelle mit eiserner Unterlagsplatte. Die Schienen sind mit den Langschwellen durch seitlich angebrachte Haken verbunden, welche in Entfernungen von 800 mm in Kerben der längs laufenden Leisten der Schiene eingreifen und an der Schwelle mit je zwei Holzschrauben befestigt sind. Das andere System (Fig. 3, Tafel III) ist das von Hartwich mit hoher Vignolschiene ohne Querschwellen. Eine seitlich an die Schiene angenietete Rinne dient am Schienenstoss zugleich als Lasche; die lichte Weite dieser Rinne beträgt 30 mm.

An ersterem System mussten wiederholt Reparaturen vorgenommen werden, da an den Stössen die Querschwellen heruntergedrückt und die Gussplatten bis zu 1 cm ausgeschlagen wurden. Ueberdies lockerten sich durch das fortgesetzte Schwanken des Pflasters und infolge der durch die Schienenanlage kreuzende Fuhrwerke veranlassten Stösse die zur Befestigung dienenden Haken. Das Gewicht der hier angewendeten Schiene beträgt 19 kg pro m; das der 120 mm langen gusseisernen Unterlagsplatten 4,3 kg pro Stück.

Auch bei dem Eisensystem haben sich die Stösse gesenkt — wahrscheinlich eine Folge der einseitigen Lasching.

Anfangs hatte man die schärferen Curven durch besondere Schienen gebildet, indem man hierzu aussen eine Flachschiene und innen eine Rinnenschiene mit erhöhtem Leitrande benutzte. Die Führung des Wagens wurde also durch Anlaufen der Innenseite der inneren Räder an dem hohen Leitrande bewirkt, was bedeutende Reibungen zur Folge hatte. Durch 2 mm Verengung der Spur in den Curven und Anwendung der gewöhnlichen Streckenschiene erschien jedoch die Führung sicher an die Laufschiene verlegt und wurden hierdurch die Zugwiderstände bedeutend redurirt. Der Vortheil der Flachschiene ist allerdings preisgegeben, auch macht sich das Gleiten der Räder deutlich bemerkbar; die hierdurch erzeugten Widerstände sind jedoch, wie die Erfahrung zeigte, den früheren gegenüber unbedeutend. Ein Fehler, der dieser Rinnenschiene anhaftet, besteht darin, dass durch den einseitigen Druck des Rades dieselbe zum Kippen neigt, wodurch die Seitenhaken lose werden.

Strassenbahn in Stuttgart.

(Mit Zeichnungen auf Tafel III. Fig 4—5.)

Die Strassenbahn in Stuttgart, in Deutschland die erste mit Eisenoberbau, wurde gleichfalls nach dem System Hartwich angelegt. Die Spurrinne wurde hier von dem benachbarten Steine und einem zwischengelegten Klinker (Fig. 4) gebildet. Statt durch Querschwellen werden die Schienen nur durch flache schmiedeeiserne Stangen oder 17 mm starke Rundeisen in der Spurweite (1,435 m) erhalten, wie dies Fig. 5 verdeutlicht. Wegen des weichen Strassenmaterials wurde dieselbe bald abgefahren, wodurch es den Radreifen der Fuhrwerke möglich wurde in die erweiterte Rinne einzudringen, in der sie sich festklemmten und so Radbruch veranlassten. Um diesem Uebelstande abzuhelfen, nietete man ähnlich wie Fig. 3 zeigt, seitlich ein ⊥-Eisen an; in diesem Falle beläuft sich das Gewicht der Schiene auf 38 kg pro m.

Ein Vorwurf der diesem System gemacht wird, besteht darin, dass die ganze Schiene weggeworfen werden muss, sobald der Kopf abgelaufen ist. Diesem dürfte jedoch dadurch zu begegnen sein, dass man die Schiene aus Stahl herstellt. Der Druck einer Strassenbahn-Wagenachse gegenüber einer Eisenbahn-Wagenachse ist so gering, dass hier ein Stahlschienenkopf noch viel länger der Abnutzung widerstehen wird, als dies ohnehin schon bei den Eisenbahnen der Fall ist.

Die verwendeten Schienen haben eine Höhe von 155 mm und eine Basis von 90 mm, wiegen 26 kg pro laufenden Meter und sind 6 m lang. Die Unterlage der Schienen wird durch ein auf einer Vorlage von grösseren Steinen festgestampftes Kiesbett gebildet. Die Schienenstösse sind durch je zwei schmiedeeiserne 125 mm lange und 147 mm breite Laschen mit acht Schrauben verbunden. Die angewendeten Curven haben 43—20 m Radius. Eine Ueberhöhung der äusseren Curvenstranges ist bei diesen Krümmungen nicht nöthig, da ein Ausspringen des Wagens bei seiner verhältnissmässig geringen Geschwindigkeit gar nicht zu befürchten steht.

Strassenbahnen in Magdeburg, Breslau, Berlin, Dresden, Frankfurt, Elberfeld und Stockholm.

(Mit Zeichnungen auf Tafel III.)

Die Pferdebahnanlagen dieser Städte haben sämmtlich Holzoberbau mit Rinnenschienen und unterscheiden sich nur in der besonderen Profilirung der Schienen, sowie in ihrer Befestigungsweise.

Die Construction der Magdeburger und Breslauer Pferdebahn zeigt Fig. 11, Tafel III. Dieses Profil weist manche Vortheile auf. Dasselbe besitzt wegen der seitlich herabreichenden Rippen oder Flanschen grosse Biegungsfestigkeit. Das Rad kommt mit dem Pflaster gar nicht in Berührung, indem dieses durch eine kleine Ausbuchtung der äusseren Rippe von demselben fern gehalten wird. Die Befestigung geschieht durch abgeschärfte nicht spitze Klammern, damit das Holz nicht zu sehr aufspaltet.

Das in Berlin verwendete Profil, wie es Fig. 19 erkennen lässt, hat den Fehler, dass es Flachprofil ist und die Nagelung auf der Lauffläche und in der Rinne erfolgt. Bei Chausseen ist die Rinne etwas weiter und die Leitkante abgeschrägt, um das Festklemmen kleiner Steine zu verhindern.

Das in Fig. 20, Tafel III dargestellte Profil ist an sehr vielen Orten angewendet, da es sich in der Befestigungsweise vortheilhaft auszeichnet. Dasselbe ist in Berlin, Dresden, Hannover, Danzig, Wiesbaden etc. in Gebrauch. Fig. 30 giebt das Profil, welches neuerdings in Frankfurt a. M. gelegt wurde und das nur eine Modification des vorhergenannten ist. Mit noch etwas längeren seitlichen Rippen als das Frankfurter Profil ist das in Stockholm angewendete (Fig. 32) versehen, sodass bei demselben die Befestigung seitlich mittelst Klammern erfolgen kann. Diese Schiene wiegt 24 kg pro m.

In Elberfeld-Barmen ist das System J. Büsing (Fig. 31) angewendet, bei welchem die Räder eigenartig mit zwei Laufflächen construirt sind, um den Druck symmetrisch zu vertheilen. Die Schiene wiegt 15 kg pro m und wird mittelst schräg eingewehlagener Nägel befestigt.

Strassenbahn, System Alfred & Spielmann.

(Mit Zeichnungen auf Tafel III. Fig. 5—7.)

Das neue System von Alfred & Spielmann, welches in London und Glasgow ausgeführt wurde und im deutschen Reiche patentirt ist, zeigen Fig. 5—7, Tafel III.

Die aus zwei Hälften bestehende Schiene ist so zusammengestellt, dass der obere Theil der einen die Lauffläche, der untere Theil der anderen die Leitkante bildet. Die Befestigung in den Stühlen geschieht mittelst hölzerner Keile. Der Stuhl ist so eingerichtet, dass der untere Theil der Schienen denselben nicht berühren, folglich nicht beschädigt werden kann. Die Berührungsflächen der beiden Hälften liegen schief, solange sie sich gegenseitig unter Einwirkung des Keiles fest in den Stuhl einzwängen. Die in den Stühlen liegenden Stösse sind für beide Hälften derart gegeneinander versetzt, dass sich die Enden der einen Hälfte noch auf dem durchgehenden Ende der anderen stützen. Auf diese Weise sind Laschen, Löcher und Nägel vermieden. Die Construction der beiden Hälften hat durch die symmetrische Anordnung derselben zueinander den Hauptzweck, dass sie gegenseitig vertauscht werden können, da sich bei jeder Hälfte die eine Seite als Lauffläche, die andere als Leitkante benutzen lässt; ist demnach die zu Tage tretende Seite der Schienen abgenutzt, so hat man nur nöthig, zu beiden Seiten der Schienenstühle einen Stein aus dem Pflaster zu entfernen, den Keil herauszuschlagen und beide Schienen zu wenden, um mit denselben Mitteln wieder eine neue Bahn zu erhalten.

Strassenbahn, System Atzinger.

(Mit Zeichnungen auf Tafel III. Fig. 8—9.)

Bei dem von Atzinger entworfenen Oberbau (Fig. 8—9, Tafel III) liegt die Schiene continuirlich auf einem Steinfundament, welches aus demselben Material wie das Strassenpflaster hergestellt ist, um eine gleichmässige Abnutzung zu bewirken. Die Schiene selbst ist 66 mm breit, 29 mm hoch und 5659 mm lang; sie ist ganz in den Stein eingelassen, auf jeder Seite einen Spielraum von ½ mm lassend. Unterhalb der Schienen befinden sich in den Steinen Löcher von 40 mm Durchmesser und 860 mm Tiefe, welche mit einem Holzpflock wieder angefüllt sind; in letzteren wird ein Nagel von 9 mm Dicke durch die Rinne der Schiene hineingeschlagen. Die Nägel, von welchen gerade an jedem Stosse sich einer befindet, wiederholen sich in Entfernungen von 800 mm. Dieses System haftet ebenfalls der Nachtheil der unzweckmässigen Nagelung durch die Rinne der Schiene an.

Strassenbahn, System Bazaine.

(Mit Zeichnungen auf Tafel III. Fig. 16.)

Ein von Bazaine entworfenes Profil einer Strassenbahnschiene für leichten Verkehr, das also sehr schwach gehalten werden konnte, zeigt Fig. 16, Tafel III. Die Rinne dieser Schiene ist breit genug, um den Flanschen der Räder beim Durchlaufen der Curven nicht hinderlich zu sein und gestattet dadurch, dass sie sich nach oben sehr erweitert, den in dieselbe gerathenen Rädern der Strassenfuhrwerke ein leichtes und schnelles Entfernen. Doch hat auch dieses System den Nachtheil der verticalen Nagelung durch die Rinne. Die Schiene, welche 13—14 kg pro laufendem m wiegt, liegt auf einer 100 mm breiten hölzernen Langschwelle, welche auf der 100 mm hohen Querschwelle durch einen Holzkeil von 40—50 mm Breite, ähnlich wie bei dem System Loubat in Paris und Leipzig, festgehalten wird. Fig. 18 zeigt die Anlage für eine Chaussee.

Strassenbahn, System Samuelson.

(Mit Zeichnungen auf Tafel III. Fig. 24—28 und 29.)

Einer Broschüre über „Secundäre Eisenbahnen" von Samuelson in Hamburg entnehmen wir die Construction einer Strassenbahn, die besonders für schweren Verkehr bestimmt ist. In den Fällen, wo die Schienen in weniger frequenten Chausseen gelegt werden, sollte das Profil nach Fig. 29, Tafel III zur Anwendung kommen, welches etwas kleiner als Eisenbahnschienen ist. Wegen des Strassenmaterials und um den Pferden nicht hinderlich zu sein, sind Holzklötze zwischen Schiene und Querschwelle gelegt, welche jedoch nur so hoch zu nehmen sind, als es der Eigenthümer der Strasse (Gemeinde etc.) im Interesse der Strasse verlangt. Die Schienen werden wie gewöhnliche Eisenbahnschienen gelascht. Die Nagellöcher in den Klötzen müssen gross genug gebohrt sein, damit das Holz nicht spaltet. Man nimmt die Stossschwelle breiter als die Zwischenschwellen und giebt dem Klotz unter dem Stoss die doppelte Länge der übrigen. Curven bis zu 150 m Radius werden mit diesen Geleisen wie gerade Strecken behandelt. Curven mit kleinerem Radius als 25 m, bei welchem die Spurkränze der äusseren Räder auflaufen, werden überhaupt nicht gelegt. Würde beispielsweise eine Strasse eine Biegung von grösserem Radius machen, so kann man zwei Curven von diesem kleineren Radius und dazwischen eine gerade Strecke legen. Samuelson hat nun nach reiflicher Ueberlegung den Radius von 25 m bei einer Spurkranzhöhe von 25 mm für den passendsten gehalten, um die Kraft zum Befahren der Curve auf ein Minimum zu reduciren. Für sorgfältig gepflasterte Strassen schlägt Samuelson dagegen ein Schienenprofil (Fig. 26) vor, welches Fig. 24 in seiner Gesammtanordnung darstellt. Dasselbe ist ein umkehrbares Profil. Hier ist die Laufschiene die tragende; doch wird auch die Gegenschiene, welche zur Bildung der Rinne erforderlich ist, mit zum Tragen benutzt. Beide Schienenhälften sind durch Nieten mit Zwischenstück in Entfernungen von 1,5 m verbunden. Zwischen je zwei solchen Verbindungen wird noch ein einfacher Niet mit zwischenliegendem Ring (Stehbolzen) angewendet, sodass auf eine Schiene von 8 m Länge 5 Unterstützungs- und Befestigungspunkte und 4 einfache Verbindungen kommen. Diese Schiene braucht nicht gelascht zu werden, da man unter dem Stoss Klötze aus hartem Holz von der doppelten Länge der Schwellenbreite anbringt.

Die Curve von 25 m Radius der inneren Schiene, deren Querprofil Fig. 25 zeigt, wird folgendermassen hergestellt: Es werden nur Curvenstücke der inneren Schiene von 3,665 m Länge, an der Spurkranzkante gemessen, angefertigt und auf den Bau geschickt. Jedes dieser Curvenstücke entspricht einem Centrumwinkel von 7,5 Grad und zwölf derselben bilden einen Viertelkreis. Zu jedem inneren Curvenstück gehört ein Stück der äusseren Curvenschiene von 3,550 m Länge in der Mittelaxe der Schiene gemessen. Zwischen je zwei Curvenstösse werden zwei Zwischenschwellen gelegt. Mittelst der entsprechenden Anzahl dieser Curvenelemente lässt sich eine Curve stets bis auf 7,5 Grad im ungünstigsten Falle herstellen. Der Rest kann stets durch eine als gerade Strecke zu behandelnde Curve von mehr als 150 m Radius gebildet werden. Die Rinne der Curvenschiene ist um 5 mm weiter als die der geraden. Die äussere Curvenschiene, auf welcher der Spurkranz aufläuft, ist aus Stahl. Zum Anlauf für den Spurkranz trägt die letzte gerade Schiene vor der Curve einen zwischengenieteten Keil, auf welchem der Spurkranz aufläuft.

Strassenbahn, System Gregory.
(Mit Zeichnungen auf Tafel III. Fig. 33—34.)

Um die Nachtheile der hölzernen Langschwellen sowie jegliche Nagelung zu vermeiden, entwarf der Engländer John Gregory einen eisernen Oberbau, wie ihn die Fig. 33—34 illustriren. Die Schienen werden von gusseisernen Langschwellen von 700 mm Länge und 225 mm Breite getragen, die 22 kg wiegen. Diese Langschwellen stossen nicht aneinander, sondern lassen einen Zwischenraum von 400 mm zwischen sich. Um eine elastische Unterlage zu erhalten, befindet sich zwischen Schiene und Langschwelle eine Holzsohle von 150 mm Länge, 120 mm Breite und 37 mm Dicke. Die 120 mm breite Schiene greift an der einen Seite unter die Nase der Langschwelle, während an der anderen Seite ein vertical eingetriebener Holzkeil die Schiene in ihrer Lage festhält. Im Grundriss Fig. 34 bemerkt man, dass die Schiene in einer Breite von 50 mm gerieft ist, um den Hufen der Pferde, wenn dieselben auf den Schienen laufen, einen besseren Halt zu gewähren. Das hier beschriebene System scheint noch nicht ausgeführt zu sein.

Strassenbahn, System Paulus.
(Mit Zeichnungen auf Tafel III. Fig. 27—28.)

Das von K. Paulus entworfene Schienenprofil (Fig. 27—28) vereinigt die Vortheile des eisernen Oberbaues mit dem der Rinnenschiene. Diese Anlage ist von ausserordentlicher Einfachheit, da Schiene und Langschwelle aus einem Stück bestehen. Die oberen Schenkel des T förmigen Profiles ruhen direct auf dem Pflaster und verhindern dadurch, dass eine Rinne neben der Schiene entsteht, indem die letztere sich stets gleichzeitig mit dem Pflaster senken wird. Fig. 27 lässt die Rinne in der Schiene erkennen, während Fig. 28 das Profil einer äusseren Curvenschiene darstellt.

Strassenbahn, System Heusinger von Waldegg.
(Mit Zeichnungen auf Tafel III. Fig. 10—16.)

Dem „Organ für die Fortschritte des Eisenbahnwesens" entnehmen wir zwei von Heusinger von Waldegg entworfene Constructionen mit eisernem Oberbau. Fig. 11—13 zeigen die ältere Construction, aus der in der Folge die einfachere zweite Anordnung (Fig. 10 und 16) hervorgegangen ist.

Das erstere System besteht aus einer gussstählernen Fahrschiene in ⊓-Form und zwei 160 mm hohen Seitenplatten. Zwischen beiden befindet sich die Schiene, deren Füsse in Längennuthen derselben eingreifen. Die Seitenplatten werden in Entfernungen von 1 m durch Nieten mit übergeschobener Hülse zusammengehalten. Damit die Höhlung der Fahrschiene beim Einziehen der Nieten sich nicht zusammenzieht, werden vor dem Vernieten über die abgeflachte obere Seite der Gusshülse gusseiserne Spreizstege eingelegt, welche die Hülsen oberhalb umfassen, sodass sie sich nicht verrücken können. Die Lauffläche wird nur von der stählernen Fahrschiene gebildet, die Leitkante von der einen Seitenplatte (Fig. 12). Die andere Seitenplatte hat eine horizontale Nase, am den Raum bis zur Fahrschiene zu überdecken. Bei Curven werden für die äussere Schiene zwei Seitenplatten mit Nasen verwendet (Fig. 11).

Die Stösse von Fahrschiene und Seitenplatten sind um 20 mm gegeneinander versetzt. Indem also die Füsse der Fahrschiene um 10 — 15 mm in die entsprechenden Nuthen der folgenden Seitenplatte eingreifen, ist ein sicheres Zusammentreffen der Fahrschienen am Kopfe ohne weitere Verlaschung möglich. Unter jedem Stoss liegt eine 130 mm breite Querschwelle von ⌐-Form, welche mit dem einen Paar Langschwellen durch je zwei Nieten vernietet, mit dem folgenden hineingelegten Paar dagegen durch zwei Schraubenbolzen verschraubt ist. Ausserdem sind noch auf eine Schienenlänge von 9 m in Entfernungen von je 3 m zwei Querverbindungen aus Winkeleisen angeordnet.

Zu einer Geleislänge von 9 m sind erforderlich:

	Gesammt-Gewicht	Preis pro 100 kg	Kosten pro Schienenlänge
	kg	Mark	Mark	Pfennig
2 Gussstahlschienen, 18 m lang à 8,59 kg	154,62	20	30	92
2 äussere Seitenplatten à 9 m — zusammen 18 m — à 13,8 kg	249,2	18	44	87
2 innere Seitenplatten à 9 m — zusammen 18 m — à 12,28 kg . . .	221,04	18	39	78
20 St. Nieten, 150 mm lang, 16 mm stark — zusammen 3 m — à 1,98 kg .	5,94	24	1	42
10 Gusshülsen pro St. 0,33 kg	6,6	15	0	99
20 Stege aus Gusseisen à 0,087 kg	1,74	18	0	31
1 Querverbindung am Stoss von ⌐-Eisen, 1,75 m lang, pro m 10,5 kg . .	18,37	18	3	30
2 Querverbindungen in der Mitte von ⌐-Eisen à 1,75 m — 3,5 m à 5 kg .	17,5	18	3	15
12 St. Nieten zu letzteren à 690 mm, 15 mm stark, zusammen 0,320 m à 1,37 kg	1,031	24	0	24
4 St. Schrauben à 0,35 kg	1,4	30	0	42
Summa:	671,441	—	125	40

Daher Materialwerth pro lauf. Meter 13 Mark 93 Pfennige.

Einer Probe-Ausführung dieses Systems stellten sich Schwierigkeiten in den Weg, indem 3 neue Profile zum Walzen der Schienen erforderlich waren und die Walzen bei den feinen Zähnen zur Aufnahme der Schienenfüsse an den Seitenplatten sich sehr rasch abnützen würden.

Die zweite von Hossinger von Waldegg entworfene Construction (Fig. 10 und Fig. 16) entspricht nun allen Anforderungen, die an einen zweckmässigen eisernen Oberbau gestellt werden können. Diese Eisenconstruction erfordert nur zwei neue Walzenprofile; das eine für die gussstählerne Fahrschiene, das andere für die schmiedeeiserne Langschwelle; dieselben sind von höchst einfacher Form und lassen sich daher ohne Schwierigkeit auswalzen. Die Langschwellen besitzen eine solche Höhe, dass sie den anstossenden Pflastersteinen auf der ganzen Höhe einen Halt gewähren und sind ausserdem leicht zu unterstopfen. Die Zusammensetzung ist möglichst einfach und gestattet dabei eine leichte Auswechselung.

Die gussstählerne Fahrschiene hat eine Spurrinne und unten zwei Rippen, die zur Befestigung mit den Langschwellen dienen. Die winkelförmigen Seitenplatten der Langschwellen sind mit einer Nase versehen, um die Fahrschiene aufnehmen zu können. Diese Winkelplatten werden in Entfernungen von 2 m durch Stehbolzen mit Hülse zusammengenietet und am Fuss durch in Entfernungen von 2,5 m angenietete Winkeleisen auf 150 mm Abstand voneinander gehalten. Oben beträgt der Abstand 100 mm, sodass die Fahrschiene mit den konischen Längenrippen leicht eingelegt werden kann; dieselbe wird nur durch unternietete Bolzen von 10 mm Stärke, welche in Entfernungen von 1 m angebracht sind und durch die Pflastersteine am Heraustreten verhindert werden, mit den Langschwellen verbunden.

Der Stoss der Fahrschiene liegt stets in der Mitte der Langschwelle; unter dem Stoss der letzteren wird eine breitere ⌐-förmige Querschwelle angeschraubt. Dieselbe Schiene wird auch für den äusseren Schienenstrang bei Curven (Fig. 16) beibehalten, indem zum Auflaufen der Spurkränze eine halbrunde Schiene mit schrägen Enden in die Rinne eingenietet wird.

Es bedarf keines weiteren Hinweises, dass diese Construction den oben gestellten Bedingungen vollkommen entspricht.

Zu einer Geleislänge von 10 m sind erforderlich:

	Gesammt-Gewicht	Preis pro 100 kg	Kosten pro Schienenlänge	
	kg	Mark	Mark	Pfennige
2 Gussstahlschienen 20 m lang à 17 kg	340	20	68	0
4 eiserne Seitenplatten à 10 m — zusammen 40 m — à 9 kg	360	17	61	20
12 St. Nieten à 0,15 m lang — 1,8 m à 1,37 kg	2,46	24	0	59
12 Gussstülsen pro St. 0,3 kg	3,60	15	0	54
24 Schienenbolzen 105 mm lang, 10 mm stark pro m 0,61 kg	1,68	20	0	33
1 eiserne Querschwelle (System Hilf) 1,75 m lang à 39 kg . . .	51,39	16	8	22
3 Querverbindungen in der Mitte, von Winkeleisen à 1,75 m lang — 3,25 m à 5 kg	16,25	18	2	92
12 St. Nieten zu denselben à 60 mm lang, 15 mm stark — 0,72 m — à 1,37 kg	1,03	24	0	24
5 Schrauben à 0,55 kg	7,4	30	0	84
Summa:	779,21	—	142	88

Daher Materialwerth pro lauf. Meter 14 Mark 28 Pfennige.

Zwei weitere Anordnungen, die von Heusinger von Waldegg entworfen sind und die wir seinem trefflichen Werke „Handbuch für specielle Eisenbahntechnik" entnehmen, zeigen Fig. 14 und 15, Tafel III. Es besteht hier jede Langschwelle nur noch aus einem Stück mit ⊓-förmigem Querschnitt. Auf dieser Langschwelle ruht die gussstählerne Fahrschiene, welche entweder, wie Fig. 15 zeigt, mit einer eingewalzten Rinne versehen ist, oder deren Leitkante nach Fig. 14 von einer aufgenieteten Winkelschiene gebildet wird. Die Befestigung erfolgt durch seitlich angeordnete Haken, die mit ihrem T-förmigen Ende in die ausgestossene Seitenrippe der Fahrschiene eingreifen. Ein solcher Haken wird mittelst des excentrischen Ansatzes eines an der Langschwelle befestigten Bolzens (Vorreiber) durch Drehung dieses Bolzens herabgezogen, wodurch die Schiene fest auf die Langschwelle gepresst wird. Der Stoss der Schiene befindet sich wieder in der Mitte der Langschwelle, während unter dem der letzteren eine ⌒-förmige Querschwelle angebracht ist. Um die Verbindung dieser letzteren Theile leicht lösen zu können, sind die Füsse der Langschwelle nicht direct mit der Querschwelle vernietet, sondern werden von Platten festgehalten, die sich auf dem Niet der Querschwelle drehen können.

Zu einer Geleislänge von 9 m sind erforderlich:

	Gesammt-Gewicht	Preis pro 100 kg	Kosten pro Schienenlänge	
	kg	Mark	Mark	Pfennige
2 Gussstahlschienen — zusammen 18 m lang — à 16 kg	288	17	48	96
2 eiserne Langschwellen — zusammen 18 m lang — à 21,5 kg . . .	387	15	58	05
1 Querschwelle von ⌒-Eisen 1,75 m lang à 10,5 kg	18,37	15	2	75
2 Querverbindungen in der Mitte, von Winkeleisen à 1,75 m à 5 kg	17,5	15	2	62
36 St. Hakenplatten à 0,15 kg	5,4	40	2	16
36 St. Vorreiber à 0,03 kg	1,08	50	0	54
16 St. Unterlegscheiben für die Querverbindung à 0,1 kg . . .	1,60	40	0	64
10 St. Platten für die Querverbindung à 0,18 kg	2,88	40	1	15
6 St. Federn für die Querverbindung à 0,013 kg	0,78	40	0	31
16 St. Nieten für die Querschwelle à 0,072 kg	1,76	45	0	58
6 St. Nieten für die Federn auf den Querverbindungen à 0,024 kg				
Für Lochen der Langschwellen und Querverbindungen (60 Löcher) . .	—	—	1	0
Vernieten derselben	—	—	1	0
Summa:	727,876	—	119	74

Daher beträgt das Gewicht pro lauf. Meter 80,47 kg und die Kosten 13 Mark 30 Pfennige.

Strassenbahn, System O. Busing.

(Mit Zeichnungen auf Tafel III. Fig. 21—23.)

Eine höchst einfache Form einer eisernen Oberbaues zeigt die Construction von Otto Busing, welche wir ebenfalls dem „Handbuch der speciellen Eisenbahntechnik" entnehmen und auf Tafel III, Fig. 21—23 abgebildet haben.

Die Lauffläche wird hier von einer stählernen Schiene gebildet, die auf der ungefähr I-förmigen Langschwelle aufgesattelt und in Entfernungen von 1 m mittelst eines Schraubenbolzens befestigt ist. Die Leit-

9 *

kante wird von der Langschwelle gebildet; ihr Profil wird so hergestellt, dass der obere Flansch zuerst horizontal liegt und erst bei einer der letzten Walzen des Walzenzuges aufgebogen wird. Die Querschwellen bestehen aus T-Eisen und sind unter den Langschwellen doppelt gekröpft sowie zur Aufnahme der letzteren durchgedrückt. Um den zunächstliegenden Pflastersteinen genügenden Halt zu gewähren, wendet man an jeder Querschwelle kurze Winkeleisenstücke an (Fig. 21 und 22) oder biegt die Stosslasche im Winkel auf.

Das Gewicht incl. sämmtlicher Ausrüstung pro laufenden m Geleis beträgt 77,94 kg und die Kosten 14 Mark 58 Pfennige.

Strassenbahn in Triest.

(Mit Zeichnungen auf Tafel IV. Fig. 5 – 9.)

In Triest musste des Strassenpflasters wegen ein eigenthümliches Oberbau-System in Anwendung kommen. Dieses Pflaster besteht aus Sandsteinplatten von im Mittel 1,20 m Länge, ca. 250 mm Dicke und 450 mm Breite, die so gelegt sind, dass die Fugen einen Winkel von 45 Grad mit der Strassenaxe bilden; dieser Winkel ist der günstigste bezüglich der Abnützung der Kanten. Da an eine Entfernung dieser Platten nicht gedacht werden konnte, so entschied man sich, die Schienen direct in die in dieselben eingemeisselten Rinnen zu legen.

Die Schienen besteht aus zwei Theilen: der Hauptschiene, welche die Lauffläche bildet und der Leitschiene; beide haben geneigte Aussenflächen und werden mittelst Keilen in Entfernungen von 600 mm in den schwalbenschwanzförmigen Rinnen festgehalten.

Die Herstellungskosten des Oberbaues gestalteten sich wie folgt: Für das Ausmeisseln der Rinnen und Legen der Schienen wurde der Unternehmung pro laufenden m Geleis 1 fl. 35 kr. gezahlt. Die Pflasterreparaturen und Nivellirungen in den gepflasterten Strassen kosteten ca. 2 fl. 80 kr. pro laufenden m; der Steincordon, welcher in den ungepflasterten Strassen zur Unterlage der Schienen diente (Steinmaterial sammt Versetzen), kostete 3 fl. 40 kr. pro laufenden m.

Dieses Oberbau-System, das sich durch Einfachheit und Billigkeit auszeichnet, leidet gleichwohl an bedeutenden Mängeln: Die Schienen verlieren durch das Lockerwerden der Keile ihren Halt und liegen dann lose in den Rinnen; die hochkantig gestellte Leitschiene fällt leicht um oder wird aus der Rinne herausgeworfen; dadurch wird ein fortwährendes Nachtreiben der Keile nöthig, womit ununterbrochen mehrere Männer beschäftigt sind. Schliesslich sind auch noch die Rinnen bald derartig ausgefahren, dass die Steine ausgewechselt werden müssen. Die Erhaltungskosten der Geleise gestalten sich daher sehr hoch; im Jahre 1877 betrugen dieselben die bedeutende Summe von 1260 fl. ö. W. pro km. Ein fernerer Uebelstand ist der, dass sich die Schienen in der Längsrichtung verschieben, wodurch an manchen Stössen bedeutende Lücken entstehen, was natürlich ein Verbiegen der Schienen sowie starke Stösse beim Fahren zur Folge hat.

Um diesen Mängeln abzuhelfen, hat der Ingenieur Edm. Peschl Stühle von der in Fig. 6 und 7 veranschaulichten Form construirt, die durch einen Kitt aus Sand und Schwefel festgehalten werden. Zwei Vorsprünge in den Rinnen verhindern das Gleiten der Keile, während ein Vorsprung der Stühle am Stoss das Verschieben der Schienen beseitigt. Diese Abänderung soll sich jedoch nur bei den ungepflasterten Strassen bewährt haben; dagegen werden die Stühle, die über Fugen des Strassenpflasters zu liegen kommen, lose, weil bei Regenwetter die Steine sich bewegen.

Bei Curven unter 25 m Radius ist die äussere Schiene ein Flacheisen von 50 mm Breite und 20 mm Dicke. Die schärfsten Curven sind bis zu 15 m Radius. Die Spurweite ist die normale, 1,435 m. Die Strassenbahn geht durch sehr enge Gassen, ohne merkliche Verkehrsstörungen zu verursachen; dieselbe ist nur auf dem Corso, der eine Breite von 9—10 m zwischen den Trottoirs besitzt, zweigeleisig.

Strassenbahn, System Niemann.

(Mit Zeichnungen auf Tafel IV. Fig. 10 – 13.)

Ein dem Ingenieur Gustav Niemann in Neuenkirchen patentirter Eisenkastenoberbau ist auf Tafel IV dargestellt; Fig. 11 und 12 zeigen zwei verschiedene Befestigungsweisen desselben. Auf die gebräuchliche Schienenlänge von 4 m kommen 11 Stück Eisenkasten, welche in ihrer ganzen Längenausdehnung die Schienen unterstützen. Diese Kasten sind im oberen Theil mit lippen versehen, um den Hufen der Pferde die wünschenswerthen Stützpunkte zu geben; der untere Rand ist zur Vergrösserung der Auflagefläche entsprechend verbreitert. Die zur Befestigung der Schienen dienenden verticalen viereckigen Nägel bb werden in den Nuthen aa der Eisenkasten Fig. 12 eingetrieben. Die Befestigung kann auch nach der in Fig. 11 und 13 angedeuteten Methode mittelst horizontaler Keile ce geschehen, deren Entfernung aber nur bei gleichzeitiger Aushebung der anliegenden Pflastersteine möglich ist.

In den Ausschnitten der Aussenwände hängt je im Schienenstoss eine zur Erhaltung der richtigen Spurweite dienende hochkantige Flachschiene, welche in einer Pflasterfuge durchgeht. Im übrigen wird die genaue Spurweite durch die Pflasterung selbst erhalten. Die Hohlräume der Kasten (Fig. 13) werden mit kleinem Schotter, welchem etwas Lehm als Bindemittel dient, ausgestampft. Durch ein weiteres Eintreiben von Schotter wird ein Mittel geboten, rechtzeitig eine locale Senkung des Oberbaues zu beseitigen. Das Gewicht eines Eisenkastens beträgt 13 kg.

Strassenbahn, System Edge.

(Mit Zeichnungen auf Tafel IV, Fig. 15—18.)

Eine höchst eigenthümliche Strassenbahn ohne Rinne wurde von Charles A. Edge in Birmingham erfunden, um die dem Strassenverkehr hinderliche Rinnenschiene zu beseitigen. Auf dem Umfange des Rades (Fig. 15) sind in Entfernungen von 125 mm abgerundete Bolzen befestigt, welche in entsprechende Löcher von ungefähr 25 mm Weite der sonst ebenen Oberfläche der Schiene eingreifen. Die Bolzen können entweder an nur zwei Rädern derselben angebracht sein oder auch an allen vier. Der Wagen kann jedoch auch mit sechs Rädern construirt werden und haben in diesem Falle vier Räder, welche das Gewicht des Wagens zu tragen haben, einen glatten Umfang und laufen auf flachen Schienen, während zwei kleinere, die mit Bolzen versehen sind, in der Mitte vorn und hinten auf einer mittleren Schiene laufen, die mit Löchern versehen ist. Ein nach diesem letzteren Princip gebauter Wagen kann unter Umständen auch auf einer gewöhnlichen Strasse fahren. Wie aus Fig. 17 ersichtlich, ist der Oberbau von der einfachsten Form. Die Schiene, welche mit der Langschwelle ein Stück bildet, wird entweder aus Gusseisen oder auch aus Schmiedeeisen gefertigt. Am Schienenstoss wird ein gusseiserner Schuh untergelegt. Fig. 16 zeigt die Befestigung der abgerundeten Bolzen in dem Radkranz, während eine Weiche für dieses System in Fig. 18 dargestellt ist. Gewöhnliche Bremsen konnten nicht angewendet werden, sondern es werden die Radkränze seitlich von Bremsbacken erfasst.

Die Vorzüge dieses Systems der Rinnenschiene gegenüber werden in folgendem geltend gemacht. Grosse Wohlfeilheit bei Dauerhaftigkeit und Vermeidung jeglicher Bolzen, Keile etc.; geringe Arbeitskosten zum Legen der Schiene und bei etwaiger Reparatur leichte Auswechselung; das Reinigen der Rinne von Steinen und Schmutz fällt hier gänzlich fort, da letzterer von den eintretenden Bolzen von selbst herausgedrückt wird; Anwendbarkeit bei grösseren Steigungen.

XI. CAPITEL.

Ausweichungen, Kreuzungen und Drehscheiben.

(Mit Zeichnungen auf Tafel IV—VI.)

In grosser Anzahl werden die Weichen nur bei eingeleisigen Bahnen verwendet, um an den Ausweichstellen das auf kurze Strecke liegende zweite Geleise zu passiren. Da nun die Wagen resp. Züge in schneller Aufeinanderfolge die Ausweichungen passiren, so ist bei der Construction derselben von einem Bedienungspersonal gänzlich abzusehen und die grösste Einfachheit zu beobachten.

Man unterscheidet im allgemeinen Weichen mit fester und Weichen mit beweglicher Zunge. Die feste Weiche ist die einfachste Construction, indem sie keiner weiteren Beaufsichtigung bedarf, und findet aus diesem Grunde am meisten Verwendung. Wie aus Fig. 19, Tafel IV zu ersehen ist, gehören zu einer Weiche zwei Zungenstücke und ein Herzstück. In den Zungenstücken beginnt die Theilung der Fahrschiene; je nachdem sich der eine Schienenstrang nach rechts oder links abzweigt, hat man entsprechende Rechts- oder Linksweichen; die Theilung kann aber auch beiderseitig in Curven erfolgen. Es hängt dies selbstverständlich von localen Verhältnissen ab. Den Radius der Curve nimmt man von 20 — 50 m; letztere Dimension gestattet ein leichtes Durchfahren, während bis hinab auf 20 m zu gehen nicht wohl zu empfehlen ist.

Eine Ausweichung nach letzterem Radius, welche auf der Strassenbahn in Versailles zur Verwendung gekommen ist, zeigt Fig. 19, Tafel IV. Die äussere Schiene ist bei den Curvenstrecken von Flachschiene, so dass der Radkranz aufläuft. Eine höchst einfache Kreuzung, welche von Hazaine entworfen wurde, zeigen die Fig. 14—16 Tafel VI. Dieselbe besteht aus einer ebenen Platte, an welcher vier Keilstücke angenietet wurden, die in die Rinne der Schienen eintreten. Dieses Rad läuft also auf seinem Kranze, während das andere Rad in der Rinne die Richtung einhält. Diese Construction hat jedoch den Nachtheil, dass beim Befahren heftige Stösse auftreten werden.

Auf Tafel V sind mehrere Weichen- und Kreuzungsstücke zur Darstellung gekommen, welche auf den Pariser Strassenbahnen zur "Compagnie des Omnibus" verwendet sind. Fig. 1 und 2 ist eine Rechtsweiche mit fester Zunge und Fig. 3 und 4 eine Linksweiche, ebenfalls mit fester Zunge. Um die Spitzen der Zungen zu schonen, wird die Rinne, wie auch aus den Querschnitten zu ersehen ist, von 25 mm bis auf 20 mm erniedrigt, so dass der Spurkranz auf dem Boden der Rinne läuft. Eine Rechtsweiche mit beweglicher Zunge ist in Fig. 5 und 6 abgebildet. Die Zunge muss vom Bahnwärter oder vom Conducteur gestellt werden. Die Anordnung eines Herzstückes ist in Fig. 7 zur Darstellung gekommen. Die Geleise schneiden sich unter einem Winkel von 10 Grad. Auch hier ist die Tiefe der Rinne im Bereiche der Spitzen auf 20 mm verringert.

Wenn zwei Geleise sich kreuzen müssen, so kommen vier Herzstücke zur Anwendung. Der Winkel, unter welchem sie sich schneiden hängt selbstverständlich von localen Verhältnissen ab; man wählt ihn jedoch so, dass beim Passiren des fremden Geleises nur immer ein Rad zur Zeit ausser Führung ist. Je zwei dieser

Hernstücke werden nach demselben Modell angefertigt. Erfolgt die Kreuzung unter einem Winkel von 10 Grad, so sind zwei Hernstücke nach Fig. 7 und zwei nach Fig. 8 anzuordnen.

Um diese Weichen mit Sicherheit zu passiren, ist es nothwendig, dass der zur Auweichung in die Weiche einfahrende Wagen seine Richtung nicht ändert, d. h. diese Geleisstrecke muss geradlinig sein; dagegen biegt der Wagen mit einer Curve wieder in das Hauptgeleise ein. Die Lage der Geleise bei diesem Pariser Weichen ist in Fig. 5, Tafel IV skizzirt und die Richtung der laufenden Wagen durch Pfeile angedeutet. In Hamburg sind die Weichen nach demselben Princip gebaut, doch ist die Lage der Geleise die in Fig. 7, Tafel VI angegebene.

Ein diesen Anordnungen anhaftender Uebelstand ist, dass der Strassenverkehr durch das wiederholte Hin- und Herbiegen der sich kreuzenden Bahnwagen erheblich gestört wird. Um dies zu vermeiden haben die Ingenieure J. & O. Büsing eine Weiche construirt, welche gestattet, dass der Wagen auch in Curven mit Leichtigkeit eingelenkt werden kann. Die Anordnung der Geleise ist dann so, dass der eine Wagen seine Richtung überhaupt gar nicht ändert, der andere dagegen in einer Curve aus- und einbiegt (vgl. Fig. 8, Tafel VI). Die dem „Handbuch für specielle Eisenbahntechnik" entnommenen Zeichnungen dieser Weichen finden sich auf Tafel VI in den Fig. 1—4 und 9—10. Das Wesentliche dieser Weichstücke besteht darin, dass die Spurrinne der nach innen liegenden Curvenschiene oder diejenige, in welche das Rad einlaufen soll, im Weichstück etwas tiefer als die andere liegt, sodass für dieses Rad immer noch eine Spurrinne vorhanden ist. Zugleich ist aber noch die Schiene des zweiten Stranges im Weichstück als Flachschiene gehalten, um ein zwangloses Durchlaufen der Curven in den Weichstücken zu ermöglichen. Fig. 1 ist das linksseitige, Fig. 2 das rechtsseitige Stück einer Weiche nach links zum Rechtsfahren. Die zugehörigen Querschnitte sind in doppelt so grossem Maassstabe als die Grundrisse gezeichnet. Die Curven haben den günstigen Radius von 50 m. Fig. 3 ist das linksseitige, Fig. 4 das rechtsseitige Stück einer Weiche nach rechts zum Rechtsfahren. Endlich sind Fig. 9 und 10 die betreffenden Weichstücke einer Mittelweiche zum Rechtsfahren. Die Disposition einer Mittelweiche zeigt Fig. 6, Tafel VI. Zwischen den Schienensträngen sind Gussplatten gelegt, welche soweit reichen, bis ein genügend grosser Stein zwischen den Schienen Platz findet.

Sollen die in der Weiche sich vereinigenden Geleise nur je nach einer Richtung befahren werden, so findet bisweilen die sogenannte Schnappweiche Verwendung, welche selbstthätig wirkt. Fig. 5, Tafel IV ist die Construction dieser Art, welche in Triest zur Anwendung gekommen ist. Am Gussstücke ist eine schmiedeeiserne Zunge mit zwei Schrauben befestigt, welche als Feder wirkt; dieselbe ist an der einen Seite an die Kante der Lauffläche angepresst und wird bei dem Passiren eines in der Richtung des Pfeiles ankommenden Wagens von dem Spurkranze ausgelenkt. Diese Weichen sind jedoch nicht zu empfehlen, da sie durch Zwischenfallen von kleinen Steinen und Schmutz unsicher functioniren. Eine von J. & O. Büsing entworfene Schnappweiche zeigt Fig. 13, Tafel VI. Eine Weiche mit stellbarer Zunge nach dem Entwurf von J. & O. Büsing ist in Fig. 11 und 12 dargestellt; dieselbe ist höchst einfach und empfiehlt sich besonders da, wo das abzweigende Geleis weniger häufig als das Hauptgeleis befahren wird. Die Zunge ist um einen Bolzen drehbar und wird in ihrer jeweiligen Lage durch ein Einsatzstück gehalten, welches in die Rinne hineingeschoben wird (Fig. 11a). Bei einer Aenderung der Weichenstellung wird das Einsatzstück mittelst eines in dasselbe hineingeschraubten Handgriffes — wie punktirt gezeichnet — herausgenommen und auf der anderen Seite der Zunge wieder in die Rinne eingelassen. Wie schon erwähnt kann das sichere

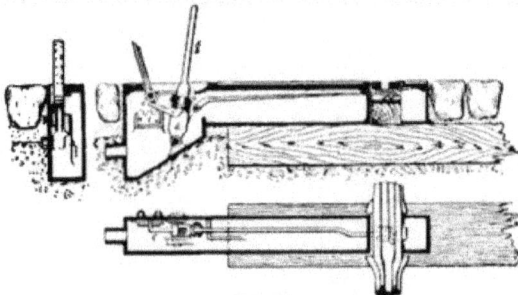

Fig. 100—102.

Functioniren dieser Weichen durch Zufälligkeiten etc. beeinträchtigt werden. Eine Construction, welche diese Uebelstände beseitigt, ist in den Textfig. 100—102 abgebildet, welche wir dem „Handbuch für specielle Eisenbahntechnik" entnehmen. In dem Gusskasten befindet sich der Stellschub a, welcher mit der Zunge in Verbindung steht; derselbe trägt den Klinkhebel c, der bei jeder extremen Lage des Schubes a mit seinem umgebogenen Ende hinter einer der Nasen bei f einklinkt. Das andere Ende d des Hebels c ist nach oben aufgebogen und kommt mit dem Stellhebel g in Berührung. Wird also dieser Stellhebel g in den Stellschuh eingeführt, so klinkt der Hebel e aus und die Weiche kann verstellt werden, während beim Herausziehen von g der Hebel e einklinkt. Sollte wegen Rost etc. der Klinkhebel e nicht zurückgehen, so drückt ihn schliesslich doch die Verschlussklappe herab.

Zum Wenden der Wagen an den Endstationen kommen verschiedene Geleisanlagen zur Anwendung.

Eine kreisförmige Schienenanlage, die wir in Textfig. 103—104 illustriren, ist in Paris ausgeführt worden. Um einen möglichst kleinen Kreis zu erhalten, da auf der Strecke sehr scharfe Curven vorkommen, sind die Geleise mit zwei Schienen herumgeführt; die erste und dritte der Schienen, vom Mittelpunkte gerechnet,

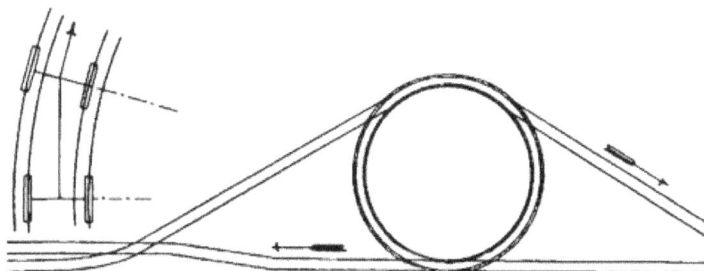

Fig. 103—104.

werden von den Hinterrädern, die zweite und vierte von den Vorderrädern befahren. Der Abstand der Schienenpaare voneinander richtet sich selbstverständlich nach dem Radius der Curve. Die diese Schienen befahrenden Wagen müssen ein drehbares Vordergestell und gleichfalls auf den Vorder- und Hinterachse je ein loses Rad haben.

Eine andere Geleisanlage für das Umwenden der Wagen zeigt Textfig. 105. Ist bei I das Ende der Bahn, so befindet sich dort bei v das Vordertheil eines ankommenden Wagens. Wird dieser Wagen in die Position II und hierauf nach III gebracht, wie die Richtung der Pfeile angibt, so ist schliesslich der Wagen gewendet.

Solche Geleisanlagen können jedoch nur bei grossem verfügbaren Raum Anwendung finden. Im entgegengesetzten Falle ist man genöthigt, eine Drehscheibe anzuwenden. Auf Tafel IV haben wir in den Fig. 1—4 eine solide Construction einer Drehscheibe abgebildet, welche von der

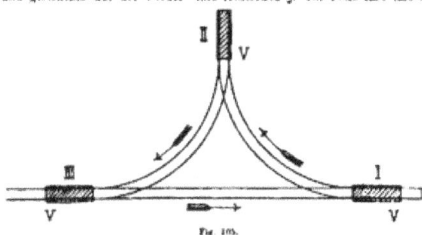

Fig. 105.

Firma L. & E. Delettrez in Paris ausgeführt wird. Die Grube der Drehscheibe wird von einem gusseisernen Cylinder gebildet, der mit der Grundplatte oder Lauffläche der Rollen verschraubt ist. Die acht Rollen befinden sich an den Enden radialer Stangen, die am Centrum mit einem Ringe verbunden sind, der bei Drehung der Scheibe sich um den Lagerstuhl des Königsbolzens dreht. Der äussere Kranz der Drehscheibe ist aus Gusseisen und ebenfalls mit einer Lauffläche für die Rollen versehen. Die Verbindung dieses Kranzes mit dem Centrum, welches zur Aufnahme und Justirung des Königsbolzens dient, besteht aus einem Fachwerk von Blechen und Winkeleisen. Die zu Tage tretende Oberfläche der Scheibe ist mit Pflasterung versehen. Fig. 4 ist das Detail der Verbindung bei A; das hier verwendete Winkeleisen hat 80 mm Schenkellänge, 12 mm Stärke und ein Gewicht von 11,5 kg pro laufenden m. Die unsymmetrische Verbindung bei B zeigt Fig. 3 detaillirt. Das Gewicht dieser Drehscheibe vertheilt sich folgendermaassen: Gusseisen 2500 kg, Schmiedeisen 2000 kg, Pflasterung 1600 kg, totales Gewicht 6100 kg. Der Preis stellt sich für die Eisenarbeiten 3000 fr., Fundirung und Pflasterung 500 fr.; Gesammtpreis demnach 3500 fr.

XII. CAPITEL.

Allgemeines über Entwurf und Anlage der Strassenbahnen.

Vergleicht man die Vortheile und Mängel der Strassenbahnsysteme der gegenwärtigen Praxis, so muss man im Auge behalten, dass verschiedene Systeme möglicher- je sogar wahrscheinlicherweise von gleicher Güte und in Bezug auf Construction von gleichem Werthe sein können. Der wesentliche Unterschied besteht in Unterbau aus Holz oder Eisen, Fundamenten aus Holz und Concret oder solchen aus Concret allein, continuirlichen oder intermittirenden Lagern für die Schienen. Dazu kommen noch die relativen Kosten der verschiedenen Systeme — Anlagekosten und später die Unterhaltungskosten; und dies führt zu der höchst wichtigen Frage bezüglich der relativen Güte und Dauerhaftigkeit der Rollfläche und des verhältnissmässig geringen Aufwandes von Zugkraft. Der Hauptzweck der Schienenwege an Stelle der gewöhnlichen Strassenoberfläche ist, den Zugwiderstand auf ein Minimum zu reduciren. Es hat Strassenbahnen gegeben und giebt deren vielleicht noch jetzt, auf welchen der Widerstand thatsächlich ebenso gross war wie auf wohlgepflegten Strassen; diese sind selbstverständlich, sowohl was Anlage als Verwaltung betrifft, verfehlt und wäre es vielleicht besser gewesen, dass sie überhaupt nie angelegt worden wären, bliebe nicht der Trost, dass Fehler stets zur Belehrung dienen und das Vermeiden derselben zum Erfolge führen kann.

Es ist somit klar, dass eine vorzügliche Rollfläche ein Haupterforderniss einer Strassenbahn ist; und es ist nicht gut, den Kostenpunkt allein allzu genau zu erwägen, da zudem der Betrag der Anlagekosten für leistungsfähige Strassenbahnsysteme nur unbedeutend variirt. „Denn", so sagt Robinson Soultar ganz richtig, „in jeder gutconstruirten Strassenbahn sind stets drei Bestandtheile — Concret, Pflaster und Schienen —, auf welche mehr als drei Viertel der Gesammtkosten fallen; das übrige Viertel kommt auf den Unterbau." Auch differiren die Unterhaltungskosten nicht sehr, welche überdies nur 3 — 6 Procent der gesammten Betriebskosten der Bahn betragen. Dagegen kann der praktische Werth einer guten Rollfläche nicht hoch genug angeschlagen werden; denn die Auslagen für Wagen und Pferde sind in ganz bedeutendem Maasse von der Beschaffenheit der Oberfläche beeinflusst und betragen nahezu ein Drittel der gesammten Betriebskosten.

Mit einer vollkommenen Rollfläche muss aber auch ein ebenes und dauerhaftes Pflaster verbunden sein, um ein gleichmässiges Niveau zu erhalten, nicht gerade für den speciellen Verkehr der Strassenbahn, sondern für den übrigen Strassenverkehr. Eine richtig construirte Strassenbahn muss daher eine vollkommen widerstandsfähige Oberfläche mit einem festen und dauerhaften Pflaster verbinden. Die erste Bedingung — eine vollkommene Rollfläche, konnte unmöglich erfüllt werden, solange man sich zur Befestigung der Schienen verticaler durch die Rinne der Schiene gehender Nägel oder Bolzen bediente. (Um das Mangelhafte einer solchen Befestigung anschaulich zu machen, entnimmt Herausgeber dieses dem Handbuch für specielle Eisenbahntechnik (Tramway) von Heusinger von Waldegg beistehende Abbildungen Fig. 106 und 107, welche eine neue und eine 3 Jahre alte Nagelung darstellen.) Als jedoch die von Hopkins verbesserte Larsen'sche Seitenbefestigung eingeführt wurde, bei welcher die Schiene auf Langschwellen gelegt war und zu beiden Seiten mittelst seitlicher Klammern niedergehalten wurde, die ganz ausser dem Bereich aller durch den Verkehr veranlassten Störungen lagen, war das Problem wesentlich vereinfacht. Die Steifigkeit der Schiene in senkrechter sowohl als seitlicher Richtung wurde durch die Anwendung der Seitenbefestigung bedeutend erhöht.

Fig. 106.   Fig. 107.

Letztere ist durch ihre seitliche Lage in den Stand gesetzt, der Gewalt der schräg wirkenden seitlichen Stösse mit grosser Hebelkraft entgegenzuwirken; — eine Function, in Bezug auf welche die verticalen Nägel oder Bolzen den seitlich angebrachten Klammern bei weitem nicht gleichkommen. Verticale Bewegung unter dem Einfluss des Verkehrs ist verhindert und die schädliche Wirkung der Stösse von der Oberfläche wird schon im Anfange unterdrückt. Die Befestigung mit Klammern und ist so einfach und nach ihrer Einführung so selbstverständlich, dass man sich wundern muss, dass die primitive Combination von flachgerillten Stangen von so geringer Festigkeit mit verticalen Nägeln, sich bis auf den heutigen Tag erhalten konnte. Hier sei noch bemerkt, dass Livesey und Cockburn-Muir schon frühzeitig die Nothwendigkeit erkannten, die Befestigung von der Oberfläche zu entfernen, und infolge dessen Keile an den Seiten der Schiene anbrachten. Ihre Systeme, als Systeme mit eisernem Unterbau, waren ihrer Zeit weit voraus; und obgleich sie bisher in dem Gebiete der englischen Praxis noch keinen Eingang gefunden, so sind sie doch längst im Auslande allgemein eingeführt. Man mag nehmen, welches Schienensystem man immer will, die unter der Oberfläche befindliche Befestigung lässt sich auf die verschiedensten Schienenarten anwenden.

Nun bleiben noch der Unterbau und das Fundament zu erwägen. Die Aufgabe des Unterbaues ist, die Schienen zu stützen und sie in der richtigen Spurweite zu erhalten, während das Fundament dazu dient, eine feste und gleichmässige Unterlage, gleichzeitig für die Schiene und das Pflaster, herzustellen und beide auf dem gleichen Niveau zu erhalten. Bei manchen Strassenbahnsystemen bildet der Unterbau einen Theil des Fundamentes und ist mit diesem gewissermassen identisch. Bei fast allen Systemen besteht das Fundament ganz oder doch hauptsächlich aus Concret — ein künstlicher Stein oder Masse von bedeutender Cohäsionskraft, der sich, wenn richtig bereitet, vortrefflich dazu eignet ein todtes Gewicht zu tragen, sowie den auf ihm liegenden Druck zu vertheilen. Mit einer breiten Unterlage von Concret ist die Erhaltung der Schienen und des Pflasters auf gleichem Niveau erfolgreich zu bewerkstelligen. Eine breite Basis ist zu diesem Zwecke unbedingt nöthig und muss eine solche, wenn sie nicht von Natur oder von früherem Gebrauche her vorhanden ist, künstlich hergestellt werden.

Der Unterbau sollte der Schiene eine continuirliche Stütze bieten, denn die Construction eines continuirlichen Lagers ist einfacher und besser als die für intermittirende Lager erforderliche; und trägt vor allem die Continuität der Stütze zur Vervollkommnung und Dauerhaftigkeit der Rollfläche bei, nicht allein dadurch, dass sie Festigkeit in der Längs- und Seitenrichtung sichert, sondern auch indem sie das Kanten der Schiene verhindert, welches durch den excentrischen Druck des Rades auf eine nur stellenweise unterstützte Schiene verursacht würde. Nimmt man die Mittellinie der 2 zölligen (50 mm) Rollfläche einer 4 Zoll (101 mm) breiten Schiene als die Linie des darauf ruhenden Druckes an, so liegt sie nur einen Zoll (25 mm) von der äusseren Schienenkante und einen Zoll (25 mm) von der Mittellinie der Stütze entfernt. Folglich ist die Schiene, welche von intermittirenden Lagern gestützt ist, der Torsionskraft zwischen den Lagern ausgesetzt, welche sie seitwärts zu kanten sucht; sie muss daher gehörig versteift werden, um dieser Torsionskraft Widerstand zu leisten. Ueberdies erreicht diese Kraft schliesslich die Befestigung und strengt dieselbe an.

Eine grosse Auflagefläche zwischen den Schienen, dem Unterbau und dem Fundament ist nicht unbedingt nöthig. Die Erfahrung hat erwiesen, dass das continuirliche Lager von zwei 4 Zoll (101 mm) breiten Langschwellen auf starkem Concret vollkommen für den schwersten Strassenverkehr und zur Erhaltung des Schienenniveaus ausreicht. Zwei Breiten von je 4 Zoll (101 mm) oder zusammen 8 Zoll (202 mm), ergeben zwei Quadratfuss Tragfläche pro laufenden Yard der Bahn. Diese Thatsache ist nicht sowohl das Ergebniss praktischer Erfolge, sondern einfach dadurch erreicht, dass man die ersten englischen Schienen in einer Breite von 4 Zoll (101 mm) und die Schwellen, auf welchen sie ruhten, in der gleichen Breite herstellte, um das Granitpflaster zu beiden Seiten der Schiene dicht anlegen zu können. Höchst wahrscheinlich würde eine geringere Tragfläche, richtig angebracht, ebenfalls genügen. In der That sind Deacon's Schiene und Langschwelle nur 3½ Zoll (52 mm) breit — eine Breite, welche eine Tragfläche von nicht mehr als 1¾ Quadratzoll pro laufenden Yard (?) per m² für zwei Schwellen gewährt. Kincaid's intermittirende Stützen auf Concret bieten eine Tragfläche von 2¼ Zoll pro laufenden Yard (54 mm pro m). Es dürfte schwer sein, eine bestimmte Grenze der Tragfläche auf Concret anzugeben; Concret aus Portland-Cement ist, wie Grant bewiesen hat, 12 Monate nach der Herstellung im stande ohne zu brechen, je nach der Stärke der Mischung, Lasten von 91—170 Tons pro Quadratfuss zu tragen.

Die blosse Ausdehnung der Tragfläche auf einem Concretfundament ist daher vom praktischen Standpunkte aus von keiner Bedeutung und bestimmt den Charakter der Bahn hinsichtlich der Dauerhaftigkeit und Leistungsfähigkeit in keiner Weise; vorausgesetzt natürlich, dass der Concret sorgfältig bereitet und gelegt ist; eine andere Voraussetzung darf, wie die Erfahrung beweist, nicht angenommen werden.

Es bedarf wohl kaum der weiteren Erwähnung, dass hölzerne Langschwellen, in gutem Zustande, vollkommen ausreichen, um Schienen von 3 oder 4 Zoll Breite (76—101 mm) ein continuirliches Lager auf den Schwellen zu haben, permanent zu stützen, ohne übermässige Pressung zu erleiden.

Die Schienen müssen jedoch auch durch den Unterbau gegen in ihrer Spurweite erhalten werden. Mit anderen Worten, dieselben müssen verhindert werden, sich auseinander zu legen und so die Spurweite zu vergrössern. Das Festhalten der Spurweite ist unerlässlich, denn würde dieselbe sich vergrössern, so würden die Radflanschen, welche so angeordnet sind, dass sie, richtig angebracht, nahe den inneren Seiten der Rinnen laufen, gegen die Kanten oder Leisten schleifen, welche die innere Abschrägung der Rinne bilden. Die Wirkung einer solchen Erweiterung würde den Reibungs-Widerstand der Wagen bedeutend vermehren und, wenn lange genug fortgesetzt, die Flanschen abschleifen und deren Dicke vermindern, sowie die Schwierigkeit des Uebergangs der Weichen und Kreuzungen erhöhen und schliesslich ein Entgleisen der Wagen zur Folge haben. Zum Glücke ist das Entgleisen eines Strassenbahnwagens, obschon sehr störend, eine Kleinigkeit im Vergleiche zu dem Entgleisen eines Eisenbahnzuges; die anderen durch eine Erweiterung der Spurweite verursachten Uebelstände sind hingegen auf einer Strassenbahn von weit grösserer Bedeutung, als dieselben auf einer Eisenbahn wären. Es bedarf wohl kaum der Erwähnung, dass wenn erst mechanische Triebkraft die thierische Kraft als Betriebsmittel der Strassenbahnen ersetzt haben wird und die letzteren von Locomotiven befahren werden, die bestimmte und ausreichende Möglichkeit der Erhaltung der Spurweite zur gebieterischen Nothwendigkeit werden wird. Das Pflaster, welches die Schienen einschliesst, trägt ohne Zweifel ebenfalls wesentlich dazu bei, dieselben in der Spurweite zu erhalten; doch kann es nur als nützliches Hilfsmittel betrachtet werden.

Die Spurweite wird durch Querschwellen, auf welchen Langschwellen befestigt sind, mittelst fester Stühle oder Laschen oder durch Zusammenfügen der Schwellen unverrückbar festgestellt; ebenso durch Zugstangen, welche die die Schienen tragenden Schwellen verbinden. Wenn Langschwellen bis zu einer gewissen Höhe in Concret gebettet sind, so bildet letzterer eine Verbindung, welche ebenfalls unverrückbar genannt werden kann; in der Praxis jedoch wird dieselbe nur als Hilfsmittel für andere Verbindungsarten behandelt. Kincaid's Stühle endlich sind fast in Concretblöcke gebettet, welche in Löchern, die in den Grund gegraben sind, liegen; dennoch wendet Kincaid in macadamisirten Strassen, wo kein Pflaster vorhanden ist, zwischen je zwei Strassenstühlen eine Zugstange an und bei der kürzlich in Sheffield angelegten Bahn wurde an Stelle der einzelnen Blöcke in der ganzen Breite ein festes Concretfundament gelegt.

Von den verschiedenartigen für Langschwellen verwendeten Zugstangen, ist die einzige wirklich zur Festhaltung der Spurweite taugliche diejenige, welche durch die Schwellen geht und an jedem Ende mittelst einer Mutter die Schwelle gegen einen Ansatz der Stange heranzieht. Für eiserne Schwellen werden die Zugstangen durch Keile festgehalten, gleichfalls eine unverrückbare Befestigung. Die Zugstange ist ein einfaches Verbindungsmittel und mag für leichte Strassenbahnen oder für solche, die mit niedrigen, vielleicht 4 zölligen (101 mm) Steinen gepflastert sind, recht gut passen und genügen, denn in diesem Falle kann sie so tief ungebracht werden, dass sie mit dem Pflaster nicht in Berührung kommt. Für schwerere Strassenbahnen jedoch, welche gewöhnlich 5,6 oder 7 Zoll (125—177 mm) hohes Pflaster haben, sind Zugstangen unbequem, da sie beim Pflastern hinderlich sind und zwischen Pflasterstrecken verlegt werden müssen. Auch muss zugegeben werden, dass die gewöhnlich als Zugstangen angewendeten dünnen Stäbe nicht genügende Sicherheit bieten.

Schliesslich sollte eine feste Verbindung im Unterbau hergestellt werden, um das Niveau ebenso wie die Spurweite festzuhalten; und um dieser Verbindung die erforderlich starken Dimensionen geben zu können, soll sie ganz ausser Bereich des Pflasters angebracht werden — unter dem Pflaster selbstverständlich — wo hinreichend benutzbarer Raum dazu vorhanden ist. Um diese Bedingungen zu erfüllen, besonders für Eisenbahnverkehr, eignet sich nichts besser als die Querschwellen, auf welche Langschwellen oder Stühle, entweder aus Eisen oder aus Holz fest gelagert und gut befestigt werden können. Die Querschwellen sind natürlich in Concret gebettet oder von solchem eingeschlossen, mit welchem sie vereint das Fundament bilden. Die Querverbindung zwischen den beiden Schienen ist auf diese Weise vollständig hergestellt; und darin besteht die Hauptbedingung zur Erhaltung richtiger Strassenbahngeleise.

Querschwellen aus Holz sind sehr zufriedenstellend; solche aus Schmiedeeisen, wie die für continentale Eisenbahnen benutzten Vautier'schen, sind ebenfalls zweckentsprechend; doch ist die Holzschwelle besser, denn sie besitzt Körper und Oberfläche, um ihren Platz zu behaupten und durch Reibung mit dem sie umgebenden Concret zusammenzuhalten. Wünscht man die Verankerung der Querschwellen noch zu verstärken, so kann man zu Senttar's einfachem Mittel, die Seiten abzukanten und die Schwellen selbst in das Concretfundament einzuschliessen, seine Zuflucht nehmen.

Dass eine Strassenbahn auf eine elastische Substanz — Holz — gebettet sein soll ist ein Satz, der mit einer gewissen Beharrlichkeit festgehalten werden ist. Andere hingegen stellen die Forderung, dass sie auf einen harten Unterbau — Gusseisen — gegründet sein soll. Die Frage der Elasticität des Materials zum Unterbau — Elasticität im gewöhnlichen Sinne — ist eine ganz gleichgiltige Sache. Holz ist elastisch, Gusseisen ist es ebenfalls. Die Bewegung ist eine rollende, nicht eine stossende; die Geschwindigkeit ist nur gering und die Wagen (wie in Zukunft die Maschinen) ruhen auf Federn von grosser Elasticität. Das Strassenpflaster — Granitsteine auf Sand gebettet — ist nicht eigentlich elastisch; dennoch bewährt es sich vortrefflich für das Fortbewegen von Lasten mit der gewöhnlichen Geschwindigkeit des Strassenverkehrs. Man hat Versuche mit elastischem Pflaster gemacht, die aber zu keinem günstigen Resultate geführt haben. Die Tiefe des zur Anlage einer Strassenbahn erforderlichen Unterbaues reicht vollkommen hin, um so viel Elasticität — für das Gefühl, wenn auch nicht für das Auge bemerkbar — zu erzeugen als nöthig ist, um das Auflockern eines festen Unterbaues zu verhindern.

Die Form des Profils der Rinne in der Schiene ist ein Gegenstand, der sorgfältige Erwägung verdient. Bei vielen der Schienenproben, deren Abbildung wir gebracht haben, bemerkt man, dass die Seiten der Rinne nach der inneren Seite zu mehr abgeschrägt sind als nach der äusseren, mehr von dem Rade ab als unter demselben. Der Grund dieser grösseren Abschrägung war in manchen Fällen der, Metall zu ersparen; aber die so erzielte Ersparniss ist ganz unbedeutend. Andere Erfinder nahmen eine geringe Abschrägung an, um den Radflanschen ein leichteres Entfernen von Schmutz und Steinen zu gestatten, als dies stattfinden dürfte, wenn die Seiten vertical sind. Die Zugkraft hat einen viel grösseren Widerstand zu überwinden, wenn sich harte Gegenstände in der Rinne ansammeln, als wenn dieselbe frei ist, da unvermeidlich Schmutz, kleine Steine oder Kies, die sich in derselben befinden, von dem Radflanschen umgeworfen oder niedergefallen werden müssen. Es gehört keine besondere Beobachtungsgabe dazu, zu bemerken, dass unter solchen Umständen der Widerstand beträchtlich erhöht wird und der Hauptgrund dafür ist nicht schwer zu finden: die Räder laufen zu gleicher Zeit auf zwei Kreislinien von verschiedenem Radius — dem Laufkante und dem Flansche. Da nun eine quadratische Rinne das Auswerfen des Gerölles hindert, so kann es vorkommen und kommt auch häufig vor, dass der durch Verstopfen der Rinne dem Wagen geleistete Widerstand so zunimmt, dass er dem der auf gewöhnlichen Strassen laufenden Räder gleichkommt.

Bei den Profilen der amerikanischen Rinnenschienen und speciell bei dem Light'schen Profil, haben offenbar die Erfinder den Vorzug einer stark abgeschrägten Kante wohl zu würdigen gewusst. Dass man so ausserordentlich enge Rinnen zur Anwendung brachte, von denen manche kaum einen Zoll (25 mm) breit waren und welche, wenn sie frei waren, nicht mehr Raum hatten, als um den Radflanschen Durchlass zu gewähren, hatte seinen Grund darin, dass man das Einklemmen der schmalspurigen Räder der Droschken und anderer Fuhrwerke fürchtete. Es ist jedoch bekannt, dass Störungen für Strassenfuhrwerke fast nur durch das Stossen der Räder derselben gegen die Aussenseiten der Schienen, falls das Pflaster sich gesenkt hat, veranlasst werden und dass die Rinne mit diesen Störungen nichts zu thun hat.

Ferner ist noch zu bemerken, dass durch das gelegentliche Schleifen der Radflanschen über dem Boden der Rinne, infolge der Einmischung von Schmutz, Staub oder Steinen, das Metall an diesem schwächsten Punkte heftig angestrebt wird; auch können die Radflanschen direct auf dem Boden der Rinne aufstossen, wo bei ähnlichen Vorgängen die Schienenplatte durchgeschliffen wird.

Die Form der Rinne ist daher ein wichtiger Punkt; bei beide ist die, bei welcher die Seite nächst der Rollfläche vertical und die ganze Abschrägung nach der inneren Seite verlegt ist. Eine solche Form hat die Rinne bei den Barker'schen und bei den Fowler'schen Schienen.

Das Pflaster sollte neuen der Strassenbahn angepasst werden und ist dabei hauptsächlich darauf zu sehen, dass es in gleicher Fläche mit den Schienen bleibt. Man hat grosse Vorsicht angewendet, um die Schienen vor dem Einsinken zu bewahren, während das Pflaster ohne genügende permanente Stütze gelegt worden ist. Ein auf losem Sand, Kies oder Asche gelegtes Pflaster, welches für Strassen ohne Schienen genügen mag, passt nicht zu einem Pflaster fest gestützter Schienen, die von einem unelastischen Fundament getragen werden. Das Beste was man beim Legen flachsohliger Schienen thun kann, ist für das Pflaster ein ebenso festes unelastisches Fundament herzustellen, wie das der Schienen. Diese wesentliche Bedingung wird erfüllt, indem man den Raum bis an die untere Fläche der Pflastersteine mit Concret ausfüllt, sodass dieselben mit Hilfe einer dünnen Sandschicht auf dieser Unterlage ein gleichmässiges Niveau bilden. Schliesslich sollte, um das Eindringen des Wassers sowie das Aufsteigen von Sand oder Schmutz zu verhüten, das Pflaster mit einer haftenden, elastischen, bituminösen Mischung vergossen werden.

Wenn man die eben aufgestellten Schlussfolgerungen als Regeln annimmt, nach welchen der Werth der verschiedenen Strassenbahnen zu schätzen ist, so dürften wohl im ganzen die kürzlich angelegten Glasgower Strassenbahnen die beste Strassenbahn mit Holzunterbau darstellen, die bisher in ihrer Gesammtheit ausgeführt worden ist. Sottar's Strassenbahn (siehe Fig. 58 und 59) enthält die Grundzüge eines guten Systems; und die Vorkehrungen, um dem Pflaster zunächst den Schienen ein verticales Lager zu bereiten, erleichtern wesentlich das Legen desselben. Um diesen Zweck zu erreichen, hat Sottar es nöthig gefunden, die Seitenflanschen nach innen zu verlegen, indem er die Breite des Auflagers der Schiene auf die Langschwelle reducirte und die Schwellen mit tiefen Einschnitten versah. Manchen mag das ungewöhnliche Mass dieser Einschnitte, ¾ Zoll (19 mm) an jeder Seite, verwerflich erscheinen. Doch obschon es in etwas die Grösse vermindert, lässt es doch ein genügendes Lager für die Schiene und überdies ein besseres Lager für die Flanschen, welche an den Seiten der Schwellen zurücktreten, wo gewöhnliche Flanschenschienen leicht verspringen. Auch hat die Schiene den Vortheil, dass die Flanschen näher unter der Rollfläche einerseits und unter der Rinne andererseits angebracht sind.

Von den Strassenbahnen mit eisernem Unterbau ist Kincaid's System (siehe Fig. 41 und folg.; Fig. 49 und folg. und Tafel I, Fig. 13—22), das sich besonders durch ökonomische Construction auszeichnet, das einzige, mit welchem man bisher in England längere Erfahrungen gemacht hat. Die Stühle sind unabhängig voneinander in Entfernungen von 3 Fuss (0,9 m) von Mitte zu Mitte gesetzt. In dieser Hinsicht ist Livsey's Doppelstuhlsystem (siehe Fig. 34 und folg.) — zwei Stühle auf einer Langschwelle — besser; da diese eine feste Verbindung im Unterbau herstellen und mit Leichtigkeit nivellirt und verlegt werden können. Sie sind überdies in wirksamer Weise durch zwei Querstangen verbunden, und durch diese Lang- und Querverbindung der Stühle und Schwellen findet eine gegenseitige Unterstützung statt, die für das Kincaid'sche System der freistehenden Stühle nicht anwendbar ist. Diese sind weder in ihrer Längs- noch Querrichtung miteinander verbunden und hängt ihrer Stabilität gänzlich von der Festigkeit des Concrets ab.

Die Länge des Auflagers der Schiene auf den Kincaid'schen und Livsey'schen Mittelschwellen ist 3½ Zoll (88 mm); während sie bei den Cockburn-Muir'schen (siehe Fig. 38 und folg.) 11½ Zoll (292 mm) beträgt. Es ist klar, dass das lange Auflager auf der Schwelle des letztgenannten Systems die Schiene vortheilhaft versteifen muss, und hat der Ingenieur diesen Umstand benutzt, indem er eine längere Entfernung zwischen den Schwellen annahm und eine Schiene von geringerem Gewicht als die der anderen Ingenieure anwendete. Die drei Systeme können folgendermassen verglichen werden:

Schienen	Gewicht		Mittelentfernung der Schwellen	Spannweite zwischen den Lagern
	pro Yard	pro Meter		
Kincaid's (Eisen)	14 Pfund	21 kg	3 Fuss 0 Zoll	10,914 to	3½ Zoll (88 mm)
Livsey's (Eisen)	10 „	19,8 „	3 „ 0 „	10,914 „	30 „ (774 „)
Cockburn-Muir's (Eisen)	30 „	14,8 „	3 „ 6 „	11,066 „	30 „ (774 „)

6*

Nun muss vorausgeschickt werden, dass eine Schiene stark genug sein kann, um irgend eine bestimmte Last zu tragen, während sie dabei nicht steif genug ist, um gegen seitliches Ausbiegen Widerstand zu leisten. Dieses Ausbiegen muss auf ein Minimum reducirt werden, da vertikale Festigkeit die erste Bedingung zur Sicherung eines Minimal-Zugwiderstandes ist.

Die Festigkeit der Schiene steht im umgekehrten Verhältnisse zu dem Cubus der Länge und aus diesem Verhältnisse ergiebt sich, dass die Cockburn-Muir'sche Schiene, hätte sie das gleiche Profil wie die Kincaid'sche gehabt, in dem Verhältnisse von 32,5³ zu 30,5³ oder von 3433 zu 2837, oder nahezu von 5 zu 4 steifer gewesen wäre. Dass eine Differenz von 2 Zoll (50 mm) in der Spannweite eine solche von einem Viertel oder Fünftel in der Festigkeit der Schienen bewirken muss, ist eine bemerkenswerthe Thatsache und weist auf den Vortheil der Festigkeit der Spannweite für intermittirende Lager hin, sowie auf den einer Reduction der freitragenden Länge der Schienen durch bedeutende Verlängerung der Tragfläche auf dem Stuhle. Diese Vortheile mögen durch folgendes Beispiel erläutert werden: angenommen, die Cockburn-Muir'schen Blockschwellen lägen 3 Fuss (0,9 m) von Mitte zu Mitte voneinander entfernt, dieselbe Mittelentfernung wie bei den Kincaid'schen Schwellen, so würden, vorausgesetzt dass in beiden Fällen die gleiche Schiene gelegt ist, die Spannweiten zwischen den Lagern und die relative Festigkeit der Schienen zueinander — im umgekehrten Verhältnisse der Cuben der Spannweiten — folgende sein: —

	Mittelentfernung der Schwellen	Spannweiten zwischen den Lagern	Verhältniss der relativen Festigkeit.
Kurzes Lager	. . . 3 Fuss	(0,914 m)	32½ Zoll (825 mm)	1
Langes Lager	. . . 3 „	(0,914 „)	24½ „ (622 „)	2½

Man ersieht hieraus, dass Kincaid's Schiene, wenn sie auf Stühlen mit 11 Zoll (279 mm) Tragfläche läge, 2½ Mal soviel Festigkeit haben würde oder, dass die Durchbiegung der Schiene zwischen den längeren Lagern eine um die Hälfte geringere wäre, als sie auf den kurzen Lagern wirklich ist. Die Form des Kincaid'schen Schienenstuhles eignet sich, wie man bemerken wird, ganz gut zu einer Erweiterung der Tragfläche und selbst wenn die 3½ zöllige (55 mm) Tragfläche der Zwischenstühle nur in der Länge verdoppelt würde, also 7 Zoll (177 mm) gleich der Tragfläche der Stossstuhle, so würde dadurch die Festigkeit um beinahe die Hälfte erhöht werden.

Aus denselben Beweisgründen ergiebt sich, dass bei einem continuirlichen Lager unter der Schiene die Festigkeit eine ungleich grössere ist, als sie auf intermittirenden Lagern sein kann. Es darf jedoch daraus nicht geschlossen werden, dass die continuirlich lagernde Schiene beliebig leichte Dimensionen haben darf. Die Schiene muss hinreichend stark sein, um dem auf Zug wirkenden Theil der beweglichen Last, die sich unter den Rädern concentrirt, widerstehen zu können, um einer gelegentlichen Schwäche des Unterlages wirksam entgegenzutreten; um Fugen zu überbrücken, die beim Unterlau unvermeidlich sind, selbst wenn dieser dem Namen nach continuirlich ist; und um nach zufälligen Störungen der Bahn, sowie dem unendlich verschieden auftretenden unregelmässigen Druck Widerstand leisten zu können, welchem Strassenbahn-Schienen ausgesetzt sind.

Es ist bemerken zu bemerken, dass Kincaid die Schienen von Schwelle zu Schwelle mit Concret unterstopft — ein Verfahren, welches nicht nur dazu bestimmt ist, die leeren Räume auszufüllen, sondern auch bis zu einem gewissen Grade zum Stützen der Schiene beiträgt. Er hat jedoch nach und nach die Dimensionen vergrössert und Stahl statt Eisen als Material für seine Schiene verwendet, sodass er in seiner neuesten Praxis — wie in Leicester — Stahlschienen von 47 Pfund pro Yard (23 kg pro m) benutzt, während in Sheffield die kürzlich nach seinem System gelegten Schienen ein Gewicht von 48 — 50 Pfund pro Yard (23,9 — 24,8 kg pro m) erreichen. Der Nothwendigkeit, speciell die Torsionskraft einer excentrisch auf die Schiene wirkenden Last zu verhüten, ist durch die Form der Kincaid'schen Schiene vorgebeugt, deren Rollfläche an der inneren Seite erhöht und nach der Aussenseite zu abgeschrägt ist. Durch diese einfache Bildung hat das Rad sein Auflager auf der inneren Kante der Lauffläche, in der Mittellinie der Schiene und ihrer Stützen, und so sind Stösse vermieden. Es ist gleichwohl augenscheinlich, dass die Beschränkung des Rades auf die so hergestellte schmale Linie der Tragfläche insofern nicht zu empfehlen ist, als die Abnutzung des Rades in die Nähe der Flansche verlegt und es zweifelhaft ist, ob die Adhäsion der Räder der Strassenlocomotiven auf einer schmalen Linie eine geringere sein würde als auf einer breiteren Berührungsfläche; dafür ist jedoch der Reibungswiderstand gegen Zugkraft wahrscheinlich ein geringerer.

Dennoch ist es besser, eine gleichmässige Continuität des Lagers in gleichem Material — je nach Erfordernisse in Eisen oder Holz — herzustellen. Als System eines continuirlichen Lagers in Eisen für die Schienen ist das Barker'sche (siehe Tafel II, Fig. 18 — 22) bisher das in die Praxis eingeführte. Seine gusseiserne Schwelle vereinigt in trefflicher Anordnung laterale mit verticaler Festigkeit; und die gekerbten Verbindungsflächen der Schienen und der Schwelle bewirken gemeinschaftlich mit dem mittleren Schienenfuss eine dauerhafte Befestigung der Schiene auf der Schwelle. Der dachförmige Sitz bildet in der That die Hauptverbindung zwischen Schiene und Schwelle. Zur Erhaltung der Spurweite ist nur eine geringe Querverbindung zwischen den Schwellen hergestellt, da diese selbst nur auf niedrigen Mörtelstreifen, die in dem ausgegrabenen Grunde gezogen sind, ruhen. Allerdings sind sie mit demselben Material angefüllt, das sich mit dem der Betting vereinigen und so einigermassen Widerstandskraft gegen seitliche Einwirkungen verleihen kann; aber ein hierdurch bewirkter Widerstand kann nur ein verhältnissmässig geringer sein. In dieser Hinsicht bildet die Barker'sche 3 Zoll (76 mm) breite

Schwelle einen ausgeprägten Contrast mit den gusseisernen Schienen von Ransome, Deas und Kapier in Glasgow, welche eine Breite von 10 Zoll (254 mm) haben und fest mit Portlandcement-Concret unterstopft sind, mittelst dessen sie eng mit dem für sie bereiteten Concretfundament verbunden sind. Lynde behauptet gleichwohl, dass die Barker'sche Schwelle mit ihrer breiten continuirlichen Basis — 12 Zoll (304 mm) breit — und ihrer ausgedehnten Tragfläche, welche 6 Quadratfuss pro laufenden Yard der Bahn beträgt, auf dem harten Boden der Strassen von Manchester keiner weiteren Stütze bedarf und dass sicher ausser dem sie umgebenden Steinpflaster keine weiteren Mittel zur Erhaltung der Spurweite erforderlich sind; doch empfiehlt er Querstangen zur Feststellung der Spurweite, wenn die Bahn in macadamisirten Strassen liegt.

Das Barker'sche System ist (October 1877) seit einigen Monaten in Betrieb und hat soweit befriedigt. Für den Eisenbahnverkehr würden ohne Zweifel weitere Vorkehrungen zum Festhalten der Spurweite erforderlich sein, um das Ausbiegen und Erweitern der Geleise zu verhindern; ein Schicksal, das bereits die „Vale of Clyde Tramways" unter dem Verkehr der Eisenbahnwagen ereilt hat. Freilich sind die Schwellen der Vale of Clyde Bahn aus Holz — in seitlicher Richtung biegsam — während die der Barker'schen Bahn von Gusseisen und daher unbiegsam sind. Aber diese sind nur unbiegsam innerhalb der Grenzen ihrer Länge und absichtlich als voneinander unabhängige Stücke in Strecken von 3 Fuss (0,9 m) gelegt.

In Bezug auf Vorrichtung zum Unterstützen des Pflasters für Bahnen mit eisernem Unterbau ist Cockburn-Muir's System das einzige, bei welchem die Nothwendigkeit einer besonderen Vorrichtung angegeben und derselben durch Anwendung einer festen Concretbettung Rechnung getragen ist. Kincaid, in dessen System sich die Anwendung des Concrets lediglich auf die Unterstützung der Schienen beschränkt, legt einfach eine 3 zöllige (76 mm) Sandschicht auf den abgegrabenen Boden; und bei Fowler's Anwendung des Kincaid'schen Systems, wird nur 2 Zoll (50 mm) tief Sand gelegt. Barker bringt allerdings an dem unteren Theile der Schwellen Seitenflanschen oder Füsse an zum Unterstützen der den Schienen zunächst liegenden Pflastersteine; es ist dies eine sehr wirksame Stütze und gerade da angebracht, wo sie am nöthigsten ist; die übrigen Theile des Pflasters bleiben aber dabei auf dem gewöhnlichen Boden.

Bei Deacon's einfachem Strassenbahnsystem (siehe Tafel II, Fig. 8 — 17), wie es in Liverpool für die innere Linie zur Anwendung kam, sind die Schienen und Langschwellen durch einen mittleren Bolzen auf die Cementconcretschicht niedergehalten, welche das Fundament bildet, und ist so eine Verbindung der Schwellen durch den Unterbau hergestellt. Die flachen Wände der Schiene und der Schwelle gestatten ein leichtes Auflegen des Pflasters, während die Bettung des letzteren direct auf dem Concretfundament ohne Zweifel der Beständigkeit des Niveaus sowie der Stabilität förderlich ist. Die mittlere Lage des Bolzens ist jedoch, um dem höchsten Grade seitlichen Widerstandes gegen die durch den Verkehr verursachten Stösse wirksam zu begegnen, nicht so vortheilhaft als die Lage der gewöhnlichen Seitenbefestigung. Ueberdies hält der Bolzen die Schiene nur nieder und sollte nur der geringste Grad verticaler Senkung der Schiene stattfinden, so würde sich die Befestigung lockern und verticale Bewegung entstehen, bis die Bolzen wieder fest angezogen sein würden. Durch den bei der Concretbildung rings um den Bolzen entstandenen freien Raum, der zwar das Adjustiren und Befestigen wesentlich erleichtert, entsteht für den Bolzen ein Verlust an Widerstandsfähigkeit gegen seitliche Wirkungen, demzufolge — besonders wenn die Befestigung locker wird — die Schienen und Schwellen leicht seitwärts unserer Spurweite gerückt werden können. Die Lage der Rinne, in der Mitte der Schiene zwischen zwei Rollflächen, bietet den Vortheil einer genauen Vertheilung des Druckes; die Rinne ist jedoch nicht so leicht vom Gerölle zu befreien, ohne dass sich dieses an den Laufkanten festsetzt.

Die durch die Ausführung dieses Systems in Liverpool zu erlangenden Erfahrungen werden den Werth des Deacon'schen Systems bestimmen.

Beloe's Methode (siehe Fig. 42 und folg.), eine Schiene mit mittlerer Rinne in zwei Theilen — wie Zwillingsschienen nach Art der Strassenbahn von Lille — herzustellen, vereinigt den Vortheil einer getheilten Tragfläche mit einer aussen angebrachten Befestigung und macht das gesammte Material zum Tragen der Last nutzbar.

Bei Schenk's System (siehe Fig. 18) ist nur eine Schiene als Tragschiene benutzt, während die andere, wie bei dem System von Lille, als Leitschiene dient. Das System hat gewisse Vorzüge; nur kann die Befestigung in ihrer exponirten Lage leicht durch den Verkehr gelockert und beschädigt werden.

DRITTER THEIL.

Kosten der Strassenbahnen im allgemeinen und Betriebskosten.

Die gedruckten Berichte der Strassenbahngesellschaften enthalten Material zur Aufstellung von Angaben für Anlage- und Betriebskosten. Wenn wir diese Berichte specialisiren und uns bemühen, eine Gleichmässigkeit der einzelnen Kostenpunkte zu erreichen, begegnen wir derselben Schwierigkeit, die in früheren Jahren bei den Berichten der Eisenbahngesellschaften auftraten — einer Verschiedenheit der Classification und in manchen Fällen einer Confusion, die man vergeblich zu entwirren versucht. Die Berichte der „North Metropolitan Tramways-Company" bieten im ganzen das beste Muster für halbjährliche Kostenberechnung; die gegenwärtige Form dieser Berichte wurde im Jahre 1873—74 auf Ansuchen der Actionäre eingeführt. In einer am 22. December 1873 abgehaltenen Generalversammlung wurde der Vorschlag gemacht, „The Regulation of Railways Act, 1868" als für die Gesellschaft massgebend anzunehmen, von den Directionen die Einführung des durch diese Acte vorgeschriebenen Systems der halbjährlichen Rechenschaftsberichte — das ohne Zweifel in mancher Hinsicht nicht unentwenlich ist — zu fordern und bei dem Handelsgericht um die Anstellung eines Rechnungsrevisors und mehrere Inspektoren nachzusuchen. Die Directionen waren jedoch darauf aufmerksam gemacht worden, dass die Acte sich nicht auf Strassenbahnen bezog und es wurde endgiltig beschlossen, dass die halbjährlichen Berichte der in der erwähnten Acte angegebenen Form, soweit es die Verschiedenheit der Verhältnisse gestatten würde, angepasst werden sollten. Das neue Formular wurde zum erstenmal für den halbjährlichen Rechnungsbericht bis zum 31. December 1873 angewendet. Es ist von grossem praktischen Werth, dass eine Gleichmässigkeit der Rechnungen von den Strassenbahngesellschaften angenommen wird, da es diesen sehr viel Mühe kostet, ehe sie es zu einer festen Dividende bringen und eines der wirksamsten Mittel, Verschwendung oder mangelhafte Leistungsfähigkeit zu entdecken und Missbräuche abzuschaffen, in der Gleichförmigkeit der Berichte besteht. Eine der auffallendsten Eigenheiten der Strassenbahnrechnungen ist der willkürliche Ansatz für „Entwerthung des Betriebsmaterials." Man hat diesen Posten schon vor Jahren in den Rechnungen der Eisenbahnen gestrichen und je eher derselbe aus denen der Strassenbahnen verschwindet, desto besser und einfacher werden diese Rechnungen sein.

Die Berichte vieler Strassenbahnen der Vereinigten Staaten sind, zuweilen mit Hilfe der von den Gesellschaften gegebenen Erläuterungen, sorgfältig specificirt und classificirt worden. Diese Specificationen sind hier beigefügt, nebst Details betreff der Pferde, Wagen, Zahl der Passagiere und zurückgelegten Meilen. Alle Kostenpunkte, die in den Originalbericht als Erneuerungen aufgenommen waren, sind hier in eine Rubrik für Reparatur oder Unterhaltung übertragen und zusammengefasst. Posten für „Entwerthung" sind bei Aufstellung der Specificationen sorgfältig vermieden worden.

I. CAPITEL.

Die „North Metropolitan Tramways", 1871—1876.

Die „North Metropolitan Tramways-Company" besitzt die längste und mit der grössten Capitalanlage erbaute Strassenbahn, die Eigenthum nur einer Gesellschaft ist.

Die folgenden Tabellen enthalten:

Capitalanlage.
Anzahl und Beschaffenheit der Wagen.
Umsatz des Betriebscapitals.

Einnahmen.
Beforderte Passagiere.
Betriebskosten.
Durchschnittliche Betriebskosten für drei Jahre 1874—76.
Zurückgelegte Meilen und Kosten für Wagenreparaturen.
Durchschnittliche Länge und Unterhaltungskosten der Bahn.

Die Pferde sind der „London General Omnibus-Company" abgemiethet, wofür die Summe von 6 ³/₄ d. pro zurückgelegte Meile bezahlt wird, einschliesslich der Kosten für Unterhaltung, Abnutzung und Erneuerung der Pferde, Gehalt der Stallknechte, Miethe für Stallungen und Geschirr. Jeder Wagen im Dienst legt gewöhnlich pro Tag 70 Meilen zurück und erfordert eine active Zahl von elf Pferden, von welchen fünf Paare täglich in Thätigkeit sind, sodass ein Reserve-Pferd bleibt. Laut Contract soll jedes Pferdepaar nicht unter 14 und nicht über 16 Meilen pro Tag zurücklegen. Für fünf Paar Pferde beträgt die zurückgelegte Meilenzahl 70—75 pro Tag, für jedes Pferd also durchschnittlich 6½ Meilen täglich. Die Pferde finden von ihrem fünften Lebensjahre an Verwendung und beträgt nach dem Berichte des Secretärs und Verwalters der Omnibus-Company, A. C. Church, die Dauer der Arbeitsfähigkeit eines für Strassenbahnen benutzten Pferdes vier Jahre.

North Metropolitan Tramways.

Capital-Anlage 1871—1876.

Im Jahre	Bis zum 30. December eröffnete Meilenstrecke	Grundstücke, Gebäude, Inventar etc.	Betriebsmaterial (Wagen etc.)	im ganzen	im ganzen pro eröffnete Meile
		£	£	£	
1871	9¼	—	—	210772	22187
1872	20¼	—	—	442421	22606
1873	27¼	575340	32197	607537	22091
1874	29¼	646119	32197	678516	22993
1875	30¼	652370	34576 ¹)	686916	32524
1876	30¼	652435	{ 34576 + 1134 pro Meile }	687011	22525

1) Die nachträglich für vermehrtes Betriebsmaterial bezahlte Summe von £ 2379 war unter Einkommen aufgenommen, ist hier aber in die Capitalanlage mit eingerechnet.

Zahl und Beschaffenheit der Wagen 1872—1876.

Halbjährlicher Termin	Durchschnittzahl im Dienst		Zahl der im guten Zustande befindlichen		Zahl der Reparatur bedürftigen		Gesammtzahl der Wagen
	Wagen	Procent	Wagen	Procent	Wagen	Procent	
December 1872	--	--	111	91,7	10	8,3	121
Juni 1873	79	50,7	143	91,2	13	8,8	156
December 1873	108	69,2	138	88,5	18	11,5	156
Juni 1874	114	73,1	136	87,2	20	12,8	156
December 1874	125	80,1	139	89,1	17	14,9	156
Juni 1875	130	80,3	151	93,2	11	6,8	162
December 1875	140	84,3	147	88,6	19	11,4	166
Juni 1876	136	81,9	152	91,6	14	8,4	166
December 1876	137	82,5	148	89,2	18	10,8	166
			Jahrlicher Durchschnitt				
Im Jahre 1871	—	—	—	—	—	—	—
" " 1872	—	—	—	—	—	—	—
" " 1873	94	—	140,5	—	15,5	—	156
" " 1874	120	—	137,5	—	18,5	—	156
" " 1875	135	—	149	—	15	—	164
" " 1876	137	—	150	—	16	—	166
Durchschnitt für die drei Jahre 1874—1876	130	80	145,5	90	16,5	10	162

Bestand des Betriebsmaterials am 31. December 1876.

			Transport:	168
Grosse Strassenbahnwagen, vollständig		Gerüste	.	9
ausgestattet	124	Karren	.	8
Kleine, Ditto	42	Wasserkarren	.	1
Omnibusse	2	Draisinen	.	2
Latus:	168		Summa:	168

Einnahmen 1871—1876.

Im Jahre	Zurückgelegte Meilen	Einnahmen für den Verkehr	Diverse Einnahmen	Gesammt-Einnahmen	Procents vom Capital
1871	660874[1]	43899	43507	47406	22,5
1872	1,484874	97314	1474	98788	23,4
1873	2,457253	155220	2715	157935	26,0
1874	3,184861	205808	4677	210485	31,0
1875	3,558684	234266	5495	239761	35,0
1876	3,569900	232698	5693	238391	34,8

1) Annähernd berechnet.

Einnahmen. — Fortsetzung.

Im Jahre	Durchschnittslänge der eröffneten Bahn	Durchschnittl. Einnahme pr. eröffn. Meile	Einnahmen pr. Meile pr. Woche	Einnahmen pr. Wagen	Einnahmen pr. Wagen im Dienst	Einnahmen pr. zurückgelegte Meile
1871	5¹⁄₂	8620	165,8	—	—	17,22
1872	13⁵⁄₆	7227	139,0	—	—	15,97
1873	24⁵⁄₆	6511	125,3	895	1851	15,42
1874	29¹⁄₂	7136	137,2	1319	1715	15,96
1875	30	7994	153,7	1428	1736	16,13
1876	30¹⁄₂	7516	150,3	1401	1749	16,03

Beförderte Passagiere 1871—1876.

Im Jahre	Zahl der Passagiere					Einnahme von den Passagieren	
	Im ganzen	Pro Wagen	Pro Wagen im Dienst	Pro Wagen im Dienst pro Tag	Pro zurückgelegte Meile	Im ganzen	Pro Passagier
	Passagiere	Passagiere	Passagiere	Passagiere	Passagiere	f.	d.
1871	4,971646	—	—	—	7,52	43899	2,12
1872	11,118972	—	—	—	7,48	97314	2,10
1873	17,977706	115300	191400	524	7,32	155220	2,07
1874	23,953769	153100	199000	545	6,71	205868	2,07
1875	27,755917	169300	205600	563	7,50	234266	2,03
1876	26,564454	161700	196000	537	7,52	232698	2,08

Betriebskosten 1871—1876.

	1871	1872	1873	1874	1875	1876
Directe Kosten:	f.	f.	f.	f.	f.	f.
Miethe für Pferde	18440	40212	71252	89184	100170	100335
Gehalt der Conducteure und Kutscher	2800	5769	10911	14021	14735	15119
Wagenreparaturen	611	2516	5089	7585	7376	7467
Unterhaltung der Bahn	—	—	1826	4237	4750	6736
Verkehrskosten	5251	11904	34210	25476	29973	32285
Allgemeine Kosten	1258	2794	3666	4362	4315	4615
Zinsen	(in Raten)	180 (in Raten)	1564	1903	1600	1578
	29060	63375	94487	146768	162919	168037

61

	1871	1872	1873	1874	1875	1876
Neben-Ausgaben	£	£	£	£	£	£
Abgaben und Taxen	353	391	935	4116	4988	5808
Consumsteuer und Accise	228	367	176	910	653	641
Schadenersatz	353	852	988	1506	2055	747
Gerichtl. und parlamentarische Taxen	—	569	1796	4363	5077	2569
	934	2179	4215	10925	12779	9808
Gesammtkosten	29994	65551	98792	157690	175695	177845
	d.	d.	d.	d.	d.	d.
Pro zurückgelegte Meile	10,89	10,59	9,61	11,96	11,95	11,95
Procente der Einnahme	63,3°₀	66,4°₀	62,5°₀	74,9°₀	72,3°₀	74,6°₀

Durchschnittliche Betriebskosten für drei Jahre 1874—1876

Zurückgelegte Meilen: 10,290545 für drei Jahre; 3,430182 pro Jahr

	Betrag für drei Jahre	Betrag pro Jahr	Verhältnissantheil der Gesammtkosten	Kosten pro zurückgelegte Meile
Directe Kosten:	£	£	°₀	d.
Miethe für Pferde	289698	96562	56,67	6,76
Gehalt der Conducteure und Kutscher	43855	14625	8,58	1,02
Wagenreparaturen	22428	7476	4,39	52
Unterhaltung der Bahn	15725	5242	3,07	37
Verkehrskosten	87735	29245	17,16	2,05
Allgemeine Kosten	13191	4397	2,58	31
Zinsen	5081	1693	0,99	12
	477721	159240	93,45	11,14
Neben-Ausgaben:				
Abgaben und Taxen	14942	4981	2,92	35
Consumsteuer und Accise	2254	751	44	05
Schadenersatz	4308	1436	84	10
Gerichtl. und parlamentarische Taxen	12008	4003	2,35	28
	33512	11171	6,55	78
Gesammtkosten	511233	170411	100,00	11,92
Gesammteinnahmen	688637	229546		

do. pro zurückgelegte Meile . . . . 16,06 d.
Kosten in Procenten der Einnahmen (74,21°₀).
Netto-Betrag pro Jahr do. 125,76°₀). . . . 4,14 d.
do. in Procenten der Capital-Anlage (8,64°₀).

Zurückgelegte Meilen und Kosten für Wagenreparatur 1871—1876

Im Jahre	Durch-schnittl. Zahl der Wagen	Zurückgelegte Meilen					Reparaturkosten		
		Im Ganzen	Pro Wagen		Pro Wagen im Dienst		Im Ganzen	Pro Wagen	Pro zurückgel. Meile
			Im Ganzen	Pro Tag	Im Ganzen	Pro Tag			
	Wagen	Meilen	Meilen	Meilen	Meilen	Meilen	£	£	d.
1871	—	640874	—	—	—	—	811	—	0,29
1872	—	1,484874	—	—	—	—	2516	—	,41
1873	156	2,457253	15700	43,0	26140	71,6	3089	32,6	,86
1874	156	3,164861	20300	55,6	26370	72,3	7544	48,6	,575
1875	164	3,556884	21700	59,5	26350	72,3	7376	45	,50
1876	166	3,569000	21500	58,9	26050	71,4	7467	45	,50
		Durchschnitt für die drei Jahre 1874—76.							
	162	3,430182	21171	58,0	26250	71,9	7476	46	,52

Clark, Strassenbahnen. 11

Durchschnittliche Länge und Kosten für Unterhaltung der Bahn 1871—1876.

Im Jahre	Durchschnittliche Länge der eröffneten Bahn	Kosten für Unterhaltung der Bahn			
		Im ganzen	Pro Meile der Bahn	Pro Quadrat-Yard der Bahn[1]	Pro zurückgelegte Meile
	Meilen	£	£	£	d
1871	5½	—	—	—	—
1872	13½	—	—	—	—
1873	14	1826	75	1,81	0,18
1874	79½	4237	144	3,45	32
1875	30	4750	158	3,80	32
1876	30½	6738	231	5,30	45
		Durchschnittlich für die drei Jahre 1874—76			
	30	5242	175	4,30	37

1) Die laufende Meile zu 10000 Quadratyards angenommen.

II. CAPITEL.

Die „London Tramways", 1871—1876.

Die Rechnungsberichte der „London Tramways" sind hier ähnlich den oben gegebenen Auszügen aus jenen der „North Metropolitan" zusammengefasst. In der Tabelle der Capital-Anlage sind die bis 31. December 1876 erwachsenen Kosten detaillirt, wobei der Kostenpunkt für die Anlage der Strassenbahn £ 15000 pro Meile doppelten Goleises beträgt. Huntingdon giebt folgende Specification dieser Kosten:

Doppeltes Bahngeleise	3000 £
Pflasterung, 6 Yards breit[1]	5000 „
Ingenieurarbeiten	4000 „
Besondere Arbeiten etc.	2000 „
Gerichtliche und parlamentarische Taxen	1000 „
	15000 £

Die Bespannung wurde von der „Tramway-Company" selbst besorgt, mit Ausnahme der Pferde für die Brixton und Clapham Linien und für andere Dienstleistungen, welche von der „London General Omnibus-Company" geliefert wurden, bis Mitte 1873 die „Tramway-Company" beschloss, für den ganzen Verkehr die Pferde selbst zu halten, in der sicheren Ueberzeugung, dass das Halten eigener Pferde nicht höher kommen würde als die der Omnibus-Company bezahlte Miethe. Inwiefern diese Voraussetzung sich als richtig erwies, mag man nach den hier gegebenen Kosten pro Meile für jedes Jahr von 1872—1876 beurtheilen:

Bespannung

1872. Grösstentheils gemiethet	5,92 pro zurückgel. Meile
1873. Zu fast gleichen Theilen gemiethet und von der „Tramway-Company" gehalten	6,02 „ „ „
1874. Ganz von der Tramway-Company besorgte Bespannung	6,54 „ „ „
1875. Ditto, Ditto	6,54 „ „ „
1876. Ditto, Ditto	6,48 „ „ „

Es ergiebt sich nach vollzogenem Wechsel eine Vermehrung der Kosten, die sich einigermaassen durch ein Steigen der Futterpreise während der letzten Jahre erklärt. Die Gesammtkosten für Fourage während des am 31. December 1876 abgelaufenen Halbjahres betrugen £ 16117 3 s. Während dieses Zeitraumes war die Durchschnittzahl der gehaltenen Pferde 1031, und die Durchschnittskosten für Fourage 12 s. 3 d. pro Pferd und Woche. Folgendes sind Details der Streu- und Futterkosten:

Mais	6811½ Malter	à £ 1 7 s. 4½ d.	£ 9329 19 s. 11 d.
Hafer	357½ „	à 1 4 10½ „	„ 444 5 11 „
Bohnen	33½ „	à 2 12 0 „	„ 87 2 0 „
Kleie	240 Centner	à 0 5 6 „	„ 66 0 0 „
Heu und Klee	639 Fuder	à 6 7 10 „	„ 4051 13 1 „
Stroh	855 „	à 2 7 6 „	„ 2033 3 3 „
Sägespäne	6801 Säcke	à 0 1 0 „	„ 340 1 0 „
Verschiedenes. — Grünfutter etc.			„ 31 17 10 „
		Gesammtkosten:	£ 16117 3 s. 0 d.

oder 12 s. 3 d. pro Pferd pro Woche.

1) Die Angabe der Breite scheint ein Irrthum zu sein, denn die übliche Gesammtbreite ist nur 17 Fuss oder 5⅔ Yards.

„London Tramways".

Capital-Anlage 1871—1876.

Im Jahre	Am 31. December eröffnete Meilen	Capital-Anlage am 31. December	
		im ganzen	pro Meile
		£	
1871	14¹/₂	263664	18,610
1872	17¹/₄	294032	17,040
1873	18	336037	18,670
1874	18	398900	22,050
1875	20¹/₄	421799	20,830
1876	20¹/₄	419125	20,700

Details der Capital-Anlage am 31. December 1876.

Eröffnete Strecke 20¹/₄ Meile.

							Procente der Gesammtkosten
Eröffnete Strassenbahnen	. . . . .	£ 303555	oder	£ 15010	pro	Meile	72,5
Grundbesitz und Gebäude	. . . . .	„ 31505	„	„ 1555	„	„	7,5
Betriebsmaterial	. . . .	„ 31733	„	„ 1587	„	„	7,6
Maschinerien und Betriebseinrichtung	. .	„ 3266	„	„ 161	„	„	8
Pferde	. . . .	„ 44093	„	„ 2177	„	„	10,5
Geschirr und Geräthe	. . . . . .	„ 3856	„	„ 190	„	„	9
Bureau-Einrichtung	. . . . . .	„ 817	„	„ 40	„	„	2
	Gesammtkosten:	£ 419125	oder	£ 20700	pro	Meile	100

Zahl der Wagen 1872—1876.

Halbjährlicher Termin	Zahl der in gutem Zustande befindlichen		Zahl der reparaturbedürftigen		Gesammtzahl
	Wagen	Procente	Wagen	Procente	Wagen
December 1872	96	94,1	6	5,9	102
Juni 1873	?	—	?	—	—
December 1873	96	90,6	10	9,4	106
Juni 1874	94	88,7	12	11,3	106
December 1874	116	92	10	8,0	126
Juni 1875	115	91,3	11	8,7	126
December 1875	118	89,4	14	10,6	132
Juni 1876	119	90	13	10	132
December 1876	?		?	—	132
	Jährlicher Durchschnitt				
Im Jahre 1872	96	94,1	6	5,9	102
„ „ 1873	96	90,6	10	9,4	106
„ „ 1874	105	90,5	11	9,5	116
„ „ 1875	116¹/₂	90	12¹/₂	10	129
„ „ 1876	119	90	13	10	132
Im Jahre 1876	Zahl der Wagen im Dienst (zweites Halbjahr) 82, also 62 Procent der Gesammtzahl				

Bestand des Betriebsmaterials am 31. December 1876.

Wagen	. . . .	132
Omnibusse	. . . .	15
Schienenreiniger	. . . .	3
Futterschwingen	. . . .	4
Karren	. . . .	3
Bremswagen	. . . .	1
		158

Einnahmen 1871—1876.

Im Jahre	Zurückgelegte Meilen	Verkehrs-Einnahmen	Diverse Einnahmen	Gesammt-Einnahmen	Procente vom Capital
	Meilen	£	£	£	Procente
1871	890000	46650	779	47429	29,9
1872	1,859584	104910	648	105558	35,9
1873	1,892323	110348	1779	112127	33,4
1874	1,953013	117416	2745	120161	36,3
1875	5,497643	138051	2557	140608	33,3
1876	2,329703	134554	2020	136574	37,6

Einnahmen.

Im Jahre	Durchschnittl. Länge der eröffn. Bahn	Einnahme pro Meile im Durchschnitt	Pro Meile und Woche	Pro Wagen	Pro durchlaufene Meile
	Meilen	£	£	£	£
1871	10	4763	91,2	?	12,79
1872	17½	6287	120,5	465	13,63
1873	17¾	6443	123,9	1058	14,22
1874	18	6678	128,4	1036	14,77
1875	20½	6943	133,5	1090	13,52
1876	20⅝	6746	129,7	1035	14,07
1876		Einnahmen pro Wagen im Dienst (92) . . . 1665			

Beförderte Passagiere 1871—1876.

Im Jahre	Zahl der Passagiere			Einnahmen von den Passagieren	
	Im ganzen	Pro Wagen	Pro durchl. Meile	Im ganzen	Pro Passagier
	Passagiere	Passagiere	Passagiere	£	£
1871			—	46650	?
1872	11,698264	108890	5,97	104910	2,27
1873	11,791498	111290	6,23	110348	2,25
1874	13,164025	113560	6,74	117416	2,14
1875	15,790967	122460	6,32	138051	2,10
1876	15,595536	118100	6,69	134554	2,07
1876		Zahl der Passagiere pro Wagen im Dienst (92 im zweiten Halbjahre) . . . 190700			
		do. do. pro Tag 521			

Betriebskosten 1871—1876.

	1871	1872	1873	1874	1875	1876
Directe Kosten.	£	£	£	£	£	£
Bespannung	21564	46851	47446	53194	71175	67977
Gehalt der Conducteure und Kutscher (veranschlagt) . .	4000	8510	7698	7995	10417	10184
Reparaturen der Wagen und Gebäude {	1020	4697	9149	4190	5221	8691
Unterhaltung der Bahn				3239	2613	4671
Verkehrskosten	4993	13060	14834	13590	19734	18385
{ Allgemeine Kosten	2169	2095	3145	3050	2526	2655
{ Zinsen	1393	2040	2148	3824	5063	6547
	35149	77193	83415	90892	117469	112320

	1871	1872	1873	1874	1875	1876
Neben-Ausgaben.	£	£	£	£	£	£
Abgaben und Taxen	—	314	376	1294	1999	1787
Concessionssteuer und Accise	3_9	563	779	466	675	599
Schadenersatz	263	747	1587	1702	1608	
Gerichtliche und parlamentarische Taxen	663	1277	1000	1150	1150	172_
	1314	2921	3742	5012	5889	5701
Gesammtkosten	36463	80114	87180	95494	12335_	11602_
	d.	d.	d.	d.	d.	d.
do. pro durchlaufene Meile	9,93	10,34	11,06	11,74	11,55	11,57
do. Procente der Einnahme	79,8°/₀	75,9°/₀	77,8°/₀	79,6°/₀	81,5°/₀	85,4°/₀

Durchschnittliche Betriebskosten für drei Jahre 1874—1876.

Zurückgelegte Meilen: 6.780539 in drei Jahren; 2.260130 pro Jahr.

	Betrag für 3 Jahre	Betrag pro Jahr	Proportional-theil der Gesammtkosten	Kosten pro durchl. Meile
	£	£	%	d.
Directe Kosten.				
Bespannung	157347	52449	55,53	6,83
Gehalt der Conducteure und Entnehmer	28996	9665	6,60	1,03
Wagenreparaturen	16102	5367	4,77	0,57
Unterhaltung der Bahn	10522	3507	3,12	0,37
Verkehrskosten	53689	17897	15,92	1,90
Allgemeine Kosten	8761	2921	2,60	0,31
Zinsen	15253	5084	4,52	0,54
	320676	106890	95,08	11,35
Neben-Ausgaben.				
Abgaben und Taxen	5066	1687	1,50	0,18
Concessionssteuer und Accise	2092	697	0,62	0,07
Schadenersatz	5421	1807	1,61	0,19
Gerichtliche und parlamentarische Taxen	4079	1343	1,19	0,14
	16602	5534	4,92	0,59
Gesammtkosten	337272	112424	100,00	11,94
Gesammtertrag	397343	132448	—	—

do. pro durchlaufene Meile . . . . 14,6 d.
Kosten in Procenten der Gesammteinnahmen . . . . . . 84,90°/₀
Netto-Ertrag do. do. . . . . 15,10°/₀ . . . . . 2,12 d.
do. pro Jahr, in Procenten der Capital-Anlage . . . . 7,52°/₀

Durchlaufene Meilen und Kosten der Wagenreparaturen 1871—1876.

Im Jahre	Durch-schnittl. Zahl der Wagen	Durchlaufene Meilen			Reparaturkosten		
		Anzahl	Pro Wagen	Pro Wagen und Tag	Betrag	Pro Wagen	Pro durchl. Meile
	Wagen	Meilen	Meilen	Meilen	£	£	d.
1871	—	—	—	—	—	—	—
1872 (½ Jahr)	102	967664	9487	52,0	—	—	—
1873 (½ Jahr)	106	964745	9102	49,9	—	—	—
1874	116	1.953013	16840	46,1	4190	36,9	0,52
1875	129	2.497643	19370	53,1	5321	40,5	0,50
1876	132	2.329702	17660	48,4	6691	50,7	0,71
Durchschnittlich für die drei Jahre 1874—76.							
	126	2.260130	17940	49,1	5367	42,6	0,57

Durchschnittliche Länge und Unterhaltungskosten der Bahn 1871—1876.

Im Jahre	Durchschnitts-Länge (eröffnet)	Unterhaltungskosten der Bahn			
		Betrag	Pro Meile der Bahn	Pro Quadratmeile der Bahn [1])	Pro zurückgelegte Meile
	Meilen	£	£	d.	d.
1871	10	?	—	—	—
1872	17¼	?	—	—	—
1873	17½	?	—	—	—
1874	18	3239	180	4,32	0,40
1875	20½	2613	129	3,10	0,25
1876	20¼	4671	231	5,54	0,48
		Durchschnittlich für die drei Jahre 1874—76.			
	19,5	3507	180	4,32	0,37

1) Die laufende Meile zu 10000 Quadratyards angenommen.

III. CAPITEL.

„London Street Tramways" 1872—1876.

Die Kosten für die in den Strassen Londons verlegten Pferdebahnen betrugen am 31. December 1876 über £ 100000 oder 18645 pro Meile bei doppeltem Geleise. Die Gesammtkosten für die ganze Linie mit Gebäuden, Pferden und Betriebsmaterial beliefen sich auf ungefähr £ 28000 pro Meile.

Die Pferde waren von der „London General Omnibus-Company" bis April 1875 gemiethet, wo die Strassenbahngesellschaft ihre eigenen Pferde anschaffte und die Linien mit denselben betrieb. Aus den Rechnungen erhellt, dass die Kosten für Pferde, gleichviel ob sie gemiethet oder von der Gesellschaft geliefert wurden, im Verhältniss zur Meilenzahl dieselben waren.

Capital-Anlage.

Im Jahre	Zahl der bis 31. Dec. eröffneten Meilen	Capital-Anlage am 31. December	
		im ganzen	pro eröffnete Meile
		£	£
Nach Ablauf von 25 Monaten am 31. Dec. 1873	—	94781	—
1874	4½	104042	23120
1875	—	—	—
1876	5½	153566	27921

Details der Kosten am 31. December 1876.

Eröffnete Strecke 5½ Meilen.

		Pro Meile	Proc. d. Ganzen
Anlage der Strassenbahnen, Parlaments- und Gerichtskosten, Ingenieurarbeiten und andere hierauf bezügliche Ausgaben	£ 102569 oder	£ 18645	— 66,81
Grundbesitz und Gebäude	„ 22868	„ 4158	— 14,89
Betriebsmaterial	„ 10539	„ 1825	— 6,86
Pferde	„ 16538	„ 3007	— 10,77
Maschinerie	„ 531	„ 96	— ,34
Geschirr	„ 231	„ 42	— ,15
Bureau-Einrichtung	„ 290	„ 53	— ,20
	£ 153566 oder	£ 27916	100

Einnahmen 1873—1876.

Im Jahre	Durchlauf. Meilen	Verkehrs-Einnahmen	Diverse Einnahmen	Gesammt-Einnahme	Zinsen vom Capital
	Meilen	£	£	£	%
Nach Ablauf von 25 Monaten am 31. Dec. 1873	—	59273	457	59729	?
1874	667807	39106	594	39679	36,17
1875	—	—	—	—	—
1876	772599	46829	707	47536	30,95

Einnahmen.

Im Jahre	Eröffnete Meilen	Einnahme pro Meile (eröffn.)	Pro Meile und Woche	Pro durchlaufende Meile
	Meilen	£	£	d.
25 Monate bis 31. December 1873	—	—	—	—
1874	4½	8422	169,6	14,27
1875	—	—	—	—
1876	5½	9644	166,2	14,17

Beförderte Passagiere 1873—1876.

Im Jahre	Zahl der Passagiere			Einnahmen v. d. Passagieren	
	Im ganzen	Pro Wagen	Pro durchl. Meile	Im ganzen	Pro Passagier
	Passagiere	Passagiere	Passagiere	£	d.
Nach Ablauf von 25 Monaten am 31. Dec. 1873	...	—	—	59273	—
1874	4,880993	—	7,30	39925	1,92
1875	—	—	—	—	—
1876	5,629560	—	7,27	46829	2,00

Betriebskosten 1873—1876.

	Nach Ablauf von 25 Mon. am 31. Dec. 1873	1874	1876		
			Gesammt-betrag	Procente der Gesammtkosten	Pro durchl. Meile
Directe Kosten.	£	£	£	%	d.
Miethe für Pferde	21671	16570	—	—	—
Bespannung von der Gesellschaft geliefert	—	—	21504	58,35	6,68
Gehalt der Conducteure und Kutscher	5858	3787	4172	10,94	1,30
Wagenreparaturen	1755	1648	1602	4,20	,50
Verwaltuntskosten	6178	4795	5901	15,47	1,83
Unterhaltung der Bahn	1537	958	1246	3,27	,39
Allgemeine Kosten	1848	1432	1356	37,76	,43
Zinsen, Abgaben und Taxen	—	—	907	2,34	,27
Summa	42045	30098	36698	96,27	11,40
Nebenausgaben:					
Abgaben und Taxen	122	556	769	2,02	,24
Consumtionssteuer und Accise	271	136	155	,49	,06
Schadenersatz	936	392	238	,63	,07
Gerichtliche und parlamentarische Taxen	607	393	258	,86	,08
Summa	1936	1477	1442	3,79	,45
Gesammtkosten	43984	31565	38130	100,00	11,55
	£	£	£		
Ditto, pro durchlaufene Meile	—	11,34	11,55	—	—
„ Procente der Einnahmen	74,9 %	76,6 %	80,2 %	—	—

Kosten für Unterhaltung der Bahn.

	1874	1876
Eröffnete Strecke	4½ Meilen	5½ Meilen
Unterhaltungskosten	£ 955	£ 1246
Ditto, pro Meile	„ 213	„ 227
„ „ Quadratyard der Bahn *)	5,11 d.	5,45 d.
„ „ durchlaufene Meile	„34 „	„39 „

*) Die laufende Meile zu 10000 Quadratyards angenommen.

IV. CAPITEL.

Die Strassenbahnen von Dublin 1872 — 1876.

Die Dubliner Strassenbahnen wurden gleich von Anfang an von der Gesellschaft selbst mit Pferden versorgt. Der Kostenaufwand hierfür war in den Jahren 1873 und 1874 ein ungeheurer, infolge unverständiger Einkäufe, wodurch man gezwungen war, einen Theil der Pferde wieder zu verkaufen und durch bessere zu ersetzen. In den letzten zwei Jahren 1875 — 76, unter verbesserter Verwaltung betrugen die Kosten für Bespannung 5¾ d. pro Meile. Da die Zahl der Pferde in diesen zwei Jahren durchschnittlich 450 war, so kamen von der gesammten Meilenzahl, über eine Million Meilen pro Jahr, ungefähr sechs Meilen auf ein Pferd pro Tag — dieselbe Leistung wie bei den für die „North Metropolitan - Tramway" verwendeten Pferden.

Capital - Anlage.

Im Jahre	Eröffnete Meilen am 31. December	Capital - Anlage am 31. December	
		Im ganzen	Pro eröffnete Meile
	Meilen	£	£
1872	9	179690	14410
1873	15	213937	14252
1874	16	245705	15362
1875	16	254451	15905
1876	16	255632	15977

Kostendetails am 31. December 1876.

Eröffnete Strecke 16 Meilen.

		pro Meile	Proc. des Ganzen
Strassenbahnen, Ausstattung, Betriebsmaterial, Grundstöcke, Gebäude etc. (incl. 76 Wagen und 5 Omnibus *) . . . £ 235977	oder £ 14749	=	92,33
Pferde (456) . . . . „ 17364	„ 1065	—	6,79
Maschinerie und Betriebseinrichtung . . . . . „ 900	„ 56	—	,35
Geschirr, Stallgeräthe, Schmieden, Werkzeuge . . „ 1090	„ 68	—	,42
Bureaueinrichtung . . . . „ 300	„ 19	—	,12
	£ 255631	oder £ 15977	= 100,00

1) Für 76 Wagen zu £ 230 . . . . £ 17490
„ 5 Omnibuse . . . . „ 600
£ 17990

Zahl der Wagen.

Halbjährlicher Termin	Zahl der in gutem Zustande befindl.		Zahl der reparaturbedürftigen		Gesammtzahl
	Wagen	Procente	Wagen	Procente	Wagen
Juni 1872	—	—	—	—	?
December 1872	43	—	2	—	45
Juni 1873	67	96	3	4	70
December 1873	66	94	4	6	70
Juni 1874	62	89	8	11	70
December 1874	62	89	8	11	70
Juni 1875	?	—	?	—	70
December 1875	?	—	?	—	70
Juni 1876	?	—	?	—	70
December 1876	?	—	?	—	76

Zahl der Wagen.

Halbjährlicher Termin	Zahl der in gutem Zustande befindl		Zahl der reparaturbedürftigen		Gesammtzahl
	Wagen	Jährlicher Durchschnitt	Wagen		Wagen
		Procente		Procente	
Im Jahre 1872 .	—	—	—	—	?
1873 .	66½	95	3½	5	70
1874 .	62	89	8	11	70
1875 .	—	—	?	—	70
1876 .	—	—	?	—	73

Verkehrseinnahmen

Im Jahre	Durchlaufene Meilen	Einnahmen vom Verkehr	Diverse Einnahmen	Gesammt-Einnahmen	Procente vom Capital
	Meilen	£	£	£	Procente
1872	?	35222	658	35880	27,7
1873	?	62445	1179	63624	29,7
1874	?	63245	738	63984	38,0
1875	1,038724	69991	524	70715	37,8
1876	987349	73303	1428	74731	29,3

Im Jahre	Durchschnittl. Länge der eröffn. Bahn	Einnahmen pro durchschnittl. Meile	Pro Meile und Woche	Pro Wagen	Pro durchlaufene Meile
	Meilen	£	£	£	d.
1872	6	5940	115	—	—
1873	13	4894	94,1	893	—
1874	16	3990	76,9	903	—
1875	16	4420	85	955	16,33
1876	16	4779	89,5	1043	18,17

Beförderte Passagiere.

Im Jahre	Zahl der Passagiere			Einnahmen von den Passagieren	
	Im ganzen	Pro Wagen	Pro durchl. Meile	Im ganzen	Pro Passagier
	Passagiere	Passagiere	Passagiere	£	d.
1872	3,138522	73700 [1]	?	35222	2,67
1873	5,745180	75500	?	62445	2,75
1874	5,269646	75280	?	63245	2,88
1875	5,849925	65570	5,63	69991	2,87
1876	6,073637	86770	6,15	73303	2,90

[1] Für das zweite Halbjahr.

Betriebskosten.

	1872	1873	1874	1875	1876
Directe Kosten	£	£	£	£	£
Bespannung	14600	26341	26145	24651	23754
Gehalt der Conducteure und Kutscher und sonstige Verkehrskosten	5473	12438	11964	11781	12198
Unterhaltung der Bahn		2133	1648	2542	3943
Reparaturen an Wagen und Gebäuden	771	1683	2529	3974	3245
Allgemeine Kosten	1849	2496	2427	3609	2292
Zinsen	(in Raten)	391	524	458	415
Summa	72683	45492	45166	45115	45890

	1872	1873	1874	1875	1876
Neben-Ausgaben:	£	£	£	£	£
Taxen und Abgaben	654	2293	2096	1776	1849
Schadenersatz	120	437	298	1224	626
Gerichtliche und parlamentarische Taxen	543	1359	456	1251	845
Summa:	1317	4089	2850	4251	3311
Gesammtkosten	24010	49491	48018	49366	49201
				d.	d.
Ditto, pro zurückgelegte Meile	?	?	?	11.40	11.96
„ Procente der Einnahme	66.3%	77.8%	75.0%	69.8%	65.6%

Durchschnittliche Betriebskosten für zwei Jahre 1875—1876.

Zahl der zurückgelegten Meilen: 2,026073 für zwei Jahre; 1,013036 Meilen pro Jahr.

	Betrag für 2 Jahre	Betrag pro Jahr	Procente der Gesammtkosten	Kosten pro durchlaufene Meile
Directe Kosten:	£	£	Procente	d.
Bespannung	48605	24303	49.30	5.76
Gehalt der Conducteure und Verkehrskosten	23979	11990	24.33	2.84
Reparaturen an Wagen und Gebäuden	6122	3061	6.22	0.72
Unterhaltung der Bahn	6525	3262	6.62	0.77
Allgemeine Kosten	4901	2450	4.97	0.58
Zinsen	873	436	.89	0.10
Summa:	91006	45503	92.33	10.78
Neben-Ausgaben:				
Abgaben und Taxen	3616	1808	3.67	0.43
Schadenersatz	1850	925	1.88	0.22
Gerichtliche und parlamentarische Kosten	2096	1048	2.13	0.25
Summa:	7562	3781	7.68	0.90
Gesammtkosten	98568	49284	100.00	11.68
Gesammtertrag	145446	72713	—	—

	d. pro Meile
Ditto, pro durchlaufene Meile	17.23
Kosten in Procenten des Ertrags 67.8%	
Netto-Ertrag do. do. 33.2%	5.55
Ditto, pro Jahr in Procenten der Capital-Anlage 9.2%	

Zurückgelegte Meilen und Kosten für Wagenreparaturen.

Im Jahre	Durchschnittl. Zahl der Wagen	Durchlaufene Meilen			Reparaturkosten		
		Anzahl	Pro Wagen	Pro Wagen und Tag	Betrag	Pro Wagen	Pro durchlaufene Meile
(½ Jahr, Don.)	Wagen	Meilen	Meilen	Meilen	£	£	d.
1872	45	?	—	—	771	17.1	—
1873	70	?	—	—	1683	24	—
1874	70	?	—	—	2529	36.1	—
1875	70	1,038724	14840	40.7	2874	41.1	0.66
1876	73	987349	13520	37.0	3248	44.5	0.79
		Durchschnittlich für die zwei Jahre 1875—1876.					
—	71.5	1,013036	14170	39	3061	42.8	0.725

Durchschnittliche Länge und Unterhaltungskosten der Bahn.

Im Jahre	Durchschnitt der eröffneten Strecke	Unterhaltungskosten der Bahn			
		Betrag	Pro Meile der Bahn	Pro Quadratmeile der Bahn [1]	Pro durchlaufene Meile
	Meilen	£	£	d.	d.
1872	6	—	—	—	?
1873	13	2133	164	3,94	?
1874	16	1648	103	2,47	?
1875	16	2542	159	3,81	0,59
1876	16	3983	249	6,00	0,97
		Durchschnittlich für die zwei Jahre 1875—1876.			
—	16	3262	204	4,90	0,77

[1] Die laufende Meile zu 10000 Quadratyards angenommen.

V. CAPITEL.

Die Strassenbahnen von Glasgow and Vale of Clyde.

Die Strassenbahnen von Glasgow werden von der Glasgow Tramway- and Omnibus-Company in Betrieb gesetzt. Ihre Linien sind von der Gemeinde auf 21 Jahre der im Juli 1871 gebildeten Gesellschaft in Pacht gegeben. Dem Contract gemäss zahlt die Gesellschaft der Gemeinde einen jährlichen Zins im Betrag von $4\frac{1}{2}\%$ der Anlage, einen Tilgungsfond im Betrag von ca. 3% pro Jahr, einen Meilenzinsbetrag von £ 150 pro Jahr für jede Meile der Strasse innerhalb der Stadtgrenzen, durch welche Pferdebahnen gehen, und einen Reservefond für Erneuerung der Strassenbahnen von über 3% pro Jahr, der £ 230 — 240 pro Meile jährlich beträgt. Dieser Reservefond ist einfach bei der Gemeinde deponirt und gehört der Gesellschaft. Bis zum 30. Juni 1872 bezog die Gesellschaft ihre Einkünfte ausschliesslich aus dem Omnibusverkehr und noch bis zum 31. December 1873 kamen fünf Sechstel der Verkehrseinnahmen auf diesen. Der folgende Rechnungsauszug beschränkt sich daher auf die Jahre 1874—1876, wo der Verkehr fast ausschliesslich durch Pferdebahnen betrieben wurde.

Anfänglich benutzte man zum Betrieb der Strassenbahnen die der Gesellschaft gehörigen Omnibuspferde; doch waren diese der Arbeit nicht gewachsen und wurden nach und nach durch neue kräftigere Pferde ersetzt. Die Kosten der Bespannung während der drei Jahre 1874—1876 waren folgende:

Im Jahre 1874 . . . . 6,32 d. pro durchlaufene Meile
„ „ 1875 . . . . 6,41 „ „ „ „
„ „ 1876 . . . . 5,51 „ „ „ „
                            6,03 d.

Es zeigt sich im letzten Jahre eine ganz entschiedene Verminderung der Kosten, die einestheils dem Fallen der Futterpreise, anderntheils ohne Zweifel einer verbesserten Verwaltung zuzuschreiben ist. Für jeden Wagen wird eine Anzahl von zehn Pferden gehalten und haben dieselben während der sechs Wochentage einen schwereren Dienst als die Pferde der Londoner Strassenbahnen; dafür aber ruhen sie an Sonntagen — ein Privilegium, das man in der Hauptstadt nicht kennt. In den Jahren 1874—1876 war die Zahl der durchlaufenen Meilen und die Gesammtzahl der Pferde folgende:

	Durchl. Meilen	Durchschn. Zahl der Pferde	Zahl der Arbeitstage	Durchl. Meilen pro Tag.
Im Jahre 1874 . . .	1,673000	820	313	6,52
„ „ 1876 . . .	2,319000	1104	313	6,71

Hieraus ergiebt sich, dass die Pferde pro Wochentag mehr arbeiten als jene in London, wo sechs Meilen pro Tag die durchschnittliche Leistung pro Pferd ist. Durchschnittlich pro Tag, einschliesslich der Sonntage, berechnet, beträgt die Leistung jedoch nur 5,60 Meilen pro Tag im Jahre 1874, und 5,76 pro Tag im Jahre 1876. Hiernach beträgt die Zahl der täglich durchlaufenen Meilen pro Wagen im Dienst nicht über 64 Meilen.

12*

Glasgow Corporation-Tramways.

Capital-Anlage am 31. December 1876.

Eröffnete Strecke 15,15 Meilen.

31. December 1876.	Capital	Pro eröffnete Meile	Verhältnissantheil des Ganzen
	£	£	Procente
Pacht der Strassenbahnen	147833	9755	43,45
Erblicher Besitz (Gebäude und Grundstücke)	96295	6485	28,89
Betriebseinrichtung und Maschinerie	6847	455	2,04
Pferde	51177	3378	15,04
Wagen	34000	2244	9,99
Omnibusse	1494	99	0,44
Bureaueinrichtung	513	34	0,15
Im ganzen	340159	22457	110,00

Verkehrs-Einnahmen.

Im Jahre	Durchlaufene Meilen	Einnahme vom Wagenverkehr	Einnahme vom Omnibusverkehr	Diverse Einnahmen	Gesammt-Einnahmen	Procente vom Capital
	Meilen	£	£	£	£	Procente
1874	1,675000	104285	2664	6273	113222	—
1875	1,851200	117483	292	5256	123011	—
1876	2,319000	140912	1673	3523	146107	43

Im Jahre	Eröffnete Meilen	Gesammteinnahmen pro Meile	Pro Meile und Woche	Pro Wagen	Pro durchlaufene Meile
	Meilen	£	£	£	d.
1874	14,	8056	155	1963	16,22
1875	15,15	8119	156	1026	15,95
1876	15,15	9644	185	919	15,12

Betriebskosten 1874 – 1876.

Gesammtzahl der durchlaufenen Meilen 5,485200 in drei Jahren; 1,948400 Meilen pro Jahr.

				Durchschnittlich für 1874 – 1876.		
	1874	1875	1876	Betrag	Procente der Gesammtkosten	Pro durchlaufene Meile
Directe Kosten:	£	£	£	£	Procente	d.
Bespannung	44089	49449	53291	48943	53,10	6,03
Gehälte	24896	26726	31671	27764	30,12	3,42
Reparaturen an Wagen u. Gebäuden	4460	4845	5219	4842	5,26	0,60
Unterhaltung der Bahn	4336	1495	2733	2855	3,10	0,35
Allgemeine Ausgaben	3507	3810	5897	4405	4,78	0,54
Summa:	81288	86325	98811	88809	96,36	10,94
Neben-Ausgaben:						
Zinsen, Abgaben und Taxen . .	2183	1664	2397	2081	2,26	0,26
Concessionssteuer und Accisen . .	630	164	350	381	0,41	0,05
Schadenersatz	132	240	828	400	0,43	0,05
Gerichtskosten	434	323	720	492	0,54	0,06
Summa:	3379	2391	4295	3354	3,64	0,41
Gesammtkosten	84677	88716	103106	92163	100,00	11,35
	d.	d.	d.	d.		
Ditto, pro durchlaufene Meile	12,13	11,50	10,67	11,35	—	—
„ Procente der Einnahmen	74,81%	72,13%	70,57%	72,50%	—	—

Zurückgelegte Meilen und Kosten der Wagenreparaturen

Im Jahre	Durchschnittliche Zahl der Wagen	Durchlaufene Meilen			Reparaturkosten		
		Anzahl	Pro Wagen	Pro Wagen und Tag	Betrag	Pro Wagen	Pro durchlaufene Meile
	Wagen	Meilen	Meilen	Meilen	£	£	d.
1874	106½	1,675000	15790	50,3	4460	41,9	0,64
1875	120	1,851200	15430	49,3	4845	40,4	0,63
1876	159	2,319000	14590	46,6	5219	32,8	0,54
Durchschnittlich in drei Jahren 1874—1876.							
—	128½	1,948400	15160	48,4	4842	37,7	0,60
Für 84 Wagen im Dienst um Jahre 1874.							
1874	84	1,875000	19940	63,7	—	—	—

Die Vale of Clyde Tramways 1873 — 1876.

Von den „Vale of Clyde Tramways" wurde der Abschnitt Govan in der Absicht angelegt, ihn für Mineraltransport sowohl als für Personenverkehr zu benutzen. Doch hat der Mineraltransport bisher nur einen kleinen Theil der Einnahmen — beispielsweise im Jahre 1876 nicht mehr als 2½ oder 3% betragen. Der Abschnitt Greenock ist ganz für den Personenverkehr bestimmt.

Für den am 1. Januar 1873 eröffneten Abschnitt Govan wurden die Pferde contractlich von der „Glasgow Tramway-Company" geliefert, bis vom 30. Juni 1874 an ein anderer Contrahent die Bespannung übernahm.

Capitalanlage, nach der Bilanzrechnung am 31. December 1876 . . . . £ 121840

Ertrag und Kosten.

	Gesammteinnahme.	Betriebskosten.	
Im Jahre 1873	£ 9355	£ 8298	88,4%
„ „ 1874	„ 14544	„ 11552	79,6%
„ „ 1875	„ 13754	„ 8102	58,9%
„ „ 1876	„ 15302	„ 9869	64,5%

Jahrgang 1876.

Eröffnete Meilen	6¾ Meilen	
Von 14 Wagen durchlaufene Meilen	176251 durchlaufene Meilen	
Pro Wagen durchlaufene Meilen	12590	„ „
Ditto, pro Tag (313)	40,2	„ „
Gesammtertrag	£ 15302	
„ pro eröffnete Meile	„ 2267	
„ pro Meile und Woche	„ 43,6	
„ pro Wagen (14)	„ 1093	
„ pro durchlaufene Meile	20,84 d.	
Ausgaben pro durchlaufene Meile	13,44 „	
Netto-Einnahmen pro durchlaufene Meile	7,40 „	

VI. CAPITEL.

Die „Edinburgh Street Tramways" 1871—1876.

Bei den Strassenbahnen der Stadt Edinburgh waren erhebliche Schwierigkeiten jeder Art in Bezug auf Bau und Betrieb zu überwinden. Namentlich liegen für den letzteren infolge der langen und steilen Steigungen die Verhältnisse hier ungünstiger als für irgend ein anderes System in Grossbritannien. Die Pferde wurden während der ersten Jahre contractlich geliefert, doch stellte in dieser Zeit der Contrahent seine Bedingungen so viel höher, dass ihm auf der einen Linie die Gesellschaft die abnorme Summe von 10 d. pro durchlaufene Meile zu zahlen hatte und zwar nicht unbilliger Weise, denn obschon die Gesellschaft geglaubt hatte, an allen Punkten den Verkehr mit drei Pferden bewältigen zu können, stellte sich heraus, dass an den steilsten Steigungen — bei Leith-Walk, North-Bridge und Portobello-Road — vier Pferde erforderlich waren. Im Jahre 1874 hob die Gesellschaft den Contract auf, erstand die sämmtlichen Pferde des Contrahenten und setzte mit diesen den Betrieb auf eigene Kosten fort. Der bezahlte Kaufpreis betrug nach einer Abschätzung nur £ 25 pro Pferd; doch eigneten sich die Pferde nicht für den Dienst; erst im Jahre 1876 wurden dieselben durch andere passendere ersetzt. Dennoch ist auch jetzt noch an einigen der Steigungen der Betrieb ausserordentlich schwierig und werden die Pferde bedeutend angestrengt. Von den Steigungen von Leith-Walk, die durchschnittlich 1 : 32 betragen und von denen die grösste 1 : 14 ist, werden die Pferde alle paar Monate auf andere leichtere Strecken versetzt, wo keine steileren Steigungen als 1 : 25 vorkommen. Dort erholen sie sich nach einiger Zeit und werden, wenn sie wieder Kräfte erlangt haben, von neuem für die steilen Steigungen benutzt. Für solch einen wechselnden Dienst können jedoch, wie Dr. Wood, der Präsident der Gesellschaft sagt, die Pferde nicht ausdauern; in der That dauern sie, seiner Meinung nach, kürzere Zeit aus als in den meisten anderen Städten und ist es ausserordentlich schwer, sie dienstfähig zu erhalten.

Die Durchschnittskosten für die im Jahre 1876 von der Gesellschaft benutzten Pferde betrugen 7¾ d. pro durchlaufene Meile, in diesem Lande wahrscheinlich der höchste Kostenbetrag für Strassenbahnbetrieb. Naturgemäss ist die Zahl der durchlaufenen Meilen in Edinburgh eine geringere als anderwärts; sie beträgt nur 5,50 Meilen für einen der 313 Arbeitstage im Jahre.

Capitalanlage am 31. December 1876.

Bahnlänge 13.29 Meilen.

1876	Betrage	Pro Meile der Bahn	Proc. der Gesammtkosten
	£	£	Procente
Präliminäre, gerichtliche und parlamentarische Kosten	30110	2266	13,64
Reservefond	3000	226	1,36
Bahn und Equipirung	136350	10256	61,74
Stallungen und Grundbesitz	20242	1523	9,17
Wagen	11401	858	5,17
Omnibusse	1436	108	0,65
Pferde	16909	1273	7,66
Geschirr	560	42	0,26
Bureaueinrichtung	757	57	0,34
Im ganzen	220762	16609	100,00

Verkehr und Einnahmen vom Jahre 1876.

Meilenzahl, von 54 Wagen zurückgelegt	816543	Meilen
Ditto, pro Wagen	15121	„
„ „ pro Tag (313)	48,3	„
Zahl der Passagiere (8,000000 — 9,000000)	8,500000	Passagiere
Ditto, Ditto, pro Wagen (54)	157407	„
„ „ „ durchlaufene Meile	10,41	„
Einnahmen vom Verkehr	£ 60527	
Ditto, diverse	„ 1584	
„ im ganzen	„ 62111	
„ als Procente des Capitals	28,13°/₀	

Einnahmen pro Meile . . . . £ 4673
„ „ „ pro Woche . . . . „ 59,9
„ „ „ Wagen (54) . . . . „ 1150
„ „ „ durchlaufene Meile . . . . 19,26 d.
„ „ „ Passagier . . . . 1,71 d.

Betriebskosten für das Jahr 1876.

Durchlaufene Meilen 516,843.

1876.	Betrag	Verhältnissantheil der Gesammtkosten	Kosten pro durchlaufene Meile
Directe Kosten:	£	Procento	d.
Bespannung	26363	58,83	7,75
Reparaturen an Wagen und Omnibussen . .	2174	4,83	0,64
Unterhaltung der Bahn	2707	6,01	0,80
Gehalt für Conducteure und Verkehrskosten	7903	17,54	2,32
Allgemeine Ausgaben	3377	7,50	0,99
	42524	94,41	12,50
Neben-Ausgaben.			
Abgaben und Taxen	675	1,50	0,19
Concession	120	,27	0,04
Schadenersatz und Gerichtskosten	1719	3,82	0,51
	2514	5,89	0,74
Gesammtkosten	45038	100,00	13,24
Gesammteinnahmen . . .	62111	—	—

do. pro durchlaufene Meile . . . . . . 18,26 d.
Kosten in Procenten der Gesammteinnahmen 72,52°/₀ . . . . . . 13,24 d.
Netto-Einnahmen do. do. 27,48°/₀ . . . . . . 0,02 „
do. „ Capitalanlage 8,61°/₀

VII. CAPITEL.

Die Strassenbahnen in Leeds, Sheffield und Southport. — Provincial-Strassenbahnen.

Die Strassenbahnen von Leeds 1873—1876.

Capital-Anlage.

Im Jahre	Eröffnete Strecke am 31. December	Capital-Anlage am 31. December	
		Im ganzen	Pro eröffnete Meile
	Meilen	£	£
1873	8	83998	10500
1874	11	120391	10938
1875	11	130571	11870
1876	11	160588	14600

Einnahmen.

Im Jahre	Durchschnitt- liche Zahl der eröffneten Meilen	Einnahmen			Einnahme in Procenten des Capitals	Pro Meile	Pro Meile und Woche	Pro Wagen
		Passagiere	Diverse	Im ganzen				
	Meilen	£	£	£	Procente	£	£	£
1873	8½	13724	2462	16786	18,5	2526	48,8	?
1874	10	24214	637	25051	20,5	2505	48	726
1875	11	37133	1568	38701	29,8	3520	68	769
1876	11	38387	1118	39505	24,8	3591	69	693

Betriebskosten.

	1873	1874	1875	1876	Durchschnitt- lich von 1875—1876	In Procenten der Gesammt- kosten
Directe Kosten:	£	£	£	£	£	Procente
Bespannung	5016	10237	17653	18384	18018	61,24
Gehalte und Verkehrskosten . . .	2676	5748	4869	5562	5215	17,72
Wagen-, Geschirr- und „allgemeine" Reparaturen	677	868	2135	2208	2172	7,38
Unterhaltung der Bahn	100	295	548	1339	944	3,21
Allgemeine Ausgaben mit Gas und Wasser . .	594	1652	1337	1570	1453	4,94
Zinsen	350	458	631	569	595	2,02
Summa:	9413	18568	27173	29622	28397	96,50
Neben-Ausgaben:						
Abgaben und Taxen . . . . }	263	577	686	736	711	2,42
Concessionssteuern und Accise . .						
Gerichtliche und parlamentarische Kosten . .	—	—	194	182	188	0,64
Diverse Ausgaben	147	188	103	156	129	0,44
Summa:	410	765	983	1074	1028	3,50
Gesammtkosten	9823	19333	28156	30696	29425	100,00
Gesammtertrag	—	—	—	—	39103	—

Kosten in Procenten der Einnahme . . . . 75,25 Procent
Netto-Ertrag   do.   do. . . . . 24,75 „
   do.   „   der Capitalanlage . . . . 6,65 „

Durchschnittliche Länge und Unterhaltungskosten der Bahn.

Im Jahre	Durchschnitt- liche Länge	Gesammtkosten für Unterhaltung	Pro Meile	Pro Quadratyard der Bahn[1]
	Meilen	£	£	d.
1873	8½	100	16	?
1874	10	205	20,5	0,67
1875	11	548	50	1,63
1876	11	1339	121,7	3,97

[1] Die Meile zu 7350 Quadratyards angenommen.

Die Strassenbahnen von Sheffield 1874—1876.

Capital-Anlage.

Im Jahre	Eröffnete Strecke am 31. December	Capital-Anlage am 31. December	
		Im ganzen	Pro eröffnete Meile
	Meilen	£	£
1874	2¾	36256	13190
1875	4¾	37972	7994
1876	4¾	38512	8107

Einnahmen (20 Wagen).

Im Jahre	Durchschnittliche Zahl der eröffneten Meilen	Einnahmen			Einnahme in Procenten des Capitals	Pro Meile	Pro Meile und Woche	Pro Wagen
		Passagiere	Diverse	Im ganzen				
	Meilen	£	£	£	Procente	£	£	£
1874	2¾	12489	175	12664	34,9	4604	88,5	*
1875	4¾	15236	166	15402	40,6	3242	62,3	?
1876	4¾	15144	130	15274	39,6	3215	61,8	764

Betriebskosten.

	1874	1875	1876
	£	£	£
Gesammtkosten	8801	10799	10971
Ditto, in Procenten der Einnahme	69,5 °/o	70,1 °/o	71,8 °/o
Netto-Ertrag in Procenten der Gesammteinnahme .	30,5 °/o	29,9 °/o	28,2 °/o
Netto-Ertrag in Procenten der Capitalanlage . .	10,6 °/o	12,1 °/o	11,7 °/o

Die Strassenbahnen von Southport 1874—1876.

Capital-Anlage.

Im Jahre	Eröffnete Strecke am 31. December	Capital-Anlage am 31. December	
		Im ganzen	Pro eröffnete Meile
	Meilen	£	£
1874	4	21472	5355
1875	4	23024	5756
1876	4	26320	6580

Kostendetails am 31. December 1876. Eröffnete Strecke 4 Meilen.

		Pro Meile	Procente des Ganzen
Strassenbahnen	£ 19110 oder	£ 4777 =	72,6
Gebäude	„ 2306 „	„ 576 =	8,8
Pferde und Wagen	„ 4262 „	„ 1066 =	16,2
Maschinerie und Betriebsmaterial	„ 591 „	„ 148 =	2,2
Bureaueinrichtung	„ 51 „	„ 13 =	,2
	£ 26320 oder	£ 6580 =	100,0

Die Strassenbahnen von Southport 1874 – 1876.

Einnahmen.

Im Jahre	Eröffnete Strecke	Einnahmen	Procente des Capitals	Pro Meile	Pro Meile und Woche	Pro Wagen
	Meilen	£	Procente	£	£	£
(15 Monate) 1874	4	8051	30,1	1610	31	920 (7 Wagen)
1875	4	7782	33,8	1845	37	973 (8 "
1876	4	7941	30,2	1985	38	722 (11 "

Betriebskosten.

	15 Monate 1874	1875	1876
	£	£	£
Gesammtkosten	5444	4309	5143
Do. in Procenten der Einnahme . , . . .	67,6%	55,2%	64,8%
Netto-Ertrag in Procenten des Gesammtertrags . . .	32,4%	44,8%	35,2%
Do. pro Jahr in Procenten der Capitalanlage .	9,7%	15,1%	10,6%

Provincial-Strassenbahnen 1875 – 1876.

Capital-Anlage.

Ankauf, Bau und Equipirung 1876.

Name der Bahn	Eröffnete Strecke	Capital-Anlage	
		Im ganzen	Pro Meile
	Meilen	£	£
Plymouth	2,04	35963	17640
Cardiff	2,40	35000	14580
Portsmouth	2,74	42636	19630
Im ganzen	8,68	113809	17010

Durchschnittliche Einnahmen für 1875 – 1876.

Name der Bahn	Eröffnete Strecke	Einnahmen pro Jahr			Procente des Capitals	Pro Meile	Pro Meile und Woche
		Passagiere	Diverse	Im ganzen			
	Meilen	£	£	£	Procente	£	£
Plymouth	2,04	9979	146	10125	28,15	4961	95,5
Cardiff	2,40	9669	166	9735	27,82	4056	78,01
Portsmouth	2,74	7244	74	7318	17,17	3267	62,87
Im ganzen	8,68	26792	386	27178	23,93	4088	78,61

Jährliche Betriebskosten, durchschnittlich für 1875—1876.

Directe Kosten:	Plymouth		Cardiff		Portsmouth	
	£	Procente des Ganzen	£	Procente des Ganzen	£	Procente des Ganzen
Bespannung, Gehalt der Conducteure und Verkehrskosten	6266	77,56	4820	71,40	4786	76,53
Wagenreparaturen	565	7,00	582	8,62	423	6,77
Unterhaltung der Bahn	149	1,85	228	3,38	74	1,19
Allgemeine Ausgaben, am Orte und in London	1040	12,88	1017	15,07	919	14,68
	8020	99,29	6647	98,47	6202	99,17
Neben-Ausgaben						
Concessionssteuer	26	,32	16	,23	39	,62
Schadenersatz	22	,28	35	,52	15	,24
Gerichtskosten	9	,11	52	,77	—	—
	57	,71	103	1,52	54	,86
Gesammtkosten	8077	100,00	6750	100,00	6256	100,00
Gesammtertrag	10125	—	9735	—	7318	—
Kosten in Procenten der Einnahmen	79,8%	—	69,3%	—	85,5%	—
Netto-Ertrag in Procenten der Einnahmen	20,2%	—	30,7%	—	14,5%	—
Netto-Ertrag in Procenten des Capitals	5,7%	—	8,5%	—	2,5%	—

VIII. CAPITEL.

Die Dewsbury-Batley und Birstal-Strassenbahn.

Es ist dies eine eingeleisige Linie, deren Anlage schon im ersten Theile dieses Werkes, Seite 26 besprochen worden ist. Ihre Länge beträgt 3,325 Meilen.

Folgendes ist der Bestand der Capitalanlage am 30. Juni 1876:

	Im ganzen	Pro Meile
Präliminäre Kosten: Gerichts- und Parlamentskosten u. s. w.	£ 1622	£ 487,8
Bau der Bahn	„ 17327	„ 5211,0
Do. Stallungen	„ 2507	„ 754,0
Bureau-Einrichtung	„ 50	„ 15,0
Sattlerwaaren	„ 100	„ 30,1
40 Pferde	„ 1705	„ 512,5
7 Wagen	„ 1273	„ 382,9
Omnibus	„ 123	„ 37,0
Betriebsmaterial: Dampfmaschine, Getreidemühle, Häckselmaschine, Transmission, Werkzeuge u. s. w.	„ 413	„ 124,2
Effectivbestand	£ 25120	£ 7555,0
Rechnungsrevisoren	„ 10	„ 3,0
Gesammtkosten	£ 25130	£ 7558,0

Der Kostenbetrag für den Bahnbau besteht in Folgendem:

		Pro Meile
Zahlung an den Contrahenten	£ 16481	£ 4957
Entschädigungssumme für die Gemeinde zu Batley . £ 500		
Do. Do. Dewsbury — 100	„ 600	„ 180
Honorar der Ingenieure und Schreiber	„ 246	„ 74
	£ 17327	£ 5211

Zwei der Wagen sind so gebaut, dass sie 40 Personen, 20 innen und 20 aussen, fassen; dieselben haben ein Gewicht von je 2½ Tons. Die übrigen fünf Wagen tragen je 32 Passagiere, 16 innen und 16 aussen, und wiegen je 1¾ Tons. Die Räder haben 30 Zoll (762 mm) Durchmesser und sind 5½ Fuss (1676 mm) von Achse zu Achse voneinander entfernt. Für den gewöhnlichen Verkehr werden die kleineren Wagen benutzt; an Sonnabenden und bei anderen besonderen Gelegenheiten kommen auch die grösseren Wagen zur Verwendung.

Die Gesammtzahl von 40 Pferden ist gleich 5 Pferden pro Wagen bei gewöhnlichen Fahrten; die Extrawagen werden mit denselben Pferden bespannt. Man lässt die Pferde gelegentlich während der Woche ruhen, sowie an Sonntagen, wo der Verkehr ganz ausgesetzt ist. „Die Bahn" sagt Truswell, der Verwalter und Secretär, „ist allerdings sehr gut, nur befindet sich auf derselben mehr Granitpflaster als den Pferden zuträglich ist."

13*

Nur drei Paar Pferde werden täglich für jeden Wagen im Dienst beansprucht, während ein Paar als Reserve bleibt, um für kranke Pferde und an Rasttagen einzutreten. Jedes Pferdepaar im activen Dienst läuft ein Drittel des Tages.

Im Jahre 1875—1876 betrug die Zahl der durchlaufenen Meilen 106500, in 313 Tagen. Diese Meilenzahl ist gleich 340¾ Meilen pro Tag.

    67 do. do. pro Wagen im regelmässigen Dienst (5).

    22½ „ „ „ Pferdepaar.

   21300 „ jährlich pro Wagen im regelmässigen Dienst.

Die Verkehrseinnahmen in den Jahren 1875—1876 betrugen:

Fahrgeld . . . . £ 4945
Diverse Einnahmen . : . . . . „ 123
              £ 5068, gleich

     20,17 Procent der Capitalanlage am 30. Juni 1876.
     £ 1524 pro eröffnete Meile jährlich.
     „ 29,3 „ „ „ wöchentlich.
     „ 1013,6 „ Wagen im Dienst täglich.
     11,42 d. pro durchlaufene Meile.

Betriebskosten für ein Jahr, bis 30. Juni 1876.

Zahl der durchlaufenen Meilen 106500.

	In ganzen	Verhältnissantheil der Gesammtkosten	Pro durchlaufene Meile
	£	Procente	d.
Directe Kosten			
Bespannung	2629	69,35	5,92
Gehalt der Conducteure	322	8,49	,73
Wagenreparaturen	26	,69	,06
Unterhaltung der Bahn	80	2,10	,18
Verkehrskosten	405	10,68	,91
Allgemeine Ausgaben	210	5,54	,47
	3672	96,85	9,27
Neben-Ausgaben:			
Zinsen, Abgaben und Taxen	104,2	2,75	,23
Concessionssteuer	14,7	,39	,04
	118	3,14	,27
Gesammtkosten	3791	100,00	9,54
Gesammtertrag	5068	—	11,42
Kosten in Procenten des Ertrags	74,8%	—	2,88
Netto-Ertrag do. do. . . .	25,2%	—	—

Die Kostenpunkte für Bespannung sind folgende:

Futter . . . . £ 1735 1 s. 3 d.
Erneuerung der Pferde (Kosten der neuen Pferde nach
  Abzug des Erlöses für verkaufte Pferde) . . . . . „ 253 17 „ 9 „
Hufbeschlag . . . . „ 200 16 „ 6 „
Gehalt der Stallknechte . . . . „ 323 0 „ 0 „
Thierärztliche Dienste . . . . „ 30 0 „ 0 „
Allgemeine Arbeiten . . . . „ 70 16 „ 6 „
Allgemeine Reparaturen . . . . „ 15 16 „ 6 „
            £ 2629 8 s. 6 d.

Für jedes Pferd sind 17 Pfund Futter pro Tag bewilligt, bestehend aus Hafer, Erbsen, Mais und Kleie, nebst 12 Pfund geschnittenem Heu mit etwas Stroh vermischt. Ebenso erhält jedes Pferd 1½ Pfund Leinsaamen, der 24 Stunden in kaltem Wasser eingeweicht, hierauf umgerührt und als Getränk verabreicht wird. „Es ist dies", sagt Truswell, „das beste mir bekannte Futter, und hat überhaupt ein häufiger Wechsel des

Pferdefutter den besten Erfolg. Es wird dieser Punkt nur zu wenig beachtet, von so wohlthätigem Einfluss derselbe auch auf die Gesundheit und das Wohlbefinden der Pferde ist." Die während des Jahres consumirten Futterquantitäten sind folgende:

Heu	. . .	63	Tons 13	Ctr.	. . . .	a £	5	s.	0 d.	pro Ton
Stroh	. .	33	„ 12½	„	. . .	„ „	4	0	„	0 „	„
Hafer	. .	367	Malter.	. . . .	„ „	1	7	„	3 „	Malter
Mais	. .	40	„	. . . .	„ „	1	10	„	0 „	„
Bohnen	. .	40	„	. . . .	„ „	2	2	„	0 „	„
Erbsen	. .	52	„	. . . .	„ „	2	2	„	0 „	„
Leinsaamen	21	„	. . . .	„ „	3	10	„	0 „	„
Klee	. .	140	Pack, in 17 Stein	4 @	. . .	„ „	0	15	„	0 „	„
Grüner Klee	55	Tons 2 Ctr.	. . . . .	„ „	2	0	„	0 „	Ton
Rüben	. .	7	„ 3	. . . . . .	„ „	2	15	„	0 „	„
Weide	. .	. . . .	„	35	2	0

„Manche Pferde sind schon nach einem Jahr für unsere Zwecke untauglich, während andere fünf oder sechs Jahre ausdauern; freilich lassen wir thatsächlich unsere Pferde schneller und weiter in einem Tage laufen, als viele andere Gesellschaften thun, was in erheblichem Maasse mit Schuld an ihrer geringen Ausdauer tragen mag; dagegen habe ich es mir zur Aufgabe gemacht, sie gut verpflegen zu lassen".

Die Hufeisen der Pferde halten durchschnittlich acht bis zehn Tage. Doch mussten ausnahmsweise Pferde auch schon alle vier Tage neu beschlagen werden.

IX. CAPITEL.

Die „London General Omnibus Company".

Die Verwaltung der „London General Omnibus Company" stützt sich auf langjährige, von den günstigsten Erfolgen begleitete Erfahrungen; ein Auszug der Resultate ihrer Praxis, wie wir ihn den halbjährigen Rechnungsberichten der Gesellschaft für die Jahre 1875 – 1876 entnehmen, kann daher nur belehrend sein. Ein beträchtlicher Theil des Geschäftes der Gesellschaft besteht in der Lieferung von Pferden an die „North Metropolitan Tramways Company". Es ist daher unmöglich, aus den Berichten die Nettokosten für Omnibusdienste auszuziehen. Folgender Auszug enthält alles, was denselben mit Nutzen zum Zwecke einer Vergleichung mit den Rechnungen der Strassenbahngesellschaften entnommen werden konnte:

Capitalanlage:	1875	1876
Miethe und Gebäude	£ 73608	£ 73608
Betriebsmaterial: Omnibusse, Pferde, Geschirr etc.	„ 522116	„ 521540
Im ganzen	£ 595924	£ 595348

Omnibusse:	Zahl	Zahl
Zahl der durchlaufenen Meilen	11619606	11506956
Durchschnittszahl der täglich (an Wochentagen) in Betrieb stehenden Omnibusse	564	565
Do. Do. an Sonntagen	460	470
„ „ für 7 Tage einer Woche	550	554
Durchlaufene Meilen per Omnibus im Dienst, jährlich . .	21130	21320
Zahl der durch Omnibusse beförderten Passagiere. . .	49726036	51157946
Do. Do. pro durchlaufene Meile .	4,25	4,33
Durchschnittszahl der Pferde	7913	7593

Einnahmen:		
Gewöhnlicher Omnibusverkehr und Miethe	£ 537905	£ 544056
Bespannung für Strassenbahnen	„ 106194	„ 100573
Dünger und Placate	„ 9447	„ 9012
Gesammteinnahmen	£ 653546	£ 653641
Einnahmen in Procenten der Capitalanlage am Jahresschlusse	109,6 %	109,5 %
Einnahmen vom Omnibusverkehr, pro Omnibus im Dienst .	£ 975	£ 962
Do. Do. „ Tag (365)	„ 1474	„ 1491
„ „ „ Omnibus und Tag . . .	£ 2 13 s. 7 d.	£ 2 13 s. 6½ d.
„ „ „ durchlaufene Meile . .	11,11 d.	11,05 d.
„ „ „ Passagier	2,60 „	2,55 „

Durchschnittliche Betriebskosten für zwei Jahre 1875 — 1876.

Jährlich durchlaufene Meilen 11713251.

Directe Kosten:		Pro Jahr	
Bespannung, incl. Erneuerung von Pferden (7903 Pferde)		£ 404615	
Do. Do. pro Pferd			£ 51,2
Instandhaltung der Omnibusse und Spritzleder		„ 29431	
Do. Do. pro Omnibus im Dienst (552) . .			„ 53,3
„ „ durchlaufene Meile (11713251)			0,60 d.
Verkehrskosten, incl. Gehalt der Conducteure		„ 115883	
Allgemeine Ausgaben incl. Zinsen		„ 27410	
Im ganzen		£ 577342	
Nebenausgaben:			
Abgaben und Taxen		£ 2776	
Concessionssteuer und Accise		„ 2556	Pro durchl. Meile
Schadenersatz und hierauf bezügliche Gerichtskosten . . .		„ 3620 oder	0,47 d.
		£ 5952	
Gesammtkosten .		„ 586324	

Die Zahl der neuen Omnibusse, welche im Laufe der zwei Jahre zur Ergänzung des Bestandes angefertigt wurden, war folgende:

Halbjähriger Termin, Juni 1875	9
Do. December 1875	11
„ Juni 1876	14
„ December 1876	13
Neue Omnibusse in zwei Jahren	47

Die Zahl der von Omnibussen während desselben Zeitraums zurückgelegten Meilen betrug 23426562, was einer Zahl von 498440 Meilen für jeden neuen Omnibus gleichkommt. Die Dauer eines Omnibusses ist daher in runden Zahlen als 500000 Meilen anzunehmen; und die jährliche Durchschnittszahl der von einem Omnibus durchlaufenen Meilen, bei täglichem Dienst, ist 21225. Nimmt man dafür die runde Summe von 21000 Meilen an, so würde die durchschnittliche Dauer des Omnibusses, nach der Zeit berechnet, 24 Jahre sein, vorausgesetzt, dass dieselben täglich und unausgesetzt im Dienste wären. Nothwendigerweise sind sie jedoch von Zeit zu Zeit, Ausbesserungen wegen, ausser Dienst; und obschon aus den Berichten nicht zu ersehen ist, wie viel überzählige Omnibusse vorräthig sind, so kann für den gegenwärtigen Zweck angenommen werden, dass 80 Procent der Gesammtzahl täglich im Dienste und 20 Procent in Reserve und Reparatur sind. Rechnet man dementsprechend zu der oben gefundenen Zahl von Jahren ein Viertel hinzu, so ergeben sich 30 Jahre als wirkliche Dauer eines Omnibusses.

Die Lebensdauer der Pferde steht in einem höchst unerfreulichen Gegensatze zu der Dauer der Omnibusse. Die durchschnittliche Gesammtzahl der Pferde, die Zahl der todten und diejenige der als dienstuntauglich lebend verkauften, betrug während der Jahre 1875 und 1876:

	Durchschnittl. Gesammtzahl der Pferde	Zahl der verkauften Pferde	Procente der Gesammtzahl
Im Jahre 1875	7913	1859	23,8%
„ 1876	7893	1774	22,5%
Im Durchschnitt	7903	1832	23,2%

woraus erhellt, dass mehr als 23 Procent des Bestandes pro Jahr verkauft und folglich durch neue ersetzt werden mussten. Aus diesen Angaben ergiebt sich, dass der ganze Bestand in

$$\frac{100}{23,2} = 4,31 \text{ Jahren}$$

erneuert wird, und dass also der Lebensdauer eines Omnibuspferdes 4,31 Jahre beträgt: wobei sie von 4,2 Jahren im Jahre 1875, zu 4,44 im Jahre 1876 variirte.

A. G. Church, der Vorstand und Secretär der Gesellschaft, dessen Aussagen auf umfassende Erfahrungen gegründet sind, giebt an, dass die Lebensdauer eines Pferdes von 4 Jahren zu 4½ Jahren im Dienste variirt: 4 Jahre bei Strassenbahndienst und 4½ Jahre bei Omnibusdienst. Die kürzere Lebensdauer der Strassenbahnpferde erklärt sich leicht durch die vermehrte Anstrengung, die das Anziehen eines Strassenbahnwagens erfordert, infolge der grösseren Masse und Steifigkeit und des bedeutenderen Gewichtes desselben im Vergleich zu der Beschaffenheit eines Omnibusses, in Verbindung mit dem häufigeren Anhalten, das bei Strassenbahnen durch die grössere Zahl der beförderten Fahrgäste sowie die oftmals durch andere Wagen veranlasste Versperrung des Weges bedingt ist. Obschon der dem Pferdebahnwagen auf den Schienen entgegengesetzte Widerstand ein viel geringerer ist als der dem Omnibusse auf gewöhnlichen Strassen gebotene, so ist doch der zum Anziehen eines Strassenbahnwagens erforderliche Kraftaufwand ein ungleich grösserer als beim Omnibusse. Dass das Anhalten des Strassenbahnwagens für Personenverkehr ein viel häufigeres ist, als es bei Omnibussen stattfindet, beweist die grössere Passagierzahl, welche für die „North Metropolitan Tramway", die von der „Omnibus-Company" in Betrieb gesetzt wird ca. 7½, für den Omnibus dagegen nur 4,30 pro Meile beträgt. Höchst wahrscheinlich muss der erstere mindestens zweimal so oft anhalten und wieder in Gang gesetzt werden als der letztere.

Es liegt eine gewisse Bedeutung in der Uebereinstimmung zwischen der Zahl der verkauften und wieder ersetzten Pferde, sowie den aus dem Omnibusverkehr bezogenen Einnahmen und der Bespannung der Pferdebahnwagen in den beiden Jahren 1875 und 1876. So war im Jahre 1876 der Ertrag des Omnibusverkehrs um ungefähr £ 6000 grösser und jener der Strassenbahn um ungefähr den gleichen Betrag geringer als im Jahre 1875. Dieser Ausfall erklärt sich durch die kleinere Zahl der im Jahre 1876 verkauften Pferde: nämlich 1774 gegen 1889, die im vorhergehenden Jahre verkauft wurden.

Die Verhältnisszahl der während des Jahres, bis 30. Juni 1876, verkauften todten und lebenden Pferde war:

1208 todte,	oder	65 Procent
676 lebende Pferde	„	35 „
1884		100

woraus folgt, dass zwei Drittel von den Pferden todt verkauft wurden, oder weil sie infolge der Anstrengungen des Dienstes untauglich wurden und ein Drittel derselben, weil sie entweder zu schwach oder mit dem Spath behaftet) nur für landwirthschaftliche Zwecke passten. Nach ausführlicheren Daten giebt Church an, dass das Verhältniss der verkauften todten und lebenden Pferde ca. 60 zu 40 Procent ist. Die Pferde werden in einem Alter von etwa fünf Jahren für den Preis von ca. £ 40 angekauft und wenn sie ausgenutzt sind, für £ 9 oder £ 10 wieder verkauft. Für landwirthschaftliche Dienste bringen sie zuweilen beim Wiederverkauf bis zu £ 16, £ 17 oder £ 18 ein.

Gegenwärtig wird fast nur mit Mais gefüttert; vom Hafer als Futtermaterial ist man fast ganz abgekommen. Folgendes sind die Quantitäten und Kosten des in dem Halbjahre bis 31. December 1876 verbrauchten Futters incl. Zubereitung, Transport, Ausladen und Lagerkosten:

Hafer	1419 Malter	à £	1	3 s.	9 d.	£	1685 15 s.	5 d.
Mais	49179	„ „	1	6 „	2 „	„	69317 13 „	6 „
Bohnen	921	„ „	2	8 „	7 „	„	2237 7 „	9 „
Kleie	3197	„ „	0	11 „	1 „	„	1769 19 „	7 „
Heu und Kloe	4399 Fuder	„ „	6	6 „	6 „	„	27818 11 „	11 „
Stroh	8618	„ „	2	6 „	3 „	„	19917 1 „	6 „
Verschiedenes und Pacht für Weide						„	141 17 „	0 „
						£	122928 9 s.	8 d.

Das Gewicht des verbrauchten Getreides war folgendes:

Hafer	1419 Malter		192 Tons 11 Ctr. 2 Malter	8 ℔
Mais	49179	„	10538 „ 7 „ 0 „	16 „
Bohnen	921	„	205 „ 11 „ 2 „	12 „
Gesammtgewicht . . .			10936 Tons 10 Ctr. 1 Malter	8 ℔

Die durchschnittlichen Futterkosten für jedes Gespann, incl. hierauf bezügliche Ausgaben betrugen £ 174.

Aus den vorhergehenden Angaben geht hervor, dass die Gesammtkosten für Unterhaltung und Erneuerung der Pferde £ 54 4 s. pro Jahr oder ungefähr £ 1 pro Woche betrugen.

X. CAPITEL.

Auszug der Hauptkosten englischer Strassenbahnen.

Die Berichte der Strassenbahn-Gesellschaften variiren hinsichtlich der Capitalanlage in unverhältnissmässiger Weise, indem sie in vielen Fällen übertriebene und völlig willkürliche Spesen für nominellen Schadenersatz oder eingebildete Privilegien einschliessen. Die allerungerechteste Forderung, mit der man die städtischen Strassenbahn-Gesellschaften belastet, ist der Kostenpunkt für Pflasterung der Strassenbahnlinie, die bei doppelten Geleise sich auf eine Breite von nahezu sechs Yards erstreckt und in runden Zahlen 10000 Quadratyards pro laufende Meile beträgt. Nimmt man nur den Quadratyard 12 s. als Kosten für Pflaster — ohne Fundirung — an, so fällt auf diesen Punkt allein ein Ansatz von £ 6000 pro Meile doppelten Geleises, eine Belastung, die offenbar den städtischen Behörden zukommt.

In den Kosten der Strassenbahnen ist wenig Unterschied und „es wird", wie Souttar bemerkt, „eine Strassenbahn in der Praxis dasselbe kosten, welches System man auch dafür annehmen mag; denn es handelt sich hier weniger um dieses selbst, als um die Ausführung. „Man kann sich nicht klar genug darüber werden, dass die Kosten einer Strassenbahn nur sehr wenig durch das gewählte System beeinflusst werden, dass es vielmehr hauptsächlich auf das Gewicht der Schiene und die Qualität des Pflasters und Concretes ankommt, welche je nach den Verhältnissen räthlich erscheinen.[1])

Die nachfolgenden Kostenauszüge verschiedener bereits beschriebenen Strassenbahnen beweisen die Wichtigkeit dieser Bemerkungen. Wir haben die drei Hauptelemente der Kosten — Ausgrabung und Concretfundament, Bahn und Pflasterung getrennt notirt. Obschon in manchen Fällen die Vertheilung der Kosten nur annähernd angegeben ist, so zeigt sich doch, welch ein kleiner Theil der Kosten auf die Bahn selbst fällt, nur £ 1000 bis £ 1500 pro Meile, in runden Zahlen, wenn die Schienen von Stahl oder gewalztem Eisen sind. Die Verschiedenheit der hier zusammengestellten Kostenpunkte ist natürlich ebensowohl durch die Ungleichheit der Preise, als durch Material und Quantitäten veranlasst. Nimmt man jedoch den Durchschnitt an, so sind die Details der Nettokosten folgende:

Durchschnittliche Nettokosten der Bahn, einfaches Geleise, mit Schienen aus Stahl oder Walzeisen.

	Einfaches Geleise	Doppeltes Geleise
Ausgrabung und Concret	695	1390
Bahn	1389	2765
Pflasterung	2291	4552

Den Nettokosten sind noch hinzuzufügen: Gerichts- und Parlamentskosten, Ingenieurarbeiten und andere Ausgaben. Nach den in Betracht gezogenen Rechnungsabschlüssen für 11 Strassenbahnen — ausschliesslich des Vale of Clyde Systems — welche 130½ Meilen fast durchgängig mit doppeltem Geleise versehener Strassen umfassen, betragen die durchschnittlichen Gesammtkosten £ 18797 pro Meile.

Nettokosten der Strassenbahnen, pro Bahnmeile einfaches Geleise.

Fundirung, Bahn und Pflasterung (ohne Weichen und Kreuzungen).

Ort oder Bezeichnung	Schienen: Material und Gewicht pro Yard	Ausgrabung und Concret	Bahn, incl. Verlegen	Pflasterung	Gesammt-Kosten
		£	£	£	£
1. „London Tramways"	Eisen, 50 ℔.	306	1500	3564	5460
2. Edinburgh	Eisen, 52 „	1174	1555	2712	5441
3. Dundee	Eisen, 60 „	2658		2420	5078
4. Glasgow, 1. Contract	—	3249		1484	4733
5. do. 6. do.	Eisen, 60 „	682	1655	3069	5406
6. Bristol, Kinould	Eisen, 43 „	484	1265	2640	4389
7. Leicester, do.	Stahl, 47 „	315	1149	1300	2764
8. Southport, Belos	Eisen, 46 „	567	1505	1697	3769
9. Wirral, do.	Eisen, 52 „	470	1318	1580	3368
10. Manchester, Barker	Stahl, 40 „	2320		2640	4960
11. Liverpool, Deacon	Stahl, 61 „	1261	1460	1804	4525
12. Soutar	Stahl, 55 „	997	1413	2712	5122
13. Glasgower Hafenbahn Ramage, Deas & Rapier	Gussbisen 1 203 ℔.	611	2420	2496	5527
14. Livesey	Stahl, 40 ℔.	?	1178	?	?
15. Cockburn-Muir	Eisen, 30 „	?	1046	?	?
16. Dowson	Eisen, 30 „	?	1025	?	?
Im Durchschnitt (excl. Nr. 13)		695	1389	2291	4585

1) Bei Nr. 8, 9, 10, 11, wurden die Kosten für Pflasterung zu 12 s. pro Quadratyard berechnet.

Für vier dieser Linien — die London, London Street, Edinburgh und Dewsbury — deren Durchschnittskosten £ 19321 pro Meile der Strasse betragen, ist folgende, eine approximative Analyse der Capitalanlage:

1) „Proceedings of the Institution of Civil Engineers", I. Band, Seite 51.

Hauptkosten.

Länge der Linien 42½ Meilen.

	Pro Meile	Procente des Ganzen
Eröffnete Strassenbahnen	£ 14040	72,66
Grundbesitz, Gebäude, Maschinerie und Betriebseinrichtung	„ 1920	9,93
Bureau-Einrichtung	„ 45	,23
Betriebsmaterial	„ 1334	6,90
Pferde	„ 1870	9,68
Geschirr und Equipirung	„ 112	,58
	£ 19321	100,00

Die Details der Kosten für "eröffnete Strassenbahnen" sind schon früher für die "London Tramways" angegeben worden und sind hier nur behufs directer Uebersicht wiederholt:

	Pro Meile
Doppeltes Bahngeleise	£ 3000
Pflasterung	„ 8000
Ingenieurarbeiten	„ 1000
Extra-Arbeiten etc.	„ 2000
Gerichts- und Parlamentskosten	„ 1000
Im ganzen pro Meile	£ 15000

Die Durchschnittszahlen lassen nicht die Extreme erkennen; und es mag daher berichtet werden, dass die Capitalanlage von £ 25000 pro Meile für die "London Street Tramways" bis zu £ 6580 für die "Southport Tramways" variirt.

XI. CAPITEL.

Summarische Einnahmen der Strassenbahnen.

Die Einnahmen der Strassenbahnen beweisen klar und deutlich ihre Popularität und den Nutzen derselben. Bei den "Glasgow Corporation Tramways" beliefen sich im Jahre 1876 die Einnahmen wöchentlich auf £ 185 pro eröffnete Meile, die Woche zu 6 Tagen gerechnet, was den relativen Betrag, welcher von der am stärksten frequentirten Strassenbahn in England, der "London" und "North Western" erzielt wurde, bei weitem übertrifft. Im Jahre 1865 betrugen die Einnahmen dieser Gesellschaft gerade £ 111 wöchentlich pro eröffnete Meile.

Einnahmen der Strassenbahnen im Jahre 1876.

von 2 Gesellschaften, welche 177 Meilen Bahn haben.

Name der Strassenbahn	Einnahmen pro Meile der Bahn	Pro Meile und Woche	Pro Wagen	Pro durchlaufene Meile	Procente der Capitalanlage
	ƒ	ƒ	ƒ	£	Procente
North Metropolitan .	7816	150,3	1401	16,03	34,8
London	6746	129,7	1035	14,07	32,6
London Street	9644	186,2	—	14,77	31,0
Dublin	4779	98,8	1046	16,17	29,2
Glasgow Corporation .	9644	185	919	15,12	13,1
Vale of Clyde	2267	43,6	1093	20,84	—
Edinburgh Street . . .	4873	99,9	1150	18,28	29,13
Leeds	3591	69	893		34,8
Sheffield	3215	81,8	784		39,6
Southport	1986	38	722		30,2
Dewsbury, Batley und Birstal	1524	29,3	715	11,12	20,17
Provincial	4088	79,6	—	—	23,93
Im Durchschnitt	5945	114,3	1070	15,73	32,8

Einnahmen pro Wagen im Brust: North Metropolitan . . . . ƒ 1740
London . . . . . . „ 1665
Dewsbury . . . . „ 1018

Der niedrigste Ertrag war £ 29, welche von der Linie Dewsbury, Batley und Birstal im ersten Jahre ihres Bestehens, nachdem sie vollständig eröffnet war, eingenommen wurden. Die Bruttoeinnahmen vom Jahre 1876 betragen bei der North Metropolitan Tramway, wie aus der vorhergehenden Tabelle ersichtlich, 35 Procent oder mehr als ein Drittel der Capitalanlage; bei der Glasgow Corporation Tramway 43 Procent. In Folgendem sind die in der Tabelle enthaltenen Einnahmen im Durchschnitt gegeben.

Einnahmen im Jahre 1876.

Pro Meile der Bahn	£ 5945
Pro Meile und Woche	„ 114,3
Pro Wagen	„ 1079
Pro durchlaufene Meile	15,73 d.
Procente der Capitalanlage	33°₀

Die durch Parlamentsacte autorisirte Maximalfahrtaxe ist ein Penny pro Meile; doch ist im allgemeinen ein Minimalbetrag von 3 d. für Entfernungen unter drei Meilen gestattet. Diese Forderungen sind indessen wahrscheinlich nie erhoben worden, im Gegentheil übersteigt das Fahrgeld gewöhnlich nicht den Preis von einem Penny, sondern ist sogar auf manchen Linien noch niedriger angeschlagen — auf einigen Linien für bestimmte Routen nur ½ d. pro Meile.

XII. CAPITEL.

Allgemeiner Auszug der Betriebskosten der Strassenbahnen.

Das bedeutende Uebergewicht der Kosten für Pferdekraft auf Strassenbahnen ist gelegentlich der vorhergehenden Rechnungsauszüge bereits hervorgehoben worden. Es mag hier für einige Gesellschaften nochmals erwähnt werden:

Kosten der Bespannung.

	Procente der Gesammtkosten	Pro durchlaufene Meile
North Metropolitan 1874—1876	56,07	8,76 d.
London 1874—1876	55,53	6,63 „
London Street 1877	56,38	6,85 „
Dublin 1875—1876	49,30	5,76 „
Glasgow 1874—1876	53,10	6,03 „
Edinburgh Street	55,53	7,75 „
Dewsbury, Batley und Birstal 1875—1876 . .	69,35	5,92 „

Die Kosten für Pferdekraft variiren von 50 zu 60 Procent und können im Durchschnitt als 55 Procent der Einnahmen und 6½ d. pro Meile (pro Wagen und Pferdepaar) angenommen werden. Die ausserordentlich hohen Kosten für Pferdekraft in Edinburgh — 7¾ d. pro durchlaufene Meile — sind bereits durch die aussergewöhnlich steilen Steigungen erklärt worden.

Für Gehalt der Conducteure und Kutscher und für den Verkehr betrugen die Kosten:

	Gehalt der Conducteure etc.		Verkehr	
	Procente	Pro durchlaufene Meile	Procente	Pro durchlaufene Meile
North Metropolitan 1874—1876 . .	8,58	oder 1,02 d.	17,16	oder 2,05
London 1874—1876	8,60	„ 1,03 „	15,92	„ 1,90
London Street 1876	10,94	„ 1,30 „	15,47	„ 1,83
Dublin 1875—1876	—	„ — „	24,33	„ 2,51
Glasgow Corporation 1874—1876 .	—	„ — „	30,12	„ 3,42
Edinburgh Street 1875—1876 . .	—	„ — „	17,54	„ 2,32
Dewsbury etc.	8,49	„ ,73 „	10,88	„ ,91

Die Kosten für Gehalt der Conducteure und Kutscher können zu 9 Procent der Einnahmen oder 1 d. pro durchlaufene Meile, und für das Verkehrsdepartement 17 Procent oder nahezu 2 d. pro durchlaufene Meile angenommen werden.

Stellt man diese drei Hauptposten zusammen, so bilden sie vier Fünftel der Gesammtkosten:

	Procente der Gesammtkosten	Pro durchlaufene Meile
Bespannung	55	6½ d.
Gehalt der Conducteure und Kutscher	9	1 „
Verkehrskosten	17	2 „
	81	9½ d.

Die übrigen Kostenpunkte — für Wagenreparaturen, Unterhaltung der Bahn, allgemeine Spesen und Nebenausgaben — bilden die übrigen 19 Procent oder 2¼ d. pro durchlaufene Meile. Folgendes sind die einzelnen Posten.

Nebenausgaben.

	Wagen	Bahn	Im allgemeinen	Neben-ausgaben
	d.	d.	d.	d.
North Metropolitan	.52	.37	.43	.78
London	.57	.37	.55	.59
London Street	.50	.39	.70	.45
Dublin	.12	.77	.69	.90
Glasgow Corporation	.69	.35	.54	.41
Edinburgh Street	.84	.80	.99	.74
Dewsbury etc.	.06	.18	.47	.77

Jeder dieser Posten beträgt weniger als einen Penny pro durchlaufene Meile. Die Linien bestehen noch nicht lang genug, um ihre normalen Kostenverhältnisse für Unterhaltung der Wagen und der Bahn erreicht zu haben, mit Ausnahme vielleicht der Dublin Tramways, der ältesten unter denselben. Auch ist es nicht wahrscheinlich, dass in Zukunft diese Kostenpunkte für irgend eine der Linien einen Penny pro durchlaufene Meile betragen werden. Hopkins hat berechnet, dass zur Unterhaltung der Bahn der North Metropolitan Tramway die jährliche Summe von £ 350 pro Meile immer genügen wird. Da im Jahre 1876 die Zahl der durchlaufenen Meilen 117000 pro Bahnmeile betrug, würde diese Summe gleich 72 d. oder weniger als ¾ d. pro durchlaufene Meile sein.

Gesammtkosten.

Der Durchschnitt der Gesammtkosten für Strassenbahnen beträgt 11¾ d. pro Meile oder rund 1 s.; mithin 75 Procent der Bruttoeinnahmen, welche durchschnittlich 16 d. pro durchlaufene Meile ausmachen.

14*

VIERTER THEIL.

Strassenbahnwagen.

I. CAPITEL.

Historische Notiz über Strassenbahnwagen.

Die ersten Strassenbahnwagen, welche speciell für die moderne Strassenbahn construirt wurden, waren die im Jahre 1631 gebauten, welche für die New-York und Haarlem Street Tramway bestimmt waren, deren erster Theil, im Innern der Stadt New-York, 1832 eröffnet wurde. Die Gestelle dieser Wagen (Fig. 105) waren gleich denen der damaligen Kutschen construirt und hingen in ledernen Riemen. Der Wagen bestand aus drei Theilen, deren jeder mit Seitenthüren versehen war. Der Kutscher saß auf einem vorn am Wagen angebrachten erhöhten Sitze und konnte von da aus die Bremse, welche nur auf ein Räderpaar wirkte mit dem Fusse bewegen. Die Räder, Bremsen, Zuggeschirr etc. waren in einem Untergestell vereinigt, das unabhängig von dem Wagenkasten auf den vier Achsböchsen des Radgestells ruhte. Nach dieser Anordnung wurden mehrere Jahre hindurch Strassenbahnwagen construirt, bis man durch die Erfahrung darauf gebracht wurde, dass die Theile des Untergestelles, die nicht durch die Riemen unterstützt wurden, sich sehr bald abnützten.

Fig. 105. Strassenbahnwagen im Jahre 1831 von John Stephenson, New-York gebaut.

Eine der ersten Abänderungen bestand daher darin, dass man die ledernen Riemen durch Federn aus gewalztem Stahl ersetzte, deren Enden in den an der Unterseite des Wagenkastens angebrachten Taschen eingeschlossen wurden, während dieselben in der Mitte an der Achsböchse befestigt waren. Dann liess man das Untergestell ganz weg. Fussgestelle in Führungsbacken, wie sie in England als Achshalter bekannt sind, wurden nicht angewendet. Obwohl diese Form von Fuhrwerken jahrelang in Gebrauch war, so befriedigte sie doch infolge der ungenügenden Adjustirung der Räder und Achsen keineswegs. Hierauf wurden einzelne Führungsbacken angewendet, um die Achsböchsen aufzunehmen und die Achsen in der richtigen Lage zu erhalten.

Um das Jahr 1856 ersetzte man die Federn aus gewalztem Stahl durch schneckenförmige Stahlfedern und auf diese folgten „Spiral-" oder eigentlich schraubenförmige Federn. In jedem Fall ruhte eine einzige Feder auf dem Deckel der Achsböchse. Im Jahre 1855 wurden ein Paar solcher schraubenförmiger Federn an jedem Achslager angebracht und ein Joch über die Achsböchse gespannt, das auf jeder Seite der letzteren eine Feder hielt. Ungefähr um dieselbe Zeit wurde eine Methode erfunden, Kautschuk so zuzubereiten, dass er unabhängig von Hitze oder Kälte seine Elasticität behielt, während gleichzeitig seine Tragfähigkeit beträchtlich erhöht wurde. Die Billigkeit und Dauerhaftigkeit dieses Materials verbunden mit der sanften Bewegung, führten dazu, dass man die stählernen Tragfedern aufgab und Kautschuk an deren Stelle setzte. Aber nachdem das Patent für die Zubereitung des Kautschuks erloschen und die Fabrikation der Kautschukfedern freigegeben war, kam geringere Waare auf den Markt, der gute Ruf den die früheren Fabrikanten in diesem Artikel erworben, wurde geschädigt und die Folge davon war, dass wieder starke Nachfrage nach Spiral- und anderen Federn herrschte.

Die Räder des ursprünglichen „amerikanischen" Wagens, Fig. 105, waren aus Gusseisen mit flachen Speichen hergestellt. Die Radnabe war kreisförmig in drei Abschnitte getheilt, um einem Schwinden des Metalls beim Erkalten Rechnung zu tragen. Da jedoch das Rad nicht stark genug war, so ersetzte man es durch solide hölzerne Räder mit eisernem Spurkranz. Diese waren jedoch schwer und kostspielig und versagten überdies leicht, indem sich der Spurkranz lockerte. Um 1834 wurde das gusseiserne Scheibenrad eingeführt, das in Amerika für den besten Typus von Rädern für alle Arten der Verwendung gilt.

Viele Jahre hindurch war angenommen worden, dass ein Strassenbahnwagen nicht auf dem Geleise bleiben könne, wenn die Tiefe der Räderflanschen weniger als 1¼ Zoll (31 mm) betrug; und obschon man diese Tiefe in der Folge etwas reducirte, so entdeckte man doch erst im Jahre 1857, dass eine Tiefe von einem halben Zoll (12 mm) vollkommen für den Zweck genügte. Gegenwärtig wird die halbzöllige Flansche allgemein auf Strassenbahnen angenommen.

Bis 1858 bestanden die Bremsen aus Blöcken oder Schuhen, die an der Laufkante der Räder angebracht waren; als jedoch die Rinnen-Schiene in Gebrauch kam. Fand man, da gute Wagenräder einen halben Zoll der Dicke im Umfange abnutzen, ehe sie abgenutzt sind, dass die Flansche einen halben Zoll tiefer wird und dadurch auf dem Boden aufläuft, wenn, was gewöhnlich nach drei oder vier Jahren der Fall ist, die Schiene durch die durchdringende Wirkung der Flanschen gespalten ist. Ueberdies beträgt der gleichzeitige Reibungswiderstand, der durch die Berührung der zwei Flächen von verschiedenem Radius — der Laufkante und der Flansche — verursacht wird, 30 bis 50 Procent des Widerstandes unter normalen Verhältnissen. Dem Vorwurf der ungleichen Abnutzung begegnete man jedoch dadurch, dass man die Breite der Bremsblöcke so weit ausdehnte, dass dieselben auf der Flansche sowohl als auf der Laufkante auflagen und so beide einschlossen. So wurde die Flansche in demselben Masse abgenutzt wie die Laufkante, die Dauer des Rades verlängert, die Schiene vor dem Bruch bewahrt und die Vermehrung des Zugwiderstandes verhindert.

Das beste Hartgusseisen ist, was die Abnutzung der Räderflanschen betrifft, das geeignetste Material für Bremsblöcke, doch ist es nicht so wohl geeignet zum Anhalten des Wagens, denn es legt sich dem Rade nicht so fest an wie weicheres Eisen, und doch sollten die Bremsblöcke einen genügenden Grad von Druck besitzen, um die Umdrehung der Räder aufzuhalten.

Bei dem Bau der amerikanischen Wagen wird das beste amerikanische Weisseichenholz zum Rahmenwerk des Unterbaues verwendet, während das des Wagenkastens aus bestem Weisseschenholz hergestellt wird. Die Dauer eines Strassenbahnwagens in Amerika beträgt, wenn derselbe gut gehalten wird, 25 bis 30 Jahre. Auf der New-York und Haarlem Tramway sind Wagen, die im Jahre 1857 dort eingestellt wurden, noch jetzt im Gebrauch. Bancroft giebt an, dass die Räder für ca. 30,000 Meilen und die Achsen für 200,000—300,000 Meilen aushalten. Auf 4—5 Meilen langen Strassenbahnen mit Steigungen, die bis zu 1 : 25 variiren, werden Wagen, die 50 Passagiere als Maximallast tragen, gewöhnlich von zwei Pferden gezogen, doch wird zuweilen bei sehr grosser Hitze ein drittes Pferd vorgespannt, um die anderen an steilen Steigungen zu unterstützen.

Der Preis der „Decksitz“-Wagen in Amerika ist ca. 11,000 Dollars, oder £ 229.

Martineau[1] liefert folgende Tabelle von der Leistungsfähigkeit und dem Gewicht der Personen- und Güterwagen.

Gewicht[2] englischer und ausländischer, von der „Starbuck Car and Waggon Company“ construirter Wagen.

Personenwagen:

					Gewicht
London,	Wagen mit 22 Sitzen innen und 22 aussen	. . . . .	49 Ctr.	75 ℔
Hoylake,	„ „ 22 „ „ 24 „	. . . . .	46 „	82 „
Birkenhead,	„ „ 22 „ „ 24 „	. . . . .	47 „	39 „
Oporto,	„ „ 20 „ „ 20 „	. . . . .	40 „	50 „
Middlesbro,	„ „ 16 „ „ 16 „	. . . . .	34 „	60 „
Neapel, offener Wagen mit 5 Quersitzen (20 Plätze)	. . .	21 „	45 „
Neapel, Wagen mit 12 Sitzen, nur innen (mit Zwischenwand)	. .	26 „	89 „
Neapel, Wagen mit 16 Sitzen, nur innen	. . . . .	34 „	60 „
Brüssel,	„ „ 16 „ „	. . . . .	34 „	60 „
Middlesbro,	„ „ 14 „ „	. . . . .	24 „	25 „
Sheffield,	„ „ 16 „ „	. . . . .	29 „	60 „
Leeds,	„ „ 15 „ „	. . . . .	31 „	00 „

Güterwagen:

Pernambuco, Transportwagen	. . . .	29 „	64 „
Oporto, offener Güterwagen	. . . .	27 „	25 „
Oporto, bedeckter Güterwagen	. . . .	32 „	25 „

Aus diesen Angaben ersieht man, dass das Gewicht von 1½ Tons für einen ganz grossen Wagen, der 46 Personen aufnimmt, bis 24 Ctr. für einen leichten, einspännigen Wagen, der im Innern 14 Personen trägt, variirt. Einige schwerere Wagen von 3 Tons Gewicht, die in der Tabelle nicht erwähnt sind, wurden für Russland gebaut. Diese wurden mit eisernem Untergestell, eisernen Panelen und elliptischen Federn ausgestattet.

---

1) „Proceedings of the Institution of Civil Engineers“, I. Band. Seite 77.
2) Das angegebene Gewicht schliesst Räder und Achsen ein.

Die Tragfedern der Strassenbahnwagen sind in den meisten Fällen ganz oder theilweise aus Kautschuk hergestellt; doch fand man, dass dieser die ausserordentlich strenge und andauernde Kälte des russischen Winters nicht aushielt, weshalb dort stählerne Federn unentbehrlich sind. Stahlfedern in Verbindung mit Schraubenbremsen, welche von den russischen Ingenieuren vorgezogen werden, machen natürlich den russischen Wagen zu einem schwereren Fuhrwerk, als der englische Wagen ist.

Man benutzt in England vielfach leichte, einspännige Wagen — besonders in Sheffield, Leeds und Leicester; auch auf dem Continent finden solche häufig Anwendung — so in Neapel, Oporto, Antwerpen und Brüssel — und scheinen dieselben immer mehr in Aufnahme zu kommen und die zweispännigen Wagen mit Decksitzen zu verdrängen. Wie Martineau ganz richtig bemerkt, unterliegt es keinem Zweifel, dass das schwere Gewicht der Decksitze, mit einer Anzahl Personen auf denselben, das Rahmenwerk des Wagens beim Anhalten und Wiederanziehen anstrengt und dass deshalb Wagen ohne solche Sitze die längste Dauer haben. Der Hauptzweck der Strassenbahn ist, wie gesagt, einen continuirlichen Verkehr herzustellen, sodass womöglich stets ein Wagen in Sicht ist; und dieser Princip der Continuität des Verkehrs kann oft viel ökonomischer mittelst einspänniger als mittelst schwerer, zweispänniger Wagen erreicht werden. Nimmt man einen weiten Durchschnitt an, so kann man sagen, dass für die durchlaufene Meile die Zahl der beförderten Passagiere neben ist, dass nämlich von jedem Wagen pro durchlaufene Meile vielen Passagiere aufgenommen und abgesetzt werden. Vorausgesetzt, dass ein Wagen, der 70 Meilen täglich zurücklegt, viermal pro Meile, theils der Passagiere wegen, theils durch Unterbrechungen veranlasst, anhält, so würde derselbe täglich mehr als dreihundert Mal anhalten und wieder in Gang gesetzt werden müssen. Wenn man bedenkt, dass ein $2\frac{1}{2}$ Tons schwerer, vollständig von Passagieren besetzter Wagen, eine bewegliche Last von 6 Tons Gewicht repräsentirt, — oder halbbesetzt über 4 Tons, — so ist es klar, dass die Aufgabe, eine so schwere Masse anzuhalten und deren Bewegung wieder aufzunehmen, eine verhältnissmässig bedeutend grössere Kraft erfordert, als gewöhnliche 30 Ctr. schwere Omnibusse und selbst Eisenbahnwagen besitzen. Sogar die letzteren, so stark gebaut sie sind, werden im Rahmenwerk locker gerüttelt. Die elastischen Schwingungen des Wagengestelles derselben können in vielen Fällen beim Abfahren eines Zuges beobachtet werden, wenn die Steuerung der Locomotive nicht so adjustirt ist, dass sie ein gleichmässiges Anziehen des Zuges bewirkt.

Doch ist offenbar gegen den kleineren Wagen einzuwenden, dass das, was man „todte Last" zu nennen pflegt, bei denselben einen verhältnissmässig grösseren Theil des Bruttogewichtes mit Passagieren ausmacht, als dies bei den grösseren Wagen der Fall ist. So kann z. B. der $2\frac{1}{2}$ Tons schwere Wagen $3\frac{1}{2}$ Tons Passagiere, also zahlende Last tragen, während der Wagen von 24 Ctr. Gewicht wenig über 1 Ton Passagiere befördert.

Der $2\frac{1}{2}$ Tons schwere Wagen wiegt 1,05 Ctr. pro Passagier

Der 24 Ctr.   „ „   „   „   1,71 „   „   „

woraus deutlich hervorgeht, dass der leichtere Wagen $75\frac{1}{2}$ Proc. mehr Materialgewicht pro Passagier hat als der schwerere. Es liesse sich hieraus eine bis zu einem gewissen Grade triftige Schlussfolgerung zu Gunsten des letzteren ziehen, die jedoch leicht irreführen dürfte. Nimmt man im Gegentheil an, dass der schwerere Wagen durchschnittlich nur ebensoviele Passagiere wie der leichtere befördert, so kann mit demselben Grad von Wahrscheinlichkeit bewiesen werden, dass der leichtere Wagen bei weitem ökonomischer ist, denn es würde sich hierbei ein Bruttogewicht von $4\frac{1}{2}$ Tons gegen nur $3\frac{1}{2}$ Tons für den leichteren Wagen ergeben, und ausserdem braucht dieser nur ein Pferd, während für den schwereren Wagen zwei Pferde erforderlich sind.

II. CAPITEL.

Von der „Metropolitan Railway Carriage and Waggon Company" gebaute Personenwagen mit Decksitz.

Mit Zeichnungen auf Tafel VII. Fig I u.

Ein solcher Wagen wurde für die „North Dublin Street Tramways" gebaut; derselbe ist für die irische Eisenbahn- und Strassenbahn-Spurmaass von 5 Fuss 3 Zoll (1,6 m) berechnet und fasst 20 Personen innen und 22 aussen: im ganzen also 42 Passagiere. Das Gewicht des Wagens ist ca. $2\frac{1}{2}$ Tons, was einem Gewicht von 1,19 Ctr. pro Passagier gleichkommt. Das Gewicht von 42 Passagieren beträgt 3 Tons, und das Bruttogewicht bei voller Ladung $5\frac{1}{2}$ Tons. Der Wagenkasten ist, von aussen gemessen, 15 Fuss 3 Zoll (4648 mm) lang und 6 Fuss 8 Zoll (2032 mm) breit, bis zu den Decksitzen 10 Fuss 1 Zoll (3073 mm) hoch und die Gesammthöhe desselben beträgt 11 Fuss 3 Zoll (3125 mm), die Gesammtlänge des Wagens 21 Fuss 3 Zoll (6172 mm), einschliesslich einer Länge von 3 Fuss (914 mm) an jedem Ende für die Plattform. Im Inneren ist der Wagenkasten 14 Fuss $7\frac{1}{2}$ Zoll (4457 mm) lang, sodass bei 10 Sitzplätzen auf jeder Seite $17\frac{1}{2}$ Zoll (445 mm) pro Passagier gerechnet ist. Nimmt man für den Decksitz 22 Personen — 11 auf jeder Seite — an, so trifft auf jeden Passagier eine Sitzbreite von etwa $16\frac{1}{2}$ Zoll (420 mm). Die Räder sind in einer Entfernung von 6 Fuss (1828 mm) von Mitte zu Mitte angebracht.

Zu den Decksitzen gelangt man mittelst der an jedem Ende angebrachten Wendeltreppe. Die Sitze im Innern sind mit dem besten, krausen Rosshaar gepolstert und mit Utrecht-Sammt bezogen. Der Wagenkasten ist an jedem Ende durch eine zum Schieben eingerichtete Thür geschlossen. Sämmtliche Seitenfenster sind fest, mit Ausnahme von zweien auf jeder Seite, die heruntergelassen und mittelst Federn festgestellt werden können. An eisernen Stangen sind Zuggardinen angebracht; für Ventilation ist durch Klappfenster gesorgt, die sich unter den Decksitzen befinden; ferner sind zwei Lampen im Innern des Wagens befestigt.

Das ganze Rahmenwerk ist aus gutgetrocknetem Eichen- oder Eschenholz und die Panele sind in einer Dicke von $\frac{3}{8}$ Zoll (10 mm) aus Mahagoniholz, die Thüren aus Eschenholz hergestellt. Das Verdeck ist aussen mit Segeltuch überzogen, das durch Anstrich vollständig wasserdicht gemacht ist und durch Breter oder Holzleisten, die den Passagieren als Fussteig dienen, geschützt wird.

Das Untergestell besteht aus zwei Seitenträgern von 3 bei $3\frac{1}{2}$ Zoll (76 bei 89 mm), zwei Endträgern von $4\frac{1}{2}$ Zoll (114 mm) Breite und 3 Zoll (76 mm) Höhe, die abgekantet sind, um die Fussbodenbreter aufzunehmen, und vier Querbalken von $3\frac{1}{2}$ Zoll (88 mm) Breite und 2 Zoll (50 mm) Höhe. Die Fussbodenbreter sind 1 Zoll (25 mm) dick und flach in die Seiten- und Endträger eingelassen. Die Ecksäulen sind $3\frac{3}{4}$ Zoll (95 mm) bei $4\frac{1}{2}$ Zoll (114 mm) und an den äusseren Ecken abgerundet; dazwischen befinden sich noch sieben Säulen an jeder Seite, zwischen welchen die Fenster eingerahmt sind. Die oberen Seitenriegel haben $2\frac{1}{2}$ Zoll (63 mm) im Quadrat; die Endriegel sind $1\frac{3}{8}$ Zoll (35 mm) dick und entsprechen der Form des Daches; zwischen letzteren befinden sich 16 Dachträger, die von Mitte zu Mitte 11 Zoll (280 mm) von einander entfernt angebracht sind. Die Deckbreter sind $\frac{1}{2}$ Zoll (12 mm) und die Fussbodenbreter auf dem Verdeck $\frac{5}{8}$ Zoll (15 mm) dick. Jede Plattform ist von drei freitragenden Balken unterstützt, die $2\frac{1}{2}$ Zoll (63 mm) dick, in der Mitte $5\frac{3}{4}$ Zoll (146 mm) hoch und an dem Untergestell des Wagens verbolzt sind.

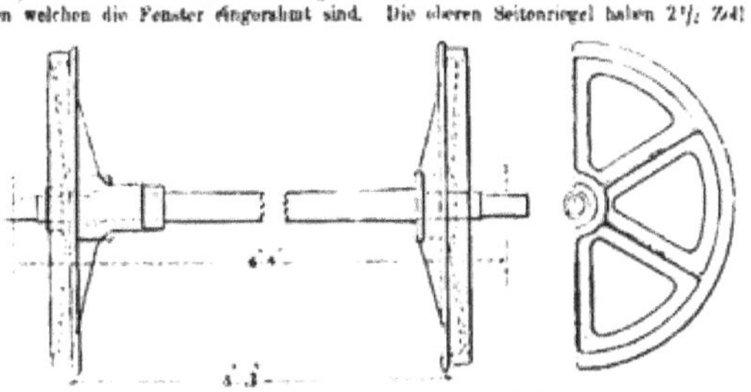

Fig. 109 u. 110. Räder und Achse des Pullman Strassenbahnwagens. In $\frac{1}{16}$ der natürl. Grösse.

Räder und Achsen (Fig. 109, 110, 111) sind aus Gussstahl; erstere haben 30 Zoll (762 mm) Durchmesser und je sechs Speichen; je eines der Räderpaare ist auf der Achse festgekeilt, während das andere lose ist und sich unabhängig dreht; letztere sind mit einer 3 Zoll langen Nabe versehen, die in der Mitte hohl ist, um einen Behälter für Oel zu bilden. Der Radkranz ist $2\frac{1}{2}$ Zoll (63 mm) breit, an der äusseren Kante $\frac{7}{8}$ Zoll (22 mm) dick und bildet eine Flansche, die $\frac{9}{16}$ Zoll (14 mm) über die Laufkante des Rades vorspringt, wie der Querschnitt, Fig. 111 zeigt. Die Achse hat $2\frac{1}{2}$ Zoll (63 mm) Durchmesser zwischen den Rädern und $2\frac{5}{8}$ Zoll (66 mm) in den Radnaben. Die Achszapfen sind $1\frac{7}{8}$ Zoll (47 mm) im Durchmesser und $4\frac{3}{4}$ Zoll (120 mm) lang; dieselben haben flache Enden ohne Anlauf und liegen zu beiden Seiten in den in die Achsbüchsen eingesetzten Lagerschalen. Der Durchmesser der Laufkante ist 2 Fuss 6 Zoll (762 mm) nächst der Flansche und $\frac{1}{8}$ Zoll (3 mm) weniger an der äusseren Kante, was eine Abschrägung von $\frac{1}{16}$ Zoll (1,5 mm) oder 1 : 21 an der Aussenseite der Laufkante ergiebt.

Fig. 111. Querschnitt des Radkranzes. In $\frac{1}{2}$ der natürl. Grösse.

Die beiden Räder sind auf den Achsen so angebracht, dass deren Entfernung zwischen den Innenseiten des Radkranzes 5 Fuss $1\frac{1}{4}$ Zoll (1,555 m) beträgt, mithin $1\frac{3}{4}$ Zoll (45 mm) weniger als die Spurweite der Schienen, sodass, wenn man die Dicke der zwei Flanschen abrechnet, noch $\frac{1}{2}$ Zoll (12 mm) Spielraum bleibt. Wenn daher die Räder central auf den Schienen stehen, so stehen die Flanschen auf beiden Seiten gerade 1 Zoll (25 mm) von der Schiene ab. Dies ist ein wichtiger Punkt; denn die Flanschen der Räder dürfen die inneren Kanten der Schienen nicht berühren oder dagegen schleifen, damit eine etwaige Spannung und dadurch vermehrter Widerstand und wahrscheinliche Veränderung der Spurweite oder Entgleisung vermieden werden kann. Es ist daher gut, den freien Raum zwischen den Flanschen und den Laufkanten der Schiene auf das für freie Bewegung gerade nöthige Maass zu beschränken und die ganze übrige Weite der Rinne auf die Innenseite zu verlegen. Ein weiterer Vortheil dieser Räderanordnung ist, dass das in der Rinne angesammelte Geröll leichter mittelst der Flanschen ausgeworfen werden kann. Die Länge der Achse zwischen den Mittelpunkten der Achszapfen beträgt 6 Fuss 4 Zoll (1930 mm) also 13 Zoll (330 mm) mehr als die Spurweite. Das an beiden Seiten 6 Zoll (152 mm), oder von der Radnabe aus 5 Zoll (127 mm) vorstehende Ende bietet den Vortheil eines gewissen Grades von Elasticität der Bewegung zwischen dem steifen Lager des Rades auf der Schiene und dem Lager der Achsbüchse.

Fig. 112. Achsbüchse. In [illegible] der natürl. Grösse.

Die nach amerikanischem Muster vortrefflich und dabei einfach construirten Achsbüchsen werden mit Oel geschmiert. Die Büchse ist aus einem Stück gegossen, mit einem Behälter in dem unteren Theile für Baumwollabfall, der mit Oel durchzogen ist und den darüber liegenden Achszapfen umgiebt. Die Lagerschale aus Kanonenmetall (Fig. 113) ist oben hohl geformt als Behälter für Oel, welches durch ein oben an der Büchse angebrachtes Loch eingeführt und durch zwei Löcher in dem Lager dem Zapfen mitgetheilt wird. Die Lagerschale liegt ihrer ganzen Länge nach auf dem Zapfen auf, während die Breite des Auflagers auf demselben sich auf eine geringe Berührungsfläche, nur fünf Achtel des Durchmessers, beschränkt. Die horizontale Tragfläche auf einem Zapfen ist $(4^3/_4 \times 1^3/_{16} =)$ 5,64 Quadratzoll, auf welche die Maximallast ein Viertel von rund 5 Tons oder 2800 Pfund — gleich 500 Pfund pro Quadratzoll der Tragfläche — beträgt. Für den horizontalen Flächenraum des Zapfens, welcher $(4^3/_4 \times 1^7/_8 =)$ 8,41 beträgt, ist die Maximallast gleich 333 Pfund pro Quadratzoll. Es ist hier ein bedeutender Druck auf einen Quadratzoll Fläche concentrirt, welcher sich zu der entsprechenden Vertheilung des Druckes auf den Achszapfen der Eisenbahnwagen folgendermaassen verhält:

Fig. 113. Querschnitt der Lagerschale. In [illegible] der natürl. Grösse.

	Pferdebahnwagen	Eisenbahnwagen
Last pro Quadratzoll der Tragfläche	500 ℔.	300 ℔.
do. do. der Horizontalfläche des Achszapfens	333 „	224 „

Das Mehrgewicht an Druck bei Pferdebahnwagen ist durch die beschränkte Geschwindigkeit des Strassenbahnverkehrs bei häufig wiederholtem Anhalten gerechtfertigt. Eine weitere Eigenthümlichkeit dieser Achsbüchse, die von grossem Nutzen ist, besteht in der aus Papiermaché hergestellten Schutzwand, welche die Achse umgiebt und in eine auf der Rückseite der Achsbüchse befindliche Nuth eingelassen ist. Diese Schutzwand hält nicht nur Staub und Schmutz von der Achsbüchse ab, sondern dient auch dazu, eine Verschwendung des Oeles zu verhüten.

Die Lagerschale kann seitwärts unter dem Obertheil der Achsbüchse gleiten und ist an der auf dieser ruhenden Tragfläche leicht gerundet. Die Führung an Achsenden wird durch die bereits erwähnte stählerne Lagerplatte gebildet, die in vorn an der Achsbüchse befindliche Nuthen eingelassen und durch diese gehalten ist, und den seitlichen Spielraum der Achse in der Achsbüchse auf $^3/_8$ oder $^1/_2$ Zoll (9 bis 12 mm) beschränkt. Ebenso kann der Zapfen in gewissen Grenzen seitwärts unter dem Lager gleiten. Diese freie Bewegung bewirkt, dass die Neigung zum Erhitzen oder Festbrennen in der Achsbüchse auf ein Minimum reducirt wird, während sie die Fortbewegung des Wagens erleichtert.

Ein Theil der Vorderseite der Achsbüchse ist leicht abzunehmen, sodass jeder Bestandtheil derselben besichtigt werden und die Lagerschale abgenommen oder die Füllung erneuert werden kann. Auch kann die Achsbüchse mit Leichtigkeit ganz von der Achse entfernt werden.

Die Achshalter sind von Gusseisen und an die Seitenträger verbolzt. Sie sind mit breiten Tragflächen geformt, um die Achsbüchse in ihrer ganzen Länge zu stützen, und an jeder Seite der Achsbüchse mit einer Vertiefung versehen, um die beiden an jeder Achsbüchse befindlichen Tragfedern aufzunehmen. Diese letzteren sind cylinderförmig und an den Enden zwischen zwei schalenförmigen Unterlegscheiben auf den seitlichen Lappen eines schmiedeeisernen Sattels angebracht, welcher die Achsbüchse überwölbt. Die Seitenträger des Wagens lagern auf dem oberen Ende der Federn.

Diese Tragfedern, die von der „North British Rubber-Company" fabricirt werden, sind aus einer besonderen Kautschukmasse hergestellt, die steifer als reiner Gummi ist und daher des Stahles als Hilfsmittel ganz entbehren kann, da hier eine genügende Grundfläche geboten ist. Ueber jeder Achsbüchse liegt ein Paar dieser Kautschukfedern, die unbelastet ca. 7 Zoll (177 mm) hoch sind und in der Mitte einen Durchmesser von $4^1/_2$ Zoll (114 mm) haben. Ihre Höhe wird um $^3/_8$ Zoll (9 mm) reducirt, wenn dieselben unter dem leeren Wagen als einem Nettogewicht von rund 2 Tons zusammengedrückt werden. Auf acht Federn vertheilt, ist der Druck pro Feder $^1/_4$ Ton, woraus folgt, dass die Federn in den ersten Stadien der Zusammenpressung im Verhältniss von $(^3/_8 \times 4 =)$ $1^1/_2$ Tons pro Ton auf jede Feder nachgeben. Unter dem Nettogewicht von 5 Tons, würde die Last pro Feder $(5 : 8 =)$ $^5/_8$ Tons sein und die gesammte Durchbiegung würde $(1^1/_2 \times {}^5/_8 =)$ nahezu 1 Zoll für jede Feder betragen.

Die Bremse, nach dem als Stephenson'sches (New-York) bekannten System, wird von der an jedem Wagenende befindlichen Plattform aus in Betrieb gesetzt. Die an jedem Räderpaare angebrachten gusseisernen Blöcke hängen paarweise an schwebenden Hebeln, die, wenn sie nicht unter Druck sind, frei hängen, ohne die Räder zu berühren. Der Betrieb erfolgt mit Hand, indem man eine verticale eiserne Spindel dreht, um welche eine Kette gewickelt ist. Dieselbe ist mit dem einen Ende eines langen, querliegenden Hebels verbunden, der sich auf einem Zapfen unter dem Mittelpunkte des Wagens dreht, von welchem aus mittelst Zugstangen, die nahe an der Mitte mit jenem verbirt sind, die Hebel und Bremsblöcke mit den Rädern in Berührung gebracht werden. Der auf diese Weise auf die Räder ausgeübte effective Druck kann nach den jeweiligen Dimensionen des Bremswerks berechnet werden. Die Handhabe oder Kurbel hat einen Radius von 10 Zoll (254 mm), während die Kette auf eine Spindel gewickelt wird, welche einen Radius von ungefähr ⅞ Zoll (22 mm) besitzt. Die Kette bewegt den Zwischenhebel in einem Radius von 22½ Zoll (610 mm), von dem mittleren Zapfen aus gemessen, und die Zugstangen sind in einem Radius von 4½ Zoll (114 mm) vorhanden. Nach diesen Angaben ist der auf die Handkurbel ausgeübte Druck 57 mal vermehrt oder verstärkt, wenn er auf die Räder übertragen und angewendet wird, in Verhältnisszahlen berechnet:

Verhältniss von		Zoll		Zoll
Handkurbel zur Kettenspindel	. . . . . .	10	zu	⅞
Langem Hebel zum kurzen Hebel	. . . .	22½	zu	4½
Gesammtes Hebelverhältniss	. . .	225	zu	3,94
oder	. . . .	57	zu	1

Nimmt man an, dass gegebenen Falls ein Mann einen Druck von 56 Pfd. auf den Kurbelgriff auszuüben vermag, so ist das statische Aequivalent dieses Druckes (57 × 56 =) 3192 Pfd. an den Radkränzen der Räder, oder 1,42 Tons. Es ist dies die höchste auf die Räder anwendbare Kraft, und vorausgesetzt, dass der Coëfficient des Frictionswiderstandes zwischen den Bremsblöcken und den Rädern derselbe ist wie der zwischen den Schienen und den Rädern, könnten folglich die Räder durch Anwendung dieser Bremse nicht gesperrt werden, selbst wenn der Wagen leer ist und das Gewicht nur 2½ Tons beträgt. Selbstverständlich ist mit der Gewichtsvergrösserung durch die Passagiere, welche 1½ Tons beträgt, sodass das Gesammtgewicht 4 Tons ausmacht, die Bremse noch weniger für die Räder anwendbar, wenn nicht der Coëfficient der Friction der Bremsblöcke bedeutend grösser ist als der auf den Schienen. In der Praxis kann die Sperrung der Räder mittelst dieser Bremse erfolgen.

Rahmenwerk von solch schwachen Dimensionen wie die des Strassenbahnwagens, mit beschränkter Radbasis, bedeutender freitragender Länge und Sitzraum für eine grosse Anzahl Passagiere, muss nothwendig durch Ankerstangen versteift werden. Das Untergestell ist durch Eisenstangen verstärkt, die unter den Sitzen angebracht und deren Schraubenenden unter den Seitenträgern befestigt sind, sowie durch Zugstangen und diagonale Stangen, welche die Achsenhalter mit den Seitenträgern verbinden. Das Dach, welches die Form eines unterbrochenen Bogens hat, um eine Stütze für die Decksitze zu bilden, muss gleichfalls verankert werden; zu diesem Zwecke sind zu beiden Seiten Ankerstangen angebracht, die zwischen den Enden des Wagenkastens aufgehängt und an den Dachrippen festgemacht sind.

Der Preis dieses Wagens nach irischem Spurmaass ist £ 194 ab Fabrik; nach englischem Spurmaass ist der Preis eines Wagens von gleichem Tragvermögen £ 192 10 s. Das Gewicht ist in beiden Fällen zu 2½ Tons angenommen.

Die von der „Metropolitan-Company" für Pferdebahnwagen angewendeten soliden Scheibenräder und Achsen sind in Fig. 114 u. 115 gezeichnet. Die Räder sind nach innen gewölbt, auf der Rückseite durch Flanschen versteift und 30 Zoll (762 mm) Durchmesser. Die Naben sind 1½ Zoll (114 mm) lang und werden einfach in die Achse eingetrieben, wo sie ohne Hilfe von Keilen fest bleiben. Die Scheibe ist an der Nabe ⅞ Zoll (22 mm) dick, während diese Dicke am Felgenkranz auf ⅜ Zoll (15 mm) reducirt ist. Die letztere ist 2¾ Zoll (70 mm) breit, einschliesslich der Dicke der Flansche — ½ Zoll (12 mm) und der Breite der Laufkante — 2¼ Zoll (57 mm). Die Flansche steht ½ Zoll (12 mm) über der Laufkante vor. Die Achse hat 3 Zoll (76 mm) Durchmesser zwischen den Rädern, 2¾ Zoll (72 mm) in den Naben und die Zapfen haben 2 Zoll (50 mm) Durchmesser bei 5½ Zoll (140 mm) Länge.

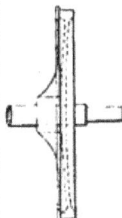

Fig. 114. Rad und Achse in ⅛₀ der natürl. Grösse.

Fig. 115. Querschnitt des Radkranzes. In ½ d. natürl. Grösse.

III. CAPITEL.

Von der „Starbuck Car and Waggon-Company" gebaute Personenwagen mit Sitzen im Innern.

(Mit Zeichnungen auf Tafel VII. Fig. 7—11.)

Der auf Tafel VII abgebildete Personenwagen, der 18 Passagiere im Innern aufnimmt, ist ein vortreffliches Muster seiner Art. Der Wagen ist, von aussen gemessen, 14 Fuss (4,2 m) lang und 6 Fuss 7 Zoll (2 m) breit. Die innere Länge ist ungefähr 13 Fuss 3 Zoll (4 m), sodass bei 9 Personen auf jeder Seite ein Raum von 17²/₃ Zoll (445 mm) pro Passagier gestattet ist, während bei Omnibussen der einem Passagier zugemessene Platz sich nur auf 16 Zoll (406 mm) beläuft. Das Gewicht des Wagens beträgt 31 Ctr., gleich 1,72 Ctr. pro Passagier, die ganze Länge desselben über den Plattformen, wenn letztere zu je 3 Fuss (914 mm) angenommen sind, 20 Fuss (6 m), die äusserste Höhe über den Schienen 9 Fuss 3 Zoll (2819 mm); die Schienen haben eine Spurweite von 4 Fuss 8¹/₂ Zoll (1435 mm).

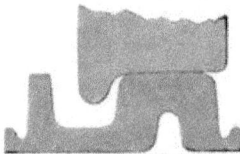

Die Räder haben 2 Fuss 6 Zoll (762 mm) Durchmesser und sind aus Gusseisen hergestellt, das an der Laufkante und der Flansche gehärtet ist; den Querschnitt der letzteren zeigt Fig. 116; die aus bestem Eisen hergestellten Achsen haben 3 Zoll (76 mm) Durchmesser und sind in einer Mittelentfernung von 5 Fuss 6 Zoll (1676 mm) angebracht. Die Tragfedern an jeder Achsböchse bestehen aus zwei Kautschukblöcken. Die Bremse ist nach demselben Entwurf wie die bereits beschriebene für den Dubliner Wagen ausgeführt, doch sind die Verhältnisse verschieden, nämlich:

Fig. 116. Querschnitt des Radkranzes in ¹/₂ der natürl. Grösse.

Verhältniss von	Zoll	Zoll
Handkurbel zur Kettenspindel	9 zu	1
Langem Hebel zum kurzen Hebel	24 „	3
Gesammtes Hebelverhältniss	216 zu	3
oder	72 „	1

Für einen Druck von 56 Pfd. an der Handkurbel ist das statische Aequivalent an den Rädern (72 X 56 ==) 4032 Pfd., oder nahezu 2 Tons, ein bedeutend grösserer Druck für ein bedeutend leichteres Fuhrwerk als bei dem Dubliner Wagen. In Kürze sind die bezüglichen Hebelverhältnisse folgende:

Wagen	Gesammtgewicht, halbe Ladung	Hebelverhältniss der Bremse	Hebelverhältniss pro Ton Gewicht
Metropolitan	4¹/₂ Tons	57 zu 1	13,4 zu 1
Starbuck	3 „	72 „ 1	24 „ 1

Solche Verschiedenheiten der Praxis weisen auf die grössere Stärke und Widerstandsfähigkeit gegen Bremskraft bei Wagen mit festem Dache im Gegensatz zu Wagen mit unterbrochenem Dache und Deckladung hin.

IV. CAPITEL.

Personenwagen mit beweglichem Radgestell von James Cleminson.

Für Strassenbahnen ebensowohl wie für Eisenbahnen gewährt das bewegliche Radgestell eine wesentliche Erleichterung beim Passiren von Curven und zur Verminderung des Zugwiderstandes. Cleminson's System der drei Achsen, die eine selbstverstellbare Räderbasis bilden, erfüllt in befriedigender Weise die Bedingungen des Problems. Die Achsen mit ihren Achsböchsen, Federn und Achshaltern sind in unabhängigen Rahmen montirt, welche getrennt von dem Hauptuntergestell des Wagens an jeder Achse angebracht sind. Die Endrahmen sind in der Mitte mit Zapfen versehen, um welche sie sich frei drehen, während der mittlere Rahmen so angeordnet ist,

Fig. 117. Personenwagen mit beweglichem Radgestell von Cleminson.

dass er querüber gleiten kann. Die drei Rahmen sind unter sich beweglich verbunden, um derart zusammenzuwirken, dass wenn der Wagen den geraden Theil der Bahn verlässt und auf eine Curve übergeht, die Endachsen sich in der Horizontalebene drehen, mit der mittleren Achse einen Winkel bilden und eine den Radien der Curven entsprechende Stellung annehmen. Mit Hülfe einer solchen selbstthätigen Adjustirung bewegt sich der Wagen frei in den Curven. Wenn umgekehrt der Wagen von der Curve auf eine gerade Strecke übergeht, so nehmen die Achsen wieder ihre parallele Stellung ein und der Wagen rollt ungehindert weiter. Diese automatische Bewegung entsteht durch den Seitendruck, den die mittlere Achse und der Rahmen in einer Curve erhalten; die relative seitliche Bewegung des mittleren Rahmens theilt sich den nächstliegenden Seiten der Endrahmen mit und veranlasst diese, sich auf ihren Zapfen zu drehen und die Endachsen in die geeignete radiale Lage zu bringen.

Cleminson's Erfahrungen mit diesem System des beweglichen Radgestells sind bisher grösstentheils dem Eisenbahnbetrieb entnommen. Einige von der London, Chatham und Dover Railway-Company nach diesem System construirte Wagen (Fig. 117) sind seit einiger Zeit in Betrieb. Von einem derselben wird berichtet, dass sich, nachdem er 30000 Meilen durchlaufen hatte, noch keine merkliche Abnutzung der Räderflanschen

Fig. 117. Güterwagen mit beweglichem Radgestell von Cleminson.

gezeigt habe, während sich die Flanschen gewöhnlicher Wagen auf derselben Linie schon nach der Hälfte dieser Meilenzahl zu einer dünnen Kante abgenutzt hatten. Einige Eisenbahn-Güterwagen (Fig. 118) wurden gleichfalls nach diesem Princip gebaut. Das System gestattet eine beliebige Ausdehnung der Wagenlänge sowie des Tragvermögens. Der hier abgebildete Güterwagen hat das Tragvermögen von zwei gewöhnlichen Wagen und wiegt dabei 20 Procent weniger.

Cleminson's Strassenbahnwagen mit beweglichem Radgestell, Fig. 119, ist auf den Strassenbahnen von Dublin und anderen in Betrieb. Die Räder

Fig. 119. Strassenbahnwagen mit beweglichem Radgestell von Cleminson.

sind weit voneinander unter dem Wagenkasten angebracht und sind so die Stösse, die beim Fahren der Wagen mit gewöhnlichem, niedrigem Radgestell entstehen, vermieden. Dieser Wagen fasst 16 Passagiere innen und 20 aussen, mithin eine Gesammtzahl von 35 Personen. Das Gewicht desselben ist 45 Ctr., gleich 1,18 Ctr. pro Passagier.

V. CAPITEL.

Tragfedern.

Die früher, Seite 112, mitgetheilten Berechnungen für den Druck der Seitenfedern sind nur annähernd richtig, denn der Grad der Compression oder Durchbiegung solcher Federn vermindert sich in dem Verhältnisse als die Last zunimmt. Für die cylinderförmigen Kautschukfedern, welche George Spencer & Co. für Strassenbahnwagen fabriciren und welche 7 Zoll (177 mm) Höhe, 4½ Zoll (110 mm) Durchmesser in der Mitte und 2⅞ Zoll (72 mm) Durchmesser an den Enden haben, ist z. B. die Durchbiegung oder Reduction der Höhe bei den angegebenen verticalen Lasten folgende:

Last	Gesammthöhe		Maximaldurchmesser		Durchbiegung oder Reduction der Höhe	
Tons	Zoll	mm	Zoll	mm	Zoll	mm
0	7	177	4³/₄	111	0	0
¹/₂	5³/₁₆	131	4⁶/₄	120	1¹⁸/₁₆	46
1	4¹/₁₆	103	5¹/₄	133	2¹⁵/₁₆	74
1¹/₂	3⁵/₄	91	5¹/₂	139	3³/₄	85
2	3¹/₂	82	—	—	3²/₄	93

Für eine gleiche Feder aus derselben Fabrik, von 7 Zoll (177 mm) Höhe, 5¹/₁₆ Zoll (135 mm) Durchmesser in der Mitte und 3³/₄ Zoll (95 mm) Durchmesser an den Enden ist die Durchbiegung folgende:

Last	Gesammthöhe		Maximaldurchmesser		Durchbiegung oder Reduction der Höhe	
Tons	Zoll	mm	Zoll	mm	Zoll	mm
0	7	177	5³/₁₆	138	0	0
¹/₂	5⁵/₂	139	5⁷/₄	149	1¹/₂	38
1	4⁶/₄	120	—	—	2⁵/₄	67
1¹/₂	4³/₁₆	105	6³/₄	165	2¹⁵/₁₆	71
2	3¹⁵/₁₆	95	6⁷/₄	174	3⁷/₁₆	89

Die in den letzten Spalten angegebenen Durchbiegungen nahmen minder rasch zu als die Lasten, sodass die Grade der Durchbiegung pro Ton unter vermehrter Last folgende waren:

Last	Durchbiegung pro Ton der Last			
	1. Feder		2. Feder	
Tons	Zoll	mm	Zoll	mm
0	—	0	—	0
¹/₂	3⁵/₈	91	3	76
1	2¹⁵/₁₆	74	2⁵/₄	67
1¹/₂	2¹/₄	57	1⁷/₄	47
2	1⁷/₄	47	1⁵/₄	41

Unter einer Last von netto 5¹/₂ Tons würden acht dieser Federn je ⁷/₂ Tons zu tragen haben, entsprechend einer Elasticität von ca. 3³/₂ Zoll (85 mm) pro Ton bei der ersten Feder und ca. 2³/₄ Zoll (69 mm) bei der zweiten. Diese Durchbiegungen sind viel grösser als bei den von der „North British Rubber-Company" gelieferten Federn.

Aus den Resultaten der Durchbiegungen der Spencer'schen Federn ergiebt sich, dass die Elasticität unter einer Last von 2 Tons nur ungefähr die Hälfte der Elasticität unter einer Last von nicht über ¹/₂ Ton beträgt, sowie dass die Durchbiegung im umgekehrten Verhältniss zu der Kubikwurzel der Quantität des Materials in den Federn steht; denn die Durchmesser der Federn sind 4³/₄, respective 5¹/₁₆ Zoll, deren Quadrate sich wie 2 zu 3 und wie die Quantitäten des Materials der Federn verhalten. Nun sind aber die Durchbiegungen unter einer

Last von 2 Tons 1⁷/₄ Zoll und 1⁵/₄ Zoll, und $\frac{15}{8} : \frac{13}{8} = \sqrt[3]{3} : \sqrt[3]{2} = 1.14 : 1.26$, oder wie 15 zu 13,

d. h. die Kubikwurzeln von 2 und 3 verhalten sich umgekehrt wie 1⁷/₄ zu 1⁵/₄.

Da ferner die Quantitäten des Materials in den Federn von gleicher Höhe wie die Quadrate der Durchmesser sind, stehen die Durchbiegungen im umgekehrten Verhältniss zu den Kubikwurzeln der Quadrate der Durchmesser oder zu der ²/₃ Potenz des Durchmessers.

Die Anwendung der Kautschukfeder, deren Widerstand gegen Druck im Verhältniss schneller wächst als die Last, ist für gewöhnlich nicht zu empfehlen; denn sie verstärkt momentan den der oscillirenden Vor- und Rückwärtsbewegung des Wagens gebotenen Widerstand. Sie contrastirt hierin sehr unvortheilhaft mit der gewöhnlichen Stahlfeder, deren Durchbiegung in gleichem Maasse mit der Last zunimmt. Unter gewöhnlichen Umständen übt bei dem Strassenbahnwagen mit nahestehenden Achsen und beträchtlich überhängender Wagenconstruction die zunehmende Festigkeit der Federn unter verstärktem Drucke einen mächtigen Einfluss aus, um die Schwingungen des Wagens zu hemmen und deren Ausdehnung zu reduciren.

Die von L. Sterne & Co. fabricirten „Spiralfedern mit Kautschukmittelstück" bieten einen Ausgleich zwischen dem gleichmässigen und dem beschleunigten Zunehmen des Widerstandes gegenüber der Zunahme der

Last. Ein Paar ihrer für Strassenbahnwagen geeigneten C-Federn wird unter einer Last von 1,755 Tons 1,47 Zoll, gleich 0,56 Zoll pro Ton durchgebogen. Die beigefügte Tabelle der Durchbiegungen und Lasten, die auf Resultate der von Kirkaldy gemachten Erfahrungen gegründet ist, erläutert den erwähnten Ausgleich, indem sie den Beweis giebt, dass die Zunahme der Festigkeit eine weit geringere ist als bei den ganz aus Kautschuk hergestellten Federn. Das Kautschuk-Mittelstück hat 2 Zoll (50 mm) Durchmesser und ist in eine stählerne Spiralfeder von 3 Zoll (76 mm) äusserem Durchmesser eingeschlossen, die aus ⁹⁄₁₆ zölligem (14 mm) rundem Stahl, in 5½ ganzen Windungen, in einer Länge von 8 Zoll (203 mm) hergestellt ist:

Durchbiegung		Last	Gesammtdurchbiegung pro Ton der Last	
Zoll	mm	Tons	Zoll	mm
0.45	11.4	0.448	1.00	25.4
0.81	20.5	0.992	0.91	23.1
1.16	29.4	1.339	0.87	22.0
1.47	36.6	1.765	0.92	20.8
1.73	43.2	2.232	0.77	19.5
1.89	47.9	2.678	0.71	18.0
2.04	51.8	3.124	0.65	16.5

Man kann hieraus ersehen, dass, obschon der Widerstand der Sterne'schen Feder gegen Druck minder rasch zunimmt als die der Spencer'schen, erstere doch im ganzen gemeinsam diese Eigenschaft mehr besitzen als letztere.

VI. CAPITEL.

Wagenräder.

Man wendet für Strassenbahnwagen gusseiserne Räder mit gehärtetem Umfang an, wie sie in Amerika fabricirt werden. Es ist dazu eine Sorte Holzkohleneisen bestimmt, welche ein tiefes Eindringen der Krystallisation und des Hartgusses in das Innere des Eisens gestattet, und wird grosse Sorgfalt beim Adouciren desselben, nachdem die Räder gegossen sind, angewendet. Auf den Strassenbahnen in London haben die Wagenräder eine Dauer von 14 Monaten, wobei sie etwa 22000 bis 25000 Meilen durchlaufen. Sie wiegen neu ca. 214 Pfund, verlieren aber durch den Gebrauch — hauptsächlich durch die Einwirkung der Bremse — 11 bis 16 Pfund an Gewicht und werden durch Abbrechen der Flanschen untauglich.

Das Handyside-Rad, Fig. 120, welches mit Erfolg für Eisenbahnwagen angewendet wird, eignet sich sehr gut auch für Strassenbahnwagen. Es besteht aus drei Theilen: Radkranz, Nabe und einem Scheibenpaar, welches Nabe und Radkranz verbindet. Der Radkranz ist aus Stahl oder Hartgusseisen, die Nabe aus Schmiedeeisen oder Stahl, mit vier radialen Armen hergestellt. Die Scheiben sind aus Gussstahl und an ihrem inneren und äusseren Umfang gebogen, zusammengesetzt fassen diese Kanten in correspondirende Einschnitte in Radkranz und Nabe, während inmitten der Scheibenkrümmung der Anschluss an die Enden der vier Arme erfolgt, ohne dieselben jedoch zu berühren. Die Scheiben werden durch Schrauben mit je zwei Unterlegblechen versehen, welche am Boden der Ausbauchung angebracht sind, verlascht; da die Scheiben sich nicht berühren, befinden sie sich in einem Zustand elastischer Spannung, während sie gleichzeitig Radkranz und Nabe in ihrer Lage festhalten. Das Rad ist auf der "Caledonian Railway" geprüft worden und hat befriedigende Resultate in Festigkeit und Dauerhaftigkeit geliefert.

C. L. Light stellt ein Rad her, das aus Nabe und Scheibe, in einem Stück gegossen, mit einem Radkranz aus Stahl oder Eisen besteht. Die Scheibe ist mit radialen Riefen versehen, die gleichzeitig sich seitlich auf die Fläche des Rades erstrecken, wodurch sie etwas schlangenförmig werden. Die Riefen endigen auf dem Felgenkranz in wellenförmigen Contouren und gewähren so demselben ein continuirliches Lager. Das Rad ist durch seine Form zugleich elastisch und stark.

Fig. 120. Das Handyside-Rad.

VII. CAPITEL.

Französische Strassenbahnwagen.

(Mit Zeichnungen auf Tafel VIII.)

Der für die Strassenbahn von Arc de Triomphe nach der Porte Maillot von Léon Francq entworfene und ausgeführte „Winterwagen" (Fig. 1—3, Tafel VIII) hat 14 Sitzplätze im Innern und 7 Stehplätze auf jeder Plattform, kann im ganzen also 28 Passagiere aufnehmen. Das Gewicht des leeren Wagens ist 1,57 Tons; mit Passagieren 3,36 Tons.

Aeusserste Gesammtlänge	19	Fuss	0	Zoll	5,800 m
Länge des Wagenkastens	11	„	9½	„	3,600 „
Länge jeder Plattform	3	„	7¼	„	0,700 „
Innere Länge	11	„	5¼	„	3,500 „
Raum pro Passagier	1	„	7½	„	0,500 „
Querbreite der Sitze	1	„	5	„	0,430 „
Höhe der Sitze	1	„	7¼	„	0,470 „
Breite des Durchganges zwischen den Sitzen	2	„	9½	„	0,850 „
Aeussere Breite des Wagenkastens	6	„	7	„	2,000 „
Breite der Thüren	1	„	11½	„	0,600 „
Höhe der Thüren	5	„	11	„	7,800 „
Innere Maximalhöhe	6	„	9½	„	2,075 „
Durchmesser der (4) Räder	2	„	4	„	0,711 „
Abstand der Räder von Mitte zu Mitte	5	„	3	„	1,600 „

Bei so bedeutenden Dimensionen wiegt dieser Wagen gleichwohl nur 0,12 Ctr. pro Passagier oder ca. 4 Proc. mehr als der auf Seite 110 beschriebene Wagen mit Sitzen innen und aussen. Der Wagenkasten ist wie der einer gewöhnlichen Kutsche mit Querriegeln aus Doppel-Eisen gebaut; die Paneele sowie die Geländer der Plattformen sind aus lackirtem Eisenblech. Die Federn waren ursprünglich nach dem Belleville-System construirt und bestanden aus gewölbten, an einer Spindel befestigten Stahlplatten, doch wurden sie später durch gewöhnliche Kautschukfedern ersetzt, die, wie die bereits beschriebenen, cylinderförmig waren, 8 Zoll (203 mm) hoch standen und in der Mitte 4 Zoll (101 mm) Durchmesser hatten. Die Bremse, nach Stephenson's System, wirkt auf alle Räder. Der Lieferpreis des Wagens betrug £ 180.

Der Zugwiderstand des Wagens auf ebenem Terrain variirt je nach der Beschaffenheit der Bahn von 13 Pfd. bis 22 Pfd. pro Ton, bei einer Geschwindigkeit von 7½ bis 8 Meilen in der Stunde (6—10 kg bei 12 bis 13 km in der Stunde).

Der von Francq entworfene „Sommerwagen" (Fig. 4—6, Tafel VIII) hat in der Hauptsache dieselben Dimensionen wie der Winterwagen und nimmt dieselbe Passagierzahl im Innern und auf den Plattformen auf. Die Seiten und Enden des Wagenkastens sind über den Sitzen offen, jedoch mit Vorhängen versehen. Das Gewicht des leeren Wagens ist 1,37 Tons, gleich 1 Ctr. pro Passagier. Der Wagen wurde für den Preis von £ 160 geliefert.

Die „Compagnie Générale des Omnibus" benutzt grosse Omnibusse, Tafel VIII, Fig. 7—9, mit Innen- und Aussensitzen für die äusseren Boulevards auf der Linie zwischen dem Place de l'Etoile und La Villette. Dieselben haben 20 Sitze im Innern und 22 Decksitze, sowie auf den Plattformen Stehplätze für 6 Passagiere, im ganzen also Raum für 48 Personen. Der Wagenkasten hat 16 Fuss 5 Zoll (5 m) äussere Länge; die an der Rückseite befindliche Plattform steht 4 Fuss 10 Zoll (1,47 m) über den Wagenkasten vor, die Tritte noch 7 Zoll (177 mm) weiter zurück, während der vorn angebrachte Kutschersitz 3 Fuss (1,1 m) vorspringt. Die Gesammtlänge des Fuhrwerks ist 24 Fuss 10 Zoll (7,75 m). Die Breite des Sitzraumes im Innern ist 19 Zoll (482 mm) pro Passagier, die der Decksitze 17¾ Zoll (454 mm), während die äussere Breite des Wagenkastens 6 Fuss 7 Zoll (2 m) beträgt. An dem einen Wagenende führt eine Treppe nach dem Dache und ebenso Stufen von der Plattform abwärts. Der Wagenkasten wird von einem hölzernen Querrahmen getragen, der auf vier Rädern von 3 Fuss 3¼ Zoll (1 m) Durchmesser montirt ist, welche 7 Fuss 10½ Zoll (2,4 m) voneinander entfernt sind. Nur die Vorderräder sind geflanscht und auf ihre Achsen aufgekeilt, während die Hinterräder flache Radkränze haben und lose auf ihren Achsen sitzen. Die ersteren laufen in einem beweglichen Gestell, an welchem Deichseln für zwei Pferde angebracht sind und welches sich auf einem Achsbolzen dreht und so ein leichtes Befahren der Curven gestattet. Der Wagen ruht auf Stahlfedern von 39 Zoll (990 mm) Spannweite. Eine Bremse, welche von dem Kutscher gelenkt werden kann, wirkt auf die Hinterräder des Wagens. Diese Wagen laufen sehr leicht und ist ihr Zugwiderstand ein viel geringerer als der gewöhnlicher Strassenbahnwagen. Das Gewicht des leeren Wagens beträgt 2,95 Tons, gleich 1,23 Ctr. pro Passagier, während der beladene Wagen 6—6½ Tons wiegt. Die Kosten des in der Fabrik der Gesellschaft construirten Wagens betragen £ 260.

Die Wagen der „North-Company" haben im Innern Sitzplätze für 16 Personen und ausserdem 16 Stehplätze auf den Plattformen, im ganzen also 32 Plätze. Der Wagen wiegt leer 1¼ Tons, gleich 1 Ctr. pro
Passagier, belastet 1½—4¼ Tons.

Die Wagen der „South-Company" fassen im ganzen 46 Passagiere: 16 innen, 12 auf den Plattformen
und 18 aussen. Das Gewicht des leeren Wagens beträgt 2,20 Tons, gleich 0,96 Ctr. pro Passagier, belastet 5
bis 5,20 Tons.

Zum Betrieb sind für jeden Wagen 8, 10 oder 12 Pferde erforderlich, von welchen jedes Paar täglich einen Weg von 10 Meilen (16 km) macht. Die Wagen legen täglich 53—56 Meilen (85—90 km) zurück.

VIII. CAPITEL.

Eade's umdrehbarer Wagen.

(Mit Zeichnungen auf Tafel IX, Fig. 9—12.)

Eade's Wagen, der im Jahre 1877 patentirt wurde, ist kürzlich (October 1877) von der „Manchester
Carriage-Company" auf den „Salford Tramways" in Betrieb gesetzt worden. Der Hauptzweck beim Entwurf desselben war der, die Nothwendigkeit zu vermeiden, an den Haltestellen Zugstange und Deichsel abzunehmen
und von einem Ende des Wagens an das andere zu bringen, — eine Verrichtung, die von einer Anzahl
Männer ausgeführt wird, die als „pole-shifters" bekannt sind. Der Wagenkasten bewegt sich auf einem in der
Mitte des Untergestelles befindlichen Zapfen und kann umgedreht werden, während die Pferde angeschirrt bleiben
und ohne dass der Kutscher seinen Sitz verlässt. Der Wagenkasten wird durch einen einfachen Verschluss in
seiner Lage befestigt. Nur an einem Ende des Wagens befindet sich ein Eingang, zu dessen beiden Seiten
Treppen nach dem Dache führen. Zu diesem Eingang gelangt man auf drei Stufen — eine Stufe mehr als
sonst üblich, da der Wagenkasten hier ungewöhnlich erhöht ist; auch die Fenster sind um der grösseren Sicherheit willen höher angebracht. Der Kutscher nimmt auf der Vorderseite einen erhöhten Sitz ein.

Der Wagen nimmt 16 Passagiere innen und 18 aussen auf, im ganzen 34 Personen; derselbe ist, von
aussen gemessen, 12 Fuss (3,6 m) lang und 6½ Fuss (1,98 m) breit; die innere Länge beträgt 11½ Fuss
(3,5 m), mithin 17½ Zoll (450 mm) pro Sitz. Der äussere Sitzraum ist 12 Fuss (3,6 m) lang und ergiebt
bei 18 Passagieren eine Sitzbreite von 16 Zoll (406 mm) pro Person. Die Gesammtlänge vom vorderen Ende
des Stützrahmens bis zum Ende der Treppe beträgt 17 Fuss 6 Zoll (5,33 m). Der Wagen hat vier 30 zöllige
(762 mm) Räder, welche aus gusseiserner Nabe, hölzernen Speichen und Felgen und geflanschten, stählernen
Radkranz bestehen. Ein Rad an jeder Achse läuft lose, und soll durch diese grössere Freiheit der Bewegung
das Ziehen wesentlich erleichtert werden. Die Seitenfedern sind gewöhnliche gewalzte Stahlfedern, wie sie bei
Omnibussen gebräuchlich sind. Für jedes Rad ist ein hölzerner Bremsblock vorgesehen, der mittelst 4 zölliger
eiserner Bolzen befestigt ist, welch letztere mit dem Holze auf dem Rade aufliegen. Diese Construction aus
Holz und Eisen hat sich als vortheilhafter ausgewiesen als Holz oder Eisen allein.

Das Gewicht des leeren Wagens ist 34 Ctr., gleich 1 Ctr. pro Person bei 34 Passagieren; ein so
niedriges Verhältniss ist noch von keinem anderen englischen Wagen von gleichem Tragvermögen erreicht worden.
Diese verhältnissmässige Leichtigkeit des Wagens ist dadurch erzielt, dass man Rahmenwerk von leichteren
Dimensionen, Räder von Holz und schwächere Achsen angewendet hat.

Es wird berichtet, dass sich durch den Gebrauch des umdrehbaren Wagens eine Ersparniss an Pferdekraft von mehr als 30 Proc. ergiebt, da für den wirksamen Betrieb desselben 8 Pferde genügen, während der
gewöhnliche Wagen eine Anzahl von 12 Pferden bedingt. Gegenwärtig werden weitere Wagen nach diesem
Entwurf für diese Strecke gebaut.

Ein Wagen (Eade's Patent) von etwas grösseren Dimensionen als der eben besprochene, von der Ashbury
Railway-Carriage & Iron Company, Openshaw-Manchester, ist auf Tafel IX, Fig. 9—12 abgebildet. Das Gewicht
dieses Wagens, der 38 Passagiere, 18 innen und 20 aussen, zu befördern vermag, beträgt 39,5 Centner. Der
Wagenkasten ist im Innern 3,911 m lang, 1,879 m breit und vom Fussboden bis Unterkante des Daches in
der Mitte 2,108 m hoch. Die gesammte Länge, über die Plattformen gemessen, beträgt ca. 6 m. Die Räder
haben 736 mm Durchmesser und sind aus Gussstahl, die Achsen aus Bessemer-Stahl hergestellt.

IX. CAPITEL.

Metropolitan Carriage Company, Saltley Works, Birmingham.

(Mit Zeichnungen auf Tafel XIV. Fig. 1—4.)

Die auf den Londoner Pferdebahnen benutzten Wagen sind aus verschiedenen Fabriken hervorgegangen. Einen von obengenannter Fabrik für diese Stadt gelieferten Musterwagen zeigt Tafel XIV. Fig. 1—4. Die Länge dieses Wagens beträgt im Innern 4,647 m, über die Plattformen gemessen 6,7 m. Die in der Längenrichtung des Wagens angeordneten Sitze sind gepolstert und mit Utrechter Sammt bezogen. Zu den aus Latten gebildeten Decksitzen gelangt man mittelst Treppen an den Enden des Wagens. Sämmtliche Fenster sind zum Oeffnen eingerichtet und, um das lästige Klirren zu verhindern, mit Federn versehen. Ueber diesen Fenstern sind noch festsitzende bemalte Scheiben angebracht. Der Wagen wird durch zwei Paraffin-Lampen erhellt, welche, indem sie auch nach aussen ihr Licht werfen, zugleich als Signallampen dienen. Es sind für diesen Wagen Räder nach Mansell's Patent, mit Scheiben aus Teak-Holz und gusseisernen Bandagen, und Tragfedern aus Kautschuk angewendet. Das Wagengestell ist aus gutem Eichen- und Eschenholz gebaut, die Füllungen sind aus Mahagoni. Die inneren Wände sind lackirt, nur die Decke hat eine blassgrüne Farbe erhalten. Die Aussenseite des Daches ist mit wasserdichtem Leinen überzogen; ein Lattenrost schützt diesen Ueberzug gegen allzu rasche Abnutzung. Die Brustwehr wird von Röhren gebildet; die eisernen Treppen sind in leichter, doch haltbarer Construction gehalten.

X. CAPITEL.

Léon & Eugène Delettrez, Paris.

(Mit Zeichnungen auf Tafel IX. Fig. 1—4, Tafel XI und Tafel XIV. Fig. 5—9.)

Von dieser Firma, welche schon seit Jahren im Bau von Pferdebahnwagen sich eines besonderen Rufes erfreut, bringen wir zuerst einen Wagen mit Decksitzen, welcher schon im Jahre 1870 construirt wurde; derselbe ist auf Tafel IX in den Fig. 1—4 in Auf- und Grundriss, sowie in der Endansicht dargestellt. Um ein leichtes Durchfahren von Curven mit 25 m Radius zu gestatten, hat man einen verhältnissmässig geringen Radachsenstand — 1,5 m — angewendet. Radachsen und Räder sind aus Gussstahl hergestellt.

Das Gewicht des fertigen Wagens mit allem Zubehör beträgt 3000 kg und stellte sich der Preis auf 5500 Frcs. Der Wagen enthält innen 20, oben 16, im ganzen also 36 Sitzplätze, bei einer Sitzbreite von 450 mm à Person. Das todte Gewicht des Wagens repräsentirt pro Person 83 kg. Ein solcher Wagen eignet sich auch sehr wohl für dieselbe jedoch ausschliesslich für Pferdebahnen bestimmt, so reducirt sich sein Gewicht um 300 kg, sodass das todte Gewicht nur 75 kg pro Person beträgt. Die Gesammtlänge des Wagens ist 6,2 m, seine Breite 2,115 m; das Innere desselben ist sehr geräumig und hoch; so kann ein Erwachsener mit dem Hute auf dem Kopfe, ohne sich zu bücken, im Gange sich frei bewegen, da dort die Höhe 1,95 m beträgt. Die Sitzbänke haben eine Tiefe von 470 mm und ist zwischen denselben ein Raum von 900 mm, sodass man, ohne die Sitzenden zu belästigen, leicht passiren kann.

Neuere Wagen-Constructionen dieser Firma sind auf Tafel XI gezeichnet. Bei diesen wird das Wagengerippe von 2 schmiedeeisernen, L-förmigen Trägern gebildet, welche durch gekreuzte Traversen miteinander verbunden sind. Der in Fig. 1—3 dargestellte Wagen enthält 16 Plätze im Innern, 15 Decksitze und Raum für 12 Personen auf den Plattformen. In den Fig. 4—6 ist ein Wagen dargestellt, der 14 Sitzplätze im Innern hat und dessen Plattformen für 16 Personen berechnet sind; derselbe ist für ein Pferd bestimmt. Einen offenen Wagen mit einander gegenüberstehenden Bänken, der im ganzen 32 Plätze enthält, zeigen Fig. 7—9. An sämmtlichen Wagen sind Stahlfedern angewendet. Die von der Firma construirten Bremsen sind aus Fig. 5, Tafel XI ersichtlich. Diese Bremse besteht aus einem horizontalen, doppelarmigen Hebel A, der sich um den festen Bolzen O drehen kann und an dessen Enden je eine lange Stange B befestigt ist, an welche sich eine auf der verticalen Spindel M aufzuwickelnde Kette anschliesst. Die Spindel M wird zu diesem Zwecke vom Kutscher mittelst einer Kurbel bewegt. An dem Hebel A sind in den Punkten O, vier kleine Stangen angeschlossen, welche mit den Enden der Hebel E derartig verbunden sind, dass mittelst Nachstellschrauben die Bremse regulirt werden kann. Die Hebel E, welche die Hohlschuh tragen, sind von ungleicher Länge, damit die Richtung der Stangen D normal zur mittleren Hebelstellung ist; doch stehen die Hebelarme eines jeden Stückes in gleichem Verhältniss zueinander und geschieht das Bremsen an allen Rädern mit gleicher Kraft. Die Hebelverhältnisse sind so gewählt, dass durch eine Kraftäusserung von 20 kg an der Kurbel an jedem Bremsklotze ein Druck von 1000 kg erzielt wird, im ganzen also ein Druck von 4000 kg.

Auf Tafel XIV ist in den Fig. 5 und 6 ein Personenwagen für schmalspurige Eisenbahnen gezeichnet, wie solche gleichfalls von der Firma Delettrez gebaut werden. Dieser Wagen besitzt 6 Sitzplätze I. Classe und 12 Plätze II. Classe.

Zwei Güterwagen für Strassenbahnen und andere schmalspurige Eisenbahnen zeigen die Fig. 7—9, Tafel XIV. Die drei letztgenannten Wagen sind mit einer centralen Buffer- und Zugvorrichtung versehen, welche mit Hilfe der Fig. 8 erläutert werden möge. Die Buffervorrichtung setzt sich im wesentlichen aus den zwei Stangen A zusammen, welche auf die Stossfeder E mittelst der Stange B wirken können; letztere ist mit einer centralen Bohrung versehen, in welcher sich die Zugstange C befindet, die wiederum bei d mit dem Zughaken D verbunden ist. Die Stange B und die Zugstange C wirken also auf die beiden entgegengesetzten Seiten der „Belleville"-Feder E; es dient also diese Spiralfeder abwechselnd als Stoss- und als Zugfeder. Die beiden Buffer werden fortwährend im Zusammenhang erhalten durch die Feder L, deren Spannung auch dazu dient, eine gegenseitige Pressung zwischen den beiden Haken zu erhalten, wenn sie einmal eingehakt sind, und den Stoss zu vermindern. Ausserdem dient noch die Blattfeder M dazu, die Haken gegeneinander anzupressen. Das Loshaken wird durch zwei Hebel bewirkt, welche die beiden Haken voneinander trennen, worauf diese unter Einwirkung der Feder sofort zurückschnellen.

Für secundäre oder schmalspurige Bahnen werden diese Wagen mit besonderer Rücksicht auf diesen Betrieb und abweichend von den Strassenbahnwagen gebaut. Die Längenträger des Wagengestelles sind aus T- oder C-Eisen. Das todte Gewicht der Wagen beträgt nur 33 Procent der Ladung.

Die von der Firma Delettrez gelieferten Wagen haben sich überall, wo sie functioniren, — in Paris, Petersburg etc. — bestens bewährt.

XI. CAPITEL.

Wiener Strassenbahnwagen.

(Mit Zeichnungen auf Tafel IX. Fig. 1—8 und Tafel XIII. Fig. 1—3).

Die acht Wiener Strassenbahnlinien haben eine Gesammtlänge von 21850 m. Für den Verkehr auf diesen Bahnen besitzt die Gesellschaft 100 Wagen, von denen ein Viertel Winterwagen und drei Viertel leichtere, offene Wagen für die Sommersaison sind. Die geschlossenen Winterwagen besitzen zwei Abtheilungen, eine für Raucher, die andere für Nichtraucher. Dieselben sind sehr kurz; die Entfernung ihrer Achsmitten beträgt 1,90 m, wobei die Wagen Curven von 8 m Radius zu passiren haben.

Ein solcher geschlossener Winterwagen, von Dreyhausen entworfen, ist auf Tafel IX in den Fig. 5—8 abgebildet. Derselbe enthält 20 Plätze innen und 18 Sitzplätze, im ganzen also 38, doch befördert er häufig 50 und mehr Passagiere. Die totale Länge des Wagens beträgt 7,10 m, die innere Länge des Wagenkastens 4,44 m, die Breite des Wagens 1,94 m, die für jeden Passagier disponible Sitzbreite nur 440 mm. Die Sitze sind vorn 520 mm hoch und nach hinten eine Neigung, die höchst comfortabel erscheint. Die ebenfalls gebogenen Decksitze bestehen aus ziemlich breiten, elastischen Latten.

Auf Tafel XIII ist in den Fig. 1—3 ein von der Hernalser Waggon-Fabrik, Actien-Gesellschaft in Wien, gebauter, für die Wiener Pferdebahn bestimmter Wagen gezeichnet. Abweichend von den eben beschriebenen Wagen sind hier die Plattformenträger aus Blech und Winkeleisen construirt und aus einem Stück in der ganzen Länge des Wagens hergestellt; ebenso sind die übrigen Theile des Traggerippes in Eisen gehalten.

Der Achsstand beträgt 1,5 m, der Durchmesser der Räder 790 mm, die Länge der Achsen zwischen den Lagerhalsmitten 1,818 m. Die Wagen hängen auf vier Blattfedern von 1,1 m Länge. Der Wagenkasten hat 12 innere und 6 äussere Sitzplätze und besitzt eine Länge von 4 m, eine Breite von 1,930 m, eine Höhe im Lichten von 2,070 m. Die Säulen der Seitenwände sind mit ihren unteren Enden mittelst schmiedeeiserner Winkel am Langträger befestigt, die Thüren sind auf zwei diagonal gestellten Rollen zum Verschieben eingerichtet. Das Totalgewicht des Wagens beträgt 1500 kg.

XII. CAPITEL.

Société Métallurgique et Charbonnière Belge (Ateliers de Nivelles), Brüssel.

(Mit Zeichnungen auf Tafel X. Fig. 1—9).

Auf Tafel X sind drei elegante Wagen dieser Fabrik abgebildet, deren Construction sich von der üblichen besonders durch die Anwendung eines durchbrochenen Rahmens unterscheidet, der aus einer Stahlblechplatte hergestellt und oben und unten (in Doppel-T-Form) durch gleich starke stählerne aufgenietete Winkel eingesäumt ist. Diese Längenrahmen gestatten, auf rationelle Weise die Plattformen zu verlängern, um so die Zahl der bevorzugten Plätze zu vermehren und eine grössere Passagierzahl aufzunehmen. Der auf solche Weise zusammengesetzte Wagen ersetzt zugleich die gusseisernen Achsenhalterführungen der ausserdem sehr schweren und zerbrechlichen hölzernen Rahmen; es sind zu diesem Zwecke in den Längenrahmen entsprechende Ausschnitte für die Achsbüchsen angebracht. Diese Firma wendet meistens Kautschukfedern an, da dieselben ihres leichteren Gewichtes wegen auf Rahmen mit Steigungen vorzuziehen sind. Die Anwendung der Tragfedern aus Stahl erfordert eine grosse Sorgfalt bei der Montirung; sie müssen nämlich leicht genug sein, um eine genügende Elasticität zu erzielen, wenn der Wagen wenig belastet ist; dabei kann jedoch leicht eine bedeutende Senkung beim jedesmaligen Einsteigen am hinteren Wagenende eintreten. Um diesen Uebelstand zu vermeiden, ist es nöthig, den Tragfedern von Anfang an eine genügend starke Spannung zu geben, die mittelst Schrauben regulirt wird.

Die Fig. 1—6 stellen einen geschlossenen Wagen mit zwei Classenabtheilungen dar, der im Innern 18, auf den grossen Plattformen 26, im ganzen also 44 Personen fassen kann. Grosse Spiegelscheiben verleihen diesem Wagen ein höchst elegantes Ansehen. Der Radachsenstand ist ziemlich gross; es beträgt die Entfernung von Mitte zu Mitte 2,50 m.

Einen kleineren Wagen mit anderer Längenträgerconstruction zeigen die Fig. 1—3. Dieser für die Cölner Pferdebahn gebaute Wagen hat innen 16 Sitzplätze, ausser 22 Stehplätze, sodass er im ganzen 38 Personen befördern kann. Die Sitze im Innern sind auch hier in der Längenrichtung des Wagens angeordnet. Ihre Entfernung der Achsmittel beträgt 1,520 m, das Gewicht des Wagens ca. 1650 kg.

Ein offener Wagen ist in den Fig. 7—9 dargestellt. Hier sind die Sitzbänke quer zur Wagenachse angeordnet, und da kein Mittelgang vorhanden ist, erfolgt das Ein- und Aussteigen an beiden Längsseiten des Wagens, zu welchem Zwecke durchgehende Lauftreter angebracht sind. Dadurch wird es ermöglicht, an 10 Stellen gleichzeitig ein- und auszusteigen und so den Aufenthalt an den Haltestellen auf ein Minimum zu reduciren. Das leichte bogenförmige Blechdach wird durch 8 hölzerne, mit Eisen armirte Säulen getragen; an den Enden findet ausserdem durch eiserne Stangen eine Verbindung mit den Schutzblechen statt. Es sind bei diesem Wagen ausser 40 Sitzplätzen noch 8 Stehplätze vorhanden. Die Entfernung der Radachsen voneinander beträgt 1,520 m.

Diese drei beschriebenen Wagen haben sehr leichte schmiedeeiserne Räder mit aufgezogenen Gussstahlbandagen; die Achsen sind ebenfalls von Stahl. Die Schmierbüchsen bestehen aus einem Stück, um das Eindringen von Staub zu verhindern; die Schmierung erfolgt von unten mittelst eines Stopfens.

XIII. CAPITEL.

Schweizerische Industrie-Gesellschaft, Neuhausen, Schweiz.

(Mit Zeichnungen auf Tafel XII. Fig. 1—9 und Tafel XIV. Fig. 10—13).

Tafel XII bringt von dieser Firma gebaute Wagen für Strassenbahnen zur Anschauung, wie sie auf der Strassburger Bahn in Gebrauch sind. Der in Fig. 1—3, Tafel XII abgebildete Stadtwagen hat ein Gewicht von 2050 kg; die Länge des Wagenkastens beträgt 3,5 m, seine Breite 1,91 m; die Radachsen stehen in einer Entfernung von 1,65 m voneinander.

Der in Fig. 4—6 gezeichnete offene Wagen wiegt wie der vorher beschriebene 2050 kg und ist, über die Plattformen gemessen, 7 m lang bei einer Breite von 2,1 m. Derselbe ist an den Seiten mit einer Brüstung versehen, sodass bei Anwendung von Querbänken ein schmaler Mittelgang frei bleibt. Bei den vorhandenen fünf Doppelsitzreihen ergeben sich auf diese Weise 40 Sitzplätze.

Ein geschlossener Wagen der Linie Rheinbrücke—Hornheim ist in Fig. 7—9 abgebildet. Die Dimensionen des Wagenkastens sind dieselben wie bei dem ersten Wagen, doch beträgt hier die Entfernung der Radachsen 1,75 m.

Alle diese Wagen zeichnen sich durch Eleganz und Leichtigkeit in der Construction aus. Als Rahmenwerk dienen durchlöcherte Blechträger; die Sitze sind nicht gepolstert, sondern aus Latten hergestellt. Besondere Erwähnung verdient die Zugvorrichtung dieser Wagen, die an den Zeichnungen des Aufrisses Fig. 1 zu ersehen ist. Die übliche Weise, das Zuggeschirr der Pferde mit Hilfe eines Scharnierbolzens direct vorn am Wagenrahmen zu befestigen, ist hier vermieden. Um nämlich ein sanftes Anziehen zu erzielen, gehen von beiden Seiten Zugstangen, die mit Augen die Radachsen umgreifen, bis in die Mitte des Wagens, wo dieselben mittelst Gummizwischenlagen mit dem Rahmen in Verbindung stehen.

Auf Tafel XIV stellen die Fig. 10—13 zwei Güterwagen für schmalspurige Strassenbahnen dar, wie sie auf der Rappoldsweiler Strassenbahn in Betrieb sind; dieselben sind nur für Locomotivbetrieb eingerichtet. Das Gewicht des in den Fig. 10—11 abgebildeten Wagens beträgt 1850 kg, das des Lowry-Wagens (Fig. 12 bis 13) dagegen 1200 kg. Beide sind für eine Last von 4000 kg berechnet.

XIV. CAPITEL.

Stuttgarter Strassenbahnwagen.

(Mit Zeichnungen auf Tafel XIII. Fig. 4—9.)

Wir haben auf Tafel XIII in den Fig. 4—9 (nach Heusinger von Waldegg, Musterconstructionen für Eisenbahnbetrieb) zwei Arten von Strassenbahnwagen der Stuttgart—Berg—Cannstatter Pferdebahn abgebildet, die in der Maschinenfabrik Esslingen nach amerikanischem Vorbild gebaut wurden.

Ein offener Wagen ist in den Fig. 4—6 gezeichnet. Das Wagengestell ist sehr einfach und fast ganz in Holz ausgeführt; es besteht aus zwei Kastenschwellen, welche nur von Plattform zu Plattform reichen und an den Enden durch zwei Kopfschwellen, sowie in der Mitte durch starke Querschwellen mittelst Zapfen und angeschraubter Eckwinkel miteinander verbunden sind. In der Mitte läuft unter den Quer- und Kopfschwellen in der ganzen Länge des Wagens ein Langbaum von 100 mm bei 65 mm Stärke hin, welcher mit denselben verschraubt ist. Zu beiden Seiten dieses Langbaumes sind an den Enden noch kurze Langhölzer angebracht, die zur Unterstützung der Plattformen dienen; der Boden der letzteren wird von 60 mm breiten, 20 mm dicken Latten gebildet, die zum Ablaufen des Regenwassers mit kleinen Zwischenräumen angeordnet sind. Zu den Plattformen, welche 660 mm über Schienenoberkante liegen, führen zwei Stufen.

Der Radstand beträgt 1,580 m. Von den Rädern, die einen Durchmesser von 720 mm haben, ist das eine auf die Achse festgekeilt, während das andere lose auf der Achse läuft, um ein leichtes Durchfahren der scharfen Curven (20—25 m Radius) zu ermöglichen. Der Radstern ist aus Schmiedeeisen, die 54 mm breiten Bandagen aus Bessemer-Stahl und die Nabe aus Gusseisen. Das Dach des an den Enden oberhalb der Sitze offenen Wagenkastens wird durch vier Ecksäulen, die bis unter das Dach reichen, und ausserdem noch auf jeder Seite durch zwei runde Säulen, die nur bis zur Brustwehr reichen, getragen.

Die Sitze sind ganz von Eisen, auf einer Seite des Wagens für je zwei Personen, auf der anderen für je eine Person. Die Zahl der Sitzplätze ist 21; dazu kommen 14 Stehplätze auf den Plattformen und 11 Stehplätze im Wagen, sodass sich eine Gesammtzahl von 46 Plätzen ergiebt.

Bei dem in Fig. 7—9, Tafel XIII abgebildeten geschlossenen Strassenbahnwagen stimmt die Construction des Untergestelles mit dem des vorher beschriebenen offenen Wagens überein; nur sind die hier gezeichneten Plattformen etwas kürzer als bei den später angeführten Wagen, bei welchen die Länge des Wagenkastens von 4,055 m auf 4,193 m reducirt wurde, weshalb nur 5 Fenster angebracht wurden. Die äussere Wagenbreite beträgt oben 2,062 m, unterhalb der Sitze an den Kastenschwellen nur 1,860 m.

Das Rahmenwerk des Kastens besteht aus vier Ecksäulen, den Thürpfosten, deren sich an den Enden je zwei befinden, sowie den an den Langenseiten angebrachten 8 resp. 7 Mittelsäulen, welche die Fenster einschliessen. Sämmtliche Fenster an den Langseiten sind zum Herablassen eingerichtet; die oberen angenommenen Fenster aus Milchglas hingegen sind unbeweglich. Ausserdem sind an den Fenstern noch verstellbare Jalousien angebracht.

Wie aus den Fig. 6 und 9 ersichtlich, sind die Sitzplätze im Innern des Wagens längs der beiden Seitenwände angeordnet; dieselben sind mit Rohrgeflecht versehen, das jedoch im Winter mit Polster belegt wird. Um die Tragfähigkeit für die oben angebrachten Sitzplätze zu erhöhen, ist hier das Dach stärker als bei den offenen Wagen construirt. Die Sitzplätze von einem Rahmenwerk von auf der hohen Kante stehendem Holze unterstützt. Die Form der Sitze und die Anzahl der dieselben bildenden Latten ist aus Fig. 8 ersichtlich. Die Zahl der Plätze ist bei allen neueren Wagen dieser Gattung im Innern 16 Sitzplätze, oben 20 Sitzplätze und auf den beiden Plattformen zusammen 14 Stehplätze, im ganzen also 50 Plätze. Die neueren Wagen wurden stärker gebaut als die ersteren, da ein häufig vorkommender Transport von 70 und mehr Personen dies räthlich erscheinen liess. So wogen die ersteren Wagen 54 Centner, während die neueren ein Gewicht von 60, auch 64 Centner aufweisen.

XV. CAPITEL.

Thielemann, Eggena & Co., Cassel.

Offene Wagen von der im Holzschnitt Fig. 121 dargestellten Form wurden Anfangs 1878 für die Cassel-Tramway-Co. entworfen und gebaut und liefern auf der 6,5 km normalspurigen Bahn Cassel-Wilhelmshöhe, welche sehr bedeutende Steigungen und Curven aufweist und auf welcher der Betrieb durch Locomotiven von Merryweather sowie von Henschel & Sohn vermittelt wird. Der Radstand der Wagen ist 1,83 m; die Achsen sind von Gussstahl 74 mm stark ausgeführt und haben Gruson'sche Hartgussräder von 700 mm Durchmesser; das Gewicht eines Satzes ist 219 kg. Der Wagen, grösstentheils in Holz construirt, ist 4,96 m lang, 1,9 m breit, im Lichten 2,06 m hoch, und bietet Raum für 20 Sitz- und ca. 16—20 Stehplätze. Nach Anordnung der Kgl. Regierung zu Cassel mussten die beiden in den Mitten der Seitenwände befindlichen Eingänge mit ver-

16*

schliessbaren Thüren versehen werden, welche, nach unten bis über die Aufsteigetritte verlängert, ein Aufspringen von Passagieren während der Fahrt unmöglich machen. Der Verschluss ist derartig eingerichtet, dass nur dem Conducteur ein Oeffnen der Thüren möglich und diese Manipulation rasch und leicht ausführbar ist. Bis zur Höhe von 0,52 m sind die Seiten- und Kopfwände geschlossen und mit Blech verschalt, welches zur Vermeidung des Dröhnens mit elastischem Material hinterlegt wurde. Die vier längslaufenden Sitzbänke sind aus Latten in bequemer Form gebildet und schliessen sich an die erwähnten 0,52 m hohen Seitenwände, welche die Rücklehnen bilden. Beide Kopfwände sind behufs Communication mit den Nachbarwagen durchbrochen, da die Züge

Fig. 131. Offener Personenwagen von Thielmann, Eggena & Co., Cassel.

immer aus 2 Wagen bestehen, die Oeffnungen aber durch Vorlegstangen mit selbstschliessenden Fallen verschlossen. Die elastische Kuppelung, gleichzeitig als Stossapparat wirkend, hat ihren Angriffspunkt im Untergestell und in 0,96 m Entfernung vom Wagenrade, besitzt bedeutendes, seitliches Spiel und gestattet so das Durchfahren noch der kleinsten Curven mit grosser Sicherheit, sodass ein Aussetzen der Wagen, selbst bei der ziemlich bedeutenden Fahrgeschwindigkeit von 20 km pro Stunde bis jetzt nicht vorgekommen ist. Zum Schutz gegen Regen, Wind und Sonnenstrahlen sind die Kopf- und Langseiten mit starken, leinenen Gardinen versehen, welche heruntergelassen leicht befestigt werden können. Innerhalb sind 2 Laufstangen mit ledernen Griffschlaufen, 1 Glockenzug und 2 Laternen angebracht. Die Bremse ist von beiden Kopfenden zu bedienen, leicht feststellbar, und die Bremsklötze sind von Stahlguss gefertigt. Das Gewicht eines Wagens ist 1800 kg. Der Preis pro Wagen war anfangs 1878 compl. 2200 M. Die Wagen sind jetzt seit 2 Jahren im Betrieb, haben allen Anforderungen entsprochen und bisher, selbst beim forcirtesten Betrieb, keinen Anlass zu Klagen oder Reparaturen gegeben. Aehnliche Wagen wurden seitens obiger Firma für schmalspurige Bahnen mit Pferdebetrieb ausgeführt.

XVI. CAPITEL.

J. D. Larsen, Levallois-Perret.

(Mit Zeichnungen auf Tafel XV. Fig. 9—11.)

Das Princip der auf Taf. XV Fig. 9—11 abgebildeten, patentirten Wagenconstruction besteht in der Befestigung des Wagenkastens auf drei Radachsen, in der Weise, dass die Achsen mit den Schienen, auch beim Durchlaufen von Curven, stets einen rechten Winkel bilden. Auf der mittleren Achse sitzen Räder von kleinerem Durchmesser als üblich. Das über ihnen befindliche Gestell steht nicht direct mit dem Wagenkasten in Verbindung, sondern kann sich frei unter demselben verschieben und dem Curvenlauf der Schienen folgen; dasselbe ist mittelst Scharniere mit den beiden äusseren Radgestellen verbunden. Letztere sind mit Rädern von gewöhnlicher Grösse ausgestattet und tragen jeder auf einem centralen Zapfen den Wagenkasten, sodass die Radgestelle sich frei unter demselben drehen können.

In unseren Abbildungen, von denen Fig. 9 den ganzen Wagen im Aufriss giebt, während Fig. 10 und Fig. 11 den unteren Wagenbau mit dem Stand der Radachsengestelle auf einer Curve deutlich erkennen lassen, bezeichnen AA die Gestelle, welche mit dem Drehzapfen (bogie-pin) B ausgerüstet sind. Es ist noch zu erwähnen, dass die Räder der Gestelle AA mit nach innen stehenden, falschen Radkränzen versehen sind, welche als Bremsscheiben dienen. Diese Anordnung verhindert die grosse Abnutzung der Radkränze, welche von den Bremsklötzen an den gewöhnlichen Strassenbahnwagen verursacht werden, eine Abnutzung, welche sich grösser als durch die Reibung mit den Schienen herausgestellt hat.

Dieses System J. D. Larsen befähigt den Wagen, Curven von kleinem Halbmesser mit grosser Leichtigkeit zu befahren.

FÜNFTER THEIL.

Betrieb der Strassenbahnen durch mechanische Kraft.

I. CAPITEL.

Historische Skizze über die Anwendung mechanischer Kraft auf Strassenbahnen.

Latta. — Grice & Long. — Train.

Die erste Anwendung des Dampfes zur Fortbewegung von Strassenbahnwagen scheint, nach Cramp[1], im Jahre 1859 auf der „Cincinnati Tramway" von A. B. Latta gemacht worden zu sein, welcher einen Dampfwagen construirte, in welchem, wie erzählt wird, achtzig Personen befördert worden sind. Die Nächsten, welche die Dampfkraft zu diesem Zwecke benutzten, waren Grice & Long in Philadelphia; diese bauten einen langen Wagen auf zwei vierrädrigen Untergestellen, von denen sich eins unter jedem Wagenende befand. Auf eins dieser Radgestelle liess man mittelst Zahnräder die Dampfkraft wirken. Im Jahre 1860 befanden sich in den Vereinigten Staaten fünf oder sechs Dampfwagen in Betrieb, bei welchen Maschine und Kessel im Innern des Wagens angebracht waren und das Ganze von zwei beweglichen Radgestellen getragen wurde. G. F. Train liess sich 1860 einen Dampfwagen patentiren, welcher an einem Ende ein Bissell-Radgestell und an dem anderen ein Paar Räder hatte und von einer zweicylindrigen Dampfmaschine mit stehendem Kessel und zwischenliegendem Stirnrad betrieben wurde.

Todd.

Leonard J. Todd in Leith scheint der erste Dampfwagenfabrikant gewesen zu sein, der (1871) eine Maschine für Strassenbahnen entwarf, die sich speciell zum Befahren gewöhnlicher Strassen eignete, bei welcher Geräusch, Rauch und Dampf vermieden war und die man mit grosser Leichtigkeit in Gang setzen und anhalten konnte. Er legte grosses Gewicht auf das Ansammeln der Kraft und benutzte zu diesem Zwecke einen Kessel von grossem Rauminhalt mit einem sehr kleinen Feuerrost. „Hat man nur einen kleinen Kessel", sagt er,[2] „so ist das einzige zuverlässige Mittel, um ihn so herzustellen, dass man ihn geraume Zeit sich selbst überlassen kann, ihm einfach einen grösseren Wasserraum und eine grössere Wasserfläche zu geben. Dieses Wasser dient auf die möglichst vollkommene und natürliche Weise als Wärmesammler, indem es lange Zeit Wärme in sich aufnimmt und dabei den Druck nur sehr langsam erhöht, und wiederum längere Zeit aus seinem Vorrath Wärme abgiebt, wobei Druck und Wasserstand nur langsam sinken. Diese unschätzbare Wirkung des Wassers in einem Kessel kommt jedoch in gewöhnlichen Locomotiven nicht sehr zur Geltung, da sie in denselben keine besondere Verwendung findet, obschon es wohlbekannt ist, dass es bei einem Kessel von grosser Wichtigkeit ist, dass derselbe eine gehörige Menge Wasser enthalte. Locomotivkessel enthalten 5 Kubikfuss Wasser und 2 Quadratfuss Wasseroberfläche pro Quadratfuss Rost und brauchen nur alle 10 Minuten oder noch seltener nachgewehen zu werden. Es ist daher einleuchtend, dass, wenn man den Kessel einen sechsmal grösseren Wasserinhalt und eine ebenso vergrösserte Wasseroberfläche geben würde, derselbe die Bedienung nur alle 60 Minuten statt alle 10 Minuten erfordern würde." (? d. Uebers.). „Die zur Fortbewegung eines Wagens mit 14 Sitzen erforderliche Kraft beträgt auf ebenen Linien kaum mehr als 10 indicirte Pferdekräfte, auf steilen Strassen natürlich mehr. Kleine Kessel und Maschinen werden demnach 10 Pferdekräfte pro Quadratfuss Rostfläche ergeben; es ist jedoch besser, dem Roste eine Fläche von 1½ Quadratfuss (0,13 qm) zu geben, und erhalten wir bei 30 Kubikfuss Wasser und 18 Quadratfuss (1,6 qm) Wasseroberfläche beides das Sechsfache des bei Locomotiven sonst Gebräuchlichen —

1) „Tramway Rolling Stock", br Mr. C. C. Cramp; Transactions of the Society of Engineers, 1874, S. 124.
2) The Engineer, Juli 24, 1874; S. 66.

45 Kubikfuss (1,2 cbm) Wasserinhalt und 27 Quadratfuss (2,6 qm) Oberfläche des Wasserstandes. Die Feuerbüchse muss eine beträchtliche Tiefe haben, mindestens 2 Fuss (610 mm) unter der Feuerthür, sodass sie vor Beginn einer Fahrt mit Brennmaterial gefüllt werden kann, das man dann ruhig niederbrennen lässt".

Todd construirte für die „Tram Via de Santander" eine Locomotive (Fig. 122), die im stande war, zwei Personenwagen mit einer Gesammtzahl von 76 Sitzen zu ziehen. Der Kessel war von der bei Locomotiven üblichen Form und hatte 3½ Quadratfuss (0,22 qm) Rostfläche und 160 Quadratfuss (14,8 qm) Heizfläche. Die Cylinder hatten 6⅞ Zoll (175 mm) Durchmesser bei einer Hubhöhe von 9 Zoll (228 mm) und die Kurbelwelle machte 150 Umdrehungen, wenn die Geschwindigkeit 10 Meilen pro Stunde betrug. Die Treibräder hatten 5 Fuss 6 Zoll (1676 mm) Durchmesser und waren mit einer hölzernen Scheibe versehen. Vorn an der Locomotive befand sich ein bewegliches Radgestell mit 21 zölligen (533 mm) Rädern, die einen Achsenstand von 3 Fuss (914 qm) hatten. Das feste Radgestell zwischen der Treibachse und dem Mittelpunkt des Untergestells war 5 Fuss 3 Zoll (1,6 m) lang. Die Bewegung der Kurbelwelle wurde durch ein Paar Stirnräder auf die Treibräder übertragen. Der Luftzug für die Kesselfeuerung wurde durch einen 12 zölligen (304 mm)

Fig. 122. Strassenlocomotive von L. J. Todd 1871. In ⅟₄₀ der natürl. Grösse.

Ventilator vermittelt, der von dem Abdampf der Maschine betrieben wurde, welcher auf die Zellen eines an der Achse des Ventilators befindlichen Schöpfrades wirkte. Der Dampf zog von dort in einen Wasserbehälter, wo das Wasser abgesondert werden konnte, während der nichtcondensirte Dampf durch den Schornstein entwich. Mit einem Dampfdruck im Kessel von 150 Pfd. pro Quadratzoll (10 Atmosphären) konnte die Maschine 20 Pferdekräfte entwickeln. Das Gewicht im Betriebszustande war 5 Tons, die äusserste Länge der Maschine 14 Fuss 10 Zoll (4,5 m) und die Gesammtbreite 6 Fuss 6 Zoll (1,98 m). Der Schornstein ragte 14 Fuss 5 Zoll (4,35 m) hoch über die Schienen, um so den Rauch über die Wagendächer hinwegzuführen.

Lamm.

Dr. Emil Lamm stellte im Jahre 1871 in New-Orleans eine Zeit lang Versuche mit einem durch Ammoniakgas betriebenen Wagen (Fig. 123) an. Er brachte einen Heisswasserbehälter auf dem Dache des Wagens an, in dessen Innerem sich ein Reservoir mit flüssigem Ammoniakgas befand, welches durch Erhitzen von Salmiak mit Kalkhydrat erzeugt war. Das Gas wurde unter dem Einfluss der Hitze des das Reservoir umgebenden Wassers frei und strömte in die verticalen Cylinder, welche sich an dem Ende des Wagens befanden und mit einer darunter befindlichen Kurbelwelle in Verbindung gesetzt waren, von welcher aus eine Kettenscheibe die drehende Bewegung durch eine correspondirende Scheibe auf eine der Wagenachsen übertrug. Das Gas strömte in das Wasserreservoir aus, wo es condensirt wurde und seine Wärme dem Wasser mittheilte. Dieser Evolutions- und Condensations-Process wurde wiederholt, bis der Druck des Gases im innern Reservoir nicht mehr genügte, um die Kolben in Bewegung zu erhalten. Die grösste Abnahme des Druckes in dem Gaskessel während einer Fahrt von sieben Meilen betrug nicht über 10 Pfd. pro Quadratzoll. Wenn das Wasser gänzlich mit Gas gesättigt war, wurde es erneuert und das absorbirte Gas zur weiteren Verwendung aus dem Wasser extrahirt. Die grösste Schwierigkeit bei dem Gebrauch von Ammoniakgas ist die Nothwendigkeit, sein Entweichen in die Luft gänzlich zu verhindern, um den widerlichen Geruch, sowie die durch seine Gegenwart in der Luft verursachte Erschwerung des Athmens zu vermeiden. Diese Unannehmlichkeit, sowie die nachtheilige chemische Wirkung des Gases auf Eisen gaben Veranlassung, dass man von dem Betrieb mittelst Ammoniakgas ganz abstand, obschon Dr. Lamm's Wagen einige Zeit in Betrieb war.

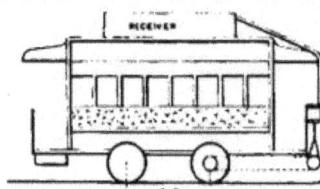

Fig. 123. Dr. Lamm's Wagen betrieben durch Ammoniakgas. In ⅟₄₀ der natürl. Grösse.

Später (1872) setzte Dr. Lamm auf der Strassenbahnlinie zwischen New-Orleans und Carrolton eine Heisswasserlocomotive ohne Feuerung in Betrieb. Die Locomotive (Fig. 124, bestand aus einem auf vier Rädern ruhenden Reservoir von ca. 3 Fuss (0,91 m) Durchmesser und 10 Fuss (3 m) Länge, welches mit Wasser gefüllt war, das unter einem entsprechend hohen Drucke in hohem Grade erhitzt war. Wenn der Regulator geöffnet wurde, so liess der Druck nach und es fand bei allmählichem Sinken des Druckes eine selbstthätige Dampfentwickelung statt. Die Cylinder waren vertical an dem vorderen Ende des Reservoirs befestigt und wirkten auf eine darunter befindliche Kurbelwelle, von welcher die Kraft mittelst Stirnrad auf die nächste Achse übertragen wurde. Das Reservoir enthielt 60 Kubikfuss (1,69 Kubikmeter) erhitztes Wasser. Es wurde zuerst mit kaltem Wasser gefüllt, worauf es mit dem Dampfrohr eines grossen

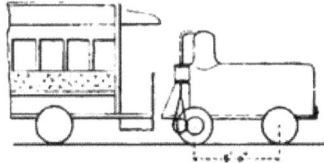

Fig. 121. Heiss-Wasser-Locomotive von Dr. Lamm, 1872.
In ⅓ der wirkl. Grösse.

stationären Kessels (in Carrolton) unter einem Druck von 200 Pfd. pro Quadratzoll (14 Atmosphären) in Verbindung gesetzt wurde. Das Wasser erhitzte sich rasch und erreichte einen Druck von 180 Pfd. pro Quadratzoll (13 Atmosphären). Die Verbindung wurde hierauf gelöst und die Heisswasserlocomotive war zum Betrieb fertig. Der Abdampf wurde direct in die Luft entlassen, wo er Wolken von feuchtem weissem Dunst bildete. Berichte vom Jahre 1875 meldeten, dass die Heisswasserlocomotiven in beständigem und erfolgreichem Betriebe seien. Die Strassenbahn ist ca. sechs Meilen lang; vom Mittelpunkt der Stadt bis zu den Vorstädten werden die Wagen von Maulthieren befördert, die dann von den Maschinen abgelöst werden. Mit einem einmaligen Füllen des Reservoirs in Carrolton kann die Maschine die doppelte Fahrt nach New-Orleans und zurück machen, wobei am Ende der Tour noch ein Druck von 50 Pfd. pro Quadratzoll (3,6 Atmosphären) vorhanden ist.

Man machte die Beobachtung, dass, wenn die atmosphärische Temperatur auf 40° F. (5° C.) sank, die Temperatur des Wassers, obgleich sie 160° höher war, beständig nur um etwa 3° F. abnahm.

East New-York und Canarsie.

Im October 1873 wurde zwischen East New-York und Canarsie, eine Entfernung von 3½ Meilen, ein Versuch mit einer Heisswassermaschine angestellt. Das Reservoir derselben hatte 3 Fuss 10 Zoll (1,1 m) Durchmesser und 10 Fuss (3 m) Länge und ruhte auf zwei Paar zwölfzölligen (762 mm) gekoppelten Rädern. Die beiden Dampfcylinder hatten je 8 Zoll (203 mm) Durchmesser bei einer Hubhöhe von 12 Zoll (304 mm); der Abdampf strömte in zwei Condensatoren, einen für jeden Cylinder, die mit je 38 Röhren von ⅝ Zoll (15 mm) Durchmesser, sowie mit Luftpumpen ausgestattet waren, um ein theilweises Vacuum zu erzeugen. Das Gewicht der Maschine war 4 Tons 3 Ctr.; der von ihr gezogene Wagen wog leer 7½ Tons und wurde, mit 120 Passagieren beladet, auf 12½ Tons geschätzt. Die Locomotive legte mit dem Wagen die 3½ Meilen lange Strecke nach Canarsie auf geneigtem Terrain in 12½ Minuten zurück, was einer Geschwindigkeit von 16½ Meilen per Stunde entspricht, wobei der Druck im Reservoir von 180 Pfd. pro Quadratzoll (8 Atmosphären) zu Ende derselben sank. Der Zug hielt in Canarsie neun Minuten und sank während dieser Zeit der Druck auf 104 Pfd. (7,7 Atmosphären). Die Rückfahrt, auf steigendem Terrain, wurde in 17 Minuten zurückgelegt, eine Geschwindigkeit von 12½ Meilen pro Stunde, und sank hierbei der Druck auf 45 Pfd. pro Quadratzoll (3,2 Atmosphären). Der Mechanismus dieser Maschine erwies sich als schlecht construirt und ausgeführt; offenbar war der Condensator ganz ungenügend.

Einige Monate später wurde auf der Canarsie-Linie von R. H. Buel und H. L. Brevoort eine andere Heisswasser-Locomotive probirt. Die Resultate ihrer Versuche wurden in einem von Buel im Januar 1874 geschriebenen Berichte[1] publicirt. Das Reservoir der Locomotive hatte einen Durchmesser von 3 Fuss 1 Zoll (939 mm) und eine Länge von 9 Fuss (2,7 m) und war mit einem Dampfdom von 12 Zoll (304 mm) Durchmesser und 2 Fuss (609 mm) Höhe versehen. Die Cylinder waren stehend, hatten 5 Zoll (127 mm) Durchmesser und 7 Zoll (177 mm) Hubhöhe und waren mit Schiebern und Umsteuerungs-mechanismus ausgestattet. Die Kraft wurde durch ein auf der Kurbelwelle befindliches Stirnrad mit 26 Zähnen übertragen, das in ein auf der Achse sitzendes Rad mit 16 Zähnen eingriff. Die an den zwei Achsen befindlichen Laufräder hatten 30 Zoll (762 mm) Durchmesser. Das Reservoir war mit Cement und Filz bedeckt; ebenso waren die Cylinder dicht in Filz eingehüllt. Eine 2-zöllige, mit kleinen Löchern versehene Röhre lag, nahe über dem Boden, beinahe durch die ganze Länge des Reservoirs; durch diese Röhre wurde aus einem stationären Kessel Dampf eingeführt, um das Wasser zu erhitzen.

Das Reservoir war beim Beginne der 1,10 Meilen langen Fahrt zur Hälfte mit Wasser gefüllt und der Dampfdruck betrug 142 Pfd. (10 Atmosphären) pro Quadratzoll. Während der Fahrt stellte sich der Dampfdruck wie folgt:

[1] Veröffentlicht im „Engineer" vom 20. Februar 1874. Seite 135.

Zeit Nachm.	Druck. Pfd. pro Quadratzoll	Zeit Nachm.	Druck. Pfd. pro Quadratzoll
3.35	142	4.7	66
3.37	132	4.10	52
3.38	124	4.13	48
3.39	124	4.15	44
3.51	102	4.21	29
3.53	97	4.24	22
3.55	89	Durchschnittlicher Druck 81,5 Pfd.	
4.4	70		

Die ganze Strecke von 4,10 Meilen wurde in 49 Minuten zurückgelegt, von welcher Zeit die eigentliche Fahrt nur 35½ Minuten erforderte. Die durchschnittliche Geschwindigkeit während des Fahrens war 7,14 Meilen die Stunde. Die durchschnittliche Geschwindigkeit der Kurbelwelle war 147,4 Umdrehungen pro Minute, was einer Kolbengeschwindigkeit von 172 Fuss pro Minute entspricht. Buel berechnete nach den Druckgraden im Reservoir, dass während der Fahrt 210 Pfd. Wasser verdampft und verbraucht wurde, mithin 48 Pfd. pro durchlaufene Meile. Die Maschine arbeitete mit voller Kraft und wurde die Expansion durch den Regulator bewirkt. Man fand aus den Indicator-Diagrammen, dass der durchschnittliche Anfangsdruck 23,52 Pfd. pro Quadratzoll, der durchschnittliche Enddruck 19,86 Pfd., der durchschnittliche Gegendruck 5,15 Pfd. und der durchschnittliche Ueberdruck 17,86 pro Quadratzoll betrug. Die indicirte Kraft war 3,61 Pferdekräfte. Buel schätzt die in den Cylindern wirkende Dampfmenge, den Indicator-Diagrammen gemäss, auf 147,15 Pfd., oder 70 Proc. von 210 Pfd. der berechneten verdampften Wassermenge. Die Umstände, unter welchen der Dampf in der Maschine zur Arbeit gelangte, waren offenbar ungünstig. Der Dampf wurde nicht in genügendem Grade expandirt, sondern condensirte zum grossen Theil in den Cylindern. Die Kolbengeschwindigkeit war zu gering und selbst bei so geringer Geschwindigkeit betrug der Gegendruck auf die Kolben 5,15 Pfd. pro Quadratzoll oder 22½ Proc. des Ueberdruckes.

Baxter.

Im Jahre 1872 brachte Baxter aus Newark, V. St., einen Dampfwagen, Fig. 125, in New-York zur Ansicht. Dieser Wagen ruhte auf vier 30zölligen (762 mm) Schaltungsrädern, die 7 Fuss (2,1 m) mittleren Achsstand hatten, und wurde von einer Dampfmaschine mit zwei unter dem Boden liegenden Cylindern betrieben. Den Dampf lieferte ein verticaler Kessel von 26 Zoll (660 mm) Durchmesser und 4½ Fuss (1371 mm) Höhe. Dieser Wagen hat sich, den Berichten zufolge, bewährt, indem er 52 Personen eine Steigung von 1 : 13 hinauf beförderte und auch kein Geräusch verursachte.

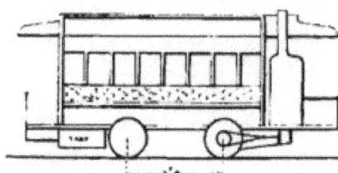

Fig. 125. Dampfwagen von Baxter, 1872. In ⅛₄ der mittl. Grösse.

Grantham.

John Grantham, der die dringende Nothwendigkeit einsah, bei Strassenbahnen die Pferdekraft durch Dampfkraft zu ersetzen, liess sich im Jahre 1871 ein Dampfwagensystem patentiren, das aus einem gewöhnlichen Strassenbahnwagen bestand, in welchem die Triebkraft in die Mitte der Wagenlänge gelegt war. Im Jahre 1872 war sein Dampfwagen, Fig. 126, fertig; der Wagen selbst war in den „Oldbury Carriage Works" hergestellt und die Maschinen und Kessel waren nach Grantham's Zeichnung, von Merryweather & Sons geliefert worden. Es war dies der erste in England construirte Dampfwagen für Strassenbahnen. An jeder Seite des Wagens war ein Kesselraum angebracht, der einen aufrechtstehenden Kessel enthielt; zwischen den beiden Kesseln war in der Mitte ein Durchgang gelassen, um ein freies Hin- und Hergehen von einem Ende des Wagens zum andern zu gestatten. Die Kessel waren nach dem Field-System construirt; sie hatten hängende Wasserröhren mit inneren Circulationsröhren. Der Durchmesser der Kessel war 18 Zoll (457 mm) und ihre Höhe betrug

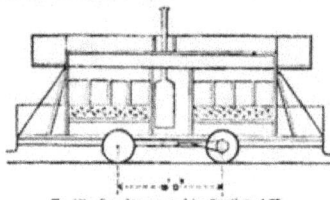

Fig. 126. Dampfwagen von John Grantham, 1872.

4 Fuss 4 Zoll (1320 mm); der Feuerrost eines jeden Kessels hatte 15 Zoll (380 mm) im Durchmesser. Die Maschinerie war unter dem Boden angebracht. Die Dampfcylinder hatten 4 Zoll (101 mm) Durchmesser bei 10 Zoll (254 mm) Hubhöhe und standen mit einem einzigen Paar Treibrädern von 30 Zoll (762 mm) Durchmesser

in Verbindung. Der Wagen hatte vier Räder, mit 10 Fuss (3 m) Abstand zwischen den Achsen. Die eine Achse war Treibachse, die andere hatte ein lose auf einer Buchse sitzendes Rad, sodass die Räder unabhängig voneinander sich bewegen konnten. Der Wagen war 30 Fuss (9,1 m) lang und enthielt Sitze für 14 Passagiere — 20 innen und 21 aussen. Das Gewicht des leeren Wagens betrug 6½ Tons. Zu Anfang des Jahres 1873 wurde der Dampfwagen versuchsweise auf einer kurzen ebenen Strassenbahnstrecke — 350 Yards lang — zu West-Brompton in Betrieb gesetzt, wo er eine Zeit lang ziemlich befriedigend mit Dampf von 90 Pfd. (6,5 Atmosphären) Druck arbeitete. Er durchlief die Linie mit einer durchschnittlichen Geschwindigkeit von 11 Meilen pro Stunde, einschliesslich des Anhaltens und Wiederabfahrens. Obschon jedoch ein Dampfwagen auf einer Eisenbahn sich ganz gut bewähren mag, so kann er doch auf einer Strassenbahn, wo der Widerstand ein viel grösserer ist, unzweckmässig sein; das mag auch den Misserfolg des Grantham-Wagens erklären, als derselbe im November 1873 auf einem Theil der „London Tramways" zwischen Victoria-Station und Vauxhall-Bridge probirt wurde; möglich auch, dass, wie der „Engineer" bemerkt, die durch das Gehringe auf dem Wagen verursachte Schwierigkeit beim Heizen viel zu dem Misserfolg beitrug.

Der Wagen wurde hierauf auf die „Wantage Tramway" gebracht und dort in Betrieb gesetzt. Die Maschine erzeugte jedoch nicht genügend Dampf, um die auf dieser Linie sehr bedeutenden Steigungen und Curven zu überwinden. Die „Wantage Tramway" ist zwei Meilen lang; die steilste Steigung ist 1:47 auf 350 Yards und die schärfste Curve hat einen Radius von nur 75 Fuss (22,8 m). Die ungenügende Leistung der Kessel und die Gefahr getrennter Kessel machten den Grantham-Wagen, wie er zuerst construirt war, für die Verwendung auf gewöhnlichen Strassenbahnen ungeeignet. Er wurde daher auf Edward Wood's Anrathen abgeändert. Die Kessel wurden entfernt und ein einziger grosser verticaler Kessel von Shand, Mason & Co. construirt — mit zahlreichen kleinen Wasserröhren, die beinahe horizontal liegen, an deren Stelle gesetzt. Dieser neue Kessel, von dem später eine ausführliche Beschreibung folgt, war gleich den alten Kesseln in die Mitte des Wagens gebaut und durch einen Kasten vollständig abgeschlossen. Er liess einen Durchgang an der Seite frei, wodurch zwischen der ersten und zweiten Wagenclasse eine Verbindung hergestellt wurde. Neue Räder von kleinerem Durchmesser, 21 Zoll (609 mm), ersetzten die ursprünglichen; ein Paar derselben diente als Treibräder; von dem anderen Paare war das eine, wie vorher, lose, um das Befahren der Curven zu erleichtern. Der Wagen wird von jedem Ende durch abnehmbare Hebel gesteuert, mittelst welcher der Führer die Bewegungen desselben vollkommen zu beherrschen vermag. Die Länge des Wagens ist 27 Fuss 3 Zoll (8,3 m), bei 6 Fuss 6 Zoll (1,98 m) Breite und 11 Fuss 1 Zoll (3,37 m) Höhe. Das Nettogewicht des leeren Wagens beträgt 8½ Tons, mit einem entsprechenden Vorrath von Coaks und Wasser 8 Tons. Er kann bequem 60 Personen aufnehmen, deren Gewicht rund 5 Tons beträgt, wodurch sich ein Bruttogewicht von 13 Tons für den beladenen Wagen erzielt.

Folgender Kostenausweis des Strassenbahn-Betriebes mit dem Grantham-Wagen basirt auf die Resultate der auf der „Wantage Tramway" gemachten Erfahrungen. Man nimmt hierbei an, dass während des Jahres 26260 Meilen durchlaufen worden sind — gleich 72 Meilen pro Tag — obschon thatsächlich die Zahl der täglich auf der Wantage Linie zurückgelegten Meilen unter 40 war.

Wantage Tramway.

Approximative Betriebskosten des Grantham-Dampfwagens.

1 Maschinenführer 5 35 s. pro Woche		
1 Heizer . . . . 25 „	80 s.	£ 208 0 s. 0 d.
1 Conducteur . . 20 „		
Brennmaterial, 7 Pfd. Coaks pro Meile für 26260 Meilen = 82 Tons à 15 s.		61 10 „ 0 „
Oel, Schmiere etc. à 1 s. pro Meile, für 26260 Meilen		27 7 „ 0 „
Wasser, 1 s. pro Tag		18 5 „ 0 „
Reparatur des Wagens und der Maschinerie, 1 s. pro Meile, für 26260 Meilen		109 8 „ 4 „
Gesammtkosten		£ 424 10 s. 4 d.

oder 3,88 d. pro durchlaufene Meile.

Der zunächst nach Grantham's System construirte Wagen, Fig. 127, — obschon die Haupteigenthümlichkeit des Systems bei dem letztconstruirten Wagen beinahe ganz verschwindet — enthält einige weitere Verbesserungen, die auf Anrathen Wood's gemacht wurden. Bei den viertäderigen beweglichen Radgestell ersetzte hier die unabhängige Laufachse, während Kessel und Maschinerie an einem Ende des Wagens angebracht wurden. Der Wagen war von der „Starbuck Car & Wagon Co." in Birkenhead construirt und für den Betrieb der Wiener Strassenbahn bestimmt. Maschinerie und Kessel wurden von Shand, Mason & Co. geliefert. Der Kessel hat liegende Wasserröhren, wie sie von der genannten Firma bei der Construction der Feuerspritzen angewendet werden. Die Feuerbüchse steht aufrecht; die Wasserröhren, von geringem Durchmesser, sind etwas geneigt in Reihen angeordnet, welche sich übereinander kreuzen. Die Maschinerie befindet sich unter der Plattform und die Wasserbehälter sind unter den Sitzen des Wagens angebracht. Die Cylinder haben 6 Zoll (152 mm) Durchmesser bei einer Hublöhe von 9 Zoll (228 mm); die Treibräder haben 2 Fuss (609 mm) Durchmesser, die Bogie-Räder 20 Zoll (507 mm); letztere sind 3 Fuss (914 mm) von Achse zu Achse entfernt. Die Entfernung von dem Mittelpunkte der Treibachse bis zu jenem des Radgestelles beträgt 8 Fuss (2,4 m). Auf dieser Unterstützungsfläche liegt der Wagen mit einer Gesammtlänge von 28½ Fuss (8,6 m), wovon 23½ Fuss (7,16 m) auf den Wagenkasten kommen, einschliesslich 14 Fuss (4,26 m) Raum für 24 Passagiere, und 9½ Fuss (2,9 m) auf den Kesselraum. Das Gesammtgewicht ist ca. 7 Tons brutto mit Passagieren, und liegen 3 Tons dieser Last auf den Treibrädern und 4 Tons auf dem Radgestell. Der Preis des Dampfwagens ist £ 750.

Dieser Wagen wurde am 11. Mai 1876 auf der „Hoylake und Birkenhead Tramway" probirt. Die Bahn

Fig. 127. Dampfwagen von Grantham, 1876.

ist 2½ Meilen lang, mit Curven von 35 Fuss (10 m) Radius und einer Maximalsteigung von 1 : 10. Der Wagen machte drei vollständige Doppeltouren und legte somit im ganzen 15 Meilen zurück, mit einer Last von 45 Passagieren. Der Kesseldruck betrug 100 Pfd. pro Quadratzoll. Die gewöhnliche Fahrgeschwindigkeit war ca. 10 Meilen pro Stunde; bei der Probe jedoch erreichte die Geschwindigkeit gelegentlich das Doppelte dieses Masses. Der Wagen fuhr eine Steigung von 1 : 10 hinauf; würde er jedoch auf derselben angehalten haben, so hätte man ihn nicht wieder in Gang setzen können.

Nach der Ankunft an seinem Bestimmungsorte wurde am 28. Juli 1876 der Dampfwagen zur Probe auf der Wiener Strassenbahn über eine 2,40 Meilen lange Strecke zwischen der Semmeringer Strassenbahnstation und dem Centralfriedhof in Betrieb gesetzt. Die Entfernung wurde in 15 Minuten, oder in dem Verhältniss von 9½ Meilen pro Stunde einschliesslich der Haltezeit zurückgelegt. Die steilste Steigung war 1 : 48; dieselbe wurde mit einer Geschwindigkeit von 14 Meilen pro Stunde überwunden. Obschon der Kessel sehr schnell Dampf erzeugte, hat er für den Zweck als Tramwaymotor einen zu beschränkten Wasserraum und verlangt geschickte Wartung, um den Dampfdruck vor heftigen Schwankungen zu bewahren. Die regelmässige Betriebsgeschwindigkeit beträgt 10 bis 12 Meilen pro Stunde.

In Wood's jüngstem Entwurf des Grantham-Dampfwagens ist der Abstand zwischen den Mittelpunkte der Treibachse und deren Radgestell auf 10 Fuss (3 m) erhöht worden.

Perkins.

Im Jahre 1874 wurde von der „Yorkshire Engine Company" für die „Belgian Street Railway Company" in Brüssel eine Strassenbahnlocomotive nach dem System von Loftus Perkins construirt. Dieselbe wurde durch Dampf mit einem Druck von 500 Pfd. pro Quadratzoll (36 Atmosphären) mittelst Compound-Cylinder betrieben, von welchen der erste einfach wirkende 2¾₁₆ Zoll (54 mm), der zweite doppelt wirkende 4½ Zoll (110 mm) Durchmesser hatte. Von hier strömte der Dampf in einen Oberflächencondensator, der aus zwei Partieen verticaler ½ zölliger (12 mm) Kupferröhren bestand, die sich zu beiden Seiten der Maschine befanden und zusammen eine Oberfläche von 700 oder 800 Quadratfuss (65 bis 75 Quadratmeter) boten. Der Dampf wurde durch die um die Aussenseite der Röhren streichende kalte Luft condensirt. Die oberen Enden der Röhren waren geschlossen bis auf eine kleine Oeffnung von ungefähr ¹⁄₁₆ Zoll Durchmesser, durch welche etwa vorhandener Dunst entwichen konnte. Der Kessel war aus gelegenen Eisenröhren hergestellt, die 2¼ Zoll (58 mm) inneren Durchmesser hatten und ¾ Zoll (10 mm) dick waren; er war auf einen Druck von 2500 Pfd. pro Quadratzoll oder 167 Atmosphären geprüft. Als Brennmaterial wurde Coaks benützt; der Luftzug wurde einfach durch die Höhe des Schornsteins bewirkt. Die Räder hatten 2 Fuss (609 mm) im Durchmesser, die Achsen einen Durchmesser von 2½ Zoll (63 mm), der an der Mitte auf 3¼ Zoll (72 mm) stieg. Die Geschwindigkeit der Kurbelwelle wurde durch ein Zahnräderwerk reducirt, das einem Uebersetzungsverhältniss von 4 zu 1 entsprach, und die Bewegung durch Kuppelstangen von der zweiten Welle auf die Räder übertragen. Das Gewicht der Locomotive im Betriebszustand war nur 4 Tons. Die Dimensionen ihrer Theile schienen im allgemeinen kaum genügend gewesen zu sein; die Kurbelwelle z. B. hatte nur 1¾ Zoll (41 mm) Durchmesser. Cramp berichtet, dass bei einer vorherigen Probe der belasteten Maschine, die zu Ende des Jahres 1874 auf der „Manchester and Sheffield Tramway" stattfand, auf Steigungen von 1 : 200 bis 1 : 80 eine Geschwindigkeit von 25 Meilen pro Stunde erreicht wurde.

Die Maschine wurde dann nach Brüssel geschickt, wo sie einen einspännigen Personenwagen zu ziehen hatte. Vaucamps, der Director der „Belgian Street Railway", schrieb in seinem Bericht über die Resultate der Ende 1874 angestellten Proben, dass das System vortefflich sei: „In der That bemerkt man an der Maschine weder Rauch noch Entweichen des Dampfes in die Luft; sie verursacht kein Geräusch und erfordert keine Wasserzuführung während der Fahrt, ja im Notfall selbst während mehrerer Tage." Spée, der im December 1875 [1] hierüber schrieb, äusserte ein minder günstiges Urtheil; aber er war überzeugt, dass dieser Motor, mit geringen

1) „Exploitation des Chemins de Fer Américains par Traction Mécanique", Seite 12.

Abänderungen, vollkommen entsprechen würde. Es werde nöthig sein, wenigstens zwei Cylinder anzuwenden (wahrscheinlich meinte er zwei Systeme von Compound-Cylindern). Der Druck, 35 Atmosphären, infolge dessen es schwer ist, die Dichtungen in Stand zu halten, scheine nicht unumgänglich nothwendig zu sein. Der Condensator, fügte er hinzu, "ist nicht wirksam genug, denn die äusseren Reihen von Röhren, welche die anderen decken, verhindern ein genügendes Auskühlen der letzteren." Vaucamps scheint in der Folge diese Ansichten getheilt zu haben, denn 1875 wendete er zwei Systeme von Doppelcylindern für die Maschine mit einer Art schwerer und complicirter Frictionskuppelung an, um die Locomotive nach jeder Richtung bewegen zu können; dieses Triebwerk verursachte jedoch heftige Stösse. "Nachdem er es mit dieser Kuppelung eine Weile versucht hatte", sagt Spée "beschloss Vaucamps die Maschine zu zerlegen und sie als altes Eisen zu verkaufen."

Perkins' Strassenbahnlocomotive ist auf Tafel XVI Fig. 5—6, nach kürzlich von ihm selbst ausgearbeiteten Zeichnungen und Details abgebildet. Diese Maschine soll später beschrieben werden.

Société Métallurgique.

Die Société Métallurgique et Charbonnière in Belgien construirte, nach Spée's Angabe, im Jahre 1875 eine Locomotive, die mit einer dreicylindrigen Maschine nach Brotherhood's System ausgestattet war. Die hohe Geschwindigkeit der Maschine war bei dem ersten Entwurf mittelst endloser Kette und Rad reducirt, in der Absicht, Geräusch zu vermeiden. Diese Vorrichtung brach jedoch mehrmals; auch fand man die Reibung und Abnutzung so bedeutend, dass bei einem zweiten Entwurfe die Uebersetzung durch Zahnräder bewirkt wurde. Von den auf der letzten Triebwelle sitzenden Kurbeln wurden die Räder durch Pleuelstangen in Umdrehung versetzt. An der ersten Welle der Maschine war ein Schwungrad angebracht, um das Geräusch des Triebwerks zu verhindern. Die Locomotive gleicht in ihrer äusseren Erscheinung einem Omnibus. Der Körper derselben ist 7 Fuss 2 Zoll (2,15 m) lang und 6 Fuss 6 Zoll (2 m) breit; die Gesammtlänge des Rahmens ist 11½ Fuss (3,5 m). Die Achsen der vier gekuppelten Räder sind 3 Fuss 7 Zoll (1,09 m) von Mitte zu Mitte entfernt. Der Kessel ist von dem "erphosuchsieherm" Belleville Typus und besteht aus Wasserröhren, die für schnelles Verdampfen eingerichtet sind, nur mit dem natürlichen Luftzug des Schornsteins. Der Dampf wird durch eine Dampfpumpe selbstthätig gespeist. Der Dampf wird etwas überhitzt und strömt in einen Oberflächencondensator, von wo der übrige nichtcondensirte Dampf mit Luft vermischt in den Schornstein geführt wird. Das Princip des Condensators besteht in der Theilung des Abdampfes in eine Anzahl Strahlen, von welchen jeder mittelst einer künstlichen Düse Luftströme einsaugt, um den Dampf zu condensiren. Die Locomotive wiegt 6 Tons und führt einen Vorrath an Coaks und Wasser für 4 bis 5 Meilen mit sich. Man fand jedoch, dass die Condensation sich nur unvollständig vollzog, wenn die Luft warm oder trocken war, und dehnte bei einer in der Folge construirten Locomotive derselben Art die Condensationsfläche auf das Fünffache derjenigen der ersten Maschine aus. Um das Oelen der Cylinder zu erleichtern, hat man dieselben horizontal auf der Plattform in der Nähe des Führers angebracht. Der Heizer, dessen Platz unter dem Dache ist, hat für Feuerung und Wasser zu sorgen.

Im August 1875 wurde in Kopenhagen eine von A. Kuhl, einem dänischen Ingenieur, construirte Strassenbahnlocomotive auf der von der "American Omnibus Company" betriebenen Strassenbahn probirt. Sie wog im Betriebszustand über 5 Tons und beförderte zwei amerikanische Strassenbahnwagen mit Passagieren.

Smith & Mygind.

Im December 1875 wurde eine von Smith & Mygind in Kopenhagen construirte Locomotive auf den dortigen Strassenbahnen in Betrieb gesetzt, um Personenwagen zu befördern. Der Kessel hatte, nach Spée, den Typus der Locomotivkessel und waren Compound-Cylinder angewendet. Der Abdampf wurde in einem Oberflächen-Condensator verdichtet, der eine für eine Stunde genügende Wassermenge enthielt.

Francq.

Im Jahre 1875 liess sich Léon Francq eine Heisswasser-Locomotive patentiren, die einige Verbesserungen der Dr. Lamm'schen Maschine aufweist. Das Reservoir hat 3 Fuss 9 Zoll (1143 mm) Durchmesser, ist ca. 6 Fuss 8 Zoll (2,03 m) lang und zu einem drei Viertel seines Rauminhaltes — 50 bis 60 Kubikfuss (1,1—1,69 cbm) — mit Wasser gefüllt, welches mit einem oder mehreren stationären Kesseln in Verbindung gebracht wird, aus welchen der Dampf durch eine durchlochte Röhre in das Wasser einströmt. Der Kesseldampf hat einen Druck von 156 Pfd. pro Quadratzoll (10 At), während in dem Reservoir erzielte Druck 135 Pfd. pro Quadratzoll (9 At) beträgt. Würde die Einströmung lange genug fortgesetzt, so würde der Druck im Reservoir dem Kesseldruck gleich kommen; der Grad der Wärmeabsorption und Druckzunahme sinkt jedoch bei erhöhtem Druck allmählich, und fand man es der Ersparniss wegen zweckmässig, den Erhitzungsprocess auf einer niedrigeren Grenze des Druckes und der Temperatur als die des Kessels einzustellen. Der Dampf wird aus dem Reservoir in eine Zwischenkammer geleitet und dort mittelst eines Drosselventils auf einer bestimmten Druckhöhe erhalten. Ein

17*

Paar verticale Cylinder von ca. 6 Zoll (152 mm) Durchmesser und 12 Zoll (304 mm) Hubhöhe setzen eine zwischenliegende Kurbelwelle in Bewegung, von welcher aus die vier Räder mittelst zwei äusserer Kuppelstangen betrieben werden. Die Räder haben ca. 26 Zoll (660 mm) Durchmesser und die beiden Achsen einen Abstand von 4 Fuss 6 Zoll (1371 mm). Durch ein System von doppelten Radgestellen ist das Befahren der Curven erleichtert. Die Locomotive wird durch eine Bremse mit 5 Blöcken controlirt, welche der Reihe nach auf die Räder wirken. Das Anhalten wird auf diese Weise prompt und ohne Stoss bewirkt. Der Abdampf strömt in zwei Oberflächen-Condensatoren, deren einer an jeder Seite des Wagens sich befindet und die aus je einer Gruppe kleiner kupferner Röhren bestehen. Man beabsichtigt, drei Cylinder nach Art der Compound-Maschine wirken zu lassen. Das Gewicht der Locomotive ist sehr bedeutend, indem dasselbe leer 6,50, belastet 8,30 Tons beträgt.

Bei Probefahrten mit dieser Maschine auf der Strassenbahn zwischen St. Augustin und dem Boulevard Bineau — eine Entfernung von 2½ Meilen —, wobei dieselbe einen 2 Tons schweren Omnibus mit 5 Passagieren zog, wurde die Beobachtung gemacht, dass während einer Doppelfahrt von 5 Meilen der Druck im Reservoir von 156 Pfd. (10 At) auf 50 Pfd. (3 At) pro Quadratzoll sank. Während der ersten 10 Minuten des Betriebes war kein Abdampf sichtbar; später jedoch entwich eine beträchtliche Menge Dampf, der sich für die in einem von Pferden gezogenen Wagen nachfolgenden Passagiere sehr lästig erwies.

Bei den jüngst entworfenen Maschinen nach Francq's System, die von Cail construirt wurden, haben die Räder 30 Zoll (762 mm) Durchmesser und die Achsen sind 4 Fuss 3 Zoll (1295 mm) voneinander entfernt, damit die Maschine mit Leichtigkeit Curven von 15 m Radius befahren kann. Das cylindrische Reservoir aus 0,56 Zoll (13 mm) dickem Stahlblech, mit Kork und Holz verkleidet, hat 1 m Durchmesser und 2 m Länge. Die zulässige Druckgrenze ist 213 Pfd. pro Quadratzoll, nahezu 15 At; der Regulator ist so angeordnet, dass der Führer vor der Abfahrt den Maximalkolbendruck feststellen und ebenso den Druck reduciren kann, je nachdem es die Maschine erfordert. Der Dampf wird in ein gusseisernes Gefäss ausgeblasen und strömt von hier aus in einen über dem Reservoir angebrachten Condensator, ehe er in die Luft entweicht.

Es mögen hier die Vortheile aufgezählt werden, die Francq ausdrücklich für seine Maschine geltend macht: 1. die billige Dampferzeugung in einem feststehenden Kessel, wobei Rohkohle benutzt wird; 2. Verminderung der todten Last, da kein Brennmaterial auf der Maschine mitgeführt wird; 3. Anwendung eines hohen Druckes auf ansteigendem und kein Entweichen des Dampfes auf abfallendem Terrain; 4. Verminderung der Zahl der Bediensteten, da ein einziger Mann im Stande ist, die Maschine zu führen und zu überwachen.

Todd.

Zu Anfang des Jahres 1875 construirte L. J. Todd einen Heisswasser-Dampfwagen, Fig. 128 und 129, bei welchem sich Reservoirs und Maschinerie unter dem Boden des Wagens befinden. Von den beiden Reservoirs,

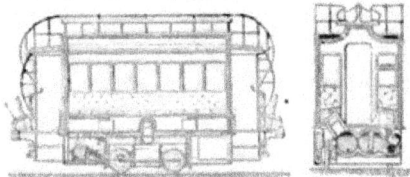

welche die Form von Kesseln mit Domen haben, fasst jedes 30 Kubikfuss (0,84 cbm) heisses Wasser; dieselben sind mit nichtleitendem Material gut verkleidet. Die Cylinder haben 9 Zoll (228 mm) Durchmesser bei 8 Zoll (203 mm) Hubhöhe und stehen mit einem Räderpaar in directer Verbindung. Die zwei Paar 24zölliger (609 mm) Räder sind gekuppelt, um die Adhäsion zu erhöhen, und haben 4 Fuss 6 Zoll (1371 mm) Achsenstand. Die Cylinder sind von grossen Mänteln umgeben, durch welche das heisse Wasser einströmen kann, und werden so im Reservoir auf der höchsten Temperatur erhalten; hierdurch wird eine erhöhte Wirkung des Dampfes im Cylinder erzielt und der Dampf vor dem Ausströmen einigermaassen überhitzt. Es ist keine besondere Vorrichtung vorhanden, um den unter dem Dache am Wagenende austretenden Abdampf unsichtbar zu machen. Der Wagenkasten ist im ganzen 14 Fuss (4,26 m) lang und 7 Fuss (2,1 m) breit; die äusserste Länge über den Buffern beträgt 22 Fuss 6 Zoll (6,55 m). Auf dem Dache befinden sich zwei Sitzreihen; das Gewicht des Wagens im Betriebszustande beträgt 6½ Tons.

Fig. 128 und 129. Heisswasser-Dampfwagen von L. J. Todd. In ca. 1:44 der natürlichen Grösse.

Bède & Co.

Die belgische Firma Bède & Co. construirte im Jahre 1875 einen Heisswasser-Dampfwagen für die „Société Générale de Tramways". Die Reservoirs bestehen bei demselben aus vier kleinen unter den Sitzen angebrachten Horizontalcylindern und zwei Verticalcylindern zu beiden Seiten des Wagens, die in letzterem eingeschlossen sind und zwischen den Abtheilungen der ersten und zweiten Classe einen Durchgang frei lassen. Der im oberen Theil der Verticalcylinder abgesonderte Dampf zieht in einer Röhre durch das heisse Wasser in die drei mit Steuermechanismus versehenen Dampfcylinder; die letzteren haben 4½ Zoll (114 mm) Durchmesser und

14,2 Zoll (367 mm) Hubhöhe und Achse mit einer dreifach gekurbelten Achse mit 28zölligen (711 mm) Rädern in Verbindung. Diese Achse ist unter der Mitte des Wagens angebracht, an welchem ursprünglich zwei andere Achsen mit lose auf denselben sitzenden Rädern angeordnet waren. Eins der Räderpaare wurde entfernt und das andere auf der Achse befestigt; dieselben sind jedoch nicht gekuppelt. Das Reservoir fasst 50 Kubikfuss (1,4 cbm) Wasser, das auf 365° F. (185° Cel.) erhitzt wird, um einen wirksamen Druck von 10 At. oder 162 Pfd. pro Quadratzoll herzustellen. Der Wärmevorrath genügt auf die Dauer von 50 Minuten bei der gewöhnlichen Fahrgeschwindigkeit auf Strassenbahnen bei einer Belastung von 1,80 Tons. Der Wagen bewegt sich mit Leichtigkeit auf Curven von 40 Fuss (12 m) Radius und überwindet eine Steigung von 1 : 25 mit einem Druck von 4½ At. oder 66 Pfd. pro Quadratzoll; derselbe ist schnell und ohne Stoss anzuhalten und in Gang zu setzen. Der Abdampf strömt in eine Kammer, die so angeordnet ist, dass sie das Wasser von dem Dampfe scheidet und das Geräusch des letzteren beim Entweichen fast unhörbar macht.[1]

Es erhellt aus kürzlich veröffentlichten Berichten, dass diese Maschine in Belgien täglich regelmässig und erfolgreich in Thätigkeit gewesen ist.[2] Das Reservoir wird alle zwei Stunden neu gefüllt, was eine Viertelstunde erfordert; die Cylinder, aus welchen dasselbe besteht, sind mit Holzverkleidung und gespanntem Glas umgeben. Ein Kaltwasserbehälter dient zur Condensation des ausströmenden Dampfes; wie man hört, werden gegenwärtig vier horizontale Dampfcylinder, zwei an jedem Ende, verwendet, die beim Uebergang der bereits erwähnten steilsten Steigungen sämmtlich in Thätigkeit sind. Die erreichte Geschwindigkeit ist auf ebenem Terrain 10 Meilen pro Stunde; zum Schmieren wird, um den unangenehmen Oelgeruch zu vermeiden, Talg angewendet. Steuerungs- und andere Hebel sind an beiden Wagenenden angebracht. Die Maschine wird demnächst (September 1877) einigen Abänderungen unterworfen werden, welche den Zweck haben, die Anordnung des Mechanismus zu verbessern.

Merryweather.

Merryweather & Sons, die durch eine langjährige und erfolgreiche Praxis im Bau von Dampffeuerspritzen in den Stand gesetzt waren, die besonderen Erfordernisse leichter Locomotiven für den Strassenbahnbetrieb richtig zu würdigen, befassten sich schon frühzeitig mit Entwurf und Ausführung von Strassenbahnmaschinen. Wie bereits erwähnt, construirte diese Firma die Maschinerie für den ersten Dampfwagen, der 1872 nach Grantham's Entwurf für englische Strassenbahnen gebaut wurde; dieselbe nahm ihr erstes Patent für Strassenbahnmaschinen eigener Erfindung im April 1875. Die ersten von der Firma nach diesem System construirten Maschinen waren die für G. P. Harding zum Betrieb der 4½ Meilen langen Pariser Strassenbahnlinie zwischen der Bastille und der Eisenbahnstation von Mont Parnasse. Die erste derselben wurde im November 1875 in Gang gesetzt; gegenwärtig (Januar 1878) sind 36 der Merryweather'schen Maschinen auf dieser Linie in regelmässigem Betrieb; ebenso functioniren 10 ihrer Maschinen auf der Linie von der Bastille nach St. Mandé. Zeichnung und Construction der Maschinen sind selbstverständlich vielfach verbessert worden; bei den früheren strömte ein Theil des Abdampfes in den Aschenkasten, ging durch das Feuer, um überhitzt zu werden, und entwich hierauf, nachdem er sich mit dem übrigen Theil wieder vermischt hatte, direct in den Schornstein, um denselben weniger sichtbar zu entströmen; bei neueren Entwürfen hingegen wird der Dampf mittelst eines „selbstthätig absorbirenden" Apparates abgeleitet — eine einfache Vorrichtung, wobei derselbe durch kaltes Wasser condensirt wird. Die Merryweather'sche Maschine soll später in allen Details ausführlich beschrieben werden.

Henry Hughes.

Zu Anfang des Jahres 1876 wurde von Henry Hughes eine Strassenbahnlocomotive eingeführt. „Das Resultat meiner Versuche" sagt derselbe in seiner Zeugenvernehmung vor dem Comité zur Untersuchung mechanischer Kraft auf Strassenbahnen „besteht darin, dass ich eine Maschine von dem gewöhnlichen Locomotiventypus producirt habe, die in Betrieb gesetzt werden kann, ohne irgend Dampf zu zeigen, geräuschlos arbeitet und in welcher der Dampf ohne Hilfe eines Geldblases unterhalten werden kann; auch zeigt dieselbe keinen Rauch, da Coaks als Brennmaterial angewendet wird. Die Maschine ist in einen gewöhnlichen Wagen eingeschlossen, sodass die Pferde ebensowenig wie vor anderen Fuhrwerken scheuen." Hier sind in Kürze die Bedingungen für den Erfolg der mechanischen Kraft auf Strassenbahnen. Auf die Vorrichtung zur Condensation des Dampfes, welche bei dieser Maschine neu ist, nahm Hughes im Januar 1876 ein Patent. Jeder Dampfstrom wird, sobald er aus dem Ausblasrohre tritt, durch einen Guss kalten Wassers, das im Augenblick des Ausströmens in regelmässigen Quantitäten abgelassen wird, selbstthätig condensirt. Die sich ergebende Heisswassermischung wird bei einer Temperatur von 170° F. (75° Cel.) in einen Ausgusskasten entleert; innerhalb dieser Temperaturgrenze sondert sich nur wenig sichtbarer Dampf aus dem abgelassenen Wasser ab. Lässt man jedoch die Temperatur über 82° Cel. steigen, so entweicht eine Menge sichtbaren Dampfes. Das Kessel-Speisewasser wird diesem Behälter entnommen und der Rest des heissen Wassers unterwegs oder am Ende der Fahrt ausgeschüttet. Es wird angegeben, dass auf einer

---

[1] Diese Details sind dem Bericht Spée's entlehnt.
[2] „The Foreman Engineer and Draughtsman", September 1878, S. 138.

einer Linie 25 bis 30 Gallonen Wasser zur Condensation verbraucht werden. Nach Hughes braucht das Feuer während einer Fahrt von 10 Meilen nicht geschürt zu werden.

Die erste öffentliche Probefahrt mit der Hughes'schen Strassenbahnlocomotive fand am 27. März 1876 auf der „Leicester Tramways" statt. Bei einer Fahrt von 4 Meilen war theilweise eine Steigung von 1 : 22 zu überwinden. Die Maschine hatte zwei 6 zöllige (152 mm) Cylinder bei 12 Zoll (304 mm) Hubhöhe, die mit vier gekuppelten Rädern von 2 Fuss (609 mm) Durchmesser auf 4 Fuss (1219 mm) langer Radbasis in directer Verbindung standen. Der Kessel — ein gewöhnlicher Locomotivkessel — hatte 120 Quadratfuss (11 qm) Heizfläche; ein hölzerner Kasten, der dem Coupé eines Strassenbahnwagens glich, umschloss Kessel und Maschine; Räder und Pleuelstangen waren durch Platten aus Eisenblech verdeckt. Der durch das aufsteigende Schornstein war von hinreichender Länge zur Erzielung des zur Dampfgewinnung erforderlichen Luftzuges; der Dampf wurde auf einem Druck von ca. 120 Pfd. (8 At.) pro Quadratzoll erhalten. Die mitgeführte Menge des Condensationswassers betrug 300 Gallonen, welche angeblich für eine Fahrt von 6 Meilen auf ansteigendem Terrain bei kalter Witterung ausreichen würden. Das Gewicht des Dampfwagens im Betriebszustande betrug ca. 5 Tons.

Die Locomotive war mit einem einspännigen Wagen verkuppelt, der 16 Passagiere in seinem Innern aufnehmen konnte; während der Probefahrt trug derselbe 25 Personen und muss demnach sein Gesammtgewicht ca. 3½ Tons, das Bruttogewicht des Zuges etwa 8½ Tons betragen haben. Die Geschwindigkeit war im allgemeinen ca. 5 Meilen pro Stunde; eine oder zwei steile Steigungen auf Brücken wurden mit verminderter Geschwindigkeit leicht überwunden. Während der ganzen Fahrt zeigte sich kein entweichender Dampf, ausser einmal bei Gelegenheit einer steilen Steigung, wo ein klein wenig Dampf ausströmte, der aber schnell wieder verschwand.[1]

Dieselbe Maschine wurde, nach Hughes, auf der Leicester-Linie mehrere Wochen lang täglich für den Personenverkehr benutzt; die durchschnittliche Geschwindigkeit war 6 Meilen pro Stunde.

Hughes' Maschinen sind auf den Strassenbahnen in Edinburgh und Sheffield und den „Vale of Clyde-Tramways" in Glasgow gleichfalls versuchsweise in Betrieb gewesen. Für den Verkehr auf dieser letzteren Linie wird Dampfkraft benutzt und wurde zu diesem Zwecke zu Anfang des Jahres 1877 mit Hughes ein Contract geschlossen. Die Locomotiven, sechs an der Zahl, wiegen leer je 4¾ Tons, mit Brennmaterial und Wasser 6 Tons; dieselben erreichen einen Kesseldruck von 150 Pfd. (10 At.) pro Quadratzoll; der durchschnittliche Druck beträgt jedoch 100—120 Pfd. (ca. 7—8 At.). Nach den mit dieser Maschine in Glasgow gemachten Erfahrungen wurde berechnet, dass die Betriebskosten für 70 Meilen täglich, incl. Heizmaterial, Oel, Wasser, Beschickung und Führung, ungefähr 2,30 d. pro durchlaufene Meile (12 Pfennige pro Kilometer) betragen.

Baldwin Locomotive Works, Philadelphia.

In Amerika wurde im Jahre 1875 in den „Baldwin Locomotive Works" ein Dampfwagen gebaut, welcher versuchsweise auf der Atlantic Avenue Railway (Tramway) in Brooklyn während der ersten Hälfte des Jahres 1876 in Betrieb war. Derselbe wurde von einem einzigen Maschinisten geführt und in Stand gehalten und consumirte 7—8 Pfd. Kohle pro durchlaufene Meile. Nachts und morgens zog er einen zweiten Personenwagen von und nach New-York; bei verschiedenen Gelegenheiten erreichte man mit demselben eine Geschwindigkeit von 16—18 Meilen pro Stunde. Im Juni 1876 wurde der Dampfwagen nach Philadelphia versetzt, wo er auf der Market-Street-Linie beinahe bis zum Schlusse der Weltausstellung in Betrieb war. Die unter dem Wagenkasten angebrachten Dampfcylinder standen mit einer mit den Vorderrädern verkuppelten gekröpften Achse in Verbindung; die Hinterräder waren Laufräder. Auf einer mit dem hölzernen Wagenrahmen verschraubten eisernen Grundplatte ruhte die Maschine. Diese Art der Construction wurde jedoch nicht annehmbar befunden, da das Rahmenwerk für den Zweck nicht stark genug, auch die gekröpfte Achse leicht einem Bruche ausgesetzt war.

Fig. 130. Dampfwagen der Baldwin Locomotive-Works.

Der Wagen wurde daher Ende 1876 zum Zweck des Umbaues nach den Baldwin Works zurückgeschickt. Man stellte hierauf ein eisernes Rahmenwerk her, auf welchem die stehender Kessel und die Maschine, unabhängig von dem mit dem Rahmenwerk verbolzten Wagenkasten, befestigt waren; ausserhalb desselben lagen die horizontalen Cylinder. Auf diese Weise konnten vorhandene Wagen verwendet werden, indem man den Wagenkasten auf ein zur Aufnahme und zum Tragen desselben geeigneten Maschinengestell befestigte. Das Drosselventil war dicht an den Cylindern angebracht — ein glücklicher Gedanke, da man so den Vortheil hatte, die Maschine rasch anhalten und in Gang setzen zu können. Der Wagen ruhte auf Kautschukfedern mit Querstangen zur Ausgleichung des Druckes; die gleichmässige Bewegung wurde durch die Wirkung der Maschine nicht beeinträchtigt. Der Kessel war aus Stahl, doppelt genietet und darauf berechnet, mit Sicherheit einen Dampfdruck von 300 Pfd. pro Quadratzoll (20 At.) auszuhalten; ein Druck von 90 Pfd. (6 At.) genügte jedoch, um den belasteten Wagen über die

1) Die Details dieser Fahrt sind dem „Engineer" vom 31. März 1876, S. 232 entnommen.

steilsten Steigungen auf der Market Street-Linie — ca. 1 : 22 — ohne Beistand zu befördern. Der umgebaute Dampfwagen (Holzschnitt Fig. 130), welcher der „Baldwin" benannt wurde, kam am 21. März 1877 auf die Market Street Tramway zurück und war 4 Wochen lang, bis zum 18. April, in regelmässigem Betrieb, wobei er an allen 7 Tagen der Woche 58 Meilen täglich zurücklegte.

Der Dampfwagen verbrauchte wöchentlich bei einer Fahrt von (7 × 88) = 616 Meilen 4950 Pfd. Brennmaterial (Kohlen), mithin 8,03 Pfd. pro durchlaufene Meile; während der 4 Wochen bedurfte derselbe keinerlei Reparatur. Die wirklichen täglichen Ausgaben nebst Ueberschlagskosten für Unterhaltung und Interessen waren folgende:

```
Brennmaterial, 58 Meilen zu 8 Pfd. pro Meile, gleich
    704 Pfd. à 4 Dollars pro Ton . . . . . .   1,26 Dollars oder   5 s. 3   d.
Oel, Talg und Putzwolle  . . . . . . . . . .   0,25    „    „    1 „ 0¹⁄₂ „
Gehalt des Maschinisten, 16 Stunden à 25 Cents    4,00    „    „   16 „ 8   „
Reparatur und Instandhaltung des Wagens und der Ma-
    schine  . . . . . . . . . . . . . . . .   1,00    „    „    4 „ 2   „
                            Betriebskosten:   6,51 Dollars oder  27 s. 1¹⁄₂ d.
Tägliche Interessen der Kosten des Dampfwagens, 3000
    Dollars oder 625 l. à 6 Procent jährlich . . .  0,49 Dollars oder   2 s. 0¹⁄₂ d.
Gesammtkosten pro Tag (14 d. pro durchlaufene Meile) 7,00 Dollars oder  29 s. 2   d.
```

Die Baldwin Company construirte auch eine Strassenbahnlocomotive mit Kesseln und Cylindern von gleichem Rauminhalt wie die des Dampfwagens, auf eisernem Gestell, deren Gesammtgewicht einschliesslich der Wasserbehälter 12000 Pfd. oder 5,35 Tons betrug. Die ganze Last lag innerhalb der Radbasis, um Stossen und Schaukeln zu vermeiden. Eine Locomotive dieser Art wurde 1876 für die Citizens Railway in Baltimore gebaut, deren Maximalsteigungen 1 : 14,3 sind; dieselbe war im stande, einen Wagen die Steigung hinauf zu befördern, doch reichte ihre Kraft zu dem gleichen Zwecke für zwei Wagen nicht aus. Eine zweite Maschine von ca. 7,2 Tons Gewicht wurde im December 1876 gebaut und geliefert; während heftiger Schneestürme beförderte dieselbe einen Wagen mit 100 Passagieren über die Maximalsteigung, obschon die Geleise stellenweise 5—10 Zoll tief mit Schnee und Schmutz bedeckt waren, und konnte mit Leichtigkeit einen beladenen Wagen fortbewegen, für welchen sonst vier Pferde erforderlich waren. Bei günstigerem Wetter arbeitete die Locomotive regelmässig, indem sie zwei Wagen über die Steigung beförderte.

Folgendes sind Angaben — zum Zwecke des Vergleichens — über die Betriebskosten bei Pferdebahnwagen, welche den Berichten verschiedener Pferdebahngesellschaften in Philadelphia entnommen sind:

```
                Tägliche Betriebskosten eines zweispännigen Wagens.
Anschaffungskosten für 1 Wagen 1000 Dollars oder . . . . £ 258  6 s. 8 d.
Ditto . . . . 9 Pferde à 140 Dollars oder £ 29 3 s. 4 d.  „ 262 10 „ 0  „
```

```
Fütterungs- und Stallkosten (Futter, Stroh, Stallknechte, Medicamente etc.)
    für 9 Pferde à 46 Cents oder 1 s. 11 d. . . . . . . . . .   17 s. 3   d.
Hufbeschlag für 9 Pferde à 6 Cents oder 3 d. . . . . . . .    2 „ 3   „
Instandhaltung der Geschirre der 9 Pferde à 2 Cents oder 1 d. . . .   0 „ 9   „
Unterhaltung von 9 Pferden à 33¹⁄₃ Proc. pro Jahr für Entwerthung, gleich
    täglich (für 9 Pferde) . . . . . . . . . . . . . .    4 „ 9¹⁄₂ „
Unterhaltung des Wagens . . . . . . . . . . . . .    1 „ 8   „
Gehalt des Führers . . . . . . . . . . . . . . .    7 „ 3¹⁄₂ „
Tägliche Interessen der Kosten des Wagens und der 9 Pferde à 6 Proc.
    jährlich . . . . . . . . . . . . . . . . . . .    1 „ 6¹⁄₂ „
                                Im ganzen  35 s. 6¹⁄₂ d.
```

Vergleicht man diesen Betrag mit den auf 29 s. 2 d. täglich veranschlagten Betriebskosten eines Dampfwagens, so ergiebt sich eine Differenz von 6 s. 4¹⁄₂ d. täglich zu gunsten des letzteren.

Louis Ransom.

Louis Ransom's Dampfwagen ist so construirt, dass die Maschine leicht bereits vorhandenen Wagen angepasst werden kann. Eine doppelt gekröpfte Achse mit Treibrädern für innen liegende Cylinder vertritt hier die Stelle des einen Paares gewöhnlicher Räder und die Maschine ist horizontal unter dem Fussboden angebracht. Die beiden Cylinder sind aus einem Stück gegossen und stehen mit der Treibachse mittelst dreier Stangen in Verbindung, welche die Lager der Achsen enthalten und das Gestell der Maschine bilden. Die Steuerung besteht aus einer oscillirenden Expansionscoulisse, die in der Mitte auf einem Zapfen schwingt und durch zwei Excenter bewegt wird. Die Schieberstange ist mit der Coulisse durch eine Lenkstange verbunden, welche zum Zweck des Umsteuerns und der Veränderung des Expansionsgrades vertical verstellt wird. Das vordere Ende des Maschinengestells an den Cylindern wird von einem an dem Boden des Wagenkastens befestigten Halter getragen; durch diese Anordnung ist die Maschine an drei Punkten aufgehängt und zum Zwecke einer Reparatur leicht abzunehmen. Leichte Reparaturen können ausgeführt werden, indem man einfach das vordere Ende des Gestells von dem Wagenkörper abhebt und von der Kurbelachse herabhängen lässt. Die Maschine ist zum Zweck der Wartung durch Fallthüren im Boden zugänglich; dieselbe ist in einen so vollkommen staubdichten Kasten eingeschlossen, dass selbst wenn der Wagen den ganzen Tag durch staubige Strassen fährt, die Maschine ganz frei von Staub bleibt und thatsächlich mit Wassertropfen bedeckt ist, welche durch die geringe Menge des aus den Stopfbüchsen entweichenden condensirten Dampfes entstehen. Der Kessel ist etwas vor der Vorderachse angebracht; der Wasserbehälter befindet sich an dem hinteren Ende unter dem Fussboden. Der Kasten des Personenwagens lastet fast gleichmässig vor und hinter der Hinterachse. Das beim Ausströmen des Dampfes entstehende Geräusch wird dadurch gedämpft, dass dieselbe durch eine mit kleinen Kugeln oder Kieselsteinen gefüllte Büchse geleitet wird.

Der Wagenkasten ist 16 Fuss (4,8 m) lang und hat Sitze für 22 Passagiere. Die Radbasis ist 7 Fuss (2,1 m) länger als sonst gebräuchlich; der Wagen fährt dadurch aber nur um so sicherer; auch soll ein wogender Gang der Maschine beim Befahren unebener Stellen weniger stattfinden, obgleich der Widerstand auf Curven ein grösserer ist als bei kürzerem Radstand. Die Cylinder haben $5\frac{1}{4}$ Zoll (133 mm) Durchmesser und 14 Zoll (355 mm) Hubhöhe; der stehende Kessel ist 3 Fuss 1 Zoll (939 mm) im Durchmesser und 4 Fuss 8 Zoll (1422 mm) hoch aus einem Blech von Holzkohleneisen Nr. 19 hergestellt; derselbe besteht aus 309 verticalen Zugröhren von $1\frac{1}{4}$ Zoll (31 mm) Durchmesser und 12 Zoll (304 mm) Länge, die zusammen eine Heizfläche von 116 Quadratfuss (10,7 qm) für eine Rostfläche von $6\frac{1}{2}$ Quadratfuss (0,6 qm) ergeben. Der Kesseldruck beträgt 120 Pfd. pro Quadratzoll (8 Atm.), doch ist der Kessel auf einen Druck von 200 Pfd. (13 Atm.) geprüft; der Dampfraum hat den 26 fachen Rauminhalt eines Cylinders der Maschine. Der Wagen ist mit einer Dampfbremse versehen, deren Cylinder $3\frac{1}{2}$ Zoll (88 mm) Durchmesser bei einer Hubhöhe von 8 Zoll (203 mm) hat. Die Kolbenstange ist durch eine in einen gezahnten Sector eingreifende Zahnstange verlängert; dieser Sector ist mit Gelenkhebeln verbunden, durch welche die Bremsblöcke gegen die inneren Kanten der Räder gestemmt werden. Der Dampfschieber für die Bremse wird durch dieselbe Bewegung geöffnet, welche den Regulator schliesst.

Im Januar 1876 wurde einer von Ramson's Dampfwagen, von Gilbert, Bush & Co. in Troy (New-York) construirt, auf der $4\frac{1}{2}$ Meilen langen Coney Island Railroad in Betrieb gesetzt, wo er 5 Monate lang täglich 84 Meilen zurücklegte. Für die Doppelfahrt von 9 Meilen waren bei einer durchschnittlichen Geschwindigkeit von $13\frac{1}{2}$ Meilen pro Stunde 40 Minuten erforderlich; nach jeder Doppelfahrt stand der Wagen 50 Minuten still. Das täglich consumirte Kohlenquantum betrug 600 Pfd. gleich 7,4 Pfd. pro durchlaufene Meile; die Gesammtbetriebskosten bei einer täglichen Fahrt von 84 Meilen wurden auf 8,31 Dollars oder 34 s. $7\frac{1}{2}$ d. pro Tag, also 5,13 d. pro durchlaufene Meile (28 Pf. pro Kilometer) veranschlagt. Die Maschine functionirte in der Folge auf der Onondaga Valley Road nach Syracuse, New-York.

Am 21. März 1877 wurden sechs Ramson'sche Dampfwagen auf der Baring Street-Zweigbahn der Market Street-Linie in Philadelphia in Betrieb gesetzt, auf welcher Steigungen bis zu 1 : 22 und sehr viele Curven vorkommen. Obschon nur für 20 Personen eingerichtet, haben die Wagen häufig 50 Passagiere befördert. Man hatte bei dem Betrieb mit diesen Dampfwagen einige Schwierigkeiten zu bekämpfen, da sie, wie es scheint, kaum im stande waren, die Steigungen und Curven der Linie zu überwinden. Für diesen Verkehr hätte nach Ransom's Meinung die Maschine 7 zöllige (177 mm) Cylinder haben müssen. Ueberdies verursacht der besonders fette Schlamm in dieser Stadt ein häufiges Gleiten der gewöhnlichen Hartgussstreibräder, ein Fehler, dem Ransom dadurch zu verbessern beabsichtigt, dass er die Treibräder mit stählernen Radkränzen versieht.[1]

Wie man hört (September 1877) sollen für den regelmässigen Betrieb auf der Third Avenue Tramway in Brooklyn demnächst Dampfwagen aufgestellt werden.

II. CAPITEL.
Berechnung der Zugkraft bei Strassenbahnwagen.

Vom Zugwiderstand der Strassenbahnwagen.

Für die Anwendung der mechanischen Kraft auf Strassenbahnen ist das erste und maassgebende Moment der Zugwiderstand. Auf einer Eisenbahn kann unter den günstigsten Bedingungen der Widerstand 5 Pfd. pro Ton betragen;[2] ein so geringer Widerstand ist jedoch bei Strassenbahnen nicht zu hoffen, auf welchen nicht nur die Rinnen in den Schienen Widerstand verursachen, sondern welche auch sonstigen Unannehmlichkeiten, wie Ansammlung von Schmutz, Steinen etc., ausgesetzt sind und viele und scharfe Curven haben. Henry P. Holt fand, dass auf einige grauen, in gutem Zustande befindlichen Schienengeleise der Reibungswiderstand eines Strassen-

---

[1] Obige Details über die Leistungen der Baldwin'schen und der Ransom'schen Dampfwagen sind den im „Journal of the Franklin Institute" Juni und Juli 1877 veröffentlichten Berichten des Secretärs des „Franklin Institute" über Dampfbetrieb auf Strassenbahnen entnommen.

[2] „Railway Machinery" von D. K. Clark 1855 S. 297.

bahnwagens von einem Minimum von 15 Pfd. bis zu mehr als 40 Pfd. pro Ton Bruttogewicht, je nach der Witterung und der Beschaffenheit der Bahn, variirte; bei letzterer Gewichtsangabe sind allerdings sehr ungünstige Umstände angenommen. Henry Hughes berechnet nach verschiedenen Versuchen einen durchschnittlichen Widerstand von ca. 26 Pfd. pro Ton; solch hohe Widerstände sind leicht erklärlich, wenn man bedenkt, dass die Räderflanschen häufig auf dem Boden der Rinne oder auf dem darin angesammelten Schmutz auflaufen, während die Räder auf der Oberfläche der Schiene rollen, denn so läuft das Rad gleichmässig auf zwei verschiedenen Radien, wodurch Gleitwiderstand entsteht. Auch kann, während das Rad an einem Ende einer Achse nur auf der Laufkante läuft, dasselbe am anderen Ende auf der Flansche laufen und so den Wagen veranlassen, seitlich abzuweichen und gegen die Schienen zu schleifen. Ferner kann eine Abnutzung der Schienen vom Spurmaass oder vom Niveau stattfinden, oder dieselben können infolge der Abnutzung schwach und rissig werden. Schliesslich kann auch die Rinne derart mit Gerölle verstopft sein, dass sämmtliche Räder nur auf ihren Flanschen laufen, und wird ausser dem durch eine schlammige Fläche hervorgerufenen noch ein besonderer Widerstand durch das Klemmen der Flanschen im Schmutz verursacht. So allgemein der Vortheil eines freien Geleises bekannt ist, so verschieden lauten die Angaben hinsichtlich des vermehrten Kraftaufwandes, welcher zur Ueberwindung des durch Verstopfung der Rinnen bewirkten Widerstandes erfordert wird. Die Angaben des Dynamometers sind hier allein entscheidend.

Durch die von Tresca über den Zugwiderstand auf Strassenbahnen angestellten Versuche wurde klar erwiesen, dass die Rinne der Schiene die directe Ursache eines grossen Theils des Zugwiderstandes ist. Bei einem belasteten Wagen mit vier geflanschten Rädern betrug bei einem Theil der in Macadam gelegten Paris-Versailles-Strassenbahn der Zugwiderstand den 100sten Theil des Bruttogewichtes oder 22,40 Pfd. pro Ton. In der Folge ersetzte Deleachant, der Ingenieur dieser Bahn, zwei der geflanschten Räder — beide auf einer Seite des Wagens — durch Räder mit flachem Radkranz; im Juli 1860 wiederholte Tresca mit einem in dieser Weise abgeänderten Wagen seine Versuche:

Gewicht von 47 Passagieren a 143 Pfd. . . . . 3,00 Tons
„ der Räder . . . . 0,41 „
„ des Wagens . . . . 2,26 „

Bruttogewicht: 5,67 Tons

Die auf ebenem Terrain durchlaufene Strecke war eine Drittelmeile lang; die Zugkraft betrug bei einer gleichmässigen Geschwindigkeit von 7½ Meilen pro Stunde ca. 86 Pfd., gleich dem 147sten Theil des Bruttogewichtes oder 15¼ Pfd. pro Ton. Somit war durch die Beseitigung zweier Räderflanschen der Zugwiderstand um ein Drittel vermindert. Durch die erreichten Resultate ermuthigt, beseitigte Deleachant abermals eines der geflanschten Räder, sodass der Wagen nur noch ein geflanschtes Rad und drei Räder mit flachem Radkranz hatte. Die Folge war — nach Giraebler —, dass der Widerstand im Vergleich zu dem des ursprünglichen Wagens mit vier Flanschenrädern um die Hälfte reducirt war. Verhältnissmässig muss also der Zugwiderstand auf etwa den 200sten Theil des Bruttogewichtes oder auf ungefähr 11 Pfd. pro Ton reducirt worden sein.

Die bei den Strassenbahnen von Moskau angewendete Vignoles-Schiene verursacht den Berichten des Ingenieurs Colonel de Sytenko gemäss einen weit geringeren Widerstand als die gewöhnliche Rinnenschiene. Der verhältnissmässig unbedeutende Zugwiderstand ist augenscheinlich dem Umstande zu danken, dass keine enge Rinne vorhanden, wogegen freilich einzuwenden ist, dass dadurch der Zusammenhang des Pflasters unterbrochen wird.

Der Zugwiderstand nimmt selbstverständlich, ohne langsam, mit der Geschwindigkeit zu. Auf gewöhnlichen Eisenbahnen, unter gewöhnlichen Verhältnissen betreffs der Curven und Unterhaltung, können die Widerstände der Maschinen und Züge nach einer versuchsweisen Zusammenstellung des Verfassers wie folgt angenommen werden:[1] 12 Pfd. pro Ton bei einer Geschwindigkeit von 1 Meile pro Stunde

13 „ „ „ „ „ „ 10 „ „ „
14 „ „ „ „ „ „ 15 „ „ „
15½ „ „ „ „ „ „ 20 „ „ „

Es zeigt sich hier, dass der Widerstand nur um 2½ Tons zunimmt, wenn die Geschwindigkeit von 10 Meilen pro Stunde auf 20 erhöht wird. Man kann annehmen, dass auf Strassenbahnen selbst bei Anwendung von mechanischer Zugkraft keine höhere Geschwindigkeit als 15 Meilen erreicht wird, und sind innerhalb dieser Grenze die Schwankungen der Zugkraft im Verhältniss zu der Geschwindigkeit kaum beachtenswerth.

Wenn man bedenkt, dass Tresca seine Versuche, nach welchen er den Widerstand zu 22,4 Pfd. pro Ton berechnete, auf einem in Macadam verlegten Strassenbahngeleise angestellt hatte, so kann man daraus schliessen, dass der Widerstand auf einer geraden Strassenbahnlinie mit in Granitpflaster liegenden Rinnenschienen unter gleichen Verhältnissen nicht über 20 Pfd. pro Ton betragen haben würde.

Edward Woods schätzt gleichfalls den Widerstand eines Strassenbahnwagens auf einer ebenen und als gerade angenommenen Linie auf 20 Pfd. pro Ton.

Bezugnehmend auf die vorhergehenden Beobachtungen kann man zum Zwecke der Berechnung den Schluss ziehen, dass der Widerstand von Maschinen und Wagen auf ebenen, geraden und wohlunterhaltenen Strassenbahnen mit Rinnenschienen 20 Pfd. pro Ton beträgt, während auf Linien von mittelmässiger Beschaffenheit mit Curven derselbe zuweilen 40 Pfd. pro Ton betragen kann. Ein Durchschnitt von 30 Pfd. pro Ton kann als Grundlage

---

[1] „Railway Machinery" 1855, S. 310.

Clark, Strassenbahnen 18

für Berechnungen der für gewöhnlich erforderlichen Zugkraft gelten. Diese Angaben stimmen mit den Schlussfolgerungen überein, welche Merryweather & Sons von ihren Versuchen mit Strassenbahnlocomotiven und -Wagen abgeleitet haben.

Die zur Ingangsetzung eines Strassenbahnwagens und zur Erreichung der normalen Geschwindigkeit erforderliche Kraft ist nothwendigerweise eine grössere als diejenige, welche aufgewendet werden muss, um die Geschwindigkeit auf einer gleichmässigen Höhe zu erhalten; die Summe derselben ist von der Leistungsfähigkeit der Pferde oder dem Willen des Maschinenführers abhängig. John Philipps fand durch Versuche, dass bei Ingangsetzung eines Wagens mit zwei Pferden eine anfängliche Zugkraft von 500 bis 600 Pfd., gleich 100 bis 120 Pfd. pro Ton bei einem Bruttogewicht von 5 Tons auf den Wagen ausgeübt wurde.

Mechanische Triebkraft.

Zur Erzeugung mechanischer Triebkraft auf Strassenbahnen hat man sich theils des Dampfes, theils der comprimirten Luft bedient, die man in Cylindern wirken liess, welche ähnlich wie bei einer Eisenbahnlocomotive mit den Achsen der Maschine in Verbindung standen. Wenn der effective mittlere Druck in den Cylindern, deren gewöhnlich zwei sind, bekannt ist, so kann leicht die Zugkraft auf den Schienen und aus dieser die Dimensionen der Maschine berechnet werden.

Nehmen wir, wie fast allgemein gebräuchlich, zwei Cylinder an, die mit den Triebrädern und ihrer Achse in directer Verbindung stehen. Der in den Cylindern entwickelte Druck ist gleich der auf den Schienen wirkenden Zugkraft:

$$T = \frac{d^2 L p}{D} \quad \dots \dots \quad (1)$$

Umgekehrt wird der effective mittlere Kolbendruck, welcher einer gegebenen Zugkraft auf den Schienen entspricht, durch folgende Formel ausgedrückt:

$$p = \frac{D T}{d^2 L} \quad \dots \dots \quad (2)$$

d = Cylinderdurchmesser in Zollen

L = Hubhöhe in Zollen

D = Durchmesser der Triebräder in Zollen

p = effectiver mittlerer Kolbendruck in Pfunden pro Quadratzoll

T = gleichwerthige Zugkraft an den Schienen in Pfunden, d. h. um die Zugkraft zu finden, multiplicire man das Quadrat des Kolbendurchmessers in Zollen mit der Hubhöhe in Zollen und dem effectiven mittleren Kolbendruck in Pfunden pro Quadratzoll und dividire das Product mit dem Durchmesser der Triebräder in Zollen; der Quotient ist die gleichwerthige Kraft, nämlich die auf den Schienen wirkende Zugkraft in Pfunden.

Um den effectiven mittleren Druck zu finden, multiplicire man den Durchmesser des Triebrades in Zollen mit der gesammten Zugkraft auf den Schienen in Pfunden und dividire das Product mit dem Quadrat des Cylinderdurchmessers in Zollen und mit der Hubhöhe in Zollen; der Quotient ist der effective mittlere Druck in Pfunden pro Quadratzoll.

Es versteht sich von selbst, dass von der in den Cylindern entwickelten Kraft soviel als zur Ueberwindung des Eigenwiderstandes der Maschine erforderlich ist, consumirt wird und nur der Ueberschuss der Kraft als Zugkraft auf den Schienen nutzbar gemacht wird. Um jedoch zum Zwecke der Berechnung die gesammten Widerstände der Maschine sowie jene des Wagens nach einer gemeinsamen Werthbestimmung zu bemessen, wird die gesammte Dampfkraft in den Cylindern, wie sie durch den Indicator messbar ist, als eine gleichwerthige auf den Schienen wirkende Zugkraft ausgedrückt.

Effectiver mittlerer Druck in den Cylindern:

Zeitdauer der Admission in Procenten des Hubes	Effectiver mittlerer Druck in Procenten des Maximaldruckes	Zeitdauer der Admission in Bruchtheilen des Hubes	Effectiver mittlerer Druck in Bruchtheilen des Maximaldruckes
Procent	Procent		
10	15	$^3/_{10}$	$^1/_2$
$12^1/_2$	20	$^1/_8$	$^1/_5$
15	$24\tfrac{1}{2}$	$^2/_6$	$^1/_4$
$17^1/_2$	25		
20	32	$^1/_5$	$^1/_3$
25	40	$^1/_4$	$^{1}/_{2,5}$
30	$46\tfrac{1}{2}$	$^3/_1$	$^1/_2$
35	$52\tfrac{1}{2}$		
40	57	—	—
45	62		
50	67	$^1/_2$	$^1/_2$
55	72		
60	77		
65	81	$^2/_3$	$^3/_4$
70	85		
75	89	$^3/_4$	$^9/_{10}$

Der effective mittlere Druck in gewöhnlichen Cylindern ohne Condensation, die durch Schieber und Coulissensteuerung betrieben werden, ist in der beifolgenden Tabelle für verschiedene Admissionsperioden von 10 bis 75 Proc. des Hubes und für Maximaldruckhöhen im Cylinder von 60 bis 150 Pfd. pro Quadratzoll angegeben[1]).

Der Reibungswiderstand, d. i. das Verhältniss des Adhäsions- oder Treibgewichtes der Maschine zu der zum Ziehen nutzbaren Adhäsionskraft variirt von einem Fünftel bei trockener Witterung — nach Versuchen des Verfassers mit der Adhäsion auf Eisenbahnen — bis zu einem Neuntel bei feuchtem Wetter, wenn die Schienen schlüpfrig sind. Nimmt man bei der Bestimmung der Verhältnisse der Maschine zu ihrer Leistung ein Neuntel als Grenze an, so ergiebt sich die Leistung der Maschine bei jeder Witterung; zum Zwecke allgemeiner Berechnung kann jedoch mit Sicherheit ein Achtel angenommen werden, insoweit da man nöthigenfalls trockenen Sand auf die Schienen streuen kann, um die Adhäsionskraft zu vermehren.

Der Einfluss der Steigungen auf den Zugwiderstand ist leicht zu berechnen, indem man das Bruttogewicht mit dem Bruch multiplicirt, der den Grad der Steigung ausdrückt. Das Product ist der Betrag, um welchen der Widerstand durch eine gegebene Steigung vermehrt oder umgekehrt durch die Neigung vermindert wird. Um ein Beispiel von der Einwirkung der Steigungen auf die Vermehrung des Widerstandes und die Verminderung des nutzbaren Bruttogewichtes zu geben, nehme man Steigungen gleich 30 Pfd. pro Ton und deren Multipla an.

Steigung			Von der Schwerkraft herrührender Widerstand
1 : 75	oder	1,33 Procent	30 Pfund pro Ton
1 : 37	„	2,70 „	60 „ „
1 : 25	„	4,00 „	90 „ „
1 : 18½	„	5,40 „	120 „ „
1 : 15	„	6,66 „	150 „ „

Nimmt man wie vorher einen Widerstand von 30 Pfd. pro Ton als Normalwiderstand auf ebenem Terrain an, so ist für eine Steigung von 1 : 75 der Widerstand beim Hinaufziehen um 30 Pfd. mehr, also verdoppelt, während die Last, welche durch eine gegebene Zugkraft die Steigung hinaufbefördert werden kann, um die Hälfte verringert wird.

Auf einer Ebene ist das nutzbare Bruttogewicht bei
„	Steigung von	. . . . .	1 : 75	—	½
„	„	. . . . .	1 : 37	—	⅓
„	„	. . . . .	1 : 25	—	¼
„	„	. . . . .	1 : 18½	—	⅓
„	„	. . . . .	1 : 15	—	⅕

Da die Maschine die Linie nach beiden Richtungen befährt, so kann man im allgemeinen annehmen, dass ihre Leistung auf allen Theilen derselben, ob eben oder ansteigend, im Durchschnitt für beide Richtungen die gleiche sei wie die auf ebenem Terrain, und ebenso kann angenommen werden, dass die durchschnittliche Admissionsperiode 50 Proc. oder halben Hub betrage. Der durchschnittliche Anfangsdruck im Cylinder kann daher als gleichbedeutend mit dem effectiven mittleren Druck gelten, welcher dem Widerstand auf einer Ebene entspricht.

Nach den vorstehenden Regeln und Angaben kann die consumirte Dampfmenge für eine gegebene Entfernung — z. B. für die durchlaufene Meile — und aus dem relativen Dampfvolumen die Menge des verdampften Wassers und des verbrauchten Brennmaterials berechnet werden. Das für einen Kolbenhub verbrauchte Dampfvolumen ist die Hälfte des Inhalts eines Cylinders, und vier Hälften oder zwei Cylinder voll Dampf sind erforderlich zur Umdrehung der Triebachse, oder:

Für eine Umdrehung verbrauchte Dampfmenge in Kubikzollen
$$= 0,7854\, d^2 \times L \times 2$$
$$= 1,5708\, d^2 L. \qquad \qquad (a)$$

$d =$ der Kolbendurchmesser in Zollen

$L =$ Hublänge in Zollen

$D =$ Durchmesser des Treibrades in Fussen

$S =$ verbrauchtes Dampfvolumen in Kubikfussen pro Meile.

Die pro Meile (1 Meile = 5280 Fuss) consumirte Dampfmenge in Kubikzollen ist gleich der Dampfmenge pro Umdrehung (Gleichung a) multiplicirt mit der Zahl der in einer Meile gemachten Umdrehungen oder mit $\dfrac{5280}{3,1416\, D}$; dividirt man dieses Product mit 1728, so ist der Quotient die Zahl der pro Meile verbrauchten Kubikfusse. Doch sind für die gewöhnlich zur Condensation im Cylinder erforderliche Dampfmenge 12 Proc. der berechneten Quantität hinzuzufügen, wenn der Dampf bei halbem Hub abgesperrt wird, und die gesammte wirklich verbrauchte Dampfmenge ist folgende:

---

1) Diese Tabelle ist dem Werke des Verfassers „Railway Machinery" 1855. S. 118 entnommen.

18 *

$$S = \frac{1,5708\ d^2 \times L \times 5280}{1728 \times 3,1416\ D} \times \frac{112}{100}\ \text{oder}$$

$$S = \frac{1,71\ d^2 L}{D} \quad\quad\quad\quad\quad\quad\quad\quad\quad\quad\quad (3)$$

d. h., um die bei halber Füllung pro Meile wirklich verbrauchte durchschnittliche Dampfmenge zu finden, multiplicire man das Quadrat des Cylinderdurchmessers in Zollen mit der Hublänge in Zollen und mit 1,71 und dividire das Product mit dem Treibraddurchmesser in Fussen.

Die gleichwerthige Wassermenge, die zur Erzeugung des so berechneten Dampfes erforderlich ist, findet man, indem man das Dampfvolumen mit seinem relativen Volumen dividirt, d. h. sein Volumen im Vergleich zu dem des Wassers, aus dem er gebildet wird. Also: —

$$W = \frac{1,71\ d^2 L}{D \times \text{relativ Volumen}} \quad\quad\quad\quad\quad\quad\quad (4)$$

W = das durchschnittlich verdampfte Wasservolumen in Kubikfussen pro Meile.

Um das Wasservolumen in Gallonen auszudrücken, multiplicire man den Werth (4) mit 6,2355, der Anzahl der Gallonen in Kubikfussen. Also: —

$$W = \frac{1,71 \times 6,2355 \times d^2 L}{D \times \text{relativen Volumen}} ; \text{ oder}$$

$$W = \frac{10,7\ d^2 L}{D \times \text{relativen Volumen}} \quad\quad\quad\quad\quad\quad (5)$$

W = das durchschnittlich verdampfte Wasservolumen pro Meile, d. h.: um das bei halber Füllung als Dampf pro Meile verbrauchte durchschnittliche Wasservolumen zu finden — 1) in Kubikfussen: multiplicire man das Quadrat des Cylinderdurchmessers in Zollen mit der Hubhöhe in Zollen und mit 1,71 und dividire das Product mit dem Treibraddurchmesser in Fussen und mit dem relativen Dampfvolumen. Der Quotient ist das Wasservolumen in Kubikfussen; — 2) in Gallonen: man berechne wie vorher, nur wende man statt des Multiplicators 1,71 den Multiplicator 10,7 an. Der Quotient ist das Volumen in Gallonen.

Um solche Berechnungen zu erleichtern, sind Einzelnheiten über Volumen und Dichtigkeit des gesättigten Dampfes in folgender Tabelle angegeben, die aus der grösseren Tabelle des Verfassers ausgezogen ist.[1]

Dichtigkeit, Volumen und relatives Volumen des gesättigten Dampfes.

Dampf-Ueberdruck	Dichtigkeit oder Gewicht von 1 Kubikfuss	Volumen von 1 Pfd. Dampf	Relat. Vol. oder Kubikfuss Dampf aus 1 Kubikfuss Wasser	Dampf-Ueberdruck	Dichtigkeit oder Gewicht von 1 Kubikfuss	Volumen von 1 Pfd. Dampf	Relat. Vol. oder Kubikfuss Dampf aus 1 Kubikfuss Wasser
Pfund	Pfund	Kubikfuss	Kubikfuss Volumen	Pfund	Pfund	Kubikfuss	Kubikfuss Volumen
0	0380	26,36	1,642	62	1804	5,54	345
5	0507	19,72	1,279	64	1848	5,41	337
10	0625	15,99	996	66	1891	5,29	329
15	0743	13,46	838	68	1935	5,17	321
20	0858	11,65	726	70	1980	5,05	314
22	0905	11,04	658	72	2024	4,94	308
24	0952	10,51	655	74	2067	4,84	301
26	0996	10,03	625	76	2111	4,74	295
28	1043	9,59	598	78	2155	4,64	289
30	1089	9,18	572	80	2198	4,55	283
32	1133	8,82	550	82	2241	4,46	278
34	1179	8,48	529	84	2285	4,37	272
36	1225	8,17	509	86	2329	4,28	267
38	1269	7,88	491	88	2351	4,35	265
40	1314	7,61	474	90	2414	4,14	257
42	1364	7,36	458	92	2458	4,07	253
44	1403	7,12	444	94	2543	4,00	249
46	1447	6,90	430	96	2543	3,93	245
48	1493	6,70	417	98	2631	3,96	241
50	1538	6,49	405	100	2631	3,90	237
52	1583	6,32	393	105	2738	3,65	227
54	1627	6,15	383	110	2845	3,51	219
56	1670	5,99	373	115	2955	3,38	211
58	1714	5,83	363	120	3060	3,27	203
60	1759	5,68	353				

[1] Siehe: „A Manual of Rules, Tables and Data for Mechanical Engineers" 1877; Seite 387.

Wenn die gewöhnliche verdampfende Wirkung des für den Kessel benutzten Brennstoffes, die pro Pfund Brennmaterial verdampfte Wassermenge oder die zur Verdampfung von einem Kubikfuss Wasser erforderliche Menge des Heizmaterials bekannt ist, so ist das durchschnittlich pro Meile verbrauchte Brennstoffquantum aus der verbrauchten Wassermenge leicht zu berechnen. Die vorstehend definirte verdampfende Wirkung wird daher gewöhnlich durch das Gewicht des pro Pfund Brennmaterial verdampften Wassers ausgedrückt. Das Wasservolumen — kaltes Wasser angenommen — in Kubikfussen pro Meile muss mit $62\frac{1}{2}$ multiplicirt werden, um das Gewicht des Wassers in Pfunden zu erzeigen; ist das Volumen in Gallonen ausgedrückt, so ist es zu gleichem Zwecke mit 10 zu multipliciren. Das so gefundene Product wird mit dem Verdampfungsverhältniss des Heizungsmaterials dividirt und der Quotient ist das durchschnittlich pro Meile verbrauchte Brennstoffquantum.

Als Beispiel für die Anwendung vorstehender Regeln nebst Tabellen und Auszügen nehme man die auf dem südlichen Theil der Pariser Strassenbahnen im Betrieb befindlichen, von Merryweather & Sons construirten Locomotiven an. Die Cylinder derselben haben 6 Zoll Durchmesser bei 9 Zoll Hub, die Treibräder 2 Fuss Durchmesser. Die Maschine ist in vollem Betriebszustande 4 Tons schwer und zieht einen belasteten Wagen von etwa 7 Tons Gewicht; das zu befördernde Bruttogewicht beträgt 11 Tons, der Gesammtwiderstand auf ebenem Terrain bei gleichmässiger Geschwindigkeit, im Verhältniss von 30 Pfd. pro Ton ($11 \times 30 =$) 330 Pfd. auf den Schienen. Um den gleichwerthigen Kolbendruck — den effectiven mittleren Druck p — zu finden, bedient man sich der Formel (2):

$$p = \frac{D\,T}{d^2\,L} = \frac{24 \times 330}{36 \times 9} = 24{,}4 \text{ Pfd. pro Quadratzoll.}$$

Nach der Tabelle Seite 138 ist, um einen effectiven mittleren Druck von 24,4 Pfd. pro Quadratzoll herzustellen, der Anfangsdruck für verschiedene Admissions- oder Absperrungsperioden folgender:

Für gleichmässige Geschwindigkeit:

Bei Absperrung bei $\frac{1}{3}$ ist der Anfangsdruck 24,4 Pfd. $\times 3 =$ 73 Pfd. pro Quadratzoll
„ „ „ $\frac{1}{4}$ „ „ „ 24,4 Pfd. $\times 2\frac{1}{2} =$ 61 Pfd.
„ „ „ $\frac{1}{2}$ „ „ „ 24,4 Pfd. $\times 2 =$ 49 Pfd.

Die Ingangsetzung des Zuges auf ebenem Terrain bedingt die vierfache Zugkraft oder den vierfachen für eine gleichmässige Geschwindigkeit erforderlichen effectiven mittleren Druck — in diesem Falle 1320 Pfd. Zugkraft oder 98 Pfd. pro Quadratzoll in den Cylindern, also:

Zur Ingangsetzung des Zuges

bei $\frac{3}{4}$ Füllung ist der Anfangsdruck 98 Pfd. $\times \dfrac{10}{9} =$ 109 Pfd. pro Quadratzoll

„ $\frac{2}{3}$ „ „ „ „ 98 Pfd. $\times \dfrac{5}{4} =$ 122 Pfd.

Wenn der Kesseldruck 120 Pfd. pro Quadratzoll beträgt, so genügt derselbe, um die oben angenommene höchste Zugkraft zu äussern. Nimmt man jedoch an, dass die vorherrschende Steigung der Bahn 1 : 25 beträgt, so ist das Bruttogewicht, welches auf der Linie befördert werden kann, wie Seite 139 angegeben, auf ein Viertel reducirt. Um daher dieselbe Last wie auf einem Terrain fortzubringen, müsste der effective mittlere Cylinderdruck viermal so stark sein, um vierfache Zugkraft zu äussern. Statt $24\frac{1}{2}$ Pfd. pro Quadratzoll müsste also der effective mittlere Druck 98 Pfd. betragen, derselbe, welcher bei der Ingangsetzung auf ebenem Terrain angenommen wurde. Um diesen Druck zu äussern, müsste, wie bereits gezeigt wurde, der anfängliche Cylinderdruck 109 Pfd. pro Quadratzoll betragen, vorausgesetzt, dass der Dampf bei drei Viertel Hub, oder 122 Pfd., wenn er bei zwei Drittel Hub abgesperrt wird.

Dieses Beispiel erläutert zur Genüge die Grösse der Kraft, welche eine Strassenbahnlocomotive zu äussern im stande ist.

Um durch die Formel (4) oder (5) Seite 140 die durchschnittliche wirklich als Dampf pro Meile verbrauchte Wassermenge zu finden — für die durchschnittliche Admissionsperiode halbe Füllung angenommen — und vor allem das relative Volumen, welches ein Factor in der Formel ist, muss der anfängliche Cylinderdruck festgestellt sein. Für einen effectiven mittleren Druck von $24\frac{1}{2}$ Pfd. pro Quadratzoll bei halber Füllung ist der Anfangsdruck nach der Tabelle Seite 138 ($24\frac{1}{2}$ Pfd. $\times \frac{2}{3} =$) 37 Pfd. pro Quadratzoll Ueberdruck. Nach der Formel (4) oder (5) Seite 140, für welche $d = 6$, $L = 9$, $D = 2$ und das relative Dampfvolumen von 37 Pfd. effectivem Druck 500 ist, erhält man:

$$W = \frac{1{,}71 \times 6^3 \times 9}{2 \times 500} = 0{,}554 \text{ Kubikfuss,}$$

$$\text{oder } W = \frac{10{,}7 \times 6^3 \times 9}{2 \times 500} = 3{,}47 \text{ Gallonen}$$

als durchschnittlich pro Meile verbrauchte Wassermenge.

Um nun die Menge des von der Merryweather'schen Maschine pro Meile verbrauchten Brennmaterials zu berechnen, kann man in Ermangelung bestimmter Angaben annehmen, dass pro Pfd. Coaks 7 Pfd. Wasser verdampft werden. Rechnet man daher das Wasservolumen — 0,554 Kubikfuss oder 3,47 Gallonen — in Pfunde um und dividirt man das Gewicht mit 7, so erhält man:

$$0{,}554 \times 62\tfrac{1}{2} = 34{,}35 \text{ Pfd., und } \frac{34{,}35}{7} \ldots 5 \text{ Pfd.}$$

$$\text{oder } 3{,}47 \times 10 = 34{,}70 \text{ Pfd., und } \frac{34{,}70}{7} \ldots 5 \text{ Pfd.}$$

Hieraus ergiebt sich ein Coaksverbrauch von 5 Pfd. für die von der Maschine durchlaufene Meile, wobei die Locomotive ein Bruttogewicht von 11 Tons, mit Einschluss ihres Eigengewichtes, befördert. Hierzu kommen selbstverständlich noch etwa 10 Proc. für Dampferzeugung und Verlust an Dampf und Brennmaterial, mithin ½ Pfd., zusammen also 5½ Pfd. Coaks pro Meile.

Auf diese Weise erhält man durch einen einfachen, auf erfahrungsmässige Angaben gegründeten Process die genaue Quantität des von den auf den Pariser Strassenbahnen in Betrieb stehenden Maschinen verbrauchten Brennmaterials, nämlich 250 kg oder 550 Pfd. Coaks für 100 durchlaufene Meilen, gleich 5½ Pfd. pro Meile.

Die vorstehenden Werthe für Wasser und Brennmaterial ergeben folgende Daten:

Durchschnittlicher Verbrauch pro Ton brutto pro durchlaufene Meile

½ Pfd. Coaks

3,5 Pfd. Wasser.

III. CAPITEL.

Heisswasser-Strassenbahn-Locomotiven.

Eine unter Druck erhitzte Wasserschicht entwickelt von selbst Dampf, wenn man dem Druck zu sinken gestattet. Gleichzeitig mit der Abnahme des Druckes sinkt auch die Temperatur, und Temperatur und Druck sind genau dieselben, als wenn unter gegebenem Druck durch die Einwirkung der Wärme auf das Wasser Dampf erzeugt wird.

Die übereinstimmenden Druck- und Temperaturhöhen können mit Hilfe einer Tabelle über die Eigenschaften des gesättigten Dampfes festgestellt und die Menge des Dampfes, welcher sich während des Sinkens der Temperatur von selbst erzeugt, genau berechnet werden. Nimmt man z. B. 1 Pfd. Wasser an, das unter dem erforderlichen Gesammtdruck von 400 Pfd. pro Quadratzoll und 445° F. erhitzt wird und dem Gesammtdruck von 50 Pfd. pro Quadratzoll entsprechend auf 281° F. abkühlt[1], so löst sich die Menge der entwickelten Wärme nach dem Sinken der Temperatur — (445° — 281° =) 164° — bemessen, und beträgt für 1 Pfd. Wasser der Wärmeverlust 164 Einheiten. Die auf diese Weise frei gewordene Wärme — ausdrücklich im Theil des erhitzten Wassers selbst — dient zur Verwandlung von Wasser in Dampf. Die Gesammtwärme der beiderlei Dämpfe ist folgende:

Gesammtdruck	Temperatur	Gesammtwärme in 1 Pfd. Dampf von 0° F. an Einheiten (oder Grade)	Differenz
400 Pfd.	445°	1,249	804°
50 „	281°	1,189	918°
Durchschnitt 225 Pfd.	—	—	861°

Die Durchschnittsdifferenz oder der Ueberschuss der Wärme im Dampfe über die fühlbare Wärme ist 861° oder 861 Einheiten pro Pfd. Dampf; da nun die Menge der an 1 Pfd. Wasser während des Sinkens von 445° auf 281° entwickelten Wärme 164 Einheiten beträgt, so sind (861 : 164 =) 5,25 Pfd. des erhitzten Dampfes erforderlich, um soviel Wärme zu liefern, als nöthig ist, um 1 Pfd. des erhitzten Wassers zu verdampfen. Während des Sinkens der Temperatur von 445° auf 281° wird rund ein Fünftel des heissen Wassers verdampft. Durch eine gleiche Berechnung findet man, dass die verhältnissmässigen Mengen heissen Wassers, die während des Sinkens auf 281° und 50 Pfd. Gesammtdruck pro Quadratzoll verdampft werden, nach anderen Temperatur- und Druckhöhen folgende sind:

Beim Sinken auf den gesammten Enddruck von 50 Pfd. pro Quadratzoll.

Gesammter Anfangsdruck in Pfd. pro Quadratzoll	Anfängliche Temperatur	Ein Pfund Wasser verdampft in Pfd. Heisswasser
400 Pfd.	445°	5,25 Pfd. Heisswasser
350 „	430°	5,82 „ „
300 „	415°	6,35 „ „
250 „	401°	7,31 „ „
200 „	382°	8,74 „ „
150 „	355°	11,60 „ „
100 „	325°	19,20 „ „

[1] Siehe „A Manual of Rules, Tables and Data" 1877, S. 387.

Man kann, um die Zahl abzurunden, annehmen, dass ein Fünftel des heissen Wassers während des Sinkens von einem Gesammtdruck von 400 Pfd. auf 50 Pfd. pro Quadratzoll, und ein Neuntel während des Sinkens von 200 Pfd. pro Quadratzoll verdampft wird.

Es ist ohne weiteres klar, dass zwischen den Grenzen von 400 Pfd. und 200 Pfd. Anfangsdruck im Reservoir, der bis auf 50 Pfd. herunter geht, eine fünf- bis neunmal grössere Wassermenge, als in Dampf verwandelt werden kann, beständig in der Maschine mitgeführt werden muss, wodurch sich dieses Princip der spontanen Dampferzeugung construirte Maschinen sich nicht als Stelle gewöhnlicher Locomotiven für den Betrieb eignen.

Cockerill's Heisswasser-Locomotive.

Lehrreiche practische Versuche wurden im Juni 1874 von der Société J. Cockerill in Seraing (Belgien) mit einer ihrer Maschinen dieser Art angestellt.[1] Der stehende Kessel war 6½ Fuss (1,98 m) hoch und hatte zwei querliegende Wasserröhren in der Feuerbüchse; der Schornstein führte aus der letzteren durch den Dampfraum direct nach oben. Der Kessel war weder an der unteren Hälfte noch auf dem Dache, das 3 Fuss (914 mm) Durchmesser hatte, verkleidet. Die Maschine hatte zwei Cylinder von 8 Zoll (203 mm) Durchmesser bei 10 Zoll (254 mm) Hub, vier gekuppelte Räder von 24 Zoll (609 mm) Durchmesser und 5 Fuss (1524 mm) Mittelabstand bei 4 Fuss 11 Zoll Spurweite. Der gesammte Rauminhalt des Kessels betrug 35 Kubikfuss (1 cbm), das Gewicht der Maschine im Betriebszustande 8¾ Tons, mit 4 oder 5 Personen ca. 9 Tons.

Erster Versuch. — Die Maschine im Ruhezustande im Freien. 25 Kubikfuss (0,7 cbm) kaltes Wasser wurden in den Kessel eingepumpt, das Feuer angezündet und nach 2¼ Stunden war der Dampf auf 10 At gebracht. Der Wasserstand stieg 1,38 Zoll (35 mm) im Glase, entsprechend einer Ausdehnung von (1,38 × 0,78 =) 1,076 Kubikfuss oder 1/23 des anfänglichen Volumens, indem er von einer Temperatur von 54° F. auf 365° F. überging.

Hierauf wurde das Feuer geschürt, der Rost herausgenommen und der Schornstein am oberen Ende hermetisch verschlossen. Die Feuerthür wurde einfach geschlossen, während der Aschenkasten keinen Verschluss hatte. Das Wetter war schön, die Temperatur 77° F. im Schatten, und um 5 Uhr Nachmittags wurde die Maschine bei einem Anfangsdruck von 9,40 At sich selbst überlassen.

Locomotive im Ruhezustande. Effectiver Anfangsdruck 9,40 Atmosphären.

Zeitdauer	Sinken des Druckes	Sinken des Wasserstandes
St. M.	Atmosphären	Zoll
0 10 (5 U. Nachm.)	0,60	0,09
0 15 „ „	1,30	0,39
0 30 „ „	2,40	0,67
0 45 „ „	3,40	0,91
1 0 „ „	4,15	1,10
1 15 „ „	4,80	1,26
1 30 „ „	5,35	1,38
1 45 „ „	5,80	1,50
2 0 „ „	6,20	1,61
2 15 „ „	6,60	1,73
2 30 „ „	6,95	1,84
2 45 „ „	7,30	1,95
3 0 „ „	7,60	2,05
3 15 „ „	7,85	2,21
4 15 (9 U. 15 Nachm.)	8,40	2,58
16 0 (9 U. Vorm.)	9,10	3,27

Beim Beginne der Beobachtungen, als der effective Druck 9,40 At betrug, enthielt der Kessel 24,07 Kubikfuss Wasser von 54° F. Zur Zeit der letzten Beobachtung, als der Druck auf Atmosphärendruck gesunken und der Kessel soweit abgekühlt war, dass man die Hand darauf legen konnte, betrug die in demselben enthaltene Wassermenge — von 54° F. — nur noch 22,54 Kubikfuss; es zeigte sich somit ein offenbarer Verlust von 1,53 Kubikfuss in 16 Stunden, durch Fugen oder Hähne, obschon kein Entweichen sichtbar war. Für Vorrichtungen zum Schutz gegen Abkühlung war wenig gesorgt; die der Luft ausgesetzte Oberfläche der Feuerbüchse betrug 19 Quadratfuss (1,5 qm), die des Schornsteins 3½ Quadratfuss (0,3 qm). Es ist zu erwähnen, dass der Druck, während er anfangs schnell sank, immer langsamer abnahm, je niedriger er wurde.

Zweiter Versuch. — Die Locomotive allein wurde auf einer 552 Yards langen Eisenbahnstrecke, welche aus zwei durch eine schwache Curve verbundenen geraden Theilen bestand, hin und her gefahren. Die beinahe ebene Linie hatte nur an einem Ende eine leichte Steigung von etwa 1 : 400 und war in gutem Zustande, enthielt jedoch mehrere Weichen und Kreuzungen.

1) „Annales Industrielles", 7. Februar 1875, Spalte 175.

2¹/₂ Stunden nachdem das Feuer angezündet wurden, erhielt man Dampf mit einem effectiven Druck von mehr als 10 At. Die Feuerung wurde hierauf entfernt und die Mündung des Schornsteins rings um das oben durch denselben verlängerte Auslassrohr hermetisch verschlossen; auf diese Weise war die Circulation kalter Luft durch den Kessel verhindert. Die Feuerthür wurde geschlossen, der Aschenkasten jedoch offen gelassen; die Cylinderhähne waren bei der Ingangsetzung eine Zeit lang offen, der Dampf wurde bei 80 Proc, den Hubes, während der Fahrt bei 60 oder 70 Proc. abgesperrt. Bei der letzten Tour war die Maximaleinströmung des Dampfes bei weitgeöffnetem Regulator erforderlich. Die Maschine trug 4 oder 5 Personen.

Da ein schwacher Wind wehte, liess man, um die Einwirkung desselben sowie die der Schwere soviel als möglich aufzuheben, die Maschine einigemal hin und her fahren. Beim Beginne betrug der effective Druck 10,30 At; der Kessel enthielt 24,91 Kubikfuss Wasser von 54° F. und 10 Kubikfuss Dampf. Zu Ende der letzten Rückfahrt betrug der effective Druck 1 At und befanden sich im Kessel 21,66 Kubikfuss Wasser von 54° F. und 13,20 Kubikfuss Dampf; mithin betrug die gesammte Druckabnahme ca. 9 At und die verbrauchte Wassermenge 3,25 Kubikfuss. Folgendes sind die Resultate des Versuches:

Locomotive allein in Gang. Effectiver Anfangsdruck 10,30 Atmosphären.

Zeitdauer	Zurückgelegte Gesammtentfernung	Durchschnittsgeschwindigkeit pro Fahrt	Sinken des Druckes
Minuten	Yards	Meilen pro Stunde	Atmosphären
0	0	0	0,0
3	552	6,51	2,30
5	1,104	9,44	3,60
7	1,656	9,44	5,05
9	2,208	9,44	6,10
12	2,760	6,51	7,05
15	3,312	6,51	7,90
18	3,964	6,51	8,65
22	4,416	3,78	9,36

Zu Ende der letzten Fahrt wurde die Maschine einige Yards weit von zwei Männern geschoben.

Die gesammte zurückgelegte Entfernung betrug 2,51 Meilen; Wasser wurde im Verhältniss von (3,25 ÷ 2,51 =) 1,30 Kubikfuss oder 87 Pfd. pro Meile verbraucht. Nimmt man eine Verdampfungsfähigkeit von 7 Pfd. Wasser pro Pfd. Brennmaterial an, so würde der Verbrauch des letzteren, wenn der Dampf auf der Fahrt erzeugt worden wäre, (87 ÷ 7 =) 12¹/₂ Pfd. pro Meile, gleich (12¹/₂ ÷ 9 =) 1,40 Pfd. pro Ton Brutto pro Meile betragen haben.

Man machte die Beobachtung, dass obschon bei hohem Druck nur wenig Wasser mit dem Abdampf ausspritzte, doch zu Ende des Versuches, als der Druck gesunken war, das Ausspritzen merklich zunahm.

Dritter Versuch. — Die Locomotive mit einem Güterwagen wurde auf der Versuchslinie hin und her gefahren. Unmittelbar nach dem vorhergehenden Versuche wurde wieder Dampf in der Maschine erzeugt; in 1 Stunde 10 Minuten war der effective Druck auf 10 At gestiegen, während der Kessel wieder gefüllt war. Die Feuerung wurde entfernt und der Schornstein wie vorher dicht verschlossen. Die vier Räder des mit der Locomotive verkuppelten Güterwagens hatten 3 Fuss 3 Zoll (990 mm) Durchmesser und 9 Fuss 9 Zoll (2,97 m) Achsenstand; der Wagen war mit einer Schraubenbremse versehen und wog mit einer kleinen Last 8,80 Tons. Das beförderte Bruttogewicht war folgendes:

Locomotive . . . . Tons 9,
Güterwagen 8,80
                              17,80

Der effective Anfangsdruck im Kessel betrug 10¹/₂ At, der Enddruck 2,30 At. Beim Beginne der Probefahrt waren 24,91 Kubikfuss (0,7 cbm) Wasser im Kessel, am Ende desselben, nachdem sechs Touren gemacht waren, nur noch 21,91 Kubikfuss (0,62 cbm), woraus sich ergab, dass auf der Fahrt 3 Kubikfuss (0,08 cbm) verbraucht worden waren.

Locomotive und ein Güterwagen in Gang. Effectiver Anfangsdruck 10,50 Atmosphären.

Zeitdauer	Zurückgelegte Gesammtentfernung	Durchschnittsgeschwindigkeit pro Fahrt	Sinken des Druckes
Minuten	Yards	Meilen pro Stunde	Atmosphären
0	0	0	0
2,5	552	7,53	1,85
5	1,104	7,53	3,50
7,5	1,656	7,53	5,00
9,5	2,208	9,44	6,25
12,5	2,760	6,51	7,30
15,5	3,312	6,51	8,20

Die gesammte zurückgelegte Entfernung betrug 1,90 Meilen und wurde hierbei Wasser im Verhältniss von (3 : 1,90 =) 1,55 Kubikfuss oder 99 Pfd. pro Meile oder, um wie vorher zu rechnen, 11 Pfd. Brennmaterial pro Meile, gleich (11 : 17,50 =) 79 Pfd. pro Ton Bruttogewicht pro Meile consumirt.

Die Leistung der Maschine war bei dem letzten Versuche ökonomischer, denn der hinzugekommene Güterwagen verursachte nur geringe Vermehrung der verbrauchten Wassermenge. Die verhältnissmässige Dampfersparniss bei dem dritten Versuche erklärt sich durch den höheren Cylinderdruck, welcher zur Ueberwindung des durch das zu befördernde Mehrgewicht geleisteten Widerstandes aufgewendet werden musste, sowie durch die sich daraus ergebende grössere Wirksamkeit des Dampfes gegen den constanten atmosphärischen Widerstand. Folgende Angaben sind dem Resultaten des dritten Versuches entnommen:

Durchschnittlicher Verbrauch pro Ton Bruttogewicht und durchlaufene Meile.

4,5 Pfd. Coaks (zum Erhitzen des Wassers).

1,5 „ Wasser.

Die bei diesem Verbrauche zurückgelegte Entfernung betrug 2 Meilen auf einer beinahe ebenen Eisenbahnlinie.

Diese Resultate sind nicht eben vortheilhaft im Vergleiche zu jenen der Merryweather'schen Locomotive, Seite 142, welche gegen den Widerstand einer Strassenbahn und auf Steigungen nur 1,5 Pfd. Coaks pro Ton des Bruttogewichtes pro Meile verbraucht, während bei dem Versuch mit heissem Wasser 4,5 Pfd. Coaks das Aequivalent der auf einer fast ebenen Eisenbahnstrecke verbrauchten Wassermenge ist.

Francq und Lamm.
(Mit Zeichnungen auf Tafel XV. Fig. 1—9.)

Das bereits oben angeführte System Francq und Lamm hat sich so wesentlich vervollkommnet und es sind die Versuche, die in Paris und Wien mit dieser feuerlosen Locomotive angestellt wurden, so günstig ausgefallen, dass wir es für zweckmässig erachten, die Anordnung einer solchen Maschine (Tafel XV. Fig. 1—5) zur Darstellung zu bringen.

Die Locomotive besteht aus dem Stahlblech-Cylinder A, welcher ca. 1500 l Wasser fasst und als Kessel dient, und der zwischen den beiden Längenbalken liegenden Maschine, die analog einer gewöhnlichen Locomotiv-Maschine construirt ist. Die Ungleichheit des Druckes, der bei der Abfahrt 16 At, bei der Ankunft nur 3 At beträgt, wird in sinnreicher Weise durch ein Ventil regulirt, sodass hinter dem Kolben der Maschine ein stets gleich bleibender Druck von 2 At stattfindet. Sind jedoch Steigungen zu überwinden, so genügt ein Handbewegung des Führers und der volle Druck wirkt auf die Kolben, sodass diese Maschine mit einem stark besetzten Waggon während der Fahrt zwischen Marly und Marly-le-Roi bei Paris eine continuirliche 6procentige Steigung von 2 km Länge leicht bewältigt. Der Wärmeverlust des Kessels ist ein sehr geringer und beträgt während vierstündigen Stehens bei Null Grad kaum 1 At. Das oben erwähnte Regulirventil ist in den Fig. 6—8, Tafel XV abgebildet; dasselbe ist an dem Dampfdom angebracht und zwar wird ihm durch das gebogene Rohr a frischer Dampf zugeleitet, während der regulirte Dampf durch das weite Rohr l, welches das Reservoir A quer durchsetzt, zum Absperrschieber c und darauf in die Cylinder gelangt.

Das Regulirventil besteht zunächst aus dem Ventilgehäuse H, dessen Ventil durch Handrad h bewegt werden kann; ferner aus dem Doppelsitzventil i, welches mittelst seiner nach unten gehenden Spindel, des Hebels b sowie einer in dem Gehäuse L eingeschlossenen Feder (Balance) stets über seinen Sitzen gehalten wird. Oeffnet man das Ventil H, so tritt frischer Dampf durch das offen gehaltene Doppelsitzventil i; gleichzeitig presst aber der Druck den Kolben k herab und schliesst dadurch das Ventil i, worauf der in dem Gehäuse H, eingeschlossene Dampf in den Dampfcylindern zur Wirkung gelangt. Sobald aber der Druck desselben im Gehäuse H, sinkt, wird auch das Ventil i aufs neue durch die Balance gehoben, frischer Dampf tritt ein und das Spiel beginnt von neuem. Beim Betriebe der Locomotive wird das Ventil i sich in fortwährender Oscillation befinden. Will man den Grad der Expansion verändern, um beispielsweise eine Steigung zu bewältigen, so ist es nöthig, die Wirkung der Balance zu modificiren, was dadurch geschieht, dass man den Angriffspunkt der Federkraft auf den Hebel b verschiebt. Hierzu dient der aus den Zeichnungen ersichtliche Handhebel M. Wird durch denselben die Balance L an die äusserste Kante des Hebels b geschoben, so wird das Ventil mit einer Kraft gehoben, die einem Dampfdruck von 7 At entspricht; daher wird auch der Druck im Cylinder H, der grösste sein und folglich die Maschine mit ebensolcher Dampfspannung arbeiten. Schiebt man umgekehrt die Balance L in die äusserste rechte Stellung, so wird auf das Ventil ein Druck ausgeübt, der 3 At entspricht.

Damit die Maschine an den Endpunkten nicht gewendet zu werden braucht, sind an beiden Seiten des Reservoirs die Steuerhebel, sowohl der für das Regulirventil wie der für den Absperrschieber c, angebracht.

Der entweichende Dampf geht in einen Luftcondensator von ca. 600 Röhren, wie es Fig. 2 veranschaulicht.

Folgendes sind die Hauptdaten der Maschine:

Spannung im Heisswasser-Reservoir . . . . . 15 At

Nutzbares Wasser-Volumen . . . . 1500 l

Zahl der Condensatorröhren	600 St.
Aeusserer Durchmesser dieser Röhren	25 mm
Kühlfläche der Röhren	34,96 qm
Kühlfläche der Condensatorwandung	2,67 qm
Totale Kühlfläche	37,63 qm
Gewicht der Maschine, leer	6780 kg
„ „ „ im Dienst	8745 kg
Cylinderdurchmesser	230 mm
Kolbenhub	250 mm
Räderdurchmesser	750 mm
Achsenstand	1300 mm

Die Zugkraft dieser Maschine berechnet sich nach der Formel $\frac{d^2 r}{b}$. P . 0,65 zu 343 kg bei 3 At Pressung; zu 573 kg bei 5 At Pressung und endlich zu 1031 kg bei 9 At Pressung.

Die Abbildung Textflg. 131 zeigt das Aeussere der Locomotive, während im Holzschnitt Textflg. 132, dieselbe im Zusammenhang mit einem vollständigen Zug verschiedener Wagensysteme dargestellt ist.

Da die Bahnhofsanlage für einen solchen Betrieb manches Eigenthümliche besitzt, so ist im Holzschnitt Fig. 133, S. 148 u. 149 eine zweckmässige Anordnung desselben abgebildet. Der an der hinteren Seite der Anlage ersichtliche Schuppen 1 dient als Lagerplatz des Brennmaterials, während unmittelbar vor demselben bei 4 sich das Kesselhaus befindet.

Fig. 131. Strassenbahn-Locomotive, System Francq und Larmé.

Diese eingemauerten Kessel vermögen 2500 kg Dampf pro Stunde zu erzeugen, mit welchem das Reservoir der Locomotiven angefüllt wird, indem dieselben auf drei Geleisen bis zu den Kesseln gelangen können. Im Gebäude 2 befindet sich die Reparaturwerkstätte der Wagen und in 3 die der Locomotiven. Die Remise 5 enthält Platz für 12 Personenwagen; ebensoviele Locomotiven können in der Remise 6 untergebracht werden. Vor beiden ist eine Schiebebühne angebracht, welche das Ein- und Ausschieben der Fahrzeuge vermittelt; ausserdem befindet sich am hinteren Ende jeder der Remisen in der Nähe der Werkstätte eine Senkgrube. Für die nöthigen Comptoire sowie Directorialzimmer ist das Gebäude 7 bestimmt und als Wohnung des Directors der Bahnverwaltung das Gebäude 8. Die Auswechslung der Locomotiven nimmt nur ca. 3 Minuten in Anspruch. Mit Hülfe einer Zungenweiche gelangt die ankommende Locomotive auf das Geleise des Bahnhofes, während auf demselben Wege eine frische Locomotive vor den Personenwagen gespannt wird.

IV. CAPITEL.

Luftdruck-Maschinen.

Luftdruckmaschinen erhalten selbstverständlich ihre Kraft aus zweiter Hand und sind deshalb hinsichtlich der Leistungsfähigkeit im Nachtheile im Vergleiche mit Dampflocomotiven, in welchen die Kraft gleichzeitig erzeugt und abgegeben wird. Ein Vorrath vorher comprimirter Luft wird von der Betriebsmaschine aufgenommen und nach und nach den Arbeitscylindern mitgetheilt, wo dieselbe durch Expansion wirkt und von welchen aus mittelst eines Mechanismus ähnlich dem der Dampfmaschinen die Kraft auf die Treibräder übertragen wird. Wenn die beiden entgegengesetzten Thätigkeiten — Compression und Expansion der Luft — zwischen den gleichen Temperaturgränzen, Druckhöhen und Volumen stattfinden könnten, so würde die Expansionsarbeit gerade das Doppelte von der für die Compression aufzuwendenden betragen und die Leistung von Compressor und Motor zusammen 100 Proc. gleichkommen, abgesehen von den Verlusten durch Reibung und schädlichen Raum. In der Praxis ist jedoch die Anfangstemperatur für Expansion nicht höher als die der angehenden

Atmosphäre, und indem man durch Expansion auf den atmosphärischen Druck zurückgeht, sind selbst zwischen denselben Extremen des Druckes die Volumina geringer, da die Temperaturen niedriger sind, und es muss daher die Leistung weniger als 100 Proc. betragen.

Wenn auf mechanischem Wege Luft comprimirt wird, so steigt die Temperatur, und wenn man von der so erzeugten Wärme nichts entweichen liesse, so würde die Luft „adiabatisch" comprimirt werden. Wenn Luft der Compression unterworfen wird, sodass sich der Druck verdoppelt, verdreifacht etc., oder sodass, den Anfangsdruck zu 62° als 1 angenommen, der relative Druck gleich 2, 3, 4, 5, 10 ist, so betragen die Endtemperaturen 178°, 258°, 321°, 373°, 559°. Hier ist zu bemerken, dass wenn man die Anfangstemperatur mit 62° als 1 annimmt, die Endtemperaturen annähernd wie 3, 4, 5, 6, 9 sind.

In der Praxis kann, wie gesagt, die Luft nicht bei so hohen Temperaturen angewendet werden. Sie wird in der That durch Ausstrahlung und Leitung auf die Temperatur der sie umgebenden Atmosphäre abgekühlt, ehe sie zur Wirkung gelangt. Der Verlust an Wirkung durch das inzwischen eingetretene Sinken der

Fig. 192. Strassenbahn-Locomotive, System Francq und damit nebst Wagen.

Temperatur der comprimirten Luft von der durch die Compression hervorgebrachten absoluten Temperatur T'' auf die absolute atmosphärische Temperatur T ist einfach das Verhältniss, in welchem dieses Sinken ($T'' - T$) zu der höheren Temperatur T'' steht. Dieses Verhältniss findet statt, weil das Volumen sich wie die absolute Temperatur verhält und der Temperaturverlust ($T'' - T$) den Volumenverlust durch Zusammenziehung unter demselben Druck bezeichnet. Indem man z. B. trockene Luft von 62° in einem nichtleitenden Gefäss auf 2 At Druck comprimirt, wird die Temperatur auf 178° erhöht und muss daher, um auf 62° zurückzukehren um (178 — 62) = 116° sinken. Der mit dieser Temperaturabnahme zusammenhängende Verlust an Wirkung verhält sich gleich 116° zu 461° + 178° = 639°; die maximale absolute Temperatur[1] ist also:

$$461° + 178° = 639°$$
$$461° + 62° = 523°$$

Differenz oder Verlust 116° = 18 Proc. der höchsten absoluten Temperatur.

Es bleibt also . . . 523° — 52 „ „

[1] Absolute Temperatur ist ein Ausdruck, welcher das Maass der Gesammtwärme in einem Körper von dem niedrigsten Temperaturpunkt zu bezeichnen. Der Null der Scala der absoluten Temperatur oder der absolute Nullpunkt ist 461° unter dem Nullpunkt der Fahrenheit-Scala; um also die absolute Temperatur für irgend eine durch den Thermometer angezeigte Temperatur zu finden, zählt man zu der letzteren 461° hinzu. So ist z. B. die absolute Temperatur für 62° F. (461 + 62) = 523°.

19*

Die reducirte Wirkung ist hier 82 Proc. Man nehme andere Beispiele:

Für Druck- oder Atmosphärenverhältnisse

2, 3, 4, 5, 10,
sind die Endtemperaturen für Compression
178°, 258°, 321, 373, 559° F.
und die Temperaturverluste durch das
Sinken auf 62° — die Anfangstemperatur für Expansion — sind:
116°, 196°, 259°, 311°, 479°,
während die reducirte Wirkung
62, 73, 67, 63, 51 Proc. ist
und der Verlust an Wirkung
18, 27, 33, 37, 49 Proc. beträgt.

Es ist daher augenscheinlich, dass
je niedriger der auf die Luft angewendete Compressionsgrad ist, die
Temperatur um so weniger steigt und
der Verlust an Wärme durch Ausstrahlung und Leitung um so geringer,
die Leistung der Maschine hingegen
um so grösser wird.

Wie die Luft unter adiabatischer
Compression sich zu Temperaturen steigern kann, die practisch nicht anwendbar sind, so kann dieselbe unter adiabatischer Expansion, d. h. hinter einem
Kolben in einem nichtleitenden Cylinder
expandirt, auf Temperaturen sinken, die
gleichfalls practisch unmöglich sind.

So sind, wenn die Anfangstemperatur 62° ist, für die Verhältnisse
adiabatischer Expansion
2, 3, 4, 5, 10
die Endtemperaturen
—33°, —81°, —111°, —133°, —193°.

Es ist offenbar ebenso unmöglich,
eine Luftdruckmaschine bei so niedrigen Temperaturen, wo jedes Theilchen
Feuchtigkeit oder Schmiere gefrieren
würde, in Betrieb zu setzen, wie bei
den früher angegebenen hohen Temperaturen. Es ist daher nöthig, Vorkehrungen zu treffen, um das Steigen
der Temperatur während der Luftcompression in anwendbaren Grenzen
zu halten und ebenso das Sinken der
Temperatur während der Expansion
der comprimirten Luft zu beschränken. Ersteres geschieht in wirksamer
Weise, indem man die Compressionspumpen mit kaltem Wasser umgiebt
und kaltes Wasser in Form eines feinen Sprühregens in die Luftmasse einspritzt, während diese der Compression
unterzogen wird.

Fig. 133. Bahnhofanlage für (

Dr. Colladon hat für Verbesserung und Vervollkommnung der Luftcompressionsmaschine wahrscheinlich
mehr gethan als irgend ein Anderer. Bei der von ihm angeordneten Maschine für die Arbeiten des St. Gotthard-
Tunnels in Airolo hat man durch Experimente gefunden, dass durch Anwendung oben erwähnter Mittel das Steigen
der Temperatur der Luft, selbst wenn diese unter einem Druck von 10 At. condensirt war, auf 36° bis 54° F.

beschränkt wurde. Die Kolben hatten einen Hub von 17,3 Zoll und führten 120—180 Hübe in der Minute aus, wodurch eine Kolbengeschwindigkeit von mehr als 260 Fuss pro Minute erreicht wurde. Eine Quantität kalten Wassers gleich $\frac{1}{100}$ des Hubvolumens wurde während eines jeden Hubes eingespritzt.

Der schädliche Raum an jedem Ende eines Luftcompressionscylinders beeinträchtigt merklich das Ergebniss an comprimirter Luft, indem er dieselbe auf etwas unter das gesammte Hubvolumen oder den von dem während eines Hubes beschriebenen Raum reducirt. Diese Wirkung, die Verminderung des Ergebnisses, rührt augenscheinlich von dem Umstand her, dass die nach vollendetem Hub in dem schädlichen Raum zurückgelassene comprimirte Luft bei der Rückkehr des Kolbens expandirt und den Cylinder so ausschliesslich in Anspruch nimmt, dass keine frische Luft eindringen kann, bis in der Folge der Druck auf Atmosphärendruck sinkt. Die dadurch verursachte Verminderung des Ergebnisses wächst in dem Maasse, als die Compression zunimmt. Bei einer Reihe von Beobachtungen, die in Airolo mit den bereits erwähnten Pumpen (welche einen Hub von 17,3 Zoll und einen schädlichen Raum von $\frac{1}{24}$ des Hubvolumens haben und 64 Umdrehungen pro Minute machen) angestellt wurden, war das Ergebniss an Gewicht der Luft nur 78 Proc., indem im Reservoir durch die Pumpe Luft von 6—7 At comprimirt wurde. Bei höherem Druck wurde das Ergebniss noch geringer, wie folgt:

	Ergebniss an Gewicht der Luft
Compression	
von 6 — 7 At	78 Proc.
„ 7 — 8 „	74 „
„ 8 — 9 „	66 „
„ 9—10 „	59 „

Arbeitet man jedoch mit comprimirter Luft und Expansion, so muss das Sinken der Temperatur nach Möglichkeit beschränkt werden, um zu verhindern, dass dieselbe auf oder unter den Gefrierpunkt sinkt. Bekanntermassen bietet es in der Praxis Schwierigkeiten, comprimirte Luft mit Expansion wirken zu lassen. Das ausserordentliche Sinken der Temperatur verursacht ein Gefrieren der Feuchtigkeit und Verhärten der Schmierstoffe an dem Mechanismus. Aus diesem Grunde ist auch die Anwendung der Expansion für Luft auf enge Grenzen beschränkt und wird die Luft beinahe während des ganzen Hubes in den Cylinder eingelassen, um die Abkühlung infolge der Expansion auf ein Minimum zu reduciren. Das wirksamste Mittel, dem Sinken der Temperatur Einhalt zu thun und die daraus erfolgenden Unannehmlichkeiten zu mildern, besteht darin, die comprimirte Luft mit Dampf oder Feuchtigkeit zu sättigen.

Den Forschungen Mallard's gemäss sind Folgendes die Expansionsverhältnisse, bis zu welchen man trockene Luft, resp. mit Dampf oder Feuchtigkeit gesättigte Luft wirken lassen kann, ehe dieselbe auf eine Temperatur von 62° F. sinkt.

Temperaturen		Expansionsverhältnisse	
End-	Anfangs-	Trockene Luft	Hierstehend mit Feuchtigkeit od. Dampf gesättigte Luft
Fahrenheit	Fahrenheit	Verhältnim	Verhältnim
32°	40°	1.05	1.10
32°	50°	1.13	1.24
32°	80°	1.22	1.38
32°	62°	1.23	1.41
32°	84°	1.28	1.50
32°	70°	1.30	1.56
32°	80°	1.37	1.75
32°	90°	1.47	2.00
32°	100°	1.57	2.28
32°	110°	1.67	2.63
32°	120°	1.76	3.00
32°	130°	1.88	3.45
32°	140°	2.00	4.00

Da der Dampf während der Expansion expandirt wird, so wird die freigewordene Wärme von der Luft absorbirt.

Man hat gesehen, dass, wenn die Luftcompression auf 10 At gebracht war, die effective Kraftäusserung einer Luftdruckmaschine nur 51 Proc. betrug. Nimmt man hinzu, dass die Wirkungen der Maschine selbst — des Compressors und der Kraftmaschine — Factoren für die Berechnung der sich ergebenden Leistung sind, und nimmt man die Wirkung einer jeden Maschine zu 80 Proc. an, so ist der combinirte Procentsatz der beiden Maschinen $\left(\frac{80 \times 80}{100}\right)$ = 64 Proc., oder ungefähr zwei Drittel, und 64 Proc. von 51 Proc. ist 33 Proc., die sich ergebende Leistung von Compressor und Maschine zusammen, wenn sie bei 10 At arbeiten. Ebenso findet man, dass die resultirende Leistung bei einem Drucke von 2 At 52 Proc. beträgt. Je geringer der Compressionsgrad, um so grösser ist die Leistung, denn um so geringer wird der verhältnissmässige Verlust durch die inzwischen erfolgte Abnahme der Temperatur sein. Im allgemeinen übersteigt in der Praxis die sich ergebende Leistung selten 30 Proc. Um das Verhältniss der zu Anfang vorhandenen Kraft zu der Endleistung bestimmter zu bezeichnen, sind nach angestellten Versuchen mit Compressoren mit 16zölligem Cylinder und Luftdruckmaschinen mit 10zölligem Cylinder bei 3/4 Füllung folgende Wirkungsresultate festgestellt worden. Die betreffenden Maschinen sind für Sir George Elliot von John Fowler & Co. construirt worden und in den Kohlenbergwerken von Powel Duffryn in Betrieb. Die Luftcylinder derselben stehen in einem oben offenen Kaltwasserbad. Die sich ergebende Leistung ist hier durch das Verhältniss der Bremskraft der Luftdruckmaschine zu der indicirten Kraft im Dampfcylinder des Compressors ausgedrückt [1]:

Effectiver Luftdruck im Receiver;

| 40,0 | 34,0 | 28,5 | 24,0 | 19,0 Pfd. pro Quadratzoll. |

Indicirte Pferdekraft im Dampfcylinder;

| 59,4 | 46,2 | 35,8 | 25,8 | 11,8 indicirte Pferdekräfte. |

Resultirende Leistung;

| 25,8 | 27,1 | 28,5 | 34,9 | 45,8 Proc. |

Mékarski's Luftdruck-Strassenbahnwagen.
(Mit Zeichnung auf Tafel XVII. Fig. 8.)

Zu Anfang des Jahres 1876 wurde von Mékarski ein mit comprimirter Luft betriebener Strassenbahnwagen construirt, mit welchem auf der Courbevoie-Linie der Tramway Nord in Paris Versuche angestellt wurden. Der Wagen ist im allgemeinen nach dem Muster der Wagen der Compagnie des Tramways gebaut. Der Wagenkasten ist 4 m lang und nimmt im Innern 18 Passagiere auf; ausser ist Platz für 27 Personen, und zwar für 5 auf einer am hinteren Wagenende angebrachten Plattform und für 22 auf den Decksitzen. 14 cylindrische

[1] Der Inhalt dieses Capitels über Princip und Wirkung von Luftdruckmotoren ist dem Werke des Verfassers „A Manual of Rules, Tables and Data" 1877, Seite 888—914 entnommen.

Reservoirs aus Eisenblech von 350—400 mm Durchmesser, die in zwei Reihen quer unter dem Wagen angebracht sind und miteinander in Verbindung stehen, werden mit comprimirter Luft von 25 At gefüllt. Der Rauminhalt der Hauptreihe beträgt 1,4 cbm, derjenige der zweiten oder Reservereihe 0,4 cbm. Ein an dem vorderen Wagenende angebrachtes stehendes Reservoir von 330 mm Durchmesser und 1,5 m Höhe ist zu drei Viertel mit Wasser gefüllt, das auf 170° C. erhitzt ist, entsprechend einem Druck von 7 At Ueberdruck. Die zum Verbrauch entnommene comprimirte Luft wird durch dieses Reservoir geleitet, in welchem sie mit Dampf gesättigt wird. Die Mischung von Luft und Wasser nimmt den oberen Theil des Reservoirs ein. Das Wagengestell ist aus Schmiedeeisen, 1760 mm breit und 6,250 m lang. Der Wagen läuft auf zwei Paar Rädern von 700 mm Durchmesser und 1700 mm Radstand. Das eine Räderpaar wird durch ein Paar Cylinder von 150 mm Durchmesser und 254 mm Hub betrieben. Das Gewicht des Wagens beträgt 5000 kg; mit einer Belastung von 30 Passagieren wiegt derselbe ca. 7000 kg.

Die Luft wird auf einen Druck von 5 At expandirt, um in den Cylindern zu wirken. Mekarski berechnet, dass das Sinken des Druckes von 25 auf 5 At infolge der Expansion, worauf eine vollständige Expansion hinter dem Kolben von 5 At abwärts auf den Atmosphärendruck erfolgt, eine Wirkung von 62 Proc., d. h. einen Verlust von 38 Proc., ergiebt und dass dieser Verlust dadurch ausgeglichen wird, dass man die Luft während der Expansion durch den mit derselben vermischten Dampf abermals erhitzt. Der durch die wiederholte Erwärmung der Luft verursachte Verbrauch bildet nur einen kleinen Theil des gesammten Brennmaterialaufwandes. Die Menge des dem Reservoir zugeführten heissen Wassers beträgt ungefähr 0,085 cbm bei einer Temperatur von 170° C. und der Wagen kehrt mit etwa 0,07 cbm Wasser bei 100° C. zurück, sodass die Differenz einen Verbrauch von ca. 1 kg Kohle repräsentirt, während das zur Versorgung des Reservoirs mit comprimirter Luft verbrauchte Brennmaterial 15 kg Kohle beträgt. Die Abkühlung des heissen Wassers und die Abnahme des Luftdruckes im Reservoir finden gleichzeitig während der Fahrt statt; dadurch können die Elemente der Mischung beständig in den entsprechenden Verhältnissen erhalten werden. Es ist erwiesen, dass die verbrauchte Luftmenge nicht über 0,15 cbm pro durchlaufenen Kilometer beträgt.

Der Mekarski-Wagen arbeitet als mechanisches Triebwerk sehr gut, frei von Rauch, Dampf und Geräusch. Die Betriebskosten desselben scheinen jedoch noch nicht allgemein bekannt zu sein.

Scott-Moncrieff's Luftdruck-Strassenbahnwagen.

Scott-Moncrieff's durch Luftdruck betriebener Wagen gleicht äusserlich einem gewöhnlichen Strassenbahnwagen. Auf einem unter demselben befindlichen Gestell ruhen die Reservoirs und die Maschinen und zwar die letzteren auf dem mittleren Theil. Der erste derartige Wagen, der um die Mitte des Jahres 1873 auf der Vale of Clyde Tramway versuchsweise in Betrieb gesetzt wurde, hatte sechs Reservoirs, die comprimirte Luft enthielten, — drei an jedem Ende. Die Luft wurde den Reservoirs mit einem Druck von 350 Pfd. pro Quadratzoll (24 At) zugeführt. Die beiden Luftcylinder hatten 6 Zoll (152 mm) Durchmesser bei einem Hub von 14 Zoll (355 mm). Die Absperrung der schon vor ihrem Eintritt in die Cylinder expandirten Luft wurde in der Art bewirkt, dass dieselbe mit Atmosphärendruck einströmte. Das Gesammtgewicht des Wagens betrug 6¼ Tons, mit 40 Personen 10½ Tons. Scott-Moncrieff giebt an, dass während einer 14tägigen Probe auf der Linie zwischen Govan und Paisley Toll die Reservoirs nach je drei zurückgelegten Meilen mit comprimirter Luft von 310 Pfd. Druck pro Quadratzoll (20 At) gefüllt wurden, welche so lange wirkte, bis der Druck auf 100 oder 110 Pfd. (ca. 7 At) sank. Der durchschnittliche Cylinderdruck war ca. 22 Pfd. pro Quadratzoll (1,5 At). Nach einer weiteren Angabe Scott-Moncrieff's verbrauchte sein Wagen pro Meile 400—500 Kubikfuss (7,6 cbm bis 9 cbm) Luft von Atmosphärendruck, und ist derselbe der Ansicht, dass eine Compressionsmaschine von etwa 150 indicirten Pferdekräften im stande sein würde, einen Dienst von 1000 Meilen täglich zu leisten.

Zu Anfang des Jahres 1877 nahm Scott-Moncrieff's Wagen auf der Vale of Clyde-Linie wieder auf. Aus den Resultaten seiner Versuche schloss der Constructeur, dass die Betriebskosten incl. Führerlohn, Beleuchtung, Reinigung etc. zwischen 3 d. und 4 d. pro durchlaufene Meile betragen.

Major Beaumont's Luftdruck-Wagen.

Die Ausführung des Beaumont'schen Luftdruckwagens ist von Greenwood & Batley übernommen worden. Der Anfangsdruck in den Reservoirs, welche einen Rauminhalt von 65 Kubikfuss (1,8 cbm) haben, beträgt 1000 Pfd. pro Quadratzoll (ca. 60 At). Dieser hohe Druck ist angenommen worden, weil die Constructeure fanden, dass je höher der Druck, um so grösser die Leistung war. Dieser Schluss steht scheinbar im Widerspruch mit den aus anderen Versuchen gewonnenen Resultaten sowie mit den früher zu Grunde gelegten Angaben. Die Erklärung liegt jedoch in der Anwendung einer Compound-Maschine mit vier Cylindern, in welchen nacheinander die Luft von einem Anfangsdruck von 1000 Pfd. pro Quadratzoll abwärts bis zu welchem sie in die Atmosphäre ausströmt, expandirt wird. Das Volumen der Cylinder verhält sich wie 1, 3, 9, 27, insgesammt wie 1 zu 3, woraus hervorgeht, dass die Luft bis auf das 27fache in der Maschine expandirt werden kann. Wenn der Druck sinkt, wird die Luft von dem ersten Cylinder abgeschlossen und direct dem zweiten zugeführt; ebenso lässt man bei weiterem Bedarf dieselbe, nachdem sie vom zweiten Cylinder abgeschlossen ist, direct in den dritten und schliesslich direct in den vierten strömen. Wie Greenwood bemerkt, kann auf diese Weise unter abnehmendem Druck dieselbe Kraft aus der Maschine gewonnen werden. Er rechnet auf einen Verlust von vier Fünftel der zur Compression erforderlichen Dampfkraft, hofft jedoch diesen Verlust auf zwei Drittel zu reduciren, sodass ein Drittel der Arbeit des Dampfes nutzbar werden würde. Die sich pro Kubikfuss Luft zu 1000 Pfd. Druck ergebende Kraft beträgt weniger als 5 Pferdekräfte. Die obenerwähnte Maschine legte 6½ Meilen mit einer Last von 4 oder 5 Tons zurück, doch glaubt Greenwood, dass mit einem Reservoir von 100 Kubikfuss (2,8 cbm) Rauminhalt bei voller Belastung eine Fahrt von 10 Meilen möglich sei. Das Gewicht einer solchen Maschine würde 4—4½ Tons betragen.

V. CAPITEL.

Strassenbahnlocomotiven.

Merryweather & Sons, London.

(Mit Zeichnungen auf Tafel XVI. Fig. 1—9).

Merryweather & Sons bauen drei Arten von Locomotiven für Strassenbahnen:

1) Cylinder 6 Zoll (152 mm) Durchmesser; Hub 9 Zoll (228 mm); Räder 2 Fuss (609 mm); Gewicht leer 3½ Tons, im Betriebszustand 4 Tons.

2) Cylinder 7 Zoll (177 mm) Durchmesser; Hub 11 Zoll (279 mm); Räder 2 Fuss (609 mm); Gewicht leer 5,4 Tons, im Betriebszustand 6—6½ Tons.

3) Cylinder 7½ Zoll (190 mm) Durchmesser; Hub 12 Zoll (304 mm); Räder 2 Fuss (609 mm); Gewicht leer 6½ Tons, im Betriebszustand 7½—8 Tons.

Der Arbeitsdruck im Kessel beträgt 8 At oder nominell 120 Pfd. pro Quadratzoll. Die garantirten höchsten Leistungen sind beziehungsweise folgende:

1) 1 belasteten Wagen von 7 Tons Gewicht über eine Steigung von 1 : 30 zu ziehen.

2) 1 belasteten Wagen von 7 Tons Gewicht über eine Steigung von 1 : 15, oder 2 belastete Wagen von 14 Tons Gewicht über eine solche von 1 : 30 zu ziehen.

3) 2 belastete Wagen von 14 Tons Gewicht über eine Steigung von 1 : 10 oder 3 belastete Wagen von 21 Tons Gewicht über eine solche von 1 : 20 zu ziehen.

Maschinen der dritten Classe haben bei regelmässigem Betrieb drei Wagen über eine Steigung von 1 : 18 befördert.

Paris.

Die Strassenbahnlocomotiven von Merryweather & Sons, deren gegenwärtig 36 auf den Pariser Strassenbahnen (Tramways Sud) im Betrieb sind, haben, wie bereits erwähnt, zwei Cylinder von 6 Zoll (152 mm) Durchmesser mit einem Hub von 9 Zoll (228 mm). Die innen liegenden horizontalen Cylinder stehen mit auf der Triebachse befindlichen Kurbeln in Verbindung. Die zwei Paar gekuppelten Triebräder sind aus Gussstahl und haben 2 Fuss (609 mm) Durchmesser und 4 Fuss 7 Zoll (1377 mm) Achsenstand. Das ringförmige Blaserohr hat einen Flächeninhalt von 1 Quadratzoll (506 qmm), also ungefähr ½₀ der Kolbenfläche; das Wagengestell ist ca. 8 Fuss (2,4 m) lang und 6 Fuss (1,8 m) breit. Ueber den in der Mitte befindlichen Buffern ist die äusserste Länge ca. 8 Fuss 10 Zoll (2,59 m). Die Last wird von jedem über jedem Wellzapfen liegenden Paar Spiralfedern getragen. Die an jedem Ende befindlichen Stoss- und Zugfedern aus Kautschuk sind mit dem Wagengestell fest verbunden, und zwar so nahe als möglich an der Mitte der Maschine, wodurch das Ziehen wesentlich erleichtert wird. Die Maschine wird mittelst gusseiserner Blöcke gebremst, deren je einer auf jedes Rad wirkt. Ein grosses hölzernes Gehäuse mit mehreren Fenstern, das gleich einem kurzen Strassenbahnwagen geformt ist, schliesst die ganze Maschine ein. Die Feuerbüchse ist 2 Fuss (609 mm) weit und 1 Fuss 6 Zoll (457 mm) lang; der cylindrische Theil des Kessels hat 2 Fuss 9 Zoll (838 mm) Länge, 2 Fuss 3 Zoll (695 mm) Durchmesser und enthält 65 Zugröhren von 1¾ Zoll (44 mm) Durchmesser und 3 Fuss (914 mm) Länge:

	Quadratfuss	Quadratmeter
Heizfläche der Feuerbüchse	16,0	1,48
" Röhren	89,3	8,29
Im ganzen	105,3	9,77
Totale Rostfläche	3	0,27

Verhältniss der Rost- zur Heizfläche 1 zu 35.

Der Kesseldruck ist nominell 8 At oder 120 Pfd. pro Quadratzoll; der gewöhnlich unterhaltene Arbeitsdruck beträgt jedoch 6 At oder 90 Pfd. pro Quadratzoll. Der Dampf wird in den Cylindern bei ½ bis ¾ des Hubes abgesperrt. Auf der 4 Meilen langen Fahrt zwischen der Bastille und dem Mont Parnasse, wo die Hauptsteigung 1 : 50 beträgt, während längere von 1 : 60 bis 1 : 70 vorkommen, ist die Geschwindigkeit gesetzlich auf 9 km oder etwas über 5½ Meilen pro Stunde beschränkt, steigert sich aber zuweilen auf 14 oder 15 Meilen pro Stunde; die durchschnittliche Geschwindigkeit einschliesslich des Anhaltens ist 8½ Meilen pro Stunde. Das Gewicht der Maschine beträgt leer 3½ Tons, mit Coaks und Wasser 4 Tons; dieselbe zieht einen Wagen, der belastet 7 Tons wiegt, und überwindet mit ihrer Last Steigungen mit unverminderter Geschwindigkeit bei einem Kesseldruck von 90 Pfd. pro Quadratzoll (6 At). Das täglich verbrauchte Brennmaterial (Coaks) beträgt 550 Pfd. (247 kg) für eine zurückgelegte Gesammtentfernung von 100 Meilen (161 km). Das Heizungsmaterial verbrennt verhältnissmässig langsam. Nimmt man an, dass die durchschnittliche wirkliche Geschwindigkeit während der Fahrt 10 Meilen pro Stunde ist, so würde das stündlich verzehrte Coaksquantum (10 × 5,5 =) 55 Pfd. (24 kg) sein, gleich (55 : 3 =) 18½ Pfd. pro Quadratfuss (58 kg pro Quadratmeter) der Rostfläche. In der gewöhnlichen Praxis der Locomotiven auf Strassenbahnen beträgt die pro Quadratfuss der Rostfläche stündlich verbrauchte Coaksmenge drei- oder viermal so viel. Das bei der Merryweather'schen Maschine herrschende niedrige Verhältniss erklärt sich leicht durch die vergleichsweise geringe Geschwindigkeit und den verminderten Luftzug, der zur Erzeugung des Dampfes erforderlich ist. In der That ist die Fläche des

Fig. 134. Strassenbahnlocomotive, System Merryweather, nebst Wagen mit Dach essen

Blasenrohres auf das geringe Maass von ⅓ der Kolbenfläche reducirt und würde bei hoher Fahrgeschwindigkeit einen bedeutenden Rückdruck auf die Kolben bewirken. Doch muss daran erinnert werden, dass die letzteren sich mit verhältnissmässig geringer Geschwindigkeit bewegen. Die Räder von 2 Fuss (609 mm) Durchmesser und 6,25 Fuss (457 mm) Umfang machen (5280 : 6,25 =) 541 Umdrehungen pro Meile oder in (60 : 10) = 6 Minuten Zeit, wenn die Geschwindigkeit 10 Meilen pro Stunde beträgt. Die Zahl der Umdrehungen ist daher (541 ÷ 6) = 140 und da der doppelte Kolbenhub (9 × 2) = 18 Zoll oder 1,5 Fuss beträgt, so ist die Kolbengeschwindigkeit nur (140 × 1,5) = 210 Fuss pro Minute (1,05 m pro Secunde).

Die später construirten Maschinen für die Strassenbahn von der Bastille bis St. Mandé (Tafel XVI Fig. 3—4) sind kräftiger als die oben beschriebenen. Sie haben 7 zöllige (177 mm) Cylinder mit einem Hub von 11 Zoll (279 mm) und Räder von 2 Fuss (609 mm) Durchmesser. Die Feuerlöcher ist 2 Fuss 2 Zoll (660 mm) lang und 2 Fuss (609 mm) breit und hat eine Rostfläche von 4,33 Quadratfuss (0,4 qm); die 79 Zugröhren von 1¾ Zoll (44 mm) äusserem Durchmesser und 3 Fuss 6 Zoll (950 mm) Länge ergeben pro Meile eine Heizfläche von 126,5 Quadratfuss (11,7 qm); die gesammte Heizfläche ist 151,1 Quadratfuss (14 qm), beträgt mithin das 35 fache der Rostfläche. Der Durchmesser des cylindrischen Theiles des Kessels ist 2 Fuss 6 Zoll (760 mm); die Länge der Maschine von einem Ende zum anderen beträgt 6 Fuss 7 Zoll (2 m) und die Länge der Radbasis 4 Fuss 6 Zoll (1370 mm). Die Form des Radkranzes ist im Querschnitt Fig. 98. S. 62 ersichtlich.

Die Umstände, unter welchen Merryweather's Maschine in Paris betrieben wird, sind im ganzen genommen für die Dauer und die ökonomische Unterhaltung derselben vortheilhaft.

Barcelona

Die für die Strassenbahn von Barcelona nach San André construirten Locomotiven mit einer Spurweite von 1 m (Fig. 1 und 2, Tafel XVI) haben 6zöllige (152 mm) Cylinder mit 9 Zoll (228 mm) Hubhöhe und vier gekuppelte Räder von 2 Fuss (609 mm) Durchmesser. Die totale Rostfläche beträgt 3 Quadratfuss (0,27 qm); der cylindrische Theil des Kessels hat 27 Zoll (685 mm) Durchmesser und enthält 96 Zugröhren von 1¾ Zoll (35 mm) Durchmesser und 3 Fuss (914 mm) Länge. Die Heizfläche der Feuerbüchse beträgt 16 Quadratfuss (1,4 qm), die der Röhre 102,7 Quadratfuss (9,47 qm), die gesammte Oberfläche 118,7 Quadratfuss (11 qm). Oben ist ein zur Aufnahme von 300 Gallonen (1350 l) Condensationswasser bestimmter Behälter angebracht. Der Abdampf strömt aus den Cylindern in einen an dem unteren Theile der Maschine befindlichen Apparat, der einem Ejector gleicht; in diesem wird das Wasser aus dem Behälter geleitet, condensirt den Dampf und kehrt durch eine Röhre in den Behälter zurück. Selbstverständlich wird dasselbe nach und nach erwärmt, doch ist die Condensation des Dampfes wirksam und kein Entweichen des letzteren zu bemerken, bis die Temperatur des Wassers beinahe den Siedepunkt erreicht hat. Bei einem so weiten Spielraum für wirksame Thätigkeit reicht ein Behälter voll kalten Wassers hin, um Dampf für eine zweistündige Fahrt und eine Strecke von mehr als 10 Meilen zu condensiren. Die Entfernung, die zurückgelegt werden muss, ehe das Wasser von etwa 62° F. auf 180° F. (17° C. auf 83° C.) erhitzt werden kann, ist leicht zu bestimmen. Ist das pro Meile verbrauchte Brennmaterialquantum 5 Pfd. (2,25 kg) bei und etwa 7 Pfd. Wasser pro Pfund Brennmaterial verdampft werden, so würde die Menge des pro Meile erzeugten und bei einem Druck von 3 Pfd. pro Quadratzoll (0,2 At) ausströmenden Dampfes 5 × 7 = 35 Pfd. (15 kg) sein. Die Gesammtwärme eines Pfundes Dampf von 3 Pfd. effectivem Druck pro Quadratzoll ist 1117 Einheiten, wenn man von einer Temperatur von 62° F. an, oder 967 Einheiten, wenn man von 212° F. an rechnet. Die pro Pfund Dampf durch Condensation zu gewinnende mittlere Gesammtwärme ist (1117 + 967) : 2 = 1042 Einheiten. Jedes Pfund Condensationswasser absorbirt 180 — 62 = 118 Einheiten Wärme, wenn es von 62° auf 180° erhitzt wird, und um ein Pfund Dampf zu condensiren, ist eine Wassermenge von (1042 ÷ 118) = 8,8 Pfd. erforderlich. Das Gesammtgewicht des in dem Behälter enthaltenen Wassers beträgt (300 Gallonen × 10 =) 3000 Pfd. und (3000 ÷ 8,8 =) 341 Pfd. Dampf ist das Gesammtquantum, welches durch das vorräthige Condensationswasser condensirt werden kann. Da 35 Pfd. Dampf pro Meile verbraucht werden, würde der Vorrath an Condensationswasser für (341 ÷ 35 =) 10 Meilen ausreichen, was einem Verbrauch von 30 Gallonen pro Meile gleichkommt — ein Rechnungsergebniss, das mit den in der Praxis gewonnenen Resultaten übereinstimmt.

Zur gelegentlichen Benutzung ist ein Blaserohr angebracht, um den Dampf in den Schornstein auszuströmen zu lassen; durch dasselbe kann die Mündungsfläche mittelst eines konischen Pfropfens mit Zahnstange und Radgetriebe verengert werden. Ebenso kann durch ein concentrisch in dem Blaserohr angebrachtes Dampfrohr nach Bedarf ein Dampfstrahl angewendet werden. Zwei abgestumpfte Kegel sind übereinander oberhalb des Blaserohres und unterhalb des Schornsteins angebracht, durch welche der Luftzug seine Richtung nach oben erhält. Sie dienen dazu, den Luftzug aus der oberen und unteren Reihe der Zugröhren zu leiten, und tragen zur Absorption des ausströmenden Dampfes durch die heisse Luft bei, wodurch dieser, ausgenommen bei sehr kaltem Wetter, unsichtbar aus dem Schornstein entweicht; durch diese Vorrichtung ist die Anwendung des Condensators in gewissem Sinne entbehrlich gemacht.

Auf der im November 1877 eröffneten Strassenbahn von Barcelona zieht jede Maschine zwei beladene Wagen über Steigungen von 1:30. Der Verkehr hat jedoch seither so rasch zugenommen, dass die in der Folge von demselben Fabrikanten zu liefernden Maschinen für die gleiche Leistungsfähigkeit wie die neueren der Pariser Strassenbahnen berechnet werden und Cylinder von 7 Zoll (177 mm) Durchmesser erhalten sollen.

Cassel, Rouen, Guernsey und Wellington (Neuseeland).

Die Maschinen der im August 1877 eröffneten, auf Seite 62 erwähnten Casseler Strassenbahn wurden von Merryweather & Sons geliefert. Dieselben haben 7½ zöllige (190 mm) Cylinder und 12 Zoll (304 mm) Hubhöhe und ziehen drei belastete Wagen auf einer Strasse mit sehr steilen Steigungen, deren einige gleich 1 : 16 sind.

Von denselben Constructeuren gelieferte Dampfmaschinen sind auf der im November 1877 eröffneten Strassenbahn von Rouen in Betrieb. Die Cylinder haben hier 6 Zoll (152 mm) Durchmesser bei einem Hub von 9 Zoll (228 mm). Diese Maschinen überwinden mit einem belasteten Wagen Steigungen von 1:25.

In Guernsey ertheilte im December 1877 der Königliche Gerichtshof die Genehmigung zum Bau von Strassenbahnen für den Betrieb mit Dampfkraft. Die Anlagen sind gegenwärtig (Februar 1878) im Bau begriffen und ist eine von Merryweather's Maschinen auf einem bereits vollendeten Theil derselben im Betrieb. Weitere Maschinen werden von derselben Firma für diese Strassenbahn gebaut.

Die bereits Seite 62 erwähnte erste Strassenbahn von Neuseeland ist kürzlich (Februar 1878) in Wellington eröffnet worden. Die von Merryweather & Sons gelieferten Locomotiven haben 7 zöllige (177 mm) Cylinder und 11 Zoll (279 mm) Hub; das Spurmaass ist 3 Fuss 6 Zoll (1016 mm). Man erwartet bestimmt, dass die Strassenbahnen sich bald in rascher Ausdehnung durch die ganzen Colonien erstrecken werden.

Adelaide.

Im Holzschnitt Fig. 135 geben wir die für die Adelaide-Strassenbahnen bestimmte neueste Locomotive von Merryweather & Sons, welche auf der Pariser Ausstellung 1878 unter dem Namen „Eureka" exponirt war.

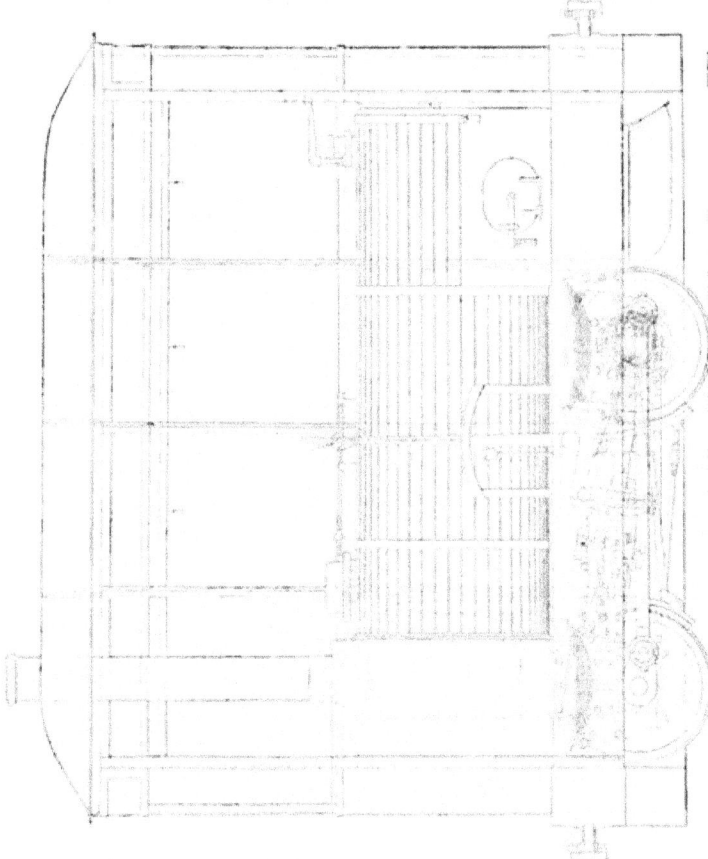

Fig. 135. Strassenlocomotive von Merryweather & Sons. Pl. 22.

Unsere Abbildung, in welcher die vordere Umhüllung weggenommen gedacht ist, zeigt die verschiedenen Hebel zur Seite des Kessels, welche derart angeordnet sind, dass die Fortbewegung sowohl von dem einen als von dem anderen Ende erfolgen kann, sodass eine zweite Hebelanordnung umgangen ist.

20 *

156

Diese Maschine hat folgende Dimensionen:

Cylinderdurchmesser	165	mm	Verhältniss v. Rostfläche z. Heizfläche	1 : 47,3	
Kolbenhub	254	„	Verhältniss v. Querschnitt d. Röhren		
Heizfläche der Feuerbüchse	2,4	qm	z. Rostfläche	1 : 4,7	
„ „ Röhren	13,6	„	Verhältniss der Oberflächen d. Feuer-		
„ gesammte	16,0	„	büchse u. d. Röhren	1 : 5,4	
Rostfläche	0,34	„	Raddurchmesser	609	qm
Querschnitt der Feuerröhren	0,07	„	Radstand	4370	„

Die innerhalb des Rahmens liegenden Cylinder stossen in der Mitte aneinander, indem sie hier eine Dampfkammer bilden, während ein angegossener Sattel die Rauchkammer des Kessels trägt. Der Kessel von der gewöhnlichen Locomotivconstruction ist aus Lowmoor-Eisen und in den Längennähten doppelt genietet; zur Speisung dient eine mittelst Excenters betriebene Pumpe und ein Giffard-Injector. Die Bremsen werden durch den Fuss des Maschinisten mit Hilfe eines Kniehebels in Thätigkeit gesetzt, und kann die Abnutzung der Bremsbacken durch eine Mutter mit links- und rechtsgängigem Gewinde auf der Druckstange ausgeglichen werden. Die Speisewasser-Reservoirs befinden sich an jeder Seite der Rauchkammer und sind durch ein kupfernes Rohr miteinander verbunden. An jedem Ende der Maschine ist ein Schutzblech angebracht, welches dazu dient, etwaige Hindernisse von der Bahn zu entfernen; ausserdem sind an den Seiten Bleche angeordnet, welche die beweglichen Theile verdecken. Sämmtliche Maschinentheile sind im Verhältniss zu den Cylinderdimensionen sehr stark gehalten, was sich unter den obwaltenden Umständen als nothwendig herausgestellt hat. Der ausströmende Dampf tritt in ein kupfernes Gefäss der Rauchkammer und entweicht von dort fein zertheilt in den Schornstein. Auf diese Weise ist die bei anderen Maschinen dieser Firma angewendete Condensation durch Wasser umgangen. Es mag noch erwähnt werden, dass die vorliegende Maschine als Nr. 50 unter der Leitung des Ober-Ingenieurs Jakeman construirt worden ist.

Henry P. Holt.

(Mit Zeichnungen auf Tafel XVII. Fig. 1-7.)

H. P. Holt hat in seiner für Strassenbahnen bestimmten Berglocomotive die Vorzüge einer kurzen Radbasis und eines im Verhältniss zu der Maximalkraft der Maschine geringen Gewichtes vereinigt. Die beiden Cylinder sind nach dem Compound-System angeordnet; der kleinere für Hochdruck-, der grössere für Niederdruckdampf. Ueber jedem Cylinder ist ein Regulator (Fig. 2) angebracht, der durch einen einzigen Hebel controlirt wird und so angeordnet ist, dass man die Maschine in Gang zu setzen, oder bei jeder anderen Veranlassung, wo der volle Kraftaufwand erfordert wird, Hochdruckdampf aus dem Kessel ebensowohl direct dem zweiten oder grösseren Cylinder als dem ersten kleineren zuführen kann, während der Abdampf aus beiden Cylindern entweder in den Schornstein oder in den Condensator entlassen wird.

Im Normalzustand, wenn die Maschine als Compound-Maschine wirkt, wird der in den ersten Cylinder aufgenommene Dampf dort theilweise expandirt und strömt in einen Zwischenbehälter, welcher durch drei grosse in dem Kessel liegende Röhren gebildet wird; hier wird er bis zu einem gewissen Grade überhitzt oder regenerirt und gelangt dann zum zweiten Cylinder, wo er weiter expandirt und in den Schornstein oder in einen Condensator ausströmt.

Die dem ersten, bezw. dem zweiten Cylinder zugeführte Dampfmenge kann durch den bereits erwähnten Doppelregulator der Stellung des Hebels entsprechend bestimmt werden. Während der ersten Hälfte des Weges bei extremer Hebelstellung wird der Dampf mit vollem Druck in die beiden Cylinder befördert und die Dampfzuführung zum zweiten Cylinder allmählich reducirt, bis, wenn der Hebel sich am halben Wege ist, der Zufluss aus dem Kessel ganz von demselben abgesperrt wird, während er für den ersten Cylinder in unverminderter Menge fortdauert. Der zweite Cylinder fährt fort, Dampf aus dem Zwischenreservoir (receiver) zu entnehmen. In der zweiten Hälfte des Hebelweges wird allmählich der Zufluss zum ersten Cylinder reducirt, bis nach Vollendung des Weges der Dampf gänzlich abgesperrt wird. Wird nun dem ersten Cylinder Dampf zugeführt, so wird der für den zweiten Cylinder aus dem Behälter entnommene so regulirt, dass zwischen beiden Cylindern wenig oder kein Sinken des Druckes stattfinden kann.

Zwei Steuerungshebel, welche entweder gleichzeitig bewegt oder jeder für sich festgestellt werden können, dienen dazu, die Absperrung in jedem einzelnen der beiden Cylinder zu verändern. Der Hochdruckhebel wird mittelst einer Klinke bewegt und gleichzeitig mit dem Niederdruckhebel in die für vollen Betrieb erforderliche Lage eingestellt. Die Zugkraft der Locomotive wird, ohne ihr Gewicht wesentlich zu vermehren, noch dadurch erhöht, dass man ihr eine kleine eincylindrige Hilfsdampfmaschine mit höherer Geschwindigkeit beigiebt, welche den Zweck hat, die Räder des folgenden Wagens in Bewegung zu setzen und so das Gewicht desselben für die Adhäsion nutzbar zu machen. Die Bewegung der Maschine wird den Wagenrädern mittelst einer Kuppelungskette mitgetheilt, welche über die an der Maschinenwelle und den Wagenachsen befestigten Rollen geht; um den Wagen loszukuppeln, genügt es, die Kette von der Rolle herabgleiten zu lassen. (s. Fig. 6-7.)

Locomotive und Wagen sind zusammengekuppelt und werden durch einen verstellbaren Federbuffer in bestimmter Entfernung auseinandergehalten. Ein selbstthätiger Mechanismus bringt die Wagenbremsen in Anwendung, sobald sich Maschine und Wagen einander zu sehr nähern. Ebenso ist an der Maschine eine Bremse angebracht, welche jedoch, um die Zeichnung nicht zu compliciren zu machen, aus dieser weggelassen ist.

Um das Ausströmen des Dampfes an den Sicherheitsventilen zu verhindern, wird die Hitze in der Feuerbüchse reducirt, indem man einen Theil der Gase direct in den Schornstein entweichen lässt; für das Entweichen ist durch einen Feuercanal gesorgt, welcher in der Feuerbüchsendecke angebracht und mit einer Klappe versehen ist, die sich je nach dem Steigen oder Sinken des Dampfdruckes im Kessel öffnet oder schliesst. Diese Klappe ist selbstthätig und wird durch einen Kolben regulirt, welcher in einem kleinen, dem Kesseldruck ausgesetzten Cylinder arbeitet und auf oder ab bewegt wird, je nachdem der Druck über der Normalkraft steigt oder unter derselbe sinkt.

Der Luftzug durch die Röhren wird durch die Anwendung einer Anzahl Dampfdüsen von der Form stumpfer Kegel ausgeglichen, welche stehend in der Rauchkammer an der Vorderseite der Röhrenplatte angebracht sind; jede Dampfdüse zieht die gasartigen Producte aus den ihr zunächst liegenden Zugröhren. Der Abdampf wird nach oben durch die Dampfdüsen in den Schornstein entlassen und mit den Gasen, welche durch den Luftzug mitgerissen werden, innig vermischt, wodurch er gänzlich oder doch grösstentheils unsichtbar gemacht wird. Gleichzeitig wird, da die Erzeugung übermässigen örtlichen Zuges durch die Röhren verhindert wird, in viel geringerem Verhältniss Staub in den Schornstein gelangen; auch in letzterem sind Düsen angewendet, um ein weiteres Vermischen der gasartigen Producte mit dem Dampfe zu bewirken. (s. Fig. 1.)

Um bei der Ingangsetzung der Maschine das Sichtbarwerden des aus dem Schornstein tretenden Dampfes zu verhindern, sowie um die Dampfdüsen geräuschlos zu machen, lässt man den Dampf in einen Behälter ausströmen, in welchem derselbe mittelst einer selbstthätig verstellbaren Ausblasedüse fast beständig auf gleichem Drucke erhalten wird. Die Oeffnung der Düse richtet sich nach der durchströmenden Dampfmenge; wenn der Druck sinkt oder die Maschine angehalten wird, schliesst sich die Düse von selbst, bis wieder Dampf ausgeblasen wird und der Druck in dem Behälter steigt. (s. Fig. 3.)

Loftus Perkins, London.
(Mit Zeichnungen auf Tafel XVI Fig. 5—8.)

Bei dem Entwurfe der Locomotive mit Condensation kamen Perkins seine bei der auf Seite 130 erwähnten Brüsseler Locomotive gewonnenen Erfahrungen trefflich zu statten. Die Maschine ist in einer Länge von 10 Fuss (3,04 m), einer Breite von 7 Fuss (2,1 m) und einer Höhe von 9 Fuss 5 Zoll (2,94) über Schienenoberkante compendiös angeordnet; zu der angegebenen Höhe muss noch der etwa 13 oder 14 Fuss (ca. 4 m) hohe Schornstein hinzugerechnet werden; die Radbasis ist 4 Fuss 3 Zoll (1295 mm) lang, die Spurweite beträgt 4 Fuss 5½ Zoll (1,135 m). Kessel und Maschinen sind nebeneinander in der Mitte angebracht und haben zwei Luftcondensatoren zur Seite; die Bewegung wird durch Zahnräder von der Kurbelwelle auf eine Zwischenwelle übermittelt und von da aus durch Kuppelstangen sämmtlichen Rädern mitgetheilt.

Der stehende Kessel ist nach Perkins' Wasserröhren-System construirt, und zwar besteht derselbe aus neun Reihen schmiedeeiserner Röhren von 2½ Zoll (37 mm) innerem Durchmesser und ⅜ Zoll (9 mm) Dicke, welche in länglicher Form mit runden Enden gebogen sind. Diese Reihen sind in verticaler Richtung durch kurze Röhren von kleinerem Durchmesser verbunden; der Kessel ist "absolut explosionssicher". Die gesammte äussere Heizfläche beträgt 90 Quadratfuss (8,3 qm), die Rostfläche 3 Quadratfuss (0,27 qm); demnach ist das Verhältniss der Rostfläche zur Heizfläche 1 zu 30. Der Kesseldruck beträgt 500 Pfd. (34 At) pro Quadratzoll, der Maximaldruck, für welchen der Kessel berechnet ist, 500 Pfd. (55 At) pro Quadratzoll. Für die Dampferzeugung mit Coaks als Brennmaterial ist der Schornstein durch den natürlichen Luftzug ausreichend.

Die Maschine besteht aus zwei einfach wirkenden und einem doppeltwirkenden Cylinder; die einfach wirkenden haben eine Kolbenstange. Der Dampf wird mit 400 Pfd. (28 At) Druck über den Kolben von dem ersten kleinsten Cylinder von 3½ Zoll (80 mm) Durchmesser aufgenommen, hierauf in dem zweiten mittleren Cylinder von 5½ Zoll (139 mm) unter dem Kolben desselben expandirt und gelangt dann in den doppelt wirkenden Cylinder, welcher 7½ Zoll (190 mm) Durchmesser hat. Der erste und zweite Cylinder wirken somit als ein Cylinder und haben ebenso wie der dritte 9 Zoll Hub. Der Zweck dieser Cylindercombination sowie der einfachen Wirkung derselben ist der, zu verhüten, dass die Stopfbüchsen der übermässig hohen Temperatur des eintretenden Dampfes ausgesetzt werden. Der Dampf wird in dem ersten Cylinder bei drei Viertel des Hubes abgesperrt, und während seine anfängliche Temperatur bei 400 Pfd. (28 At) effectivem Druck angefähr 237° Celsius beträgt, sinkt dieser Druck durch Expansion auf etwas weniger als 300 Pfd. (20 At), wenn der Dampf in den zweiten Cylinder tritt, wo die Temperatur nicht über 215° Celsius beträgt. Durch diese Combination wird ein genügend hoher Expansionsgrad erreicht, denn die Volumina der Cylinder sind folgende:

1. Cylinder: Kolbenfläche in   qcm = 50   Volumina wie 1
2.   „   „   „   = 151   „   „   3,23
3.   „   „   „ 2 × 283 = 566 „   „   11,52

Wenn man die Expansion im ersten Cylinder der Verminderung der Expansionswirkung durch schädliche Räume entgegensetzt, so darf man annehmen, dass der Dampf schliesslich auf das Zwölffache seines Anfangsvolumens expandiren kann, ehe er in die Condensatoren ausströmt. Die Cylinder sind mit direct aus dem Kessel kommendem Dampf umgeben; der Mantel jedes derselben wird durch Röhrenwindungen von kleiner Bohrung gebildet, die rund um die Cylinder gelegt und in dem Gusskörper eingeschlossen sind. Maschine, Kessel und Schornstein sind in einer Stärke von 3 Zoll (76 mm) mit nichtleitendem Material umhüllt.

Jeder der Condensatoren besteht aus einer grossen Anzahl kupferner Röhren von ½ Zoll (12 mm) äusserem Durchmesser und 6 Fuss (1828 mm) Länge, welche vertical auf einer hohlen Unterlagsplatte in Entfernungen von 1 Zoll (25 mm) von Mitte zu Mitte eingesetzt sind. Der Dampf strömt in die hohlen Unterlagsplatten der beiden Condensatoren, von wo aus er freien Zutritt zu den Röhren hat, deren oberes Ende fast geschlossen ist und der Luft nur eine sehr kleine Oeffnung — ¹/₁₆ Zoll (1,5 mm) Durchmesser — lässt. Die Röhren bilden eine äussere Oberfläche gleich 1500 Quadratfuss (139 qm), von welchen, wie erwähnt, 150 Quadratfuss (13 qm) genügen, um durch die Condensation von Dampf mit einer Temperatur von 100° C. oder atmosphärischem Druck einen Kubikfuss Wasser zu ergeben. Die gesammte Dampfmenge, die stündlich bei 100° C.

Fig. 136. Ansicht der Personenlocomotive von H. Hughes.

condensirt werden könnte, würde also 10 Kubikfuss (0,28 cbm) Wasser betragen, wobei ein weiter Spielraum gelassen ist. Das Speisewasser wird dem Condensator entnommen; die Temperatur der Condensation beträgt, nachdem der Wasservorrath erhitzt ist, 98° bis 100° C., der Rückdruck im Condensator ungefähr 1½ Pfd. pro Quadratzoll (0,1 At).

Die Bewegung der Zwischenwelle steht zu derjenigen der Kurbelwelle in dem Verhältniss von 4 zu 1, indem sie eine Umdrehung auf vier der Kurbelwelle macht; die Bewegung wird durch 4zöllige Kurbeln mit Kuppelstangen auf die Räder von 24 Zoll (609 mm) Durchmesser übertragen. Dem Spiel der Federn ist durch eine Führung in jeder Kuppelstange Raum gelassen. Die Achsbüchsen eines jeden Räderpaares sind in ein Stück zusammengegossen, welches unter der Maschine durchreicht. Das Gewicht der leeren Locomotive beträgt 5½ Tons, wovon 10 Proc. auf die Condensatoren kommen; in vollem Betriebszustande mit Brennmaterial und Wasser für einen Tag wiegt dieselbe 6 Tons.

Man hofft, durch die Anwendung dieser Locomotive gute ökonomische Resultate zu erzielen. Bei einer stationären Maschine mit nach demselben System construirtem Kessel sind bei einem Kohlenverbrauch von 30 Pfd. (13,5 kg) pro Stunde — gleich 1,67 Pfd. (0,75 kg) pro Pferdekraft und Stunde — 18 indicirte Pferdekräfte erreicht worden. Der Verbrauch an Wasser betrug in 12 Stunden nur 22 Liter.

Mit voller Kraft arbeitend würde diese Strassenbahnlocomotive bei einem stündlichen Consum von 30 Pfd. (13,5 kg) Coaks oder stündlich 17 Pfd. pro Quadratfuss (84 kg pro qm) der Rostfläche angeblich 30 Pferdekräfte äussern; dieselbe wird von Greenwood & Batley gebaut.

Henry Hughes & Co., Loughborough.

Das Princip der Locomotive von Hughes, wie es im 1. Capitel dieses Theiles (Seite 132) besprochen worden ist, ist auch bei den neuesten Maschinen, die in Hughes' Locomotive and Tramway Engine Works, Limited, in Loughborough gebaut werden, nicht geändert worden. Da eine solche Maschine versuchsweise auf den Strassenbahnen in Hannover und Cöln in Betrieb war, so dürfte es angezeigt sein, eine der neuesten Ausführungen zur Darstellung zu bringen.

Die äussere Erscheinung derselben, einem kleinen Personenwagen ähnlich, ist aus Fig. 136 zu ersehen; die innere Anordnung lässt der Längenschnitt Fig. 137 erkennen; Fig. 138 zeigt die Maschine mit zwei angehängten Waggons. Die zwei schräg liegenden Cylinder haben 178 mm Durchmesser und 305 mm Hub. Die

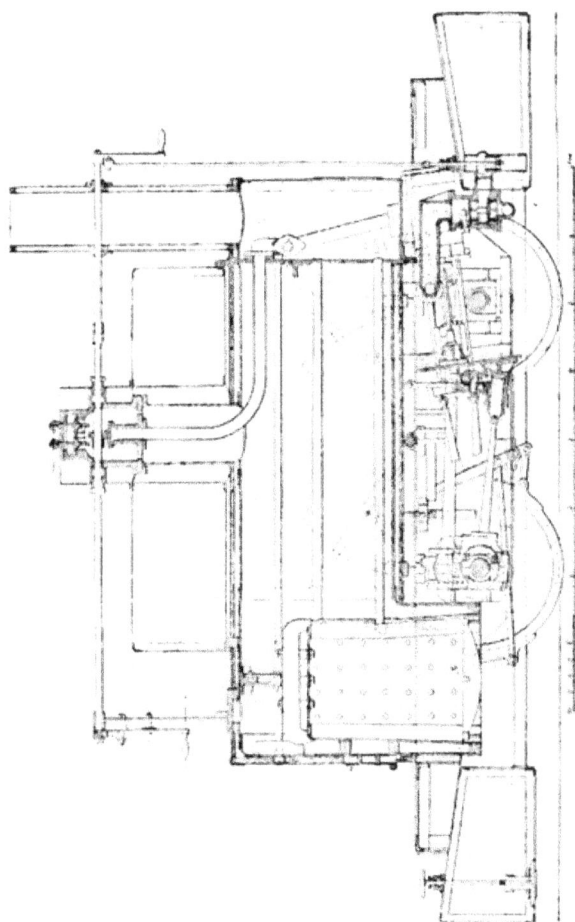

Fig. 137. Längenschnitt der Strassenbahn-Lokomotive von H. Hughes.

vier unter sich verkuppelten Räder von 762 mm Durchmesser haben 1,219 m Achsenabstand. Das Gewicht der Maschine beträgt 5590 kg im leeren und 7620 kg im Arbeitszustande, sodass bei einer mittleren Cylinderpressung von 7 kg pro qcm die entwickelte Zugkraft etwa ¹⁄₈ des für die Adhäsion erforderlichen Gewichtes der Maschine

betragen würde. Die Maschine ist mit Stephenson'scher Coulissensteuerung versehen; der Schieberhub beträgt 38 mm, die Ueberlappung 6 mm. Die Dampfcanäle sind 114 mm lang und beim Eintritt 16 mm, beim Austritt dagegen 32 mm breit. Der cylindrische Theil des Kessels hat 705 mm Durchmesser und enthält 62 Metallröhren von 38 mm äusserem Durchmesser und 1622 mm Länge zwischen den Rohrplatten. Die Feuerbüchse ist aus Kupfer und hat eine Länge von 577 mm bei 634 mm Tiefe. Die Heizfläche der Feuerbüchse beträgt 1,8 qm, die der Röhren 12 qm, die gesammte also 13,8 qm. Die Rostfläche ist 0,34 qm, daher das Verhältniss der beiden Flächen wie 1 : 40; das Verhältniss des Querschnittes der Feuerröhren zur Rostfläche ist wie 1 : 6,85; die Heizfläche der Feuerbüchse verhält sich zu der der Röhren wie 1 : 6,8. Der Dampfkessel ist mit einem kleinen Dampfdom versehen, auf welchem, wie Fig. 138 zeigt, ein Regulator angebracht ist. Die Handhabung des letzteren erfolgt mittelst einer horizontalen Spindel von beiden Seiten der Maschine aus; damit aber für den Maschinisten keine Verwechselung eintritt, wird die Bewegung der Handkurbel an dem einen Ende durch Einschaltung zweier Zahnsegmente auf jene Spindel übermittelt.

Die bereits auf Seite 133 erwähnte Condensationsvorrichtung ist in Fig. 139 abgebildet. Das für die Condensation nöthige Kaltwasserreservoir liegt über dem Kessel und fasst 15 hl; das Warmwasserreservoir besteht aus zwei flachen Behältern, die vor der Vorder- und Hinterachse der Maschine angebracht sind und durch ein Rohr miteinander communiciren. Mit dem Kaltwasser-, dem vorderen Warmwasserreservoir und dem Abdampfrohr der Maschine ist der in Fig. 139 in grösserem Maassstabe veranschaulichte Apparat verbunden. Der Ventilkolben b, der sich mit seinem Cylinder in dem Reservoir befindet, steht durch seine Stange a mit dem Regulatorhebel in Verbindung, sodass wenn der Regulator geöffnet ist, auch durch den Kolben b der Raum zwischen den beiden Ventilen c und d mit dem Warmwasserreservoir communiciren kann. Der Abdampf gelangt durch das Rohr e unter das Ventil c, während das Rohr f zum Kaltwasserreservoir führt; sobald Dampf von den Cylindern ausströmt, hebt sich das Ventil c und mit ihm d; der eintretende Dampf wird durch das von f nachströmende Wasser condensirt und gelangt vorgewärmt durch den Ventilkolben b in den unteren Behälter, von wo aus die Speisepumpe den Kessel versorgt. Die Menge des verbrauchten Wassers von 10° C. soll bei einem Versuche 70 kg pro Kilometer betragen haben, während das pro Stunde verbrauchte Quantum an Coaks 3,6 kg beträgt. Die Maschine ist mit einer automatischen Dampfbremse versehen, sodass dieselbe beinahe augenblicklich angehalten werden kann.

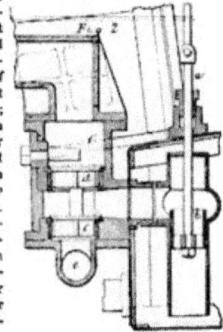

Fig. 139. Condensationsvorrichtung der Strassenbahnlocomotive, System Hughes.

Fig. 138.   Strassenbahnlocomotive älteren Systems mit zwei Wagen.

Porter, Bell & Co., Pittsburg, Pennsylvanien.

(Mit Zeichnungen auf Tafel XVII. Fig. 3.)

Die Strassenbahnlocomotive dieser Firma ist auf Tafel XVII, Fig. 3 abgebildet; wie ersichtlich, hat dieselbe eine kleine vierräderige Tenderlocomotive, deren Wasserbehälter sich auf dem Rücken des Kessels befindet. Diese Firma hat die besten Resultate erzielt, wenn die Maschine ganz vom Wagen getrennt und zwar in der gewöhnlichen Form einer Locomotive, sowohl hinsichtlich des Kessels wie der Maschine, nur dass die Grössenverhältnisse den besonderen Erfordernissen entsprechend reducirt wurden.

Die abgebildete Maschine hat 177 mm Cylinderdurchmesser; ausserdem baut diese Firma Maschinen dieses Systems in folgenden Grössen:

Durchmesser des Cylinders	152 mm	177 mm	203 mm
Hub des Kolbens	254 mm	304 mm	406 mm
Gewicht im Dienst	4050 kg	6300 kg	9000 kg
Totale Länge	3500 mm	3800 mm	4570 mm
Inhalt des Wasserbehälters	675 l	990 l	1687 l
Durchmesser der Räder	711 mm	762 mm	914 mm
Radachsenstand	1219 mm	1122 mm	1600 mm

Baldwin Locomotiv-Fabrik, Philadelphia.

Anschliessend an den auf Seite 134 gebrachten Bericht über Dampfwagen und Strassenbahnlocomotiven dieser Firma, mit denen nur Versuchsfahrten gemacht wurden, mögen hier einige Mittheilungen über gegenwärtig im Betrieb befindliche Baldwin'sche Strassenbahnlocomotiven folgen.

Unsere Abbildung Fig. 140 zeigt eine Maschine nebst Wagen, wie sie in vielen Städten Nord-Amerika's in Gebrauch ist. Auf der Broadway-Strassenbahn, Brooklyn sind seit April 1878 elf Maschinen im Dienst; auch die Bushwick Railroad Company übernahm zur selben Zeit 5 Locomotiven dieser Firma.

Die Dimensionen dieser Maschinen sind:

Länge des Wagenkastens excl. Plattformen . . . . 2,82 m
Totale Länge . . . . 3,90 m
Höhe von Schienenoberkante bis zum erhöhten Dach . . . . 2,92 m
Achsenstand . . . . 1,528 m

Fig. 140. Strassenbahnlocomotive, System Baldwin.

Die Maschinen werden in verschiedenen Grössen ausgeführt und zwar wiegen dieselben 5400 kg, 6300 kg, 7000 kg und 7650 kg. Die leichteste Maschine wiegt also nicht mehr als ein gewöhnlicher beladener Wagen, besitzt jedoch die genügende Kraft, zwei Wagen beträchtliche Steigungen hinauf zu befördern.

Die am häufigsten angewendete Locomotive hat einen stehenden Röhrenkessel von 6 Fuss (1,83 m) Höhe und 30 Zoll (763 mm) Durchmesser, derselbe enthält 120 Siederöhren von 4 Fuss (1,22 m) Länge und 1¼-Zoll (32 mm) Durchmesser. Unmittelbar hinter dem Kessel sind die beiden inneren Cylinder von 7 Zoll (177 mm) Bohrung und 10 Zoll (259 mm) Hub auf einem gusseisernen Gestell angebracht. Dieselben sind dicht nebeneinander gestellt, ihre Kolbenstangen wirken auf eine zwischen den beiden Treibachsen liegende gekröpfte Blindachse; letztere ist überdies an ihren beiden Enden mit Kurbeln versehen, welche mit den Treibrädern verkuppelt sind. Diese Räder haben 30 Zoll (763 mm) Durchmesser und einen Radstand von 5 Fuss 6 Zoll (1,657 m). Eine solche Maschine wiegt 5400 kg.

Krauss & Co., München.

Die durch den Bau von Locomotiven für Secundärbahnen rühmlichst bekannte Locomotiv-Fabrik Krauss & Co. in München hat sich auch an der Lösung der Aufgabe, ein lebensfähiges System für Strassenbahnlocomotiven zu schaffen, erfolgreich bethätigt. Diese Locomotiven, deren eine in dem Holzschnitt Fig. 141, S. 162 abgebildet ist, werden in verschiedenen Grössen gebaut. Die Hauptverhältnisse und Leistungsfähigkeit einiger derselben sind folgende:

Stärke der Maschine	15	25	50	Pferdekräfte
Cylinder-Durchmesser	140	170	210	mm
Hub	300	300	300	mm
Rad-Durchmesser	630	630	800	mm
Heizfläche	8,87	13,02	23,45	qm
Achsenstand	1500	1500	1500	mm
Gewicht der Maschine	5500	7400	9000	kg
Länge	3000	3600	4000	mm
Breite	2240	2240	2350	mm
Zugkraft	700	1030	1240	kg

Leistung auf einer Steigung von 1 : 100 — 29   44   50 Tonnen à 20 Ctr.

„   „   „   „   „ 1 : 50 — 18   27   30   „ à 20 „

„   „   „   „   „ 1 : 30 — 11   16   20   „ à 20 „

„   „   „   „   „ 1 : 20 — 6   10   12   „ à 20 „

Wir geben in Folgendem die Beschreibung und die Betriebsresultate der Locomotive der Mailänder Strassenbahn. Der Kessel ist, ähnlich den Locomotivkesseln, ein horizontaler Röhrenkessel mit kupferner Feuerbüchse. Die gesammte Heizfläche beträgt 12³₁ qm, das totale Gewicht der Maschine 5500 kg. Die Behälter für das

Speisewasser befinden sich unmittelbar unter dem Kessel und bilden einen soliden, steifen Rahmentau, welcher mittelst Federn in drei Punkten auf den Achsen gelagert ist und so die Locomotive fähig macht, nicht nur Curven bis zu 15 m Radius, sondern auch fehlerhafte und schlecht nivellirte Geleise mit der grössten Sicherheit zu befahren. Dieselbe nimmt einen sehr geringen Raum ein, indem sie nur 3 m lang und 2,1 m breit ist. Der Arbeitsdruck im Kessel beträgt 12 At und ist amtlich auf 17 At geprüft. Die Maschine kann bei einer Geschwindigkeit von 15 km pro Stunde auf einer Steigung von 1 : 30 eine Last von 8 Tons (160 Ctr.) und mit einer Geschwindigkeit von 12 km auf einer Steigung von 1 : 15 noch einen gewöhnlichen Pferdebahnwagen befördern. Bei der Abfahrt kann die Feuerbüchse mit Coaks für eine Fahrt von 2 Stunden gefüllt werden, sodass während dieser Zeit kein neuer Brennstoff aufzugeben ist und somit zur Bedienung dieser Maschine eine einzige Person hinreicht. Das im Behälter vorhandene Wasser genügt für eine Fahrt von 60 km; der auf der Maschine befindliche Kohlen-

Fig. 141. Ansicht der Strassenbahnlocomotive von Krauss & Co.

raum kann soviel Kohle aufnehmen, als für den Tagdienst nothwendig ist. Alle Maschinentheile sind aus Gussstahl angefertigt und die der meisten Abnutzung ausgesetzten auch gehärtet. Ueberhaupt ist an der ganzen Maschine kein Bestandtheil, der nicht schon durch langjährige Praxis sich bewährt hätte.

Die Tramwaylinie Como S. Dalmazzo ist 16 km lang und hat eine durchschnittliche Steigung von 13°⁄₀₀ (1 : 77). Jeder Wagen hat ein durchschnittliches Gewicht von 1000 kg; die Locomotive wiegt im Dienst 6200 kg. Die durchschnittliche Geschwindigkeit, mit welcher die Züge befördert werden, beträgt 14 km pro Stunde. Durchschnittlich wurden pro Zug befördert 1,8 Wagen und 79 Personen.

Die Maximalbelastung   des Zuges excl. Locomotive betrug 18,380 kg, incl. Locomotive 24,580 „

Die Durchschnittsbelastung   „   „   „   „   3,420 „   „   „   9,620 „

Nimmt man an, dass der eigentliche Widerstand des Zuges für die Wagen 10 kg, für die Locomotive 14 kg pro Tonne ihres Gewichtes beträgt, so hat die Maschine in steigender Richtung unter Zuziehung der Schwerkrafts-Componente für die Steigung von 13°⁄₀₀ eine Leistung ausgeübt:

bei der Maximalbelastung   von 30,6 Pferdekräften

„   „ Durchschnittsbelastung   „ 12,8 „

Für jede Anheizung wurde verbraucht 17,1 kg Holz und 23,2 kg Coaks. Zu den Fahrten wurden verwendet:

		an Coaks		an Oel		an Speisewasser
Pro Wegkilometer		2,06		0,031		22,66 kg
„ Wagenkilometer	„	1,03	„	0,016	„	10,33 „
„ Fahrt	„	33,00	„	0,500	„	330,00 „
„ Tag incl. Anheizung	„	221,00	„	3,000	„	1983,00 „

Auf Grundlage dieser der Wirklichkeit entnommenen Resultate stellte sich der Aufwand an Material für die normale Leistung von 100 kg pro Tag für verschiedene Belastungen, wie folgt:

		Bei Beförderung von 1 Wagen	2 Wagen	3 Wagen	4 Wagen
Verbrauch an Holz zum Anheizen	kg	22	22	22	22
„ „ Coaks „	„	23	23	23	23
„ „ „ z. Fahrt f. Locom.	„	85	85	85	85
„ „ „ „ Wagen	„	60	120	180	240
Verbrauch im ganzen an Brennmaterial		190	250	310	370

Bei der Annahme von einem Ankaufspreis von M. 40 pro 1000 kg Brennmaterial und von M. 1 pro 1 kg Oel berechnen sich die täglichen Ausgaben bei einer Leistung von 100 km:

		1	2	3	4
Für Brennmaterial	M.	7,60	10,00	12,40	14,80
„ Oel	„	4,00	4,20	4,40	4,60
„ Reparatur und sonstigen Unterhalt	„	2,50	2,60	2,70	2,80
„ Besoldung des Maschinisten	„	5,00	5,00	5,00	5,00
„ Besoldung eines Gehilfen	„	1,80	1,80	1,80	1,80
Tägliche Zugkraftskosten	M.	20,90	23,60	26,30	29,00

Verzinsung u. Amortisation, 8 Proc. von M. 14000
mit Berücksichtigung der nöthigen Reserve auf
nur 300 Betriebstage eines Jahres für eine Ma-
schine berechnet . . . . M. 3,73   3,73   3,73   3,73
                              Summa: M. 24,63   27,33   30,03   32,73

Strassenbahnlocomotiven dieser Firma sind auch auf der Berlin-Görlitzer Eisenbahn in Betrieb, um den
Personenverkehr zwischen Berlin und Grünau zu vermitteln. Eine solche Maschine mit zwei gekuppelten Achsen
entwickelt bei 12 At 25 Pferdekräfte. Ihre Dimensionen sind:

Länge excl. Buffer . .	3,5	m	Heizfläche	1123	qm
Breite	2,3	m	Rostfläche	0,29	qm
Cylinderdurchmesser . .	180	mm	Wasserraum	1,00	cbm
Kolbenhub	300	mm	Kohlenraum	5	hl fassend
Raddurchmesser . . .	800	mm	Gewicht im Betrieb .	7200	kg
Radstand	1500	mm			

Die Züge bestanden aus 1—2 oder 3 gewöhnlichen 8500 kg schweren, 40 Personen fassenden Wagen;
wie die angestellten Versuche ergeben haben, kann jedoch die Maschine vier vollbesetzte Wagen mit der vorge-

Fig. 142. Locomotive mit Etagenwagen. System Krauss.

schriebenen Geschwindigkeit befördern. Obige Firma hat jetzt für diese Art von Transport Personenwagen von
zwei Etagen, die mehr als 100 Personen fassen und leer 7000 kg wiegen, in Betrieb gestellt. Unsere Abbildung, Textfig. 142 veranschaulicht einen solchen Zug. Diese Wagen sind ganz in Eisen gebaut und haben einen
sicheren und sanften Gang, der auch infolge der Drehgestelle in Curven nichts zu wünschen übrig lässt. Das
Communicationssystem bietet dem Publicum grosse Bequemlichkeit, indem jede Person einen Eckplatz erhält; zur
oberen Plattform führt eine leicht zu passirende 10stufige, 40° geneigte Treppe. Jedes Anfahren dauert 25
bis 30, jedes Anhalten des Zuges 12—15 Secunden. Bei voller Geschwindigkeit kann der Zug auf 18 m Distanz
durch die Maschinenbremse zum Stillstand gebracht werden.

Das Fahrgeld beträgt 50 Pfg. für das einfache, 70 Pfg. für das Retourbillet; ganz ebenso wie bei
Pferdebahnen besorgt der die Omnibus-Züge begleitende Schaffner die Ausgabe der Billets. Auf der Maschine
fungirt neben dem Locomotivführer noch ein Heizer.

Wöhlert'sche Maschinenbauanstalt und Eisengiesserei-Actien-Gesellschaft, Berlin.

(Mit Zeichnungen auf Tafel XVIII. Fig. 4—13.)

Diese Maschinen sind nach Art der gewöhnlichen Locomotiven gebaut, mit aussenliegenden Cylindern,
zwei gekuppelten Achsen und horizontal liegendem Kessel, welcher eine kupferne Feuerbüchse mit Belpaire'scher
Versankerung und schmiedeeiserne, mit Kupfer vorgeschobene Siederöhren hat, im übrigen aus Holzkohleneisenblech

21*

besteht. Um möglichst wasserfreien Dampf zu erhalten, ist der Feuerbüchsenmantel gegen den Rundkessel überhöht und trägt hier den Dampfregulator und die zwei Sicherheitsventile nach Ramsbottom's Princip.

Der in den Cylindern verbrauchte Dampf tritt durch das unterhalb längs der ganzen Maschine gehende Rohr a in das gusseiserne Gehäuse b, aus welchem, je nach der Stellung der in diesem Gehäuse befindlichen Drosselklappen, der Dampf entweder direct nach dem Schornstein durch das Rohr c entweichen, oder auch nach den Condensatoren geführt werden kann. Im letzten Falle tritt der Dampf in die kupfernen Spiralen d ein, welche im vorderen zwischen den beiden Rahmen liegenden, zu ⅔ der Höhe mit Wasser angefüllten Behälter e liegen und condensirt sich zum Theil schon in diesen Röhren, während der übrige Dampf oberhalb des Wassers weggeht und durch das Rohr f in den zweiten Condensator g eintritt, der ein System Messingröhren enthält, in welchen der Dampf vollkommen condensirt wird. Die Fortsetzung dieses letzten Röhrensystems schliesst sich durch die Rohre h den obenerwähnten Ausströmungsröhren c an. Die Speisepumpe i, welche an den tiefsten Stellen der Condensationsröhre angeschlossen ist und durch Hebel und Stangen von der Kuppelstange aus betrieben wird, entfernt fortwährend das sich ansammelnde Condensationswasser und führt es vollkommen gereinigt in den Kessel zurück, wodurch dieser immer wieder dasselbe Wasser erhält und nur ein sehr geringer Wasserverlust entsteht, welcher durch die direct aus dem vorderen Behälter e saugende zweite Pumpe k ersetzt wird. Ausserdem besitzt die Maschine einen Injector, am beim Stillstand speisen zu können.

Die mit diesen Maschinen angestellten Fahrten haben dargethan, dass die Condensatoren bei normaler Fahrgeschwindigkeit und horizontaler Bahn, wobei der Maschine zeitweise zwei Etagenwagen angehängt waren, 1½—1¾ Stunden lang den Dampf vollkommen condensirten, worauf erst Erneuerung des Wassers nöthig war. Der Kessel wird mit Coaks geheizt und hat die Feuerthüröffnung am hinteren Theil. Es genügt, durchschnittlich alle ¾ Stunden den Rost mit Feuerungsmaterial zu beschicken, was mittelst besonders dazu eingerichteter Blecheimer geschieht.

Die Maschine ist an beiden Enden symmetrisch gebaut und braucht deshalb an den Endstationen nicht gedreht zu werden. Der Führer hat je nach der Fahrrichtung seinen Stand vorn oder hinten, worn auch an beiden Enden der Maschine Umsteuerungsböcke und Hebel zum Abstellen des Dampfes angebracht sind. Ausserdem besitzt die Maschine eine kräftige Hebelbremse, die ebenfalls von beiden Seiten der Maschine aus sehr leicht nur durch Umlegen eines Hebels m mit Gewicht gehandhabt werden kann und bei normaler Geschwindigkeit einen fast plötzlichen Stillstand der Maschine erzielt, ohne dabei erst noch die Steuerung oder den Dampfregulator zu verstellen. Die Steuerung ist eine Stephenson'sche mit zwischen den Rahmen liegenden Excentern, Excenterstangen und Coulissen, welch letztere durch die Doppelhebel n die oberhalb der Cylinder liegenden Dampfschieber bewegen. Sämmtliche Theile sind leicht zugänglich und gegen äussere Einwirkungen durch ihre Lage sowie durch besondere Blechmäntel geschützt.

Die Dimensionen der Maschine sind folgende:

Spurweite normal	1,44	m
Kesseldurchmesser im Lichten	0,780	"
Ganze Länge des Kessels	2,880	"
Anzahl der Siederöhren 62 von 46 mm äusserem Durchmesser bei 2½ mm Wandstärke; Länge der einzelnen Röhren	1,550	"
Länge des Feuerbüchsenmantels	0,860	"
Breite	0,820	"
Stärke der Bleche im Rundkessel und Feuerbüchsenmantel	10	mm
" " schmiedeeisernen Rohrwand	15	"
" " kupfernen Feuerbüchsenbleche . . .	11	"
" " Rohrwand	16	"
Feuerberührte Fläche in den Röhren	12,378	qm
" " in der Feuerbüchse	2,517	"
" " totale	14,895	"
Rostfläche	0,416	"
Kesselüberdruck	12	At
Radstand	1,5	m
Raddurchmesser	0,780	"
Cylinderdurchmesser	0,150	"
Kolbenhub	0,300	"
Von Mitte zu Mitte Cylinder	1,770	"
Von Mitte Cylinder bis Mitte Kessel	1,030	"
Von Mitte zu Mitte Achsschenkel	1,190	"
Achsschenkellänge	0,160	"
Achsstärke glatt durch	0,075	"
Wasserinhalt der beiden Condensatoren	750	l
Höhe des Trittbleches von Schienenoberkante	0,640	m

Totale Länge der Maschine	. . . .	4,500	m
„ Breite „	. . . .	2,200	„
„ Höhe „	. . . .	3,040	„
Gewicht der Maschine leer	. . . .	8000	kg
„ „ „ im Dienst	. . . .	9500	„

Berliner Maschinenbau-Action-Gesellschaft vorm. L. Schwartzkopff.

Die von dieser Firma construirte Tramway-Locomotive, eine Condensationsmaschine mit gekuppelten Achsen, ist in den Textflg. 143—146 in Längen- und Querschnitten sowie im Grundriss abgebildet. Als Dampferzeuger dient ein Röhrenkessel mit kreisförmiger Feuerbüchse. Zu beiden Seiten der Rauchkammer sind die Dampfcylinder angeordnet; die Uebertragung der Kolbenbewegung erfolgt nach dem System Belpaire. Der Durchmesser der Cylinder beträgt 175 mm, der Kolbenhub 300 mm, die Fahrgeschwindigkeit der Maschine 15 km pro Stunde; die Triebräder haben 700 mm Durchmesser.

Die Condensation des Dampfes wird auf zweierlei Weise bewirkt. Der ausströmende Dampf tritt, nachdem er einen Vierweghahn e passirt hat, in den aus einem Rohrsystem bestehenden Oberflächen-Condensator f, der sich in einem durch den Rahmen der Maschine gebildeten Wasserkasten befindet. Die Pumpe g (Fig. 145) entfernt das Condensationswasser aus den Röhren f. Die Abkühlung des im Wasserkasten befindlichen Kühlwassers geschieht, indem eine Pumpe h dasselbe während des Ganges der Maschine continuirlich durch das Rohrsystem i i drückt; letzteres bildet zugleich die Seitenwände des oberen Theiles der Maschine. Das Rohrsystem ist so angeordnet, dass die Luft die einzelnen Röhren von allen Seiten frei umspülen kann und somit die Abkühlung des in den Röhren circulirenden, durch die Condensation angewärmten Wassers auf die ihr selbst inne wohnende Temperatur ohne Beihülfe anderer Mittel direct bewirkt. Im anderen Falle geht der ausströmende Dampf von dem Vierweghahn e aus nicht direct in den Oberflächencondensator f, sondern vorher durch das Rohrsystem i i. Es findet demnach erst eine Condensation durch Luftkühlung, hierauf in dem vom Wasser umspülten Rohrsystem f die vollständige Niederschlagung des Dampfes statt; auch in diesem Falle entfernt die Pumpe g das Condensationswasser.

Endlich kann aber auch die Maschine ohne Condensation arbeiten, indem durch den Vierweghahn e die Auspuffdämpfe in das Abzugsrohr k geleitet werden. Dieses Rohr mündet nicht in den von den Heizgasen durchströmten inneren Schornstein, sondern in den durch diesen und einen äusseren Mantel gebildeten ringförmigen Raum, sodass keine Blasrohrwirkung, wohl aber eine Ueberhitzung der Dämpfe erzielt wird. Soll ein künstlicher Luftzug zur lebhafteren Verbrennung erreicht werden, so wird der Dampf durch eine andere Stellung des Vierweghahnes in das Blasrohr l geführt.

Die Bedienung der Maschine kann von beiden Seiten aus erfolgen, da die Hebel für die Steuerung, Bremse, Regulator, die Zuge für Cylinderauslasshähne, Vierweghahn e etc. doppelt vorhanden sind. Die Speisung des Kessels geschieht durch Handpumpe m (Fig. 145) und Injector.

Die Hauptverhältnisse dieser Maschine sind:

Ganze Länge der Maschine	. .	4230	mm	Dampfüberdruck	. . . . . .	12 At
Ganze Breite „	. .	2000	„	Heizfläche	. . . .	12 qm
Ganze Höhe „	. .	2920	„	Rostfläche, totale	. . . . .	0,45 „
Oberfläche der Condensationsrohre		2838	„	Achsenstand	. . . . . .	1600 mm
Kühlrohre	. . .		15,4 qm	Geschwindigkeit pro Stunde	. .	15 km

Es bezeichnet in den Figuren 143—146:

a. Dampfdom mit Sicherheitsventil und Federwaage.	i. Kühlrohrleitung.
b. Regulator.	k. Auspuffrohr.
b₁. Regulatorwelle.	l. Blasrohr.
c. Dampfeinströmrohr.	m. Handspeisepumpe.
d. Dampfausströmrohr.	n. Steuerungshebel.
e. Vierweghahn.	n₁. Steuerungswelle.
f. Condensator.	o. Coulisse.
g. Warmwasserpumpe.	p. Bremshebel.
h. Druckpumpe.	q. Buffer mit Zugstangen.

Das zuerst beschriebene Condensationsverfahren, bei dem das zur Kühlung benutzte Wasser während des Betriebes durch ein der freien Luft exponirtes Rohrsystem geleitet wird, ist als neu patentirt. Dadurch, dass das Condensationswasser continuirlich durch den Oberflächencondensator gedrückt wird, findet eine wesentlich bessere Abkühlung des Wassers und infolge dessen auch eine weit intensivere Condensation des Dampfes statt, sodass diese Maschine selbst bei feuchtem und kaltem Wetter keinen Dampf zeigt. Die Maschine braucht, da sie an beiden Enden symmetrisch gebaut ist, an den Endstationen nicht gedreht zu werden. Der Führer hat seinen Stand an der Spitze des Zuges und hat von hier aus einen vollständig freien Ueberblick der zu befahrenden Bahnstrecke.

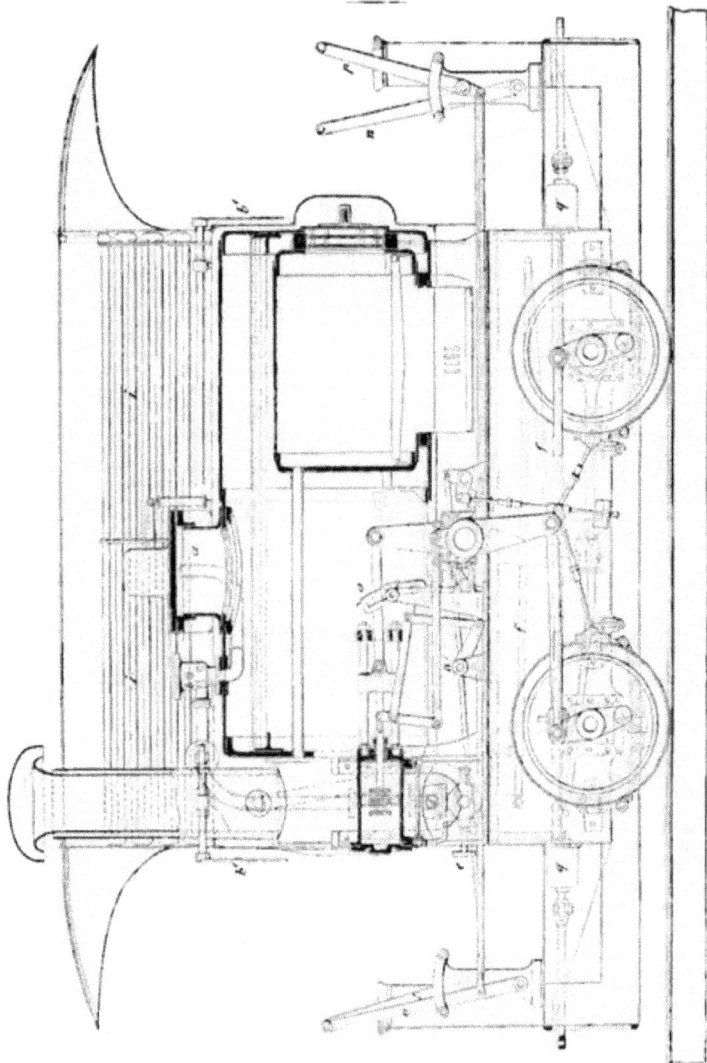

Fig. 143. Längsschnitt der Bremslokomotive. System Schwartzkopf

Henschel & Sohn, Cassel.

(Mit Zeichnungen auf Tafel XVIII, Fig. 1 – 3.)

Diese auf Tafel XVIII Fig. 1 — 3 abgebildete Maschine ist der Merryweather'schen ähnlich. Dieselbe hat 200 mm Cylinderdurchmesser, 300 mm Kolbenhub und arbeitet mit einem Dampfdruck von 12 At Spannung. Sie ist mit innen liegenden Cylindern versehen, wodurch ein ruhiger Gang und eine gute Lastvertheilung auf die beiden Achsen erzielt wird. Ferner können dabei die arbeitenden Theile vom Führer leicht übersehen werden und sind daselbst besser vor dem aufgewirbelten Staub geschützt. Ihre Steuerung ist die Allan'sche.

Der nach dem System Belpaire gebaute Kessel ist mit einer Feuerbüchse aus Kupfer und mit einem Dampfdom versehen, an dessen höchster Stelle der Dampf entnommen wird. Die Siederöhren sind von Holzkohleneisen; der Kessel ist möglichst kurz gehalten, um beim Befahren von geneigten Ebenen einen gleichmässigen Wasserstand zu erzielen. Die beiden Dampfcylinder entlassen den verbrauchten Dampf in einen unter der Rauchkammer befindlichen Sammelkasten a und von dort ins Freie, wodurch das stossweise Ausströmen desselben verhindert wird. Ein Abflussrohr b mit Hahn leitet das in dem Kasten a durch äussere Abkühlung gebildete Condensationswasser in den Aschenraum, wo dasselbe die glühende Asche löscht. Der den Sammelkasten verlassende Dampf wird in einen Kjeuter geleitet, wodurch zugleich die erforderliche Circulation des Wassers herbeigeführt wird; ausserdem ist noch zum Zwecke der vollständigen Condensation auf dem Dache der Locomotive ein Wasserbehälter angebracht. Bei warmer und ziemlich trockener Luft kann der Condensator ausser Thätigkeit gesetzt werden, da alsdann der mit den heissen Coaksgasen gemischte Dampf nicht sichtbar ist. Sobald der Condensator arbeitet, führt ein Dampfbläser dem Feuer die nöthige Luft zu. Am vorderen Ende der Locomotive befinden sich zwei Wasserbehälter c, von welchem aus eine horizontale Speisepumpe dem Kessel Wasser zuführt, während als Nothpumpe und beim

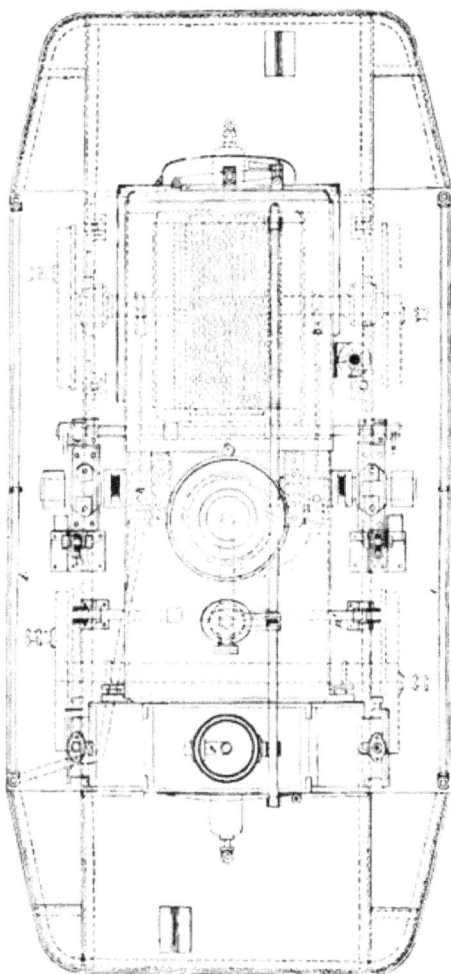

Fig. 111. Grundriss der Strassenbahnlocomotive, System Schwartzkopff.

Stillstand ein Injector angewendet wird. Mittelst einer sehr kräftigen Kniehebelbremse können die Locomotivräder sofort festgestellt werden.

Die Ausführung der Maschine ist eine sehr exacte; das ganglbare Werk, mit Ausnahme der aus Tiegelgussstahl hergestellten Pleuelstangen, Kuppelstangen und Achsen, besteht aus Hammereisen. Die Scheibenräder haben Gussstahlbandagen; die Federn bestehen aus Gussfederstahl. Die Locomotive ist von allen Seiten und nach

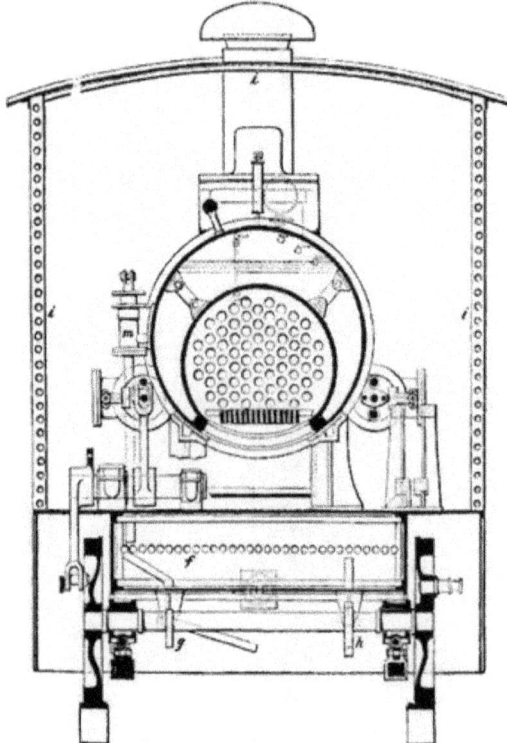

Fig. 143. Querschnitt der Strassenbahnlocomotive, System Schwartzkopff

unten mit einer Bekleidung aus lackirtem Blech versehen, um alle sich bewegenden Theile derselben dem Auge zu entziehen und gleichzeitig zu schützen.

Die Locomotive ist bestimmt, Strassenbahnen mit Steigungen bis 1:12 und mit Curven bis 20 m Radius zu befahren. Die angenommene Geschwindigkeit beträgt 20 km pro Stunde; das Gewicht beläuft sich auf 7750 kg, mit gefülltem Wasserbehälter für die Condensation auf 9250 kg; die Heizfläche misst 17 qm.

Eine zweite nach demselben System gebaute Locomotive für Strassenbahnen mit geringeren Steigungen hat folgende Dimensionen:

Cylinderdurchmesser	140	mm	Gewicht leer	6750	kg
Kolbenhub	300	„	Gewicht im Dienst	7850	„
Raddurchmesser	600	„	Grösste Länge d. Locom.	7350	mm
Heizfläche	40	qm	Grösste Breite	2250	„
Rostfläche	0,3	„	Grösste Höhe	3200	„

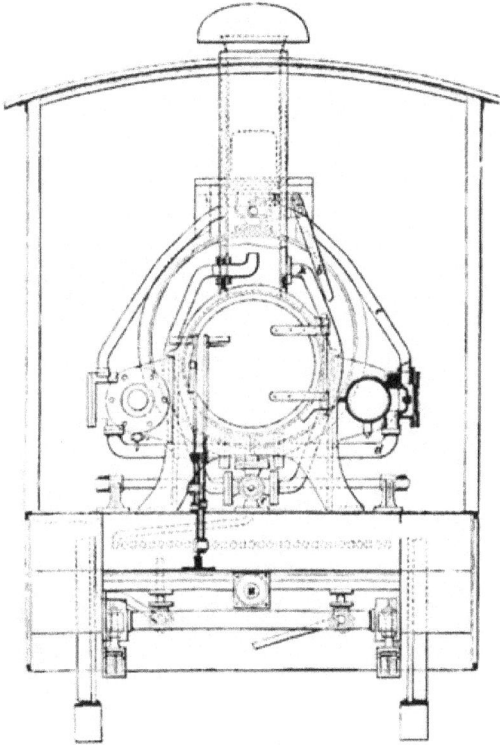

Fig. 169. Frontansicht der Strassenbahnlocomotive, System Schwarzkopff.

Hannover'sche Maschinenbau-Actien-Gesellschaft vorm. G. Egestorff.

(Mit Zeichnung auf Tafel XIX. Fig. 1—3.)

Aus der Zeichnung auf Tafel XIX Fig. 1—3 geht die allgemeine Anordnung der Locomotive hervor. Die Maschine ruht mittelst vier Längsfedern auf zwei miteinander gekuppelten Achsen; am vorderen Ende sind die Dampfcylinder in etwas geneigter Lage ausserhalb der Rahmen solid befestigt. Die Locomotive besitzt einen horizontalen Kessel, dessen Construction derjenigen der gewöhnlichen Locomotivkessel entspricht. Die innerhalb der Räder liegenden Rahmen bestehen aus zwei einfachen 9 mm dicken Blechplatten und bilden mit ihrem mittleren Theil zugleich die Wände des unteren Wasserkastens, dessen übrige Wände auch zur Versteifung der Rahmen untereinander dienen. Die Radsterne sind gusseiserne Scheiben von 570 mm Durchmesser, mit Gussstahlbandagen von 75 mm Breite und 630 mm Laufkreisdurchmesser bezogen, deren lichter Abstand pro Achse 1385 mm beträgt. Ebenso sind die Achsenschafte aus Gussstahl; dieselben haben im Schenkel und Schaft 100 mm Durchmesser und 120 mm Schenkellänge; der Radstand der Maschine beträgt 1600 mm. Zur Ausgleichung des Gangwerkgewichtes sind die Radsterne mit Gegengewichten versehen. Die Federn sind Blattfedern von 252 mm Länge, bestehend aus acht dünnen Blättern von 9 mm Dicke und 52 mm Breite.

Der Kessel arbeitet unter einem Dampfüberdruck von 10½ At und ist auf eine Wasserpressung von 15½ At Ueberdruck amtlich geprüft. Der Aussenkessel besteht aus Eisenblech, die Feuerbüchse aus Kupferblech; der aus zwei Blechschüssen von 9,5 mm Wanddicke gebildete Rundkessel hat 760 mm Durchmesser. Der obere Feuerbüchsenmantel bildet die Fortsetzung des cylindrischen Kesseltheils und ist durch Stehbolzen mit der Decke der Feuerbüchse verankert; in derselben Art sind die übrigen Wände der Feuerbüchse mit denen des Mantels durch kupferne Stehbolzen verbunden. Die Blechdicke der kupfernen Rohrwand ist 21 mm, die der übrigen Wände der Feuerbüchse 12 mm, die der vorderen Stirnwand des Feuerbüchsenmantels 12 mm, die der Deckplatte 45 mm, die der übrigen Wände 11,5 mm. Die eiserne Rohrwand der cylindrischen Rauchkammer ist 19 mm dick und in ihrem oberen Theile durch eine Blechplatte verankert. Alle Längsnähte des Kessels haben eine doppelte, die Quernähte eine einfache Nietreihe. Der Kessel enthält 64 Stück Siederohre aus Holzkohleneisen von 38 mm äusserem Durchmesser, 2 mm Wanddicke und 1613 mm Länge zwischen den Rohrwänden. Zur Kesselspeisung dienen eine vom Kreuzkopf der Maschine aus betriebene Speisepumpe und ein Injector nach Körting's Patent, welch letzterer auch bei 65° C. des aufgenommenen Wassers noch zuverlässig wirkt. Der Kessel besitzt zwei auf dem Regulatorkasten angebrachte Sicherheitsventile von 47 mm Durchmesser, welche mittelst Hebelübersetzung durch Federwaagen belastet sind; der den Ventilen etwa entströmende Dampf wird durch ein Rohr dem Schornstein zugeführt. Auf dem Feuerbüchsenmantel ist ein zuverlässiges Federmanometer angeordnet, auf welchem die Maximalspannung von 10½ At markirt ist.

Der Rost liegt horizontal im unteren Theil der Feuerbüchse und ist für Steinkohlen- oder Coaksfeuerung eingerichtet. Unter der Feuerbüchse ist ein dicht schliessender, leicht abnehmbarer Aschenkasten angebracht, dessen Boden über die Klappe hinaus verlängert ist, um das Herausfallen von Asche zu verhindern; die Feuerthür befindet sich auf der linken Seite der Feuerbüchse. Der konisch geformte Schornstein trägt oben einen Funkenfänger. Dem Exhaustor wird der aus den Cylindern tretende Dampf nicht direct, sondern erst durch eine unter der Rauchkammer angebrachte Dampfkammer zugeführt, wodurch das Geräusch des Dampfaustrittes ein gleichmässiges und sehr geringes ist. Der Dampf tritt in ringförmigem Strahl mit innerer und äusserer Luftabführung aus dem für variablen oder auch vollständigen Verschluss eingerichteten Exhaustor; ist letzterer geschlossen, so tritt der Dampf nicht in den Schornstein, sondern wird durch in der Cisterne angebrachte Injectoren geräuschlos condensirt; auch kann ein Theil desselben durch einen Hahn aus der Dampfkammer in den Aschenkasten geleitet werden. Zur Anfachung des Feuers bei Stillstand der Maschine ist ein Hülfsexhaustorhahn vorhanden, durch welchen ein ringförmig um den Exhaustor gelegtes, nach oben durchlöchertes Rohr mit direct aus dem Kessel kommendem Dampf gespeist wird.

Die Dampfcylinder haben 170 mm Durchmesser und 300 mm Kolbenhub und sind in etwas geneigter Lage zu beiden Seiten der Rauchkammer fest mit dem Rahmen verbunden. Zur Ablassung des Condensationswassers sind an den Cylindern Hähne angebracht, welche durch gemeinschaftliche Zugstangen vom Führerstande aus zu öffnen sind. Das Condensationswasser wird von diesen Hähnen nach einer besonderen kleinen, zwischen dem Cylindern liegenden Cisterne geführt, welcher auch das Condensationswasser aus der Rauchkammer durch ein Fallrohr zufliesst. Zur Schmierung von Kolben und Schieber sind Schmiergefässe angebracht. Die Dampfkolben bestehen aus Schmiedeisen mit je drei Stück selbstspannenden Dichtungsringen und Kolbenstangen aus Gussstahl. Kreuzkopf und Führung sind aus Schmiedeisen; ersterer besitzt Gleitflächen aus Rothguss, letztere ist gehärtet und solid gelagert; am Kreuzkopf ist ein Schmiergefäss angebracht. Die Pleuel- und Kuppelstangen bestehen aus Schmiedeisen, haben an dem Triebachsenende offene, im übrigen aber geschlossene Augen. Ihre Lager aus Rothguss haben Keilstellung; die Schmierbüchsen bestehen mit den Stangenköpfen aus einem Stück.

Die Coulissensteuerung nach Stephenson's System liegt ausserhalb der Räder; die Excenterscheiben und -Ringe sind aus Gusseisen, die Dampfschieber aus Rothguss. Die Handhabung der Steuerung erfolgt von der linken Maschinenseite aus mittelst Handgriffs und Sectors.

Gegen Abkühlung sind der Kessel sowie der Regulatorkasten und die Dampfeingangsrohre und die Dampfcylinder mit dichtschliessenden, leicht abnehmbaren Blechbekleidungen versehen. Die Maschine hat eine rings um den Kessel laufende, durch Rahmenconsolen getragene Plattform aus Riffelblech, sodass man auch während der Fahrt zu jedem Theil der Armatur gelangen kann. Die Plattform ist aussen durch eine rund um die Maschine gehende ca. 1 m hohe Gallerie eingefasst; dieselbe besteht aus Eisenblech und ist an Säulen befestigt, welche in ihrer oberen Verlängerung das sich über die ganze Länge und Breite der Maschine erstreckende Schutzdach tragen. Die Brustwehr ist unter dem Trittblech bis auf 140 mm über Schienenoberkante verlängert und dient an den Stirnflächen der Maschine als Bahnräumer, während seitlich das gesammte Triebwerk dadurch verdeckt wird; an beiden Enden der Maschine sind ausserdem über den Schienen noch besondere kräftige Bahnräumer angebracht. An den Längsseiten besteht die Blechverkleidung aus Klappen, sodass das gesammte Triebwerk der Maschine leicht zugänglich ist.

Die Maschine besitzt eine kräftige Hebelbremse, welche durch vier gusseiserne Bremsklötze auf die Hinterräder wirkt; dieselbe ist eine Trittbremse, welche momentan die höchste überhaupt mögliche Bremskraft äussert; der Tritthebel ist auf der linken Maschinenseite angebracht. Der unter dem Kessel innerhalb des Rahmens liegende Wasserkasten wird zum Theil durch letzteren und seine Versteifungen gebildet. Derselbe ist durch eine horizontale durchbrochene Wand in zwei Theile getheilt; im unteren befinden sich die weiter vorn beschriebenen Condensations-Injectoren, welche bei ihrer Functionirung das Wasser aus dem unteren Theil des Kastens in den oberen fördern, wodurch eine zweckmässige Wassercirculation erzeugt wird. Der Rauminhalt des Wasserkastens beträgt 1200 l; derselbe ist durch ein Mannloch zugänglich und besitzt zwei Füllöffnungen und eine Ablassschraube. Der Kohlenkasten befindet sich im hinteren Theil der Maschine zwischen Feuerbüchse und Umfangsgallerie, ist oben offen, hat die Thüröffnung auf der linken Maschinenseite und kann 325 l Brennmaterial aufnehmen. Am Schutzdach ist eine Schlagglocke befestigt, welche vom Führerstande an der linken Maschinenseite aus bequem gehandhabt werden kann. An jedem Stirnende trägt die Maschine eine Kuppelung nach Stradal's System; dieselbe ist so eingerichtet, dass die Maschine leicht an die vorhandenen Wagen der Gesellschaft gekuppelt werden kann. Ferner trägt die Maschine an jedem Stirnende eine Signallaterne mit rother und grüner Vorsteckscheibe und sind eine Handlaterne und Laternen zur Beleuchtung von Manometer und Wasserstandsglas vorhanden.

Die grösste Länge der Maschine beträgt excl. Kuppelvorrichtung 3,6 m, die grösste Breite 2,2 m, die grösste Höhe von Schienenoberkante 3 m.

Folgendes sind die Hauptdimensionen der Maschine:

Cylinderdurchmesser	170 mm	Dampfüberdruck	10½ At
Kolbenhub	300 mm	Inhalt des Wasserkastens	1200 l
Raddurchmesser	630 mm	Inhalt des Kohlenraumes	325 l
Radstand	1600 mm	Gewicht leer	ca. 6½ Tons
Heizfläche	14,56 qm	Gewicht dienstfähig	8½ Tons
Rostfläche	0,5 qm		

Es dürfte interessant sein, auf die Berechnung dieser Maschine etwas näher einzugehen.

Es beträgt das Zuggewicht excl. Locomotive . . 20 Tons = 20000 kg
Locomotiv - Eigengewicht . . . 8½ = 8500 „
Gesammt - Zuggewicht . . . 28½ Tons = 28500 kg

Zugwiderstände auf der Horizontalen . . . 3,5 kg pro Tonne

Dazu auf der maximalen Steigung $\frac{30}{1000}$ . . 30 „ „

Maximale Gesammt-Zugwiderstände . . . 33,5 kg pro Tonne = 33,5 × 28½ = 955 kg für den ganzen Zug.
Maximales Locomotiv - Eigengewicht (bei Reibungs-Coëfficient ⅐) = 955 × 7 = 6685 kg erforderlich.

Factisches Locomotiv-Eigengewicht = 8500 kg, somit kleinster zulässiger Reibungscoëfficient = $\frac{955}{8500}$ = $\frac{1}{8,9}$ = rund ⅑.

Heizfläche der Locomotive = 14,56 qm.

Leistung in Pferdekräften = $\frac{14,56}{0,5}$ = 29 HP (½ qm Heizfläche = 1 HP).

Leistung in Secunden-Kilogr. Meter = 2175 (1 HP = 75 Sec. kgm).

Zugwiderstände auf Steigung $\frac{30}{1000}$ = 955 kg.

Geschwindigkeit (dauernd) auf Steigung $\frac{30}{1000}$ = $\frac{2175}{955}$ = 2,278 m pro Sec. = 8,2 km pro Stunde.

Ist die Steigung $\frac{30}{1000}$ nicht lang andauernd, so kann sie auch mit entsprechend grösserer Geschwindigkeit befahren werden.

Normale Geschwindigkeit = 15 km pro Stunde = 4,166 pro Secunde.
Dauernde Locomotiv-Leistung wie oben = 2175 Sec. kgm.

Zugkraft dauernd bei 15 km Geschwindigkeit = $\frac{2175}{4,166}$ = 522 kg.

Bei Steigung $\frac{x}{1000}$ betragen die Zugwiderstände (3,5 + x) × 28½ = 522 kg, woraus folgt: x = 14,8

rund = 15

Die Maschine vermag somit lang andauernde Steigung $= \frac{15}{1000}$ mit 15 km Geschwindigkeit pro Stunde zu befahren.

Für die maximale Zugkraft der Locomotive nach ihren Hauptdimensionen gilt die Formel:

$$P.\ G. = \frac{ld^2(s-p)}{D}$$

$$P.\ G. = 963\ kg$$

worin bezeichnet:

$P.\ G.$ = Zugkraft in kg

l = 30 cm Kolbenhub

d = 17 cm Cylinderdurchmesser

$s - p = \frac{2}{3} \times 10\frac{1}{2}\ kg = \frac{2}{3}$ der Dampfspannung

D = 63 cm Raddurchmesser.

Die maximalen Zugwiderstände betragen, wie oben ermittelt, = 955 kg; die maximale Locomotiv-Zugkraft genügt mithin. Die Verhältnisse der Bahn sind nicht näher bekannt; es wird angenommen, dass die Maschine auf der Strecke durchschnittlich mit ihrer halben Leistungsfähigkeit in Anspruch genommen wird.

Maximale Maschinenleistung = 29 HP.

Halbe Maschinenleistung = 14½ HP.

Maximale Verdampfung pro Pferdekraft und Stunde wird = 30 l angenommen, sonach Wasserbedarf für eine Fahrt = 30 × 14½ = 135 l.

Würde die Maschine während der ganzen Fahrt mit ihrer vollen Leistungsfähigkeit in Anspruch genommen (welcher Fall niemals eintritt) und nimmt man die Verdampfungsfähigkeit des Kessels im Maximum zu 50 l pro Quadratmeter Heizfläche an, so würde der Maximal-Wasserbedarf = 14,56 × 50 = 728 l sein. Der Wasserkasteninhalt der Locomotive beträgt aber 1200 l; nimmt man an, dass der maximale Wasserbedarf = 135 l beträgt und dass ferner 1 kg Kohle wenigstens 6 l Wasser verdampft, so ist der Kohlenbedarf während einer Fahrt $\frac{435}{6} = 72\frac{1}{2}$ kg.

Schweizerische Locomotiv- und Maschinenfabrik zu Winterthur, System Brown.

Der Kessel dieser Maschine (Fig. 148—151), welcher aus Martin-Stahlblech und für 15 At Arbeitsdruck gebaut ist, ist derart theils horizontal, theils vertical combinirt, dass Dampfraum und zulässige Wasserstandsgrenzen gegenüber den sonst üblichen Constructionen sehr gross sind und dass, weil die Niveaudifferenz des Wassers unbeschadet des richtigen Betriebes eine ausserordentlich grosse sein kann, die Aufmerksamkeit des Führers in dieser Richtung nicht zu sehr absorbirt wird. Damit der letztere Zweck auch in Bezug auf die Feuerung erreicht wird, ist der Feuerraum ebenfalls ein verhältnissmässig sehr grosser, sodass die Speisung des Kessels sowie das Auflegen des Brennmaterials nur in grossen Zwischenräumen zu geschehen hat.

Die Maschine ruht auf drei Punkten auf dem unteren Wagengestell, wodurch eine äusserst ruhige und gesicherte Lage auch bei raschem Gange erzielt wird. Sie ist eine Balanciermaschine nach dem System Belpaire; durch die Balancier-Anordnung ist es ermöglicht, dass sämmtliche wichtigeren Theile (Cylinder und Steuermechanismus) oberhalb der Plattform, also gegen Strassenschmutz geschützt und für den Maschinisten leicht zugänglich, anzubringen. Die Pumpe wird direct vom Balancier angetrieben.

Die Steuerung nach dem Patent Brown arbeitet mit Excenter und Gegenkurbeln und ist genau die gleiche wie bei der bekannten Brown'schen Ventildampfmaschine, nur dass bei den Locomotiven die Hand des Führers an einem Hebel das bewirkt, was bei der stationären Maschine der auf- und absteigende Regulator. Diese Brown'sche Steuerung ergiebt eine sehr genaue Dampfvertheilung für jeden Einschnitt des Sectors beim Vorwärts- wie beim Rückwärtsgang und gestattet eine sofortige Umsteuerung mit sehr geringem Kraftaufwand. Die Schieber sind bei den neueren Maschinen derart construirt, dass die arbeitenden Flächen sich durch den Gebrauch von selbst immer dichter schliessen und daher das lästige Abrichten der Schieber und der Flächen des Schieberkastens wegfällt, ein Umstand, der bei der Mangelhaftigkeit der meisten Reparaturwerkstätten für Strassenbahnen sehr ins Gewicht fällt. Durch die Anwendung der Balancier-Construction für die Maschine ist es ermöglicht, die Räder ohne Gegengewichte zu construiren, was der Maschine wiederum einen ruhigen Gang ohne schlängelnde Bewegung verleiht. Die Achsbüchsen sind durch Traversen verbunden, wodurch ein rasches Ausschlagen der Achsenlager verhindert ist. Die Schieberkasten sind unten am Cylinder angebracht, sodass bei jedem Kolbenhub eine Wasserentleerung ohne Schlammhahn und ohne Geräusch stattfindet. Ueberdies wird der Abdampf in einen besonderen Apparat geleitet, der das für die Reisenden so lästige Auswerfen von russigem Wasser durch den Schornstein, das bei anderen Locomotiven bisweilen vorkommt, verhindert.

Der Rost ist mit einer Klappe versehen, wodurch das ganze Feuer im Augenblick entfernt und der Rost auch jederzeit leicht gereinigt werden kann, ohne dass die Maschine durch Asche, Russ u. s. w. beschmutzt wird. Das Kamin ist doppelwandig und durch Einhüllung vor Abkühlung geschützt, infolge dessen beim Stillstand der Luftzug auch ohne Benutzung des Aufschhahnes und somit auch ohne das widrige Geräusch desselben hinlänglich stark ist. Um den Feuerzug in ein richtiges Verhältniss zu der Kraftanforderung zu bringen, wird eine eigenthümliche Blasrohreinrichtung angewendet, welche gleichfalls fast geräuschlos wirkt; das Blasrohr ist ferner mit einer Vorrichtung versehen, welche verhindert, dass beim Reversiren Asche, heisse Luft etc. in den Cylinder gelangen, und es kann deshalb auch der Contredampf als Bremse verwendet werden. Er leistet dabei im Zusammenhange mit der ausserdem angebrachten Backenbremse vortzliche Dienste.

Die Kuppelung der Maschine mit den Tramway-Wagen ist zum Stossen und Ziehen eingerichtet; die

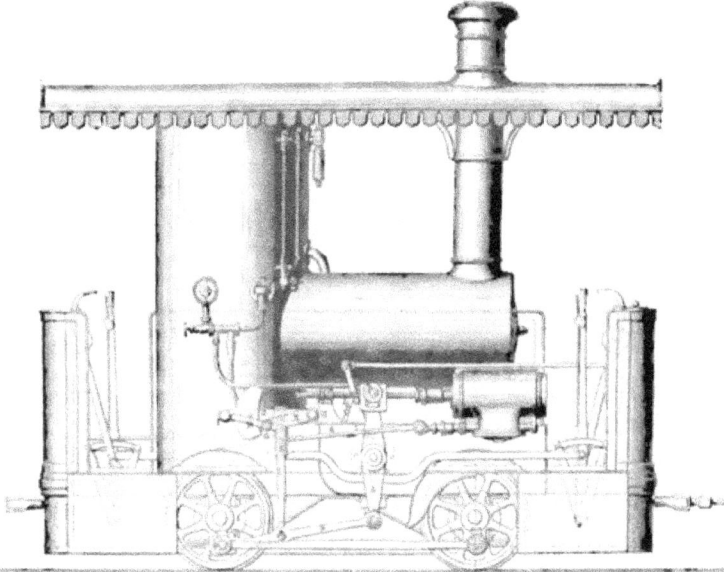

Fig. 118. Seitenansicht der Strassenbahnlocomotive. System Brown. In Uster der sächsischen Ordnung.

Angriffspunkte und Gelenke sind derart, dass auch in den engsten Curven Maschine und Wagen sich nicht stossen und dass jedes Fahrzeug ungezwungen seine normale Richtung annehmen kann.

Der Austritt des Dampfes wird durch eine geeignete Kaminvorrichtung soweit reducirt, dass derselbe beinahe unhörbar und, ausser bei kalter Witterung, auch unsichtbar ist. Bei kalter Witterung tritt eine Condensationsvorrichtung in Wirkung, welche auch bei der tiefsten Temperatur den Dampf während eines gewünschten Zeitraums unsichtbar macht. Der Oberflächen-Condensator, ein Röhrensystem, das frei oben auf dem Dache liegt, steht mit einem unter dem Kessel befindlichen Wasserbehälter in Verbindung, in welchen das Condensationswasser fliesst und in welchem die letzten Dampftheile noch völlig condensirt werden. Der Condensator ist derartig angeordnet, dass man durch beliebige Stellung eines Commutators entweder sämmtlichen Dampf dem Schornstein oder dem Condensator zuführen, oder denselben theils durch den Condensator, theils durch den Schornstein gehen lassen kann; man kann hierdurch bei jeder Witterung ungemein leicht und einfach mit dem Dampf manipuliren und denselben jederzeit unsichtbar machen; in mildem Klima oder bei verhältnissmässig geringer An-

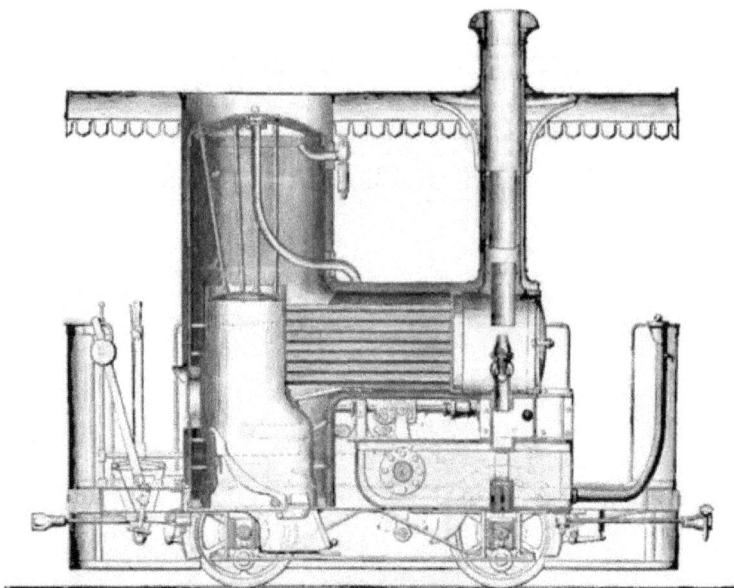

Fig. 149. Längsschnitt der Strassenbahnlocomotive, System Brown. In 1/30 der natürl. Grösse.

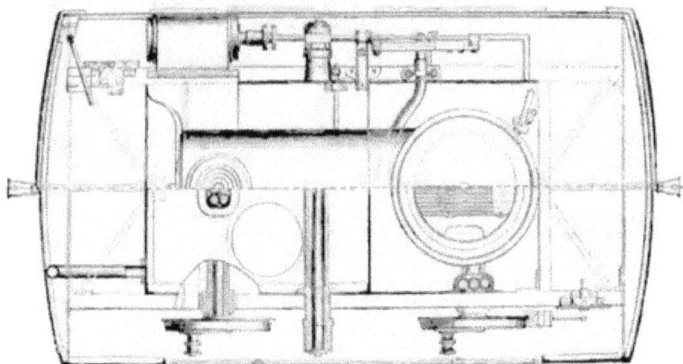

Fig. 150. Grundriss der Strassenbahnlocomotive, System Brown. In 1/30 der natürl. Grösse.

strengung der Maschine genügt hierzu das Anbringen eines Ueberhitzungsapparates. Auch dieser Apparat ist bei der Maschine Brown in Anwendung gekommen und kann beliebig in und ausser Thätigkeit gesetzt werden.

Die Leistung der Maschine ist im Verhältniss zu deren Gewicht durch eine verhältnissmässig grosse effective Heizfläche, durch grossen Wasser- und Dampfraum sowie hohen Arbeitsdruck in Verbindung mit durchgängig richtigen Verhältnissen auf das Maximum gebracht.

Der Führer steht immer vorn auf der Maschine; da dieselbe an beiden Enden mit vollständig neuen Steuermechanismen sowohl für die Umsteuerung, als auch für den Regulator und die Bremsen versehen ist, so bildet jedes Ende sozusagen das Vordertheil derselben. Die Maschine fährt gleich gut vor- und rückwärts; da der Führer sich immer an der Spitze des Zuges befindet, so ist er sehr wohl im stande, Zusammenstösse mit Fuhrwerken zu vermeiden, welche aus Strassen kommen, die quer über die Tramwaylinie führen; diese Stellung erlaubt ihm auch, den Zustand der Bahn zu überwachen und jeder Störung vorzubeugen.

Die Maschine hat keinen Pavillon, wie solcher sonst vielfach angewendet wird; es hat daher auch der Conducteur freien Ausblick auf die Strasse und auf den Maschinisten.

Im allgemeinen sind die Tramway-Locomotiven, Patent Brown, für Steigungen bis auf 5 bis 6°/₀ und für Curven bis 20 m Radius (theilweise sogar nur 13 m) gebaut und genügen diesen Ansprüchen vollständig. Für noch grössere Steigungen und noch engere Curven kommen specielle Constructionen zur Anwendung.

Die bei normaler Spur gebräuchlichsten drei Grössen dieser Tramway-Locomotiven sind folgende:

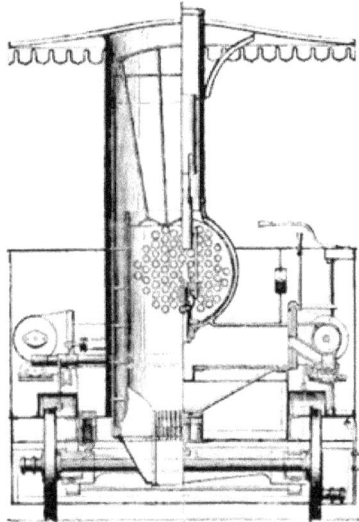

Fig. 151. Querschnitt der Strassenbahn-Locomotive, System Brown.

	Type I	Type II	Type III
Gewicht der Maschine leer (ohne Condensator)	6300 kg	5300 kg	4100 kg
Gewicht der Maschine im Dienste	7650 „	6500 „	5300 „
Wasser im Kessel	850 „	600 „	340 „
Wasser im Reservoir	600 „	500 „	480 „
Brennmaterial	120 „	100 „	80 „
Raddurchmesser	0,600 m	0,600 m	0,600 m
Radstand	1,50 „	1,50 „	1,45 „
Cylinderdurchmesser	0,180 „	0,140 „	0,120 „
Kolbenhub	0,300 „	0,300 „	0,300 „
Heizfläche	11,70 qm	9,00 qm	7,35 qm
Maximal-Arbeitsdruck	15 At	15 At	15 At
Grösste Länge der Maschine	3,79 m	3,55 m	3,32 m
„ Breite	2,00 „	1,92 „	1,92 „
„ Höhe	3,60 „	3,60 „	3,40 „
Maximal-Zugkraft (nach Heusinger $0{,}7\,p\frac{\mathrm{fd}}{\mathrm{p}}$)	1314 kg	1029 kg	766 kg

Die bei weitem am meisten angewendete Grösse ist die mittlere, Type II, welche noch 15 Tons auf 1:30 zieht.

Die vorstehend im Text eingefügten vier Zeichnungen zeigen die Tramway-Locomotive Type II in Ansicht, Grundriss, Längenschnitt und in zwei Querschnitten; bei der Ansicht ist die westliche Brüstungswand nicht mit gezeichnet, um den Mechanismus besser erkennen zu lassen; ebenso ist der Condensator weggelassen.

Wenden wir uns nunmehr zu einigen Betriebsresultaten, so wollen wir hier zunächst die in Strassburg gewonnenen etwas näher ausführen. Dieselben datiren aus den Monaten August bis November 1878 und basiren auf dem damaligen dortigen Maschinenbestand von 10 Tramway-Locomotiven Patent Brown.

In Strassburg, woselbst wie in Rappoltsweiler auch die Geleisanlage (nach dem System Demerbe) von der Schweizerischen Locomotiv- und Maschinenfabrik ausgeführt wurde, garantirt die Fabrik folgende von ihr für die Brown'schen Tramway-Locomotiven generell aufgestellten täglichen Unterhaltungskosten pro Maschine:

	Type I	Type II
Amortisation und Zinsen	frcs. 8. —.	frcs. 6. —.
Reparaturen	„ 4. —.	„ 3. 50.
2 Mann Bedienung (16 Stunden pro Tag) à frcs. 5	„ 10. —.	„ 10. —.
Coaksverbrauch 140—180 kg auf ebener Bahn pro 100 kg frcs. 3	„ 5. 10.	„ 4. 20.
Oel, Schmier- und Verdichtungsmaterialien	„ 4. —.	„ 3. —.
Garantirte totale Unterhaltungskosten pro Tag	frcs. 31. 10.	frcs. 26. 70.
	= M. 25. 12.	M. 21. 36.

Der vorstehende Ansatz von frcs. 4. —. resp. frcs. 3,50 für Reparaturen pro Tag gilt nur für beste Besorgung der Maschinen und für gute Geleise.

Der vorstehenden Berechnung gegenüber stellten sich die Unterhaltungskosten in Strassburg pro Tag pro Maschine in Wirklichkeit wie folgt:

	(Type I in Strassburg nicht vorhanden.) Type II
Amortisation und Verzinsung	M. 4. 80.
1 Maschinist	„ 4. 80.
Reparatur und Reinigung	„ 3. 31.
Coaks und Kohlen	„ 5. —.
Oel und Talg	„ 1. 50.
Effective totale Unterhaltungskosten in Strassburg pro Tag pro Maschine .	M. 19. 91.

Diese Strassburger Resultate datiren, wie erwähnt, aus den Monaten August bis November 1878, in welchen sich der Betrieb wie folgt gestaltete:

Monat	Brennmaterial incl. Anheizen		Schmiermaterial pro Tag im Dienst		Zurückgelegte Kilometer pro Tag	Beförderte Personen-zahl pro Tag incl. Maschine
	Coaks pro Stunde	Kohlen pro Tag	Oel	Talg		
August	9,02 kg	7,20 kg	1,268 kg	— kg	81,90	771
September	10,32 „	30,27 „	1,013 „	0,475 „	78,74	680
October	11,35 „	31,50 „	1,325 „	0,503 „	77,99	604
November	13,66 „	36,62 „	1,470 „	0,361 „	71,67	560
Im Mittel	11,09 kg	26,40 kg	1,269 kg	0,335 kg	77,57	654

In Strassburg betrug der Verkehr an den Wochentagen im Durchschnitt ca. 40 Proc. desjenigen an den Sonntagen; während der Monate August bis November wurden befördert:

Am Sonntag . . je 9398 Personen im Mittel
„ Montag . . „ 4053 „ „ „
„ Dienstag . . „ 3537 „ „ „
„ Mittwoch . . „ 3607 „ „ „
„ Donnerstag . . „ 4257 „ „ „
„ Freitag . . „ 3955 „ „ „
„ Sonnabend . . „ 3123 „ „ „

Da bereits an den Wochentagen jede Maschine mit mehreren Wagen fährt, so genügt dort eine weitere Vermehrung der Anzahl von Wagen pro Maschine allein nicht, um mit der gleichen Anzahl Maschinen an Sonntagen den dann auf weit über das Doppelte gesteigerten Verkehr zu bewältigen. Es wird deshalb jetzt in Strassburg an den Wochentagen mit 6 bis 8 und an den Sonntagen mit allen 12 Maschinen gefahren und veranlasst dies natürlich eine Erhöhung der täglichen Unterhaltungskosten pro Maschine im Dienst unter Anrechnung der während 6 Tagen pro Woche ruhenden Maschinen.

Die Direction der Strassburger Pferde-Eisenbahn-Gesellschaft theilt uns noch nachstehende Bemerkungen mit:

Als Betriebsmaterial bestehen für die 10 km (davon 5 ausserhalb der Stadt) 52 Wagen und 12 Locomotiven. Die Pferde für den Betrieb innerhalb der Stadt werden von Fuhrunternehmern gestellt. Da der Verkehr, besonders ausserhalb der Stadt, an den verschiedenen Tagen und Tageszeiten sehr wechselt, werden meist kleinere Wagen angeschafft, von denen nach Bedürfniss 2, 3 oder 4 an die Locomotive gehängt werden, sodass der Zug 25—27 m lang sind. Fahrgeschwindigkeit durchschnittlich 12 km; Zahl der durchschnittlich pro Monat beförderten Passagiere 180000. Die Locomotiven aus der Schweizerischen Locomotivfabrik in Winterthur legen bei 13—14 Stunden Dienst täglich etwa 80 km zurück. Auf den Locomotivkilometer kommen ca. 2,3 Wagenkilometer, sodass die Locomotive täglich ca. 180 Wagenkilometer leistet.

Die Locomotiven brauchen incl. Anheizen:

```
                              pro Tag im Dienst . . .  33  kg Kohlen
                              „  Stunde im Dienst . .  9,6  „  Coaks
                              „  Tag im Dienst . . .  1,5  „  Oel
                              „    „    „    „    . .  0,2  „  Talg
```

Inclusive sämmtlicher Unkosten hat sich der Wagenkilometer gestellt:
Beim Betrieb mit Locomotiven auf ca. 0,33 M.
„   „   Pferden   „   „ 0,56 „

H. J. Vacssen, Lüttich.
(Mit Zeichnungen auf Tafel XIX. Fig. 4—9.)

Von dem Director der Gesellschaft St. Léonard in Lüttich wurden eine Reihe von Strassenbahnlocomotiven construirt, die sich durch ihre eigenartige Anordnung vor den sonst üblichen Maschinen auszeichnen. Von den sieben verschiedenen ausgeführten Grössen ist auf Tafel XIX Fig. 4—6 eine Maschine der mittleren Grösse (Fabrik-Chiffre 3 C. T.) abgebildet.

Diese Maschine ist jenen nach dem Merryweather'schen System gegenüber von beträchtlicher Länge, indem bei ersterer die Länge 4,250 m, bei letzterer nur ca. 3 m beträgt; daher hat diese Maschine schon mehr das Aussehen einer kleinen Eisenbahnlocomotive; auch im Aeusseren ist hier nicht der Strassenbahnwagen nachgebildet, indem sich nur ein schmales Dach von der Breite des Kessels bis über die beiden Plattformen erstreckt. Eine hohe, tief herabreichende Bekleidung verdeckt sämmtliche bewegliche Theile.

Die Dampfcylinder mit 175 mm Durchmesser und 300 mm Kolbenhub sind ausserhalb des Rahmens etwas schräg angeordnet. Zwei Räderpaare mit 620 mm Durchmesser sind miteinander verkuppelt, während unter dem hinteren Theil der Maschine noch eine Laufachse mit Rädern von 520 mm Durchmesser angebracht ist.

In nachstehender Tabelle sind die Hauptdimensionen verzeichnet, wobei noch bemerkt werden mag, dass bei den kleinsten Maschinen Nr. 1 u. 2 nur zwei nicht miteinander verkuppelte Achsen vorhanden sind. Diese Maschinen, welche bedeutend kürzer als die auf Tafel XIX Fig. 4—6 abgebildete sind, wegen derselben charakteristischen Formen auf. Die Maschine Chiffre C. E Nr. 7 hat zwei miteinander verkuppelte Achsen und keine Laufachse; ihre Spurweite beträgt 800 mm, da dieselbe für Secundärbahnen bestimmt ist. Die übrigen, Nr. 3 bis Nr. 6, haben 2 Triebachsen und eine Laufachse; die Dampfspannung beträgt bei allen diesen Maschinen 10 At.

Bezeichnung	Nr. 1 PT	Nr. 2 2 DT	Nr. 3 2 ET	Nr. 4 3 CT	Nr. 5 MT	Nr. 6 AT	Nr. 7 CR
Cylinderdurchmesser in mm	110	130	150	175	200	230	150
Kolbenhub in mm	240	300	300	300	300	300	300
Durchmesser der Triebräder in mm	500	600	600	600	850	650	670
„ „ Laufräder	320	500	500	500	500	500	—
Heizfläche in qm	4,7	7,5	9,3	13,5	17,5	22,7	9,6
Rostfläche	0,20	0,25	0,36	0,44	0,50	0,65	0,26
Oberfläche der Condensation in qm	3,32	5,00	6,50	9,00	11,7	13,0	—
Effektive Zugkraft in kg	406	600	812	1100	1330	2018	785
Gewicht im Dienst	5700	6700	7875	4925	10500	13500	6380
Abstand der gekuppelten Achsen in mm	—	—	760	700	800	800	1280
„ „ entferntesten	1750	1900	1950	1950	2100	2100	—

VI. CAPITEL.

Dampfwagen.

Edward Perret, London.

Edward Perret hat einen Dampfwagen entworfen (Fig. 152 u. 153), an welchem der Mechanismus horizontal unter dem Rahmen angebracht ist, während zwei miteinander verbundene vertikale Dampfkessel an beiden Enden des Wagens auf der Plattform stehen. Durch diese Anordnung ist die Last gleichmässig vertheilt und kann jedes Wagenende als vorderes gelten. Der Wagen läuft auf acht Rädern und wiegt beladen 8 Tons, wovon 5 auf den vier mittleren durch die Maschine betriebenen Rädern lasten, während die übrigen 3 Tons auf das vordere und hintere Räderpaar vertheilt sind. Sowohl Vorder- als Hinterräder sind nach Bissell'schem System von aussen aufgesteckt und werden an beiden Enden durch Steuerungsmechanismus gelenkt, sodass der Wagen mit Leichtigkeit von einer Strasse auf die andere gebracht werden kann. Die feste Radbasis, die der Triebräder, misst 4 Fuss (1219 mm), die Länge des ganzen Radgestelles 17 Fuss (5,1 m). Die beiden Cylinder haben 6 Zoll (152 mm) Durchmesser und 9 Zoll (225 mm) Hub; der Durchmesser der gekuppelten Triebräder beträgt 27 Zoll (685 mm), der der beweglichen Vorder- und Hinterräder 18 Zoll (457 mm). Die Dampfkessel nach Broadbent's System haben 25½ Zoll (657 mm) äusseren Durchmesser und 6 Fuss (1,8 m) Länge; der Durchmesser der Feuerböchse beträgt am Roste 20½ Zoll (520 mm), was für jeden Kessel 2,27 Quadratfuss (0,2 qm) Rostfläche ergiebt.

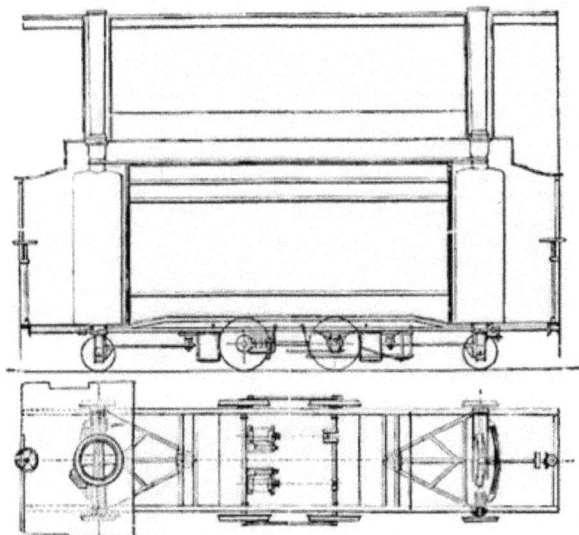

Fig. 152 und 153. Dampfwagen mit drehbarem Vordergestell, System Bissel, von X. Perret. 1⁵/₁₁₂ der natürl. Grösse.

Nach diesem System wurde ein Probewagen mit 5 zölligen (127 mm) Cylindern und 8 Zoll (204 mm) Hub construirt; die 27 zölligen (685 mm) Triebräder desselben waren 4 Fuss (1,2 m), die 19 zölligen (482 mm) drehbaren Vorder- und Hinterräder 14 Fuss (4,2 m) von Mitte zu Mitte voneinander entfernt; jeder Kessel hatte 1,60 Quadratfuss (0,15 qm) Rostfläche; das Gesammtgewicht des Wagens betrug 8 Tons, wovon 5 Tons Adhäsionsgewicht waren. Mit diesem Wagen wurde im Mai 1876 eine öffentliche Probefahrt gemacht und wird berichtet, dass derselbe bei einem Kesseldruck von 90 Pfd. (6 At) pro Quadratzoll und ⅔ Füllung auf einem kreisförmigen Geleise von 35 Fuss (10,6 m) Radius und einer Spurweite von 4 Fuss 8½ Zoll (1,435 m) sehr leicht lief, obschon man genöthigt war, den Dampfdruck auf 120 Pfd. (8 At) pro Quadratzoll zu erhöhen, ehe man den Wagen wieder in Gang setzte. Mit einem Dampfdruck von 120 Pfd. konnte der Wagen auf einer Steigung von 1:30 in Gang gesetzt werden.

Im Jahre 1879 wurde in Rouen mit Perret's Dampfwagen, welcher 42 Personen trug, ein Versuch gemacht, der günstig ausfiel. Der Dampfdruck betrug 4 At; der Wagen konnte, wenn er mit einer Geschwindigkeit von ca. 10 engl. Meilen pro Stunde lief, in einer seiner eigenen Länge entsprechenden Entfernung zum

Stillstand gebracht werden. Selbst bei einer bis zu 20 engl. Meilen pro Stunde gesteigerten Geschwindigkeit war weder Rauch noch beträchtliches Geräusch zu bemerken.

A. Brunner, Winterthur.

A. Brunner in Winterthur hat einen Dampfwagen für Strassenbahnen nach dem Princip des Eisenbahn-dampfwagens mit doppeltem drehbaren Radgestell von R. F. Fairlie entworfen. Eine Abbildung seines Original-entwurfes ist im „Engineering" vom 31. März 1876 veröffentlicht worden. Ein weiterer von ihm construirter Wagen nach demselben System mit geringen Abänderungen wurde 1877 auf der Zweiglinie Lausanne — Echallens in Betrieb gesetzt; diese für den Localverkehr bestimmte 8,66 Meilen lange Bahn ist in einer Spurweite von 1 m auf eine von Lausanne nach Echallens ansteigende gewöhnliche Landstrasse gelegt. Die Hauptsteigungen sind folgende:

$$36^0/_{00} \text{ auf einer Länge von } 500 \text{ m}$$
$$25^0/_{00} \quad \text{„} \quad \text{„} \quad \text{„} \quad 530 \text{ „}$$
$$32^0/_{00} \quad \text{„} \quad \text{„} \quad \text{„} \quad 216 \text{ „}$$
$$40^0/_{00} \quad \text{„} \quad \text{„} \quad \text{„} \quad 600 \text{ „}$$

Der kleinste Radius auf der Strecke ist 100 m, an den Endstationen 60 m.

Der in den Fig. 154 u. 155 abgebildete Wagen ruht an jedem Ende auf einem vierrädrigen dreh-baren Radgestell; die Maschine sammt Kessel wird von einem derselben getragen, dessen Räder gekuppelt sind

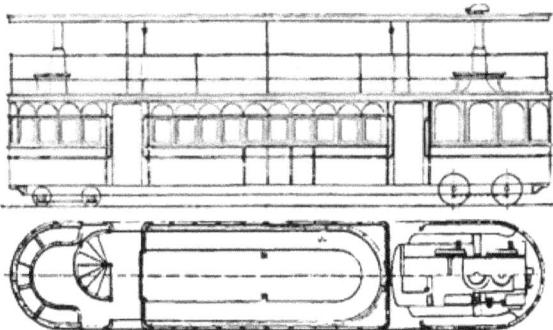

Fig. 154 und 155. Dampfwagen mit doppeltem drehbaren Radgestell, System Brunner. In ⅟₄₀ der natürl. Grösse.

und als Triebräder dienen. Die Locomotive ist an einem Ende des Wagens angebracht, von einem Theil des letzteren eingeschlossen und vollständig verdeckt, und kann sich frei um ihre Achse drehen.

Das Hauptgestell des Wagens besteht aus eisernen Trägern, die so construirt sind, dass der Boden des Wagens nur 452 mm über dem Niveau der Räder sich befindet. Der Wagen hat drei Abtheilungen: einen mit gepolsterten Längssitzen ausgestatteten Salon für 24 Passagiere; einen am hinteren Ende über dem drehbaren Radgestell befindlichen Pavillon, der als Rauchcabinet dient, für 7 Personen und die Imperiale, zu der aus dem Pavillon eine Treppe führt und welcher 30 Passagiere Platz finden. Somit können in und auf dem Wagen im ganzen 61 Passagiere untergebracht werden.

Folgendes sind die Hauptdimensionen des Dampfwagens:

Wagen:

Länge von Aussenkante zu Aussenkante	13000	mm
Aeusserste Breite	2362	„
Höhe	4292	„
Durchmesser der Wagenräder des drehbaren Gestelles	755	„
Radbasis des drehbaren Gestelles	101	„
Mittelentfernung der drehbaren Gestelle	832	„

Maschine:

Durchmesser der Dampfcylinder	156	mm
Hubhöhe	304	„

23*

Durchmesser der gekuppelten Räder	708	mm
Länge der Radbasis	1244	"
Kesseldurchmesser	705	"
Länge der Zugrohre	1397	"
Rostfläche	0,2	qm
Heizfläche: Feuerbüchse	1,8	"
Röhre	11,19	"
im ganzen	13,07	qm
Kesseldruck	12	At
Rauminhalt der Wasserbehälter	585	l
" " Kohlenräume	5	Ctr.
Gewicht:		
Maschine leer	5	Tons
" im Betriebszustande	6	"
Wagen leer	6½	"
Maschine und leerer Wagen	11½	"
Gesammtgewicht im Betriebszustande mit 61 Passagieren und Gepäck	16	"
Adhäsionsgewicht bei vollständig belastetem Wagen	10	"
Nettogewicht von Maschine und Wagen im Betriebszustande pro Passagier	3,77	Ctr.
Maximallast pro Triebachse	5	"
" " freie Achse	3	"

An Sonntagen sind mit 8 Fahrten 600 Personen, 75 Passagiere auf einmal, befördert worden. Die grösste auf einmal aufgenommene Passagierzahl war 120. Die gewöhnliche Geschwindigkeit wird auf ca. 9 Meilen pro Stunde angegeben, doch sind auf ebenem Terrain auch Geschwindigkeiten von etwa 30 km pro Stunde erreicht worden. Der Wagen kann auf den steilsten Steigungen innerhalb einer Entfernung von 5—6 Meter angehalten werden. Es wird berichtet, dass die Räder der Maschine selbst bei der ungünstigsten Witterung, in Schnee, Eis und Nebel nie ausgeglitten sind. Das Heizmaterial, Saarbrücker Kohle, wurde im Verhältniss von 11½ Pfd. (5 kg) pro Meile, oder 0,72 Pfd. pro Bruttoton pro Meile verbraucht. Die täglichen Betriebskosten waren in Lausanne bei einer täglichen Leistung von 46 Kilometer folgende:

1 Locomotivführer	6,30 Mark
1 Heizer	2,70 "
1 Conducteur	3,15 "
Kohle (3 Ctr.)	4,70 "
Schmiere, Oel etc.	1,60 "
	18,15 Mark oder 40 Pf. pro Kilometer.

Es wird angegeben, dass der Dampfwagen auf nahezu ebenem Terrain leicht 130 Kilometer im Tag zurücklegen könnte, bei einem täglichen Kostenbetrag von 25 Mark, gleich 19 Pfg. pro durchlaufenem Kilometer. Bei dieser Berechnung sind jedoch keine Unterhaltungskosten mit eingeschlossen. Der Preis des Dampfwagens ist 20000 Mark [1]).

W. R. Rowan, Kopenhagen.

W. R. Rowan in Kopenhagen hat einen Dampfwagen für Strassenbahnen (Fig. 156) entworfen, welcher in der allgemeinen Anordnung dem Dampfwagen von Fairlie und dem Brunner'schen Wagen gleicht.

Rowan erkennt jedoch das Princip des Fairlie-Dampfwagens nicht an, sondern geht auf das System des amerikanischen Eisenbahnwagens mit zwei drehbaren Radgestellen zurück und erklärt sehr naiv, dass um einen passenden Platz zur Aufnahme der Maschine zu schaffen, der Zapfen des einen drehbaren Gestelles hohl hergestellt und auf mehrere Fuss Durchmesser erweitert sei; in diesem hohlen Zapfen nun ist die Maschine angebracht, welche direct auf die darunter befindlichen Räder des drehbaren Gestelles wirkt und so den ganzen Wagen in Bewegung setzt. Es ist klar, dass die Vergrösserung des Zapfens die drehende Bewegung des darauf ruhenden Wagenkastens nicht beeinträchtigt; ebenso ist die Maschine in dieser Lage beim Hinauf- oder Herabsteigen zu oder von den Decksitzen durchaus nicht hinderlich [2]).

Fig. 156. Dampfwagen mit doppeltem drehbaren Radgestell von W. R. Rowan 1877. In ¼₄₄ der nat. Grösse.

1) Die obigen Angaben über den Dampfwagen sind dem „Engineering" vom 10. August 1877, S. 108 entnommen.
2) „The Employment of Mechanical Motors on Tramways" von W. R. Rowan, C. J. 1877.

Die Ausführbarkeit des Systems unterliegt keinem Zweifel; dasselbe wurde vor vielen Jahren von Fairlie in der Praxis sorgfältig geprüft; die Maschine kann erforderlichen Falles leicht von dem Wagenkasten abgenommen werden, wenn man sich eines Bockgestelles bedient, das heruntergelassen wird, um das freitragende Ende des Wagens zu stützen.

Die Niederschlagung des ausströmenden Dampfes bewirkt Rowan durch Oberflächencondensation in einer Kammer aus Eisenblech, die von einem Ende zum anderen von einer Anzahl flacher oder runder Röhren durchzogen ist. Der Dampf wird in diese Kammer ausgeblasen und durch kalte Luftströme condensirt, die ein Ventilator auf dem Wege zum Schornstein durch die Röhren treibt; auf diese Weise kann die Luft bis auf 190° oder 200° F. erhitzt werden, während der Dampf wirksam condensirt und das Condensationswasser in den Kessel zurückgepumpt wird. Rowan hält eine Condensationsfläche von 1000 bis 2000 Quadratfuss (92—185 qm) für eine Maschine von 15—25 Pferdekräften für genügend.

Der zuletzt von Rowan construirte Dampfwagen ist von Aussenkante zu Aussenkante 32 Fuss (9,7 m) lang und mit Ausnahme der Ausfütterung und des Daches aus Teakholz gebaut. Er ist mit Sitzen (innen und aussen) für 60 Passagiere ausgestattet und hat nur einen Eingang am hinteren Ende. Die Maschine ist im stande, mit einem Kesseldruck von 150 Pfd. pro Quadratzoll (20 At) 18 Pferdekräfte zu entwickeln; der Wagen befährt mit Leichtigkeit Curven von 45 Fuss (13 m) Radius und kann Steigungen von 1 : 20 überwinden. Wagen und Maschine haben ein Gesammtgewicht von 5 Tons. Rowan giebt folgende vergleichende Angaben über Betriebsdetails eines von Pferden gezogenen Wagens, eines von einer besonderen Maschine beförderten Wagens und seines Dampfwagens:

	Wagen mit Pferdebetrieb	Wagen mit besonderer Maschine	Dampfwagen
Zahl der Passagiere	40	40	60
„ „ Bedienstete	2	2	2
Beanspruchte Strassenlänge	35 Fuss	35 Fuss	32 Fuss
Bruttogewicht incl. Passagiere	5¼ Tons	9¼ Tons	9¾ Tons
Gewicht ohne Passagiere	2½ „	6¼ „	5 „
Maximalgewicht pro Rad mit voller Belastung	1.375	1.375	1.50
„ „ „ „ ohne „	0.625 „	1.000 „	1.00 „
Todtes Gewicht pro Passagier	1¼ Ctr.	3 Ctr.	1¾ Ctr.
Grösstes Gewicht auf den Triebrädern mit voller Belastung	—	4 Tons	6 Tons
„ „ „ „ ohne „	—	4 „	4 „
Zugkraft	2 H'	18 H'	18 H'
Steilste Steigung für weite Entfernungen	1 : 80	1 : 40	1 : 20

Auf die Resultate der mit seinem Dampfwagen angestellten Versuche gründet Rowan eine Aufstellung der relativen Kosten des Strassenbahnbetriebs nach seinem System und desjenigen mit Pferden, indem er annimmt, dass die Ersparniss an Abnutzung des Betriebsmaterials bei seinem System durch die grössere Abnutzung der Strasse ausgeglichen wird und diese Kostenpunkte deshalb ausser Berechnung lässt.

1. Dampfwagen. — Tägliche Ausgaben:

1 Maschinist	7,50 Kronen oder	8 s.	3½ d.
½ „ Reserve	1,08	1 „	3 „
¼ Putzer	1,12	1 „	3½ „
Cooks	9,00	10 „	— „
Oel	1,50	1 „	8 „
Diverse Nebenausgaben	2,30	2 „	6 „
	22,50 Kronen oder 25 s.		— d.

Nimmt man eine Tagesleistung von 12 dänischen Meilen oder 56,16 englischen Meilen an, so sind die Ausgaben gleich 5,31 d. pro englische Meile oder 0,9 d. pro Passagier pro Meile.

2. Wagen mit Pferdebetrieb. — Tägliche Ausgaben:
Die Kosten für Pferdekraft betrugen im Jahre 1874 für die Kopenhagener Tramway-Gesellschaft 2,10 Kronen pro dänische Meile oder 6 d. pro englische Meile, für einen Wagen mit 40 Passagieren gleich 0,15 d. pro Meile.

Aus diesen Angaben erhellt, dass die Betriebskosten bei dem Dampfwagen um 0,66 d. oder 12½ Proc., mithin pro Passagier um 40 Proc. geringer sind, vorausgesetzt natürlich, dass in jedem Falle volle Belastung angenommen ist.

Arnold Samuelson, Hamburg.
(Mit Zeichnungen auf Tafel XX, Fig. 6.)

Der auf Tafel XX, Fig. 6 gezeichnete Samuelson'sche Dampfwagen hat 35 Sitzplätze, davon 17 erster Classe im unteren, 18 zweiter Classe im oberen Wagen; ausserdem Stehplätze für etwa 6 Personen. Die Hinterachse ist bei dem leeren Wagen mit etwa 2000 kg, bei vollständig besetztem Wagen mit etwa 1500 kg belastet.

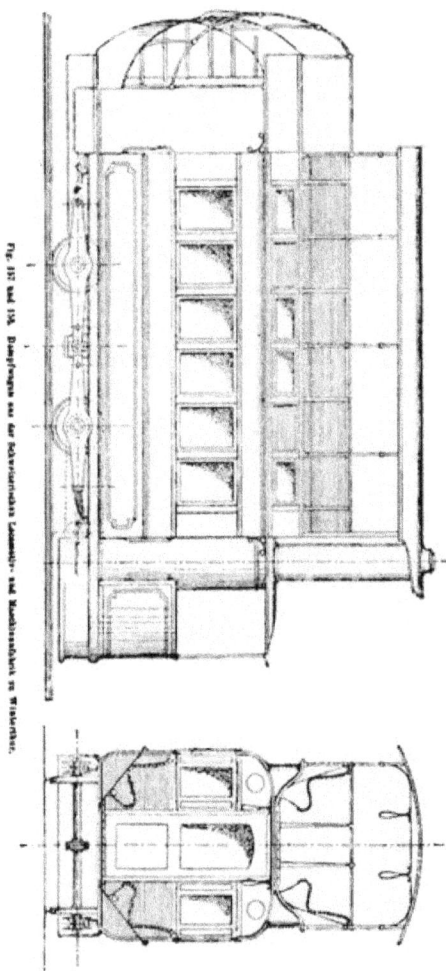

Fig. 197 und 198. Dampfwagen aus der Schweisfurthschen Locomotiv- und Maschinenfabrik zu Winterthur.

Die angewendete Dampfmaschine ist von gewöhnlicher Construction, mit der bei Locomotiven gebräuchlichen Kolbengeschwindigkeit. Die Uebertragung der Kraft auf die 900 mm Durchmesser haltenden Triebräder findet nicht direct, sondern mittelst Zahnräder von 2:7 statt. Dieser patentirte Uebertragungsmechanismus hat den Zweck, eine elastische Verbindung zwischen der mit Dampfkessel und Maschine am Oberwagen montirten Kurbelwelle einerseits und der Triebachse andererseits herzustellen, damit ein sanftes Anfahren ermöglicht wird und die durch die Durchbiegung der Tragfedern entstehenden Schwingungen des Oberwagens nicht behindert werden. Die Uebertragung wird aus diesem Grunde durch zwei eigenthümlich verzahnte Räder bewirkt, von welchen das grössere nicht fest auf der Triebachse sitzt, sondern mittelst einer starken Spiralfeder an dieselbe angeschlossen ist. Das Zahnrad wird durch seitliche Blechstreifen auf der Achse centrisch erhalten und die richtige Entfernung der Triebachse von der Maschinenwelle durch zwei seitlich am Kurbelzapfen angreifende Schleifen hergestellt. Die Zähne des grösseren Rades sind etwas gewölbt, damit bei nicht ganz gleichmässiger Durchbiegung der linken und rechten Tragfeder das kleinere, etwas breitere Zahnrad nicht auf die Kante des grösseren drückt. Dieser Mechanismus hat sich bei dem Dampfwagen auf der Hamburg — Wandsbecker Pferdebahnlinie bestens bewährt. Die Maschine fuhr mit Leichtigkeit durch die Curven und Weichen, auch war die Federung von angenehmer Wirkung.

Die Maschine hat gewöhnliche Coulissensteuerung und kann daher mit Expansion arbeiten; der Maximaldruck beträgt 12 At. Infolge der Construction des stehend angeordneten Dampfkessels bleibt der entweichende Dampf gänzlich unsichtbar und verursacht kein Geräusch. Die Verbrennungsgase der Coaks mischen sich derartig mit dem ausströmenden wässrigen Dampfe, dass dieser vollständig verflüchtigt wird. Die Speisung des Kessels erfolgt durch eine Dampf- und eine Handpumpe, welche beide für sich auf dem Vorderperron angebracht sind. Die Fahrgeschwindigkeit beträgt im Maximum 20 km pro Stunde, was für die deutsche Meile ca. 22,5 Minuten ergobt. Bei dem Radumfang von 2,827 m entspricht diese Geschwindigkeit 118 Radumdrehungen pro Minute, also 113 Kurbelumdrehungen — für diese Maschine die naturgemässe Maximalzahl. In der Nähe der Städte würde man mit 15 km pro Stunde und auf städtischen Strassen noch langsamer, ca. 12 km pro Stunde, fahren.

Schliesslich möge noch bemerkt werden, dass der Dampfwagen auf der Endstation durch Drehscheibe oder schleifenförmige Schienenverbindung gewendet werden muss.

Schweizerische Locomotiv- und Maschinenfabrik zu Winterthur, System Brown.

Das Streben einiger Directoren von Tramway-Gesellschaften nach einer Combination der Maschine mit dem Wagen gab auch der Schweizerischen Locomotiv- und Maschinenfabrik zu Winterthur Veranlassung, solche sogenannte combinirte Maschinen zu construiren.

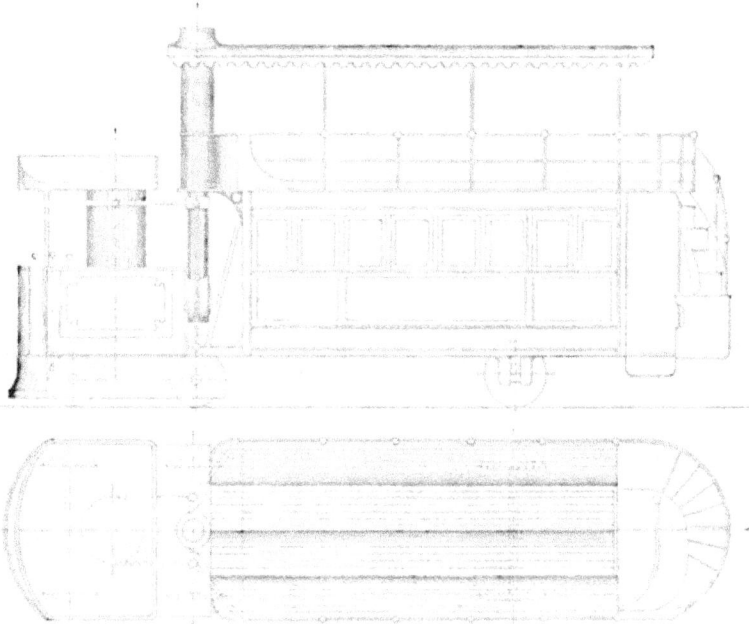

Fig. 156 und 164. Dampfomnibus[?]us der Schweizerischen Locomotiv- und Maschinenfabrik zu Winterthur.

Es sind natürlich die mannigfachsten Combinationen möglich. Die Zeichnung Fig. 157—158 zeigt die Construction eines Wagens dieser Fabrik, bei welchem die Maschine auf dem vorderen Perron des Wagens steht; hier sind also Wagen und Maschine vollständig zu einem Ganzen, dem sogenannten „Dampfomnibus" verbunden. Von der Construction des theils liegenden, theils stehenden Kessels der Tramway-Locomotive ist man ganz abgegangen, weil für dieselbe nicht genügender Platz auf dem vorderen Perron vorhanden sein würde. Die Cylinder wirken auf eine Blindwelle, von welcher die Bewegung durch eine eigenthümlich construirte Kette auf die vordere Triebachse übertragen wird. Um ein Kippen des Wagens bei dem kurzen Radstand zu verhüten, ist der Federstand durch Einsetzen eines vom Wagen unabhängigen Gestells vergrössert. Diese Anordnung erlaubt zugleich das Anbringen der Bremse an dem unteren Gestell, wodurch den Passagieren die lästigen Vibrationen

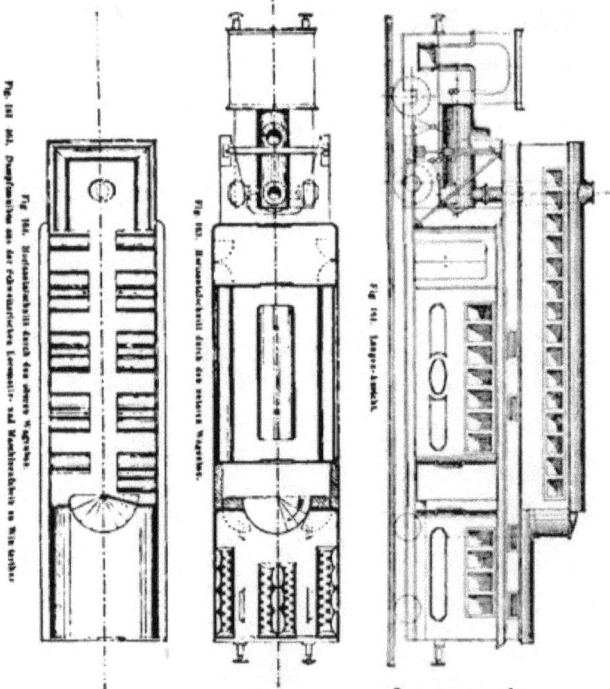

Fig. 161.

Fig. 162. Dampfomnibus aus der rührsächsischen Locomotiv- und Maschinenfabrik zu Wilmersdorf.

Fig. 160.

Fig. 161. Horizontalschnitt durch den obern Wagentheil.

Fig. 162.

Fig. 163. Horizontalschnitt durch den untern Wagentheil.

Fig. 164. Längen-ansicht.

des Wagens beim Gebrauch der Bremse erspart werden; ausserdem ist das Wasserreservoir an das hintere Wagenende verlegt. Diese Maschinen sind gleichfalls mit Condensationsvorrichtung versehen, und kann ein Theil des Abdampfes zum Heizen des Wagens im Winter benutzt werden.

Fig. 165. Querschnitt.

Alle derartigen Dampfwagen, Dampfomnibusse, haben natürlich den Nachtheil, dass Wagen und Maschinen nicht vollständig unabhängig voneinander sind, sodass meistens das Ganze in Reparatur genommen, also ausser Betrieb gesetzt werden muss, wenn an der Maschine oder an dem Wagenbau ein Theil reparaturbedürftig wird; als nachtheilig muss ebenfalls das Unterbringen eines Personenwagens in der mehr oder weniger russigen Locomotiv-Remise, oder der Locomotive in der sauber zu haltenden Wagenremise angesehen werden.

Ein Dampfomnibus ähnlicher Construction ist in Strassburg in provisorischem Betrieb. Derselbe besitzt

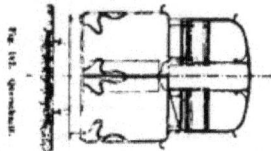

jedoch den Vorzug eines freien Durchganges in der Mitte und hat eine complete Steuervorrichtung an jedem Ende, sodass ein Umwenden an den Endstationen nicht erforderlich ist.

Während bei diesem Dampfomnibus die Maschine und der Wagen fest miteinander verbunden sind, stellen die Zeichnungen Fig. 159 und 160 eine Construction dar, bei der die Maschine ein für sich bestehendes Ganzes bildet, auf welches sich der Wagen auflehnt; dieser letztere hat nur hinten eigene Räder, bildet also nur in seiner Verbindung mit der Locomotive ein fertiges Ganzes. Der Vorzug dieser Combination vor dem Dampfomnibus liegt offenbar darin, dass man Maschine und Wagen sehr leicht voneinander trennen kann, dass also der Wagen nicht mit ruhen muss, wenn die Maschine oder der Kessel reparaturbedürftig sind, und umgekehrt; viel wichtiger noch ist jedoch, dass man bei dieser Construction den überall vorzüglichst bewährten Brown'schen Tramway-Kessel, desgleichen die ganze übrige Einrichtung dieser Tramway-Locomotive beibehält; es ist denn auch in Wirklichkeit die bei der vorgenannten Combination angewendete Maschine nichts weiter als die gewöhnliche Tramway-Locomotive Patent Brown, nur kann hier der doppelte Steuerungsmechanismus wegfallen und es genügt ein solcher an der Spitze, da der Führer doch stets dort seinen Platz hat; andererseits wird dieselbe unter Umständen in noch kleineren Dimensionen als die Vorspann-Maschine ausführbar sein. Der einzige Vorzug dieser combinirten Wagen vor den Vorspann-Maschinen dürfte wohl darin zu finden sein, dass auch hier, wie bei dem Dampfomnibus, ein Theil des Wagengewichtes zur Vermehrung der Adhäsion benutzt wird, was bei längeren und starken Steigungen ein nicht zu unterschätzender Vortheil ist.

Die Abbildungen (Fig. 161—164) zeigen den für den Verkehr auf Hauptbahnen bestimmten combinirten Wagen. Neuerdings ist, wie schon erwähnt, auf einigen belgischen und deutschen Eisenbahnen in der Nähe grösserer Städte der Omnibusbetrieb auf Hauptbahnen eingeführt.

Charles Evrard, Brüssel.
(Mit Zeichnungen auf Tafel XX. Fig. 7—18.)

Von Charles Evrard, dem Director der Compagnie Belge in Brüssel, wurde ein Dampfwagen construirt, welchen wir nebst Details auf Tafel XX, Fig. 7—18, abgebildet haben.

Derselbe wird von sechs Rädern getragen, von denen die mittleren sowie die Triebräder fest auf den unverschiebbaren Achsen sitzen; die Achse der Hinterräder kann sich dagegen beim Durchfahren von Curven mit ihren Lagerschalen in der Achsbüchse, deren Construction Fig. 17 und 18 zeigt, verschieben, wie dies aus Fig. 9, Tafel XX, ersichtlich ist. Der Wagen hat vier Abtheilungen; die erste enthält den Kessel, Kohlenraum etc.; die zweite ist für Gepäck bestimmt, die beiden übrigen, von denen jeder 22 Personen fasst, sind Passagierräume.

Die Längenbalken sowie die Kopftraversen sind aus ⊏-Eisen von 250 mm Höhe, die mittleren Querverbindungen dagegen aus 152 mm Höhe hergestellt, die Achslöcher sind an diesem mit beweglichen Schalen aus Bronze, die eine Verschiebung der Achse um 30 mm gestatten. Wie auf den belgischen Eisenbahnen ist hier der Oelschmierung nach dem System Gobert eingeführt.

In den Fig. 11—13 ist der aus zwei übereinander befindlichen cylindrischen Theilen bestehende Kessel (System Belpaire) gezeichnet. Die kupferne Feuerbüchse ist viereckig, ihre Decke wird durch zwei schräge Seiten gebildet, um den Anschluss an den cylindrischen Röhrenkessel zu ermöglichen. Der Rost besteht aus 8 mm breiten Stäben mit einem Zwischenraum von 4 mm. Die Feuergase ziehen von der Rauchkammer aus durch die messingenen Feuerröhren und umspülen dann den Dampfdom, um zum Schornstein zu gelangen. Die Speisung des Kessels geschieht durch zwei Injectoren aus Bronze von 4 mm Durchmesser, welche das Wasser einem unter dem Wagen befindlichen Reservoir entnehmen. Die Anordnung der Maschine (Fig. 14—16) bietet nichts wesentlich Neues; die Cylinder liegen innen und besitzen Stephenson'sche Coulissensteuerung.

Der 7,965 m lange Wagenkasten ist aus Teak- und Eschenholz gebaut; die Bänke der einen Abtheilung sind aus Latten von Mahagoniholz hergestellt, während die Sitze im anderen Raume gepolstert und mit rothem Stoff überzogen sind. Ihre Fenstervorhänge sind aus grauem Rips und die Ringe und Stangen aus vernickeltem Kupfer, die Decke aus amerikanischem Tannenholz (pitch pine), naturell ohne besonderen Farbenanstrich. Jede Wagenabtheilung hat sechs Fenster, von denen die mittleren herabgelassen werden können.

Die Hauptdimensionen dieses Wagens sind folgende:

Innere Breite	2,85 m		Durchmesser der Räder	950 mm
Gesammte Länge	12,24 „		Geschwindigkeit pro Stunde	36 km
Entfernung der äussersten Achsen	6,50 „		Belastung mit 50 Personen und 500 kg	
Belastung ohne Reisende und Gepäck: der Maschinenachse	5700 kg		Gepäck:	
			der Maschinenachse	8950 kg
der mittleren Achse	4350 „		der mittleren Achse	5400 „
der hinteren Achse	3300 „		der hinteren Achse	5750 „
Total	16350 kg		Total	20100 kg

Dimensionen des Kessels und der Maschine sind:

Innerer Durchmesser des unteren Cy-			Rostfläche	0,48	qm
linders . . .	750	mm	Heizfläche der Feuerbüchse . .	2,46	„
do. do. des oberen Cy-			„ der Röhren	19,32	„
linders . . .	500	„	„ totale	21,78	„
Dicke der vorderen Röhrenplatte eben .	25	„	Inhalt des Wasserraumes . . .	580	l
„ „ „ „ unten	12	„	„ des Dampfraumes . . .	500	„
„ der Feuerbüchsendecke . . .	12	„	Dampfdruck	10	At
„ der Kesselwandung	10	„	Pferdekraft	22	HP
Zahl der Feuerröhren	153	St.	Inhalt des Wasserreservoirs . .	1,1	cbm
Aeusserer Durchmesser der Röhren .	32	mm	„ des Kohlenraumes . . .	0,565	„
Länge derselben zwischen den Platten	1455	„	Dampfcylinderdurchmesser . . .	170	mm
			Kolbenhub	320	„

Fünf solcher Dampfomnibusse sind auf den belgischen Eisenbahnen im Betrieb.

F. Ringhoffer, Prag.

(Mit Zeichnungen auf Tafel XX. Fig. 1-5.)

Die äussere Kastenlänge des durch drei Wände in vier Abtheilungen getheilten Dampfwaggons beträgt 9,260 m, die äussere Breite 2,600 m, die lichte Höhe im Innern des Coupés 2,200 m. Das Dach des über dem Kessel befindlichen Aufbaues ist abnehmbar, um besser zu den oberen Kesselarmaturen gelangen zu können. Die Seitenfenster sind in Scharnieren beweglich und dienen als Ventilationsöffnungen. An den Kesselraum schliesst sich ein durch eine Seitenthür zugängliches Doppelcoupé III. Classe mit 20 Sitzplätzen an. Am Ende des Wagens ist eine gedeckte Plattform angeordnet, von welcher aus der Zugang zu einem Coupé II. Classe erfolgt. Die Plattform ist durch eine Seitenthür zugänglich und bietet Raum für 4 Feldsessel. Das Coupé II. Classe enthält 8 fest angeordnete Sitzplätze, und können überdiess 4 Feldsessel in demselben aufgestellt werden. Im Plafond eines jeden Coupés ist ein Fecht'scher Ventilator angebracht. Auf einer Seite der Coupés II. u. III. Classe befindet sich ein mit Sand gefüllter Kasten, durch welchen Dampfrohre geleitet sind, die während des Stillstandes des Waggons mit direct aus dem Kessel entnommenem Dampf gespeist werden und den Sand soweit erhitzen, dass derselbe während der Fahrt genügend Wärme abgeben kann.

Die Communication zwischen dem Conducteur und dem Maschinisten erfolgt durch ein längs des Wagens angebrachtes und mit einem Geländer versehenes breites Laufbret.

Der Wagenkasten stützt sich mittelst 6 Blattfedern, bei denen separate Spannvorrichtungen angeordnet sind, auf ein ganz aus Eisen construirtes Traggerippe, das auf den beiden drehbaren Radgestelle gelagert ist. Zwischen diesen beiden ist ein mit dem Traggerippe fest verbundener Kasten für Postpackete etc. angeordnet.

Der Locomotivrahmen besteht aus zwei 15 mm starken Blechen, welche durch U-Träger und kräftige Blechdreiecke zu einem steifen Ganzen vereinigt sind. Derselbe ist mit einfacher Federung versehen und trägt in der Mitte den stehenden Röhrenkessel, der auf einer unmittelbar auf die Decke des Gestelles aufgeschraubten kreisrunden Fundamentplatte eine breite Auflage findet. Diese Platte wird von einem aus Blech und Winkeleisen construirten, im Traggerippe des Wagens befindlichen Ringe umgriffen, wodurch die Drehbarkeit des Gestelles gegen den Wagen ermöglicht ist.

Dem Kessel wird der Dampf am obersten Theile durch einen Separator entnommen, gelangt zum Regulator und durch kupferne Rohrleitungen weiter in die Schieberkasten der Cylinder. Die letzteren sind aussenliegend angeordnet und gegen die Horizontale um 15° geneigt, was durch den geringen Achsenstand von 1,800 m geboten wurde. Die beiden Achsen des Locomotivrahmens sind gekuppelt, und wird die Dampfvertheilung mittelst einer Stephenson'schen Coulisse bewirkt.

Das Radgestell des Wagens ist aus Façoneisen gebildet und doppeltfedernd construirt. Der in der Mitte desselben auf 4 Doppelfedern gelagerte Kippstock ist durch einen starken Reibnagel und die nöthigen Reib- und Reibplatten mit dem Traggerippe des Wagens drehbar verbunden. Die Doppelfedern stehen mittelst Hängeeisen und Querverbindungen mit dem Radgestelle in festem Zusammenhang und übertragen die auf dem Kippstock ruhende Last auf das Radgestell, während letzteres sich mittelst 4 Stück dreifach gewundener Spiralfedern auf die direct auf die Achslager montirte Haupttträger stützt.

Die Entfernung der Radgestelle von Locomotive und Wagen von Mitte zu Mitte beträgt 5,920 m. Nahe an der inneren Stirn des Maschinengestelles ist der Cylinder der Dampfbremse angebracht, welche sowohl vom Heizerstande aus als auch durch den Conducteur mittelst eines Zuges von der Plattform aus in Thätigkeit gesetzt werden kann. Ausserdem ist der Wagen mit einer vom Heizerstande aus bewegbaren Trittbremse versehen; die Bremsvorrichtungen beider Radgestelle sind miteinander verbunden und functioniren gleichzeitig.

Neben den allgemeinen Signalvorrichtungen ist der Wagen mit einem automatisch wirkenden Läutewerk versehen, das am Radgestell angeordnet ist und durch ein Excenter von der Radachse aus in Bewegung gesetzt wird. Ferner geben ein Glockenzug und ein Sprachrohr von der Plattform aus zum Heizerstande, die zur Verständigung zwischen Conductur und Maschinisten dienen.

Der Dampfwaggon ist derartig construirt, dass derselbe bei $\frac{1}{40}$ Steigung in Curven von 150 m und bei einer Geschwindigkeit von 12 km noch einen zweiten beladenen zweiachsigen Last- oder Personenwagen mitbefördern kann.

Der Dampfwagen Patent Ringhoffer (System Böhm-Schwind) ist für die nur 6 km lange Secundärbahn Ellbogen — Neusattel bestimmt. Diese Strecke hat Curven bis zu 150 m Radius und Steigungen bis zu $\frac{1}{40}$. Die normale Fahrgeschwindigkeit auf derselben ist mit 12 km pro Stunde vorgeschrieben. Der Wagen soll im Winter allein verkehren, zur Sommerzeit noch einen leichten Personenwagen mitbefördern.

Die Hauptdimensionen des Dampfwagens sind:

Ganze Wagenkastenlänge	9,620 m		Rostfläche	0,44	qm
Aeussere Kastenbreite	2,900 „		Heizfläche	10	„
Entfernung von Mitte zu Mitte Radgestell	5,920 „		Cylinderdurchmesser	160	mm
Radstand eines jeden drehbaren Gestells	1,800 „		Kolbenhub	300	„
Gewicht des dienstfähigen Wagens	22150 kg		Triebraddurchmesser	650	„
Eigengewicht und Belastung des Vordergestells	15100 „		Zulässige Betriebsspannung	10	At
do. do. des Hintergestells	7050 „				

Weissenborn's Dampfwagen, System Rowan.

Der Weissenborn'sche vierachsige Dampfwagen besteht aus drei Hauptheilen, dem eigentlichen Wagenkasten mit Untergestell und zwei Truckgestellen von je zwei Achsen, von denen das vordere mit der Dampfmaschine und dem Kessel nebst Zubehör fest verbunden ist und leicht vom Wagen getrennt werden kann. Die ganze Länge des Wagens beträgt 15,65 m und der Radstand 11,35 m.

Fig. 165. Weissenborn's Dampfwagen im gekuppelten Zustande.

Fig. 166. Weissenborn's Dampfwagen im ungekuppelten Zustande.

Im vorderen Truckgestell unterhalb des Kessels befindet sich eine Kuppelung, welche haschenförmig durch zwei Flacheisen des Wagengestelles mit einem Bolzen verkuppelt wird, derselben ist seitlich soviel Spiel gegeben, als zur freien Bewegung in allen vorkommenden Curven nöthig ist. Die Kuppelung ist für Curven von 60 m Radius construirt. Um das vordere Truckgestell vom Wagenkasten zu trennen, ist die vordere Kopf-

24 *

wand des Wagens keine feste, sondern wird aus zwei Flügelthüren gebildet, welche nach Entfernung der Puffer-bohle geöffnet werden können. Ferner enthält das Untergestell des Wagenkastens im ersten Drittel seiner Länge eine Windevorrichtung, welche durch Kurbel heruntergelassen den Wagenkasten unterstützt und etwas anhebt. Nachdem der Zapfen der Kuppelung entfernt ist, kann das Truckgestell mit allen darauf befindlichen Theilen selbstständig bewegt werden. Der Radstand des Truckgestelles beträgt 1,6 m.

Die 24 pferdige liegende Dampfmaschine mit 160 mm Cylinderdurchmesser und 260 mm Hub ist am Längenträger des vorderen Truckgestells befestigt. Die Schieber werden mittels Allan'scher Coulisse gesteuert. Der ausströmende Dampf wird durch einen Exhaustor theilweise durch den Schornstein ins Freie, theils auch in den Tender geleitet und dort zur Erwärmung des Wassers nutzbar gemacht. Der Tender fasst 870 l Wasser und reicht für ca. 50 km; derselbe ist vollständig in den Rahmen des vorderen Truckgestelles eingebaut.

Der Wagenkasten ruht auf zwei Längenträgern von I-Eisen, welche ihrer grossen freien Länge wegen durch ein Hängewerk verstärkt und durch ⊏-Eisen miteinander verbunden sind. Der Wagen enthält fünf Räume, die durch Schiebethüren miteinander in Verbindung stehen. An den vordersten Raum, den Maschinenraum mit einer Länge von 2,9 m, schliesst sich der 2,9 m lange Gepäckraum an. Der dritte von 4,2 m Länge dient als dritte Klasse und enthält 30 Sitzplätze. Der letzte Raum von 2,95 m Länge enthält die zweite Klasse mit 15 Sitzplätzen. Zwischen beiden befindet sich der gemeinschaftliche Einsteigeraum von 0,95 m Länge. Das Ge-sammtgewicht des leeren Wagens mit Maschine beträgt 18750 kg, wovon auf das vordere Truckgestell 10801 kg, auf das hintere 7950 kg kommen.

Die Probefahrten mit diesem Wagen auf der Berliner Ringbahn sind gut ausgefallen.

Ein Dampfwagen neuerer Construction ist in den Textfig. 165—166 dargestellt und sind solche seit drei Monaten in regelmässigem Betrieb der Niederschlesisch-Märkischen Bahn. Die Verbindung des Motors mit dem Personenwagen wird, wie Textfig. 166 zeigt, dadurch hergestellt, dass zwei an die Längenträger des Wagens genietete Träger in das Führerhaus des Motors hineinragen. Die Enden sind gabelförmig gestaltet und tragen kleine Laufrollen, welche bei der Kuppelung auf schiefe Ebenen im Untergestell des Dampfmotors auf-laufen. Es ist ferner ein Querlenkier angebracht, dessen mittlerer Drehpunkt in Verbindung mit dem Rahmen-bau des Motors steht und dessen Enden scharnierartig durch Bolzen mit den zuvor bezeichneten Trägern ver-bunden werden. Unter dem Vordertheil des Personenwagens befindet sich eine Blindachse, deren Räder ohne Contact über die Schienen schweben, solange Motor und Wagen betriebsfähig verbunden sind. Dagegen ruht der Wagen im ungekuppelten Zustande auf diesen Rädern und kann mit Hilfe derselben beliebig rangirt werden, was als ein grosser Vortheil dieser Construction angesehen werden muss.

Bei einer Geschwindigkeit von 42 km pro Stunde, wobei dem Dampfwagen noch zwei besetzte Personen-wagen I. und II. Klasse angehängt waren, wurde pro Kilometer Fahrt 2,12 kg Coaks und 14 l Wasser ver-braucht. Die durchfahrene Strecke war 2 mal 55,1 km lang.

Schluss.

Wenn man die Leistungen des Strassenbahnbetriebes zusammenfasst, um die Zukunft der Strassenbahn vorauszubestimmen, so muss man sich dabei erinnern, dass die finanzielle Ertragsfähigkeit dieses Verkehrsmittels eine ausserordentliche ist. Dieselbe betrug im Jahre 1876 dreiunddreissig Procent der Capitalanlage. Nächstdem sind aber die ungeheuren Betriebskosten zu beachten, welche drei Viertel des Einkommens absorbiren. Aus den Aufstellungen über Betriebskosten erhellt zur Genüge, dass ein Hauptmangel des Betriebs in der Beschaffung der Zugkraft besteht. Ein Pferd ist ein trefflicher Motor, wenn es sich darum handelt, einen Gügel in Betrieb zu setzen oder eine Karre zu ziehen; auf einer Strassenbahn aber ist dasselbe nicht am Platze. Man kommt zu dieser Einsicht, wenn man sich die Bedeutung des Begriffes „Tramway" vergegenwärtigt. Man versteht darunter ein Paar harter, glatter, regelmässiger und starker Eisen- oder Stahlstäbe, die in die Strasse verlegt sind, um mit schwer belasteten Personenwagen von ungleich grösserem Gewicht als die leichten, elastischen Omnibusse oder Kutschen befahren zu werden. Wenn ein Omnibus eine geeignete Last für ein Paar Pferde ist, so ist hingegen der Strassenbahnwagen eine zu grosse Last für dieselben. Allerdings ist der Reibungswiderstand auf Strassen-bahnen ein geringerer als auf gewöhnlichen Strassenoberflächen; dagegen ist der Widerstand des Eigengewichtes beim Ueberwinden von Steigungen für Tramways ganz der gleiche wie für gepflasterte Strassen, und der zur Ingangsetzung eines Strassenbahnwagens erforderliche Kraftaufwand ist viel bedeutender als der für einen Om-nibus. Kurz, die Benutzung der Pferde auf Strassenbahnen ist ein Missgriff sowohl als eine Grausamkeit und gewiss stehen wir dem Zeitpunkt nicht allzu fern, wo das träge Vorurtheil überwunden sein und die mechanische Kraft an Stelle der thierischen eintreten wird.

Abgesehen davon, dass die Verwendung der Pferde in diesem Falle ein Missgriff zu nennen ist, ist dieselbe auch höchst kostspielig; die Kosten hierfür betragen durchschnittlich 55 Procent der Gesammtkosten oder 41 Procent des Ertrags, somit jährlich 13½ Procent der Capitalanlage. In absolutem Geldwerth ausge-drückt betragen die Durchschnittskosten 6½ d. für die von Wagen zurückgelegte Meile; fügt man diesem Betrag 1 d. für Löhnung der Conducteure etc. hinzu, so stellt sich der Gesammtposten für laufende Ausgaben auf 7¹⁄₂ d. pro durchlaufene Meile.

Die Frage ist nun, wie hoch werden sich die Kosten für mechanische Kraft belaufen? ein Problem, mit dessen Lösung sich Viele beschäftigen. Es ist bereits durch die Erfahrung festgestellt, dass die gewöhnlichen laufenden Ausgaben für Dampfkraft auf Strassenbahnen — und diese soll vorerst allein in Betracht kommen — mit 3 d. pro durchlaufene Meile zu decken sind. Der Kostenpunkt für Unterhaltung und Erneuerung des Dampfmotors lässt sich erst nach weiteren Erfahrungen bestimmen, doch kann derselbe nach dem Verhältniss des pro durchlaufene Meile verbrauchten Heizmaterials, im Vergleiche mit den Locomotiven auf Eisenbahnen, annähernd berechnet werden. Im Jahre 1876 ergeben sich für Reparatur und Erneuerung der Locomotiven auf Eisenbahnen Durchschnittskosten im Verhältniss von 3¹⁄₄ d. pro zurückgelegte Zugmeile; nimmt man nun das Maximalquantum des pro Meile von einer Strassenbahnlocomotive mit Wagen verbrauchten Heizmaterials zu 6 Pfd. gegen 32 Pfd. pro von Eisenbahnzügen durchlaufene Meile an — also in dem Verhältniss von 1:4 — so kann man sicher die Kosten für Reparatur und Erneuerung der Strassenbahnlocomotiven als ein Viertel von 3¹⁄₄ d. oder 0,81 d. pro Meile annehmen. Rechnet man rund 1 d. pro Meile, so können die Gesammtkosten für den Dampfbetrieb auf Strassenbahnen zu 4 d. pro durchlaufene Meile gegen einen Kostenbetrag von 7¹⁄₂ d. für Pferdekraft angenommen werden. Die Differenz — 3¹⁄₂ d. pro Meile — beträgt 22 Procent des Ertrags und jährlich 7¹⁄₄ Procent der Capitalanlage.

Man ersieht hieraus, dass die durch den Ersatz der Pferdekraft auf Strassenbahnen durch Dampfkraft gewonnene Ersparniss eine Dividende von 7¹⁄₂ Procent der wirklichen Capitalanlage ergiebt. Es stellen sich sogar noch günstigere Resultate in Aussicht, denn die künftig anzulegenden Strassenbahnen werden eine viel geringere Capitalanlage erfordern als die ersten derselben, deren Bau wie der sovieler der ersten Eisenbahnen hauptsächlich zur Förderung von Privatinteressen gedient hat. Die Durchschnittskosten von elf Strassenbahnen, die eine Strecke von 130¹⁄₂ Meilen durchlaufen, stellten sich nahezu auf £ 19000 pro Meile doppeltes Geleise mit Betriebsmaterial etc. — eine übermässig hohe Summe — halbsoviel wie die Kosten pro Meile der Eisenbahnen Grossbritanniens. Anlage und Ausstattung einer Strassenbahn kann für zwei Drittel dieser Summe oder rund £ 13000 pro Meile doppeltes Geleise, incl. £ 5000 für Pflasterung, hergestellt werden. Dieser Capitalanlage gemäss würde das Verhältniss des Bruttoertrags jährlich etwa 50 Proc. des Capitals erreichen. Cameralisten mögen die Berechnungen vervollständigen, um die glänzenden Aussichten der Strassenbahnen auf bedeutende Dividenden zu beweisen.

An den mechanischen Details der Strassenbahnen und Wagen sind ohne Zweifel noch manche Verbesserungen anzubringen. Was die Bahn betrifft, so ist dieser Gegenstand schon ausführlich besprochen worden. Die Wagen sollten mit doppelten drehbaren Radgestellen — oder noch besser mit Drehachsen — und losen Rädern gebaut werden, um mit Leichtigkeit Curven befahren zu können und den Zugwiderstand möglichst zu verringern, und sollten ferner auf einer Radbasis ruhen, deren Länge eine gleichmässige Bewegung sichert. Die gegenwärtig behabte kurze Radbasis — 5 oder 6 Fuss (1,5 bis 1,8 m) — ist übertrieben beschränkt; die stossende Bewegung und der schleppende Gang der Strassenbahnwagen rühren häufig von der Kürze der Radbasis her und verursachen bedeutenden Widerstand und besondere Abnutzung der Bahn wie der Wagen. An den Wagen sollten Zugfedern angebracht werden und die Räder sollten gross sein, obwohl es nicht angezeigt erscheint, für drehbare Untergestelle Räder von viel grösserem Durchmesser als die jetzt gebräuchlichen anzuwenden. Die Leistungsresultate des Pariser Omnibus-Wagens sowie der Wagen von Eade und von Clemminson weisen auf die Hauptvortheile hin, die zu hoffen sind, wenn man von einem neuen Gesichtspunkte aus von vorn anfängt und den Entwurf des Strassenbahnwagens ganz umformt. Nach Beendigung der experimentellen Forschungen H. P. Holt's betreffs des Zugwiderstandes auf Strassenbahnen, werden die Resultate derselben ohne Zweifel sich von grossem praktischen Nutzen für die Verbesserung des Strassenbahnbetriebs erweisen.

Bei dem Entwurf eines für Dampfbetrieb geeigneten Mechanismus kamen den Ingenieuren die mit den Eisenbahnen gemachten Erfahrungen trefflich zu statten, da dieselben gewissermassen der Tramway-Locomotive in ihren Grundzügen bereits fertig vorfanden. Trotzdem blieb noch viel zu thun übrig und erfordert auch jetzt noch die Anwendung der Dampfkraft als Tramway-Motor eine grosse Sorgfalt in Entwurf und Einrichtung. Es ist nicht schwer, die Eisenbahnlocomotive in ihrer Integrität als Tramway-Maschine anzuwenden; allein die Herstellung einer geräuschlosen, leicht zu leukenden Maschine, ohne entfaltbaren Dampf oder Rauch, ist ein Problem ganz anderer Art, zu dessen Lösung die Erfahrungen der Eisenbahnpraxis durch keinen vorhergegangenen Fall erläuternd beitragen. Der Erfolg, der mit der mechanischen Zugkraft auf Strassenbahnen erreicht worden ist, und die hervorragende Stellung, welche dieselbe heutzutage einnimmt, sind sicher nicht mit einem Mal errungen worden. Sie sind vielmehr das Ergebniss beharrlichen Fleisses, gründlichen Studiums und grossen Kostenaufwandes, verbunden mit entschlossenem Widerstand gegen die Opposition des Vorurtheils und engherzigen Interessen. Die erste, nicht nur der Reihenfolge nach, sondern auch in Bezug auf praktische Leistung ist die Maschine von Merryweather, die sich in den letzten zwei Jahren auf den Pariser Strassenbahnen vielfach bewährt hat, indem sie während dieser Dienstzeit nie die geringste Störung des Strassenverkehres veranlasste. Dieselbe ist ausserdem in anderen Städten Frankreichs wie Deutschlands, Spaniens, Portugals, Hollands, ja selbst Neuseelands und anderer Colonien in regelmässigem Betrieb.

Tabelle der Hauptdimensionen und Betriebsresultate von Strassenbahn-Locomotiven und Dampfwagen.

Seite resp. Textfig.	Tafel resp. Textfig.	Name der Constructeurs oder Firma	Cylinder Durchm. mm	Hub mm	Dampfdruck At.	Gewicht leer -	im Dienst -	Arbeits-belastung kg	Zugkraft kg	Heizfläche qm	Rostfläche qm	Kohlenverbrauch kg	Rad-durchmesser mm	Achsenstand mm	Wasservorrath im Condensator -	System der Steuerung	Be-merkungen
138	Textfig. 136 — 139	H. Kophm	179	305	10	18	23	3600	250	13,5	0,34	—	762	1219	—	Stephenson	Mit Conden-sation
165	Textfig. 143 — 146	L. Schwartzkopf	178	300	12	—	22	4350	250	12	0,45	—	700	1600	—	do.	do.
169	Tafel XIX Fig. 1—3.	Hanscr. Masch.-Ban-Anst. Act-Ges. vor-mals G. Egestorff	170	300	12,5	16	20	4350	255	14,58	0,5	—	939	1600 1500	1200	Stephenson	do.
132	—	Maerrwalther (für Paris)	182	228	8	—	4	2000	490	9,37	0,27	24 pr. St.	809	1397	—	do.	do.
185	Textfig. 135	Nr. 34 Maerrwalther (für Adelaide)	185	304	8,3	3,3	5,5	—	—	18,0	0,34	—	809	1310	—	do.	Ohne Con-densation
184	—	Maerrwalther (für Comel)	180	305	8	6,5	7,3	3600	—	18,0	—	23 pr. St.	809	1310	—	do.	Mit Conden-sation
183	Tafel XVIII. Fig. 4—7.	Wöhlert'sche Maschin.-Ban-Anstalt	180	300	8	9,5	9,5	4000	—	15,0	0,16	—	759	1300 720	—	do.	do.
173	Tafel XIX. Fig. 4—6.	Ch. Brown (Type II)	140	300	12	5,3	6,5	3000	1037	14,99	0,12	19 Coaks	600	1300	—	Brown	Ohne Con-densation
181	Textfig. 140 — 151	Baldwin	210	304	9	4,9	7,9	3500	440	9,0	0,25	—	600	1300 500	—	Stephenson	—
181	Textfig. 141 u. 142	Krauss & Co.	160	300	13	6,4	7,2	3000	914	12,2	0,41	—	630	1300 1400	—	—	—
167	Tafel XVIII. Fig. 1—3.	Henschel & Sohn	200	330	12	8	9	4000	—	11,3	0,23	—	630	1100 1300	1400	Allan	Mit Conden-sation
157	Tafel XVI. Fig. 3—6.	Pelseum (3 Cylinder)	80 190	225	34	5,5	6	2700	—	17,9	—	—	600	1200	—	—	do.
139	Textfig. 164 u. 150	Brenner	160	306	12	16	16	3000	250	4,27	0,27	13,5 pr. St.	600	1705	—	—	do.
185	Tafel XI. Fig. 7—19.	Errod	170	220	10	18	20	{8300 Treib-13800 Lauf.	—	14,0	0,23	3,3 pr. km	990	1340 {300 Treib-350 Lauf.	—	Stephenson	Dampf-umschau
185	Tafel XX. Fig. 1—3.	Ringhoffer	160	300	10	—	22	—	—	21,75	0,45	2 pr. km	990	1908	—	—	do.
187	Textfig. 165 u. 166	Weissenborn	160	300	13	16	23	—	—	9	0,44	1,5 pr. km	990	1600	—	Allan	do.

Die Gesetzgebung für Strassenbahnen in England.

Die Tramway-Acte von 1870.

I. Theil. § 4.

Abschnitt 1. — Provisorische Erlaubnisscheine zum Bau von Strassenbahnen in irgend einem District können von der Localbehörde des Districtes erlangt werden.

Abschnitt 2. — Vollmacht kann irgend einer anderen Person nur mit Bewilligung des Handelsgerichtes und der Localbehörde ertheilt werden.

§ 7. — Das Handelsgericht ist ermächtigt, über die Bewerbung sowie darauf bezügliche Einwendungen Beschlüsse zu fassen.

§ 8. — In Fällen, wo das Handelsgericht es für dienlich hält, kann dasselbe eine provisorische Verordnung erlassen, welche die Unternehmer ermächtigt, die Strassenbahn in der darin vorgeschriebenen Art und nach dem vorgeschriebenen Spurmaass zu bauen, und in welcher solche Verfügungen enthalten sind, wie sie (in Uebereinstimmung mit den Forderungen der Acte) das Handelsgericht je nach der Natur des Gesuches und den Thatsachen und Umständen des betreffenden Falles für gut findet; dagegen enthält diese Verordnung keine Erlaubniss zum Ankauf von Grundstücken, es sei denn in genau begrenzter Ausdehnung und auch dann nur nach Uebereinkommen, noch zur Anlage einer Strassenbahn an einer anderen Stelle als längs einer Strasse oder quer über dieselbe oder auf einem nach Uebereinkommen angenommenen Grundstücke.

§ 9. — Die Strassenbahnen sollen so nahe als möglich in der Mitte der Strasse, und zwar nicht in der Art angelegt werden, dass auf eine Entfernung von 30 oder mehr Fuss eine geringere Fläche als 9 Fuss 6 Zoll zwischen dem Aussenrande der Fusswege zu beiden Seiten der Strasse und der nächsten Schiene der Strassenbahn liegt, wenn ein Drittel der Inhaber der an den betreffenden Theil der Strasse gelegenen Häuser, Läden oder Waarenlager ihre Einwilligung zu einer derartigen Anlage versagen.

§ 10. — Die Art des Verkehrs auf der Strassenbahn sowie die zu erhebende Fahrtaxe sind in der provisorischen Verordnung zu specificiren.

§ 12. — Die provisorische Verordnung ist nicht eher zu ertheilen, als bis die Unternehmer bei der Bank, wie vorgeschrieben, eine Summe von nicht weniger als 4 Proc. der veranschlagten Kosten oder eine Sicherheit im gleichen Werthbetrag deponirt haben.

§ 14. — Diese provisorische Verordnung soll erst dann in Kraft treten, wenn sie durch eine Parlamentsacte bestätigt ist, und soll so den Parteien frei stehen, gegen die Acte zu petitioniren oder im Parlament durch ein Comité gegen dieselbe zu opponiren.

§ 16. — Das Handelsgericht kann eine solche Verordnung durch eine weitere provisorische Verfügung aufheben, verbessern, weiter ausdehnen oder verändern; doch ist die Anwendung einer jeden derartigen Verordnung den gleichen Bedingungen wie die vorhergehende unterworfen und bedarf erst einer Bestätigung durch eine Parlamentsacte.

§ 18. — Wenn die Unternehmer die Strassenbahn nicht binnen zwei Jahren vom Datum der Verordnung an, oder innerhalb eines in der Verordnung vorgeschriebenen kürzeren Zeitraumes vollendet und dem öffentlichen Verkehr übergeben haben, oder wenn innerhalb eines Jahres von einem dieser Zeitpunkte an die Arbeiten nicht wirklich begonnen oder aus einem von dem Handelsgerichte nicht anerkannten Grunde ausgesetzt worden sind, so soll die durch die Verordnung ertheilte Vollmacht erlöschen, ausgenommen bezüglich des bis dahin vollendeten Theiles, wenn nicht das Gericht den Termin verlängert; betreff des vollendeten Theiles kann das Gericht nach Gutdünken ein Fortbestehen der Vollmacht und die Ausübung derselben gestatten; wird jedoch diese Bewilligung nicht ertheilt, so darf der Bau nicht fortgesetzt und soll mit dem vollendeten Theil der hierauf bezüglichen Verordnung gemäss verfahren werden.

§ 19. — Wenn eine Strassenbahn von einer Localbehörde angelegt oder von einer solchen angekauft worden ist, so kann diese Behörde mit Bewilligung des Handelsgerichtes an irgend Jemand das Recht zur Benutzung derselben sowie zum Erheben autorisirter Fahrtaxen und Zölle vergachten, oder auch die Localbehörde kann solche Strassenbahnen der Benutzung des Publicums freigeben und in solchen Fällen die gesetzmässigen Taxen und Zölle einnehmen; doch kann eine Localbehörde auf solchen Strassenbahnen selbst Wagen in Betrieb setzen und für Benutzung derselben Taxen und Zölle erheben. Jeder Pachtcontract soll auf einen Zeitraum von nicht über 21 Jahren lauten, und kann nach Ablauf dieser Zeit mit Bewilligung des Gerichtes dieser Termin — jedoch keinenfalls über 21 Jahre — verlängert werden, der Pachtcontract dagegen aufgehoben sein, wenn die Pächter den Betrieb der Strassenbahn einstellen.

Der II. Theil der Acte bezieht sich auf den Bau der Strassenbahnen.

§ 25. — Die Art der Strassenbahnanlage ist bezeichnet. Wenn kein Spurmaass vorgeschrieben ist, so muss dasselbe so beschaffen sein, dass die Strassenbahn von solchen Wagen, die für den Gebrauch auf Eisenbahnen von 4 Fuss 8½ Zoll Spurweite construirt sind, befahren werden kann. Die Bahn ist auf gleichem Niveau mit der Strassenoberfläche zu legen.

§ 26. — Zum Aufreissen der Strassen ist Vollmacht gegeben.

§ 27. — Für die Vollendung der Anlage und die Wiederinstandsetzung der Strassen ist Vorsorge getroffen.

§ 28. — Für die Ausbesserung desjenigen Theiles der Strasse, in welchem die Bahn gelegt wurde, ist Vorsorge getroffen.

§ 29. — Ermächtigt die Strassenbahnbehörden und die Unternehmer, bezüglich der Pflasterung der betreffenden Strassen einen Vertrag zu schliessen.

§ 30. — Enthält Verfügungen betreff der Gas- und Wasserleitungs-Anstalten.

§ 31. — Enthält Verordnungen bezüglich der Abzugscanäle etc.

§ 32. — Schützt die Berechtigung der Behörden und Gesellschaften etc., Strassen zu eröffnen.

§ 33. — Sorgt für den Ausgleich einer allenfalls zwischen der Strassenbahnbehörde und den Unternehmern entstehenden Differenz durch Zuziehung eines vom Handelsgericht eingesetzten Ingenieurs.

Der III. Theil enthält allgemeine Verordnungen — vor allem in Betreff der Wagen.

§ 34. — Den Unternehmern soll die ausschliessliche Benutzung der Strassenbahn zustehen, und zwar für Wagen mit Flanschenrädern oder anderen Rädern, die nur für die vorgeschriebenen Schienen geeignet sind; die Wagen sollen nur durch die in der Acte vorgeschriebene Betriebskraft und nur, wo diese nicht vorgeschrieben, durch animalische Kraft etc. befördert werden. Kein Wagen soll über die äussere Radkante um mehr als 11 Zoll zu beiden Seiten vorstehen.

§ 35. — Wenn die Localbehörde oder zwanzig steuerzahlende Einwohner dem Handelsgerichte zur Genüge darthun, dass dem Publicum die volle Benutzung der Strassenbahn entzogen sei, so kann von dem Handelsgerichte einer dritten Partei die Bewilligung zur Benutzung der Strassenbahn unter den in dem betreffenden Paragraphen angeführten Bedingungen ertheilt werden. Hierauf folgen Paragraphen bezüglich des Zollzwanges und der Concessionen.

§ 41. — Handelt von der Betriebsunterbrechung der Strassenbahnen. Wenn der Betrieb einer Strassenbahn oder eines Theiles derselben drei Monate lang unterbrochen wird (vorausgesetzt, dass diese Unterbrechung nicht durch Umstände veranlasst ist, die ausser dem Bereiche der Unternehmer liegen), so kann über die Vollmacht der Unternehmer in Bezug auf eine solche ausser Betrieb gesetzte Strassenbahn oder einen Theil derselben von dem Handelsgerichte verfügt werden. Nach zwei Monaten vom Datum einer derartigen Verordnung an kann die Strassenbahnbehörde jederzeit den unbenutzten Theil der Strassenbahn auf Kosten der Unternehmer entfernen lassen.

§ 42. — Betrifft die Insolvenz der Unternehmer. Das Handelsgericht kann, wenn es von der Insolvenz der Unternehmer Kenntniss erhält, eine Verordnung des Inhalts erlassen, dass die Vollmacht der Unternehmer nach Ablauf von 6 Monaten vom Datum der Verordnung an erlischt, wenn dieselbe nicht von der Localbehörde angekauft wird, die in diesem Falle die Strassenbahn auf Kosten der Unternehmer entfernen kann.

§ 43 und § 44. — Beziehen sich auf Kauf und Verkauf von Strassenbahnen.

§ 46. — Ermächtigt die Localbehörde, Nebengesetze zu entwerfen betreff der Fahrgeschwindigkeit, der Entfernung zwischen je zwei Wagen auf demselben Bahngeleise, des Anhaltens der die Strassenbahn benutzenden Wagen und des Verkehrs der Strassen, in welchen die Bahn gelegt ist.

§ 48. — Giebt der Localbehörde Vollmacht, Kutscher und Conducteure zu entlassen.

§ 54. — Wer ohne Befugniss eine Strassenbahn für Wagen mit Flanschenrädern oder anderen Rädern, die sich nur zum Fahren auf einer Strassenbahn eignen, benützt, verfällt einer Strafe von nicht über £ 20.

§ 62. — Währt das Recht des Publicums, jeden Theil einer Strasse, in welcher eine Strassenbahn gelegt ist, in der Längs- und Querrichtung, auf oder neben den Schienen, mit Wagen, die keine geflanschten Räder haben, zu befahren.

Die Bestätigungs-Acte für Strassenbahnen.

Die vom Handelsgericht nach Massgabe der Strassenbahn-Acte erlassenen Verordnungen müssen, um Rechtsgiltigkeit zu erlangen, durch eine specielle Parlaments-Acte bestätigt werden. Diese ist als „Bestätigungs-Acte für Strassenbahnverordnungen" bezeichnet, durch welche die in den Zusatzartikeln zu den betreffenden Acten dargelegten Verordnungen bekräftigt werden.

Anwendung der mechanischen Kraft auf Strassenbahnen.

Ein Comité des Unterhauses sammelte zu Anfang 1877 eine Menge Beweismaterial bezüglich der Anwendung der mechanischen Kraft auf Strassenbahnen, das gleichzeitig mit einem Bericht im selben Jahre im Druck erschien[1]. Obschon dieser Bericht zu gunsten der mechanischen Kraft lautete, so ist bisher (Februar 1878) in dieser Angelegenheit kein weiterer Schritt geschehen. Gegenwärtig ist von Seiten der Strassenbahninteressenten eine Bewegung im Gang, die zum Hauptzweck hat, der Regierung die dringende Wichtigkeit darzulegen, die Anwendung der mechanischen Kraft auf Strassenbahnen zu legalisiren.

[1] „Report from the Select Committee on Tramways (Use of Mechanical Power) with Minutes of Evidence", April 1877.

ANHANG.

Project einer Strassen-Eisenbahn mit Dampfbetrieb.

(Mit Zeichnungen auf Tafel XXI.)

Um ein vollständiges Bild einer Strassen-Eisenbahn zu geben, bringen wir im Nachstehenden den von dem Ingenieur Otto Peine ausgearbeiteten Entwurf einer Strassenbahn-Anlage für den Betrieb mittelst Locomotiven, die aus diesem Grunde besonders im Oberbau und in der Stations- oder Bahnhofanlage ihren Schwerpunkt findet. Dieser Entwurf wurde von dem Ingenieur O. Peine speciell für die Stadt Leipzig projectirt, musste jedoch, da die Concession nicht ertheilt wurde, bis jetzt leider ein Project bleiben. Obgleich der Plan von Leipzig sich äusserst günstig für die Anlage von Strassenbahnen erweist, so stellten sich doch in der Tracirung dieser

Fig. 167. Tramwaywagen von Ed. Kühlstein, Berlin.

neuen Anlage einige Schwierigkeiten heraus, weil für die bequemsten und breitesten Strassen schon seit dem Jahre 1872 eine englische Pferdebahngesellschaft den Verkehr vermittelt. Diese Gesellschaft besitzt, wie man aus dem Plan auf Tafel XXI erkennen kann, fünf Linien — Plagwitz, Connewitz, Reudnitz, Eutritzsch und Gohlis —, von denen jedoch manche Strecken sich in dem denkbar schlechtesten Zustande befinden; durch diese Linien sind aber keineswegs die Verkehrsadern mit zahlreichen starkbevölkerten Ortschaften erschöpft, vielmehr können durch Anlage von nur zwei weiteren Linien die Verkehrsinteressen einer Bevölkerung von ungefähr 122000 Einwohnern wesentlich gefördert werden. Trotzdem von Seiten des Publicums wie der Presse auf eine Ausdehnung des Strassenbahnnetzes gedrungen wurde, unterliess die Pferdebahngesellschaft bis jetzt den weiteren Ausbau.

Infolge dessen wurde das vorliegende Project vorläufig für zwei neue Linien — Schönefeld und Thonberg — entworfen, und zwar nach einem System, welches sich durch Solidität des Baues sowie durch Betrieb mittelst kleiner Locomotiven gänzlich von der bestehenden Bahn unterscheiden sollte. Im Plan sind diese Linien punktirt (–·–·–·–·–) gezeichnet, während die fünf bestehenden durch ausgezogene Linien markirt sind. Man erkennt, dass die neue Bahn ihren Ausgangspunkt in der Nähe der Promenade, den früheren Glacis, und zwar in der Wintergartenstrasse nimmt, wo zu diesem Zwecke zwei Bahngeleise — ein Haupt- und ein Ausweichegeleise — liegen.

Fig. 194. Strassenbahnlocomotive, System Brown.

Die Linie Schönefeld besitzt beim Austritt aus der Stadt, ferner beim Stationsgebäude (St.) und schliesslich am Endpunkt eine Ausweichestelle. Schon von der Wintergartenstrasse zweigt sich die Linie Thonberg ab, welche in der Mitte und am Ende eine Ausweiche hat.

Ausser an den Weichen sollen die Wagen auch nach Bedürfniss an jeder einmündenden Strasse halten. Das Bahngeleise selbst soll möglichst in der Mitte oder nur auf einer Seite der Strasse, nicht aber abwechselnd rechts oder links oder in der Mitte liegen. Auf chaussirten Strassen inner- und ausserhalb der Ortschaften dürfte das Legen des Geleises auf der Seite der Strasse vorzuziehen sein; auf Strassen, welche zu beiden Seiten bebaut sind und eine Fahrbahn von nur 7,3 m haben, soll das Geleise in die Mitte der Strasse zu liegen kommen.

Der hiermit verbundene Nachtheil, dass das gewöhnliche Fuhrwerk auf die Seite der Strasse gedrängt wird, würde durch Abpflasterung der ganzen Strassenbreite nach Möglichkeit zu beschränken sein.

Als Betriebsmittel hatte man die Locomotiven der Schweizerischen Locomotivfabrik in Winterthur, System Brown, in Aussicht genommen, und zwar wurde die Type II (Fig. 166) für den Dienst der projectirten Linie für geeignet gehalten. Als Personenwagen waren Decksitzwagen von Ed. Kühlstein in Berlin (Fig. 167) gewählt welche im Innern 20 und auf dem Verdeck 24 Sitze, sowie ausserdem 10 Stehplätze haben.

Die Locomotive umfährt, an der Endstation angekommen, nach Ausheben des Kuppelungsbolzens mittelst der Ausweiche die Wagen und setzt sich wieder an die Spitze des Zuges, wobei der Führer stets freie Aussicht auf die Bahn hat.

Die Länge der vorläufig zu erbauenden Linien beträgt einschliesslich der Weichen sowie der Bahnhofsgeleise 5000 m. Eine zweite Bauperiode würde dann das Bahnnetz um weitere 5600 m vergrössern, während einer dritten Bauperiode vorbehalten bliebe, als Endglied der ganzen Anlage 9200 m hinzuzufügen, sodass nach Fertigstellung des gesammten Bahnprojects sich eine Strecke von 20 km im Betrieb befinden und eine Ringbahn in ziemlich grossem Kreise um Leipzig resp. um seine Vorstadtdörfer geschaffen würde.

Dementsprechend würden sich die gesammten Baukosten folgendermaassen berechnen:

I. Bauperiode	5 km à 22000 M.	110000 M.
	8 Locomotiven à 12000 M.	96000 „
	12 Wagen à 4000 M.	48000 „
	Inclusive Gelände rund	350000 M.
II. Bauperiode	5,6 km à 22000 M.	123200 M.
	4 Locomotiven à 12000 M.	48000 „
	12 Wagen à 4000 M.	48000 „
		569200 M.
	In Summa rund	600000 M.
III. Bauperiode	9,2 km à 22000 M.	202400 M.
	Locomotiven, Betriebsmittel, Gebäudeerweiterung	197600 „
	In Summa	1000000 M.

Da man mit den hölzernen Langschwellen und der Schiene (System Loubat s. S. 61) der bestehenden Linien so schlimme Erfahrungen gemacht hat, sollte ein durchaus eiserner Oberbau zur Ausführung gelangen; es wurde das System Winby & Levick gewählt, jedoch die Form der Schiene wie auch die der Laschen etwas modificirt. Die Schiene erhält einen kürzeren, dafür aber stärkeren Steg und entspricht in ihrer Form fast genau dem Normalprofil für Stahlschienen der Hauptbahnen; auch die Fahrbahn des Schienenkopfes erfährt eine Verbreiterung um 0,005 m, sodass sie nunmehr 0,04 m beträgt. Während es nun bei den Original-Schienen nöthig war, den beiden Laschen, welche an den Stössen zur Verbindung der Schienen dienen, verschiedene Formen zu geben, indem die Innenseite des Schienenstegs um 0,01 m kürzer als die Aussenseite derselben ist, wurde es durch obenerwähnte Abänderung des Steges möglich, gleichmässig geformte Laschen, und zwar die des Normalprofils für Stahlschienen zur Anwendung zu bringen. Die Zeichnungen auf Tafel XXI stellen sowohl Winby & Levick's Original-Schiene und Lasche (Fig. 11) als auch die vom Ingenieur Peine abgeänderte Form derselben (Fig. 15) dar, und beschränken wir uns auf einige erklärende Bemerkungen.

Die Stahlschienen sind in Längen von 24 Fuss engl. = 7,315 m, mit 5 Proc. in kürzeren Längen solid gewalzt und die Hitze wird während des Walzprocesses gebildet; ein späteres Nachmeiseln oder Feilen ist hier nicht nöthig.

Zu beiden Seiten ist die Stossverbindung durch Laschen hergestellt, welche mittelst ¾ Zoll engl. = 19,05 mm starker Schraubenbolzen befestigt sind. Durch eine 0,30 m breite Platte (die Originalplatte von Winby & Levick hat nur 0,229 m Breite), auf welcher die Stahlschienen mittelst Keilbolzen gehalten sind, wird der gesammten Construction eine ungemein solide Basis gegeben.

Die Spurweite wird durch Verbindungsstangen hergestellt, welche an beiden Enden Schraubengewinde haben; die Befestigungsmittel (Schrauben, Bolzen, Muttern und Keile) können durch das Befahren der Schienen nicht aus der ihnen gegebenen Lage gedrängt werden, da man sie vor dem Pflastern der Strasse in Cement verlegt. Die der Schiene zunächst liegenden Pflastersteine ruhen auf der bereits erwähnten schmiedeeisernen Platte, sodass dieselben nicht unter das Niveau der Schiene sinken können, welcher Umstand wesentlich zur Erhaltung eines guten Strassenpflasters beiträgt. Bei der Herstellung der Fahrrille ist darauf Rücksicht genommen, dass weder die Hufeisenstollen der Pferde noch die Räder der Wagen in derselben hängen bleiben können. Die Erfahrung hat gelehrt, dass überall, wo dieser Oberbau verlegt wurde (Nottingham, Glasgow), Pferde und Wagen jeder Art die Bahngeleise gefahrlos in jedem Winkel passiren konnten. Für die Weichen (Fig. 12 und 13) und Kreuzungen (Fig. 14) ist als Material Gussstahl gewählt, und sind dieselben so construirt, dass sie mit den benachbarten Schienen eine ununterbrochene Bahn bilden.

25*

In Folgendem lassen sich die Vortheile, welche diesem Oberbau-System vor allen anderen jetzt existirenden aufweist, kurz zusammenfassen:

Die höchst einfache Construction, welche nur aus Stahl und Eisen besteht und deren einzelne Theile fest zusammengefügt sind, besitzt eine grosse Stabilität. Da weder Holz noch sonstige leicht vergängliche Materialien benutzt sind, fallen Reparaturen und Auswechselung fauliger Schwellen etc. ganz weg.

Nach diesem System gebaute Strassenbahnen können mit Locomotiven befahren werden, da dieselben in Wirklichkeit stärker als manche Hauptbahn construirt sind.

Die Schienen können nach irgend welchem gegebenen Radius gekrümmt werden.

Dieser Oberbau eignet sich auch für Chausseen und ungepflasterte Strassen. Der obenerwähnten schmiedeeisernen Platte kann eine derartige Breite gegeben werden, dass der Macadam so fest auf derselben ruht, wie dies bei der Holzconstruction der Quer- und Langschwellen nie zu ermöglichen ist. Infolge dieser Eigenschaft kann das System ebensowohl als Schienenweg dienen, um die Verbindung zwischen Dörfern und kleinen Städten zu vermitteln, sodass dadurch auf wohlfeile Weise eine Secundärbahn hergestellt wird.

Wir geben auf Tafel XXI Zeichnungen sowohl der Rechts- (Fig. 10) als der Linksweiche (Fig. 9) und bemerken hier, dass bei der Leipziger Strassen-Eisenbahn dieselben in Zwischenräumen von je 700 m angelegt werden sollten, welche Anordnung einer Fahrgeschwindigkeit von 61/2 km pro Stunde bei Fahrten in Pausen von 5 zu 5 Minuten entspricht. Die Kosten des Oberbaues stellen sich auf 22000 M. pro Kilometer.

Bezüglich der Spurweite haben wir zu berichten, dass die Normalspur von 1,435 m gewählt wurde. Obgleich der obengenannte Ingenieur zu den Anhängern der Schmalspur zählt und die Anwendung derselben gerade bei Strassen-Eisenbahnen für zweckmässig hält, da sie Curven von viel kleineren Radien als die Normalspur gestattet und ein schmalerer Strassenstreifen von der Bahnverwaltung in gutem Zustande zu erhalten ist, sah sich derselbe in diesem Falle genöthigt, die Normalspur zu wählen. Das Concessions-Decret der Leipziger Pferdebahn enthält nämlich den Passus, dass nach Ablauf der Concessionszeit die Schienen und Schwellen sowie die Transport- und Personenwagen unentgeltlich in den Besitz der Stadt Leipzig übergehen sollen. Die gleiche Bedingung sollte aber auch in der Concession für die projectirte Strassen-Eisenbahn enthalten sein. Da nun die Pferdebahn die Normalspur angenommen hat, würde man von Seiten der Behörde dem neuen Verkehrs-Institute nicht gestattet haben, eine andere anzuwenden, und da wahrscheinlich nach Ablauf der Concessionsfristen sowohl Pferdebahn als Strassen-Eisenbahn zu einer grossen Stadt-Eisenbahn für Rechnung der Stadtgemeinde Leipzig vereinigt werden sollten, musste man darauf Bedacht nehmen, dass die Betriebsmittel der einen Bahn auch auf den Geleisen der anderen benutzt werden konnten, was sich nur dadurch erreichen liess, dass man auch für die Strassen-Eisenbahn die Anwendung der Normalspur vorschrieb.

Wir kommen jetzt zu den Baulichkeiten des Bahnhofes, welche auf Tafel XXI in den Fig. 1—5 veranschaulicht sind.

Der Locomotiv-Schuppen LL von 25 m Länge bei 14 m Breite ist zur Aufnahme von 12 Locomotiven eingerichtet, die über drei Senkgruben so aufgestellt werden, dass sich in jeder Reihe 4 Locomotiven befinden. Die Aufstellung über Senkgruben ermöglicht, dass die Locomotiven gut gereinigt und auch Reparaturen im Locomotiv-Schuppen selbst vorgenommen werden können. Der Schuppen besitzt drei Thoröffnungen von je 3,65 m Breite und 5 m Höhe, welche durch Roll-Läden aus Stahlblech geschlossen werden. Das Licht tritt durch vier an der Ostseite des Schuppens befindliche Fenster von 4 m Höhe und 2 m Breite ein; ausserdem hat das Satteldach Glasdeckung von 2 1/2 m Breite, während der andere Theil mit Dachpappe gedeckt ist; ferner besteht der Westgiebel des Locomotiv-Schuppens aus Glas. Die Glasdeckung des Daches ist zum Emporheben eingerichtet, um ein rasches Entweichen des Rauches zu ermöglichen; zur Lüftung des Schuppens dient der an der höchsten Stelle des Daches befindliche Aufbau, dessen Seitenwände aus Jalousieen bestehen, die nach Bedürfniss geöffnet oder geschlossen werden können. Der Locomotiv-Schuppen besitzt eine mit der Wasserstation W communicirende Rohrleitung, welche durch einen Schlauch mit jeder Locomotive in Verbindung gebracht werden kann. Die Senkgruben, welche 0,50 m tief und mit Stufen angelegt sind, werden durch unterirdische Canäle entwässert.

Die Reparatur-Werkstätte R hat eine Länge von 25 m bei einer Breite von 14 m. Die der Reparatur bedürftigen Wagen etc. werden mittelst der Schiebebühne NN in das Innere der Werkstätte befördert, wo sie über einer Senkgrube von denselben Dimensionen wie die im Locomotiv-Schuppen aufgestellt und somit in geeigneter Weise reparirt werden können. Das Einfahrtsthor hat eine Breite von 3,5 m bei 5 m Höhe und wird durch Roll-Läden aus Stahlblech geschlossen. In dem Gebäude befinden sich Arbeitsplätze a für Tischler und Stellmacher sowie für Räderreparatur, eine Schlosserei und Schmiede und ausserdem das Bureau b des Maschinenmeisters. Das Licht fällt durch vier Fenster an der Ostseite sowie durch die Glasbedachung; für beide sind dieselben Dimensionen wie für den Locomotiv-Schuppen angenommen; mit dem letzteren steht die Werkstätte durch zwei Thüren von 1,25 m Breite und 2,50 m Höhe in Verbindung. Der Arbeitsraum a der Tischler und Stellmacher ist von dem der Schmiede und Schlosser durch eine Scheidewand getrennt, um den bei den Arbeiten der letzteren unvermeidlichen Russ nicht eindringen zu lassen; die Senkgrube ist allerdings in der ganzen Länge durchgehend, doch kann das Einfahrtsthor derselben zwischen der Schmiede und Schlosserei und der Tischlerwerkstätte durch eine in Rollen hängende Schiebethür abgeschlossen werden. Auch die Reparaturwerkstätte wird durch Röhrenleitung von der Wasserstation aus mit Wasser versorgt.

Die Wasserstation W, welche eine gusseiserne Cisterne von $3,139 \times 1,853$ m $\times 1,583$ trägt, ist in solchen Dimensionen angelegt, dass sie noch zwei weitere Cisternen von gleicher Grösse tragen kann. (Auch in Rücksicht darauf, dass eine Dampfpumpe und ein Vorwärmer aufzustellen sind und überdies noch Platz zur Lagerung von Brennmaterial vorhanden sein muss, kann die Baulichkeit für die Wasserstation nicht in kleineren Verhältnissen angelegt werden.) Im Erdgeschoss befindet sich der Raum für die Dampfpumpe und für den Vorwärmer; nach der Seite der Schiebebühne zu ist ein drehbarer Wasserkrahn angebracht, welcher die Locomotiven mit Wasser versieht. Ausserdem geht noch eine Röhrenleitung bis zum Pförtnerhaus P, wo sich gleichfalls ein Wasserkrahn befindet, durch welchen die Locomotiven während des Tagesdienstes mit Wasser versorgt werden. Die Wasserversorgung der Locomotiven ist derart geregelt, dass selbstverständlich sämmtliche für den Dienst bestimmte Locomotiven am Morgen mit gefüllten Kesseln den Bahnhof verlassen. Die Locomotiven der Linie Schönefeld laufen bis zum Endpunkt der Linie, d. h. Wintergartenstrasse in Leipzig, ohne dass es nöthig wäre, dort eine frische Speisung des Kessels oder ein Auflegen von Brennmaterial vorzunehmen, da dies nur alle $1\frac{1}{2}$—2 Stunden zu geschehen braucht. Erst bei der Rückkunft auf Station Schönefeld wird eine Speisung des Kessels sowie ein Auflegen des Brennmaterials vorgenommen, wobei der an der Hauptstrasse befindliche Wasserkrahn benutzt wird. Dicht neben diesem Wasserkrahn befindet sich tagsüber ein kleiner Lagerplatz für Kohlen und Coaks, welche bereits in Körbe gefüllt sind und dem Maschinisten nur hinaufgereicht zu werden brauchen, sodass also die Locomotive behufs Wasser- und Brennmaterial-Versorgung nicht erst in den Bahnhof einzulaufen braucht, sondern auf dem Fahrgeleise der Linie Schönefeld-Volkmarsdorf stehen bleibt. — Die Locomotiven der Linie Leipzig-Thonberg machen ebenfalls ihre erste Tour bis zur Station Wintergartenstrasse, Leipzig und legen dann die Strecke bis zur Station Thonberg zurück, wo durch das Entgegenkommen dortiger Grundstücksbesitzer ein Platz zur Lagerung von Coaks und zur Anlage eines Brunnens zur Verfügung gestellt wurde. Die daselbst eingerichtete Wasserstation besteht aus einem einfachen Holzgerüste mit darauf befindlicher hölzerner Cisterne von der Form eines Fasses von 2 m im Durchmesser. Man sieht also, dass innerhalb der Stadt Leipzig weder eine Wasser- noch Brennmaterial-Versorgung der Locomotiven vorgenommen wird, was bei dem ziemlich lebhaften Strassenverkehr auch nicht wohl durchführbar wäre.

Der 56 m lange, 14,5 m breite Wagenschuppen AA kann 24 Wagen aufnehmen, die mittelst der Schiebebühne aus dem Bahnhof in das Innere des Schuppens übergeführt werden; der letztere hat ein Thor von 7,5 m Breite bei 5 m Höhe, welches durch eine in Rollen hängende Schiebethür geschlossen wird. Um sowohl etwaige Reparaturen (Neulackiren der Wagen etc.) vornehmen zu können, falls in der Reparaturwerkstätte der nöthige Platz fehlen sollte, als auch um das Reinigen der Wagen gut durchführen zu können, wird der Schuppen an der Westseite durch vier, an der Nordseite durch vier, an der Ostseite durch vier und an der Südseite durch sechs, zusammen durch achtundzwanzig Fenster von 4 m Höhe bei 2 m Breite erhellt. Die Holzconstruction des Daches soll mit Dachpappe belegt werden. Mit dem Locomotivschuppen steht der Wagenschuppen durch zwei Thüren von 1,25 m Breite bei 2,50 m Höhe in Verbindung.

Der Lagerschuppen A' für Kohlen und Coaks hat 25 m Länge bei 13,5 m Breite und ist an der Westseite offen; mittelst der Schiebebühne können die mit Kohlen beladenen Eisenbahnwagen direct an ihre Abladeplätze gebracht werden, indem sich im Innern des Schuppens an der Langseite desselben ein Bahngeleise befindet. An der Südseite ist ein Thor von 3 m Breite bei 5 m Höhe angebracht; dasselbe ist für die Zufuhr derjenigen Kohlen- resp. Coaksladungen bestimmt, welche nicht in Lowries, sondern per Achse angefahren werden, sodass also diese Fuhrwerke nicht erst in das Innere des Bahnhofes einzulaufen brauchen, sondern direct von der Strasse aus die Kohlen in das betreffende Magazin überführen können. Gedeckt ist der Schuppen mit Dachpappe; das Tageslicht empfängt derselbe nur durch seine offene Westseite; an derselben Seite sind auch die Abtritte und Pissoirs eingebaut.

Das für zwei Familien eingerichtete Pförtnerhaus P besteht aus Keller, erhöhtem Erdgeschoss und einem ersten Stockwerk. Im Erdgeschoss wohnt der Pförtner, der auch die Beschickung der Locomotiven mit Brennmaterial und Wasser während des Fahrdienstes zu besorgen hat; das erste Stockwerk ist zur Wohnung für den Maschinisten der Wasserstation bestimmt, der zugleich die Schiebebühne zu bedienen hat und für Reinigung und Instandhaltung des Wagenschuppens verantwortlich ist.

In dem erhöhten Parterre des Directionsgebäudes ($14,5 \times 12,25$ m) befinden sich die Bureau-Räumlichkeiten, während das erste und zweite Stockwerk — letzteres unter einem Mansardendache — dem Director als Wohnung zur Verfügung gestellt sind. An dieses Gebäude ist das Magazin M ($14,5 \times 12,25$ m), ebenfalls mit erhöhtem Parterre, angebaut, dessen Souterrain zur Lagerung von Petroleum und Oel bestimmt ist, während das Parterre selbst als Aufbewahrungsort für andere beim Bahnbetriebe nöthige Materialien, Maschinen-Reservetheile etc. dienen soll. Ausser einer als gewöhnlicher Eingang dienenden Flügelthür von 2 m Breite an der Nordseite hat das Magazin noch an der Ostseite dicht bei der Schiebebühne ein Thor von 2,5 m Breite, durch welches die mittelst Eisenbahn ankommenden Materialien direct von den Wagen in das Innere des Magazins übergeführt werden können. Als erstes Stockwerk trägt das Magazin eine Veranda — Eisen- und Glasconstruction —, zu welcher man durch eine Thür vom ersten Stockwerk des Directorialgebäudes aus gelangt und welche dem Director zur Benützung überlassen ist.

Die Schiebebühne SS ist, wie aus der Zeichnung ersichtlich, derart angelegt, dass durch dieselbe sowohl die Wagen und Locomotiven in das Innere der verschiedenen Schuppen sowie der Reparaturwerkstätte eingebracht, als auch die Materialien direct in das Magazin übergeführt werden können.

Dem Leser dieser Beschreibung einer Strassen-Eisenbahn-Anlage wird sich unwillkürlich die Frage aufdrängen: Warum sind die Bahn-Hochbauten in einer massiven Ausführung projectirt und warum hat man nicht bloss provisorische, d. h. vielleicht Fachwerk-Bauten etc. in Aussicht genommen?

Wir glauben mit wenigen Worten die Gründe dieser Massregel darlegen zu können: Da die Concession für Anlage und Betrieb der betreffenden Bahn auf eine ziemliche Dauer (35 Jahre) ertheilt werden sollte, so glaubte der Projectirende, dass bei einer soliden Bauart sehr viel an Reparaturkosten, die sich bei provisorischen Bauten immer nöthig machen, gespart würde. Da ferner nach Ablauf der Concession die Bahnhofsanlagen, d. h. das Terrain und die auf demselben befindlichen Hochbauten der Bahngesellschaft als deren Eigenthum verbleiben sollten, dieses Areal sammt Gebäuden aber nach Fertigstellung der betreffenden Strassenbahn naturgemäss im Werthe steigen würde, da erst durch die Bahnanlage eine zweckmässige Communication zwischen Stadt und Vorort geschaffen wird, so könnte die Bahngesellschaft durch Verkauf dieser Anlagen noch einen erheblichen Nutzen erzielen. Der Verkauf würde voraussichtlich keine Schwierigkeiten haben, denn wenn auch die Gemeinden, denen die übrige Bahnanlage dann vertragsmässig als Eigenthum zufiele, die Bahnhofsanlagen nicht mit erwerben wollten, so sind doch sämmtliche Gebäude derart angelegt, dass sie für irgend welchen Fabrikbetrieb verwendbar sind.

Verzeichniss der Holzschnitte.

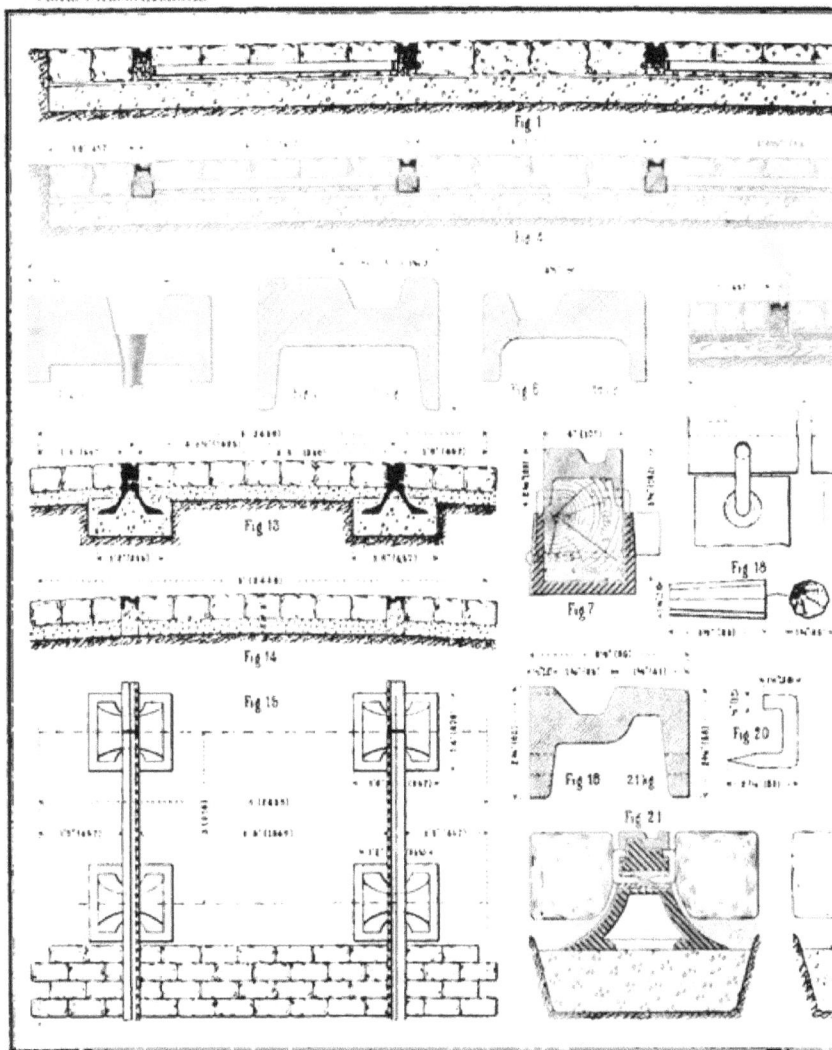

Fig 1

Fig 5

Fig 6

Fig 13

Fig 14

Fig 15

Fig 7

Fig 18

Fig 19

Fig 20

Fig 18   21 kg

Fig 21

Verlag von Baumgärtners Buchhandlung Leipzig

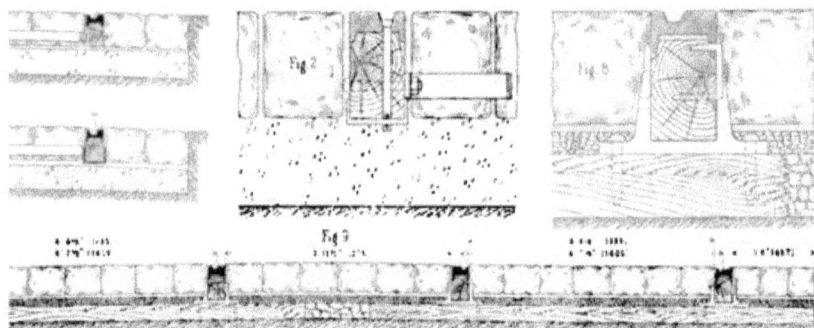

Fig 2

Fig 3

Fig 9

Fig

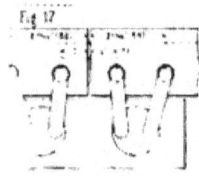

Fig 17

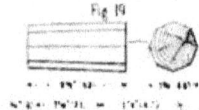

Fig 19

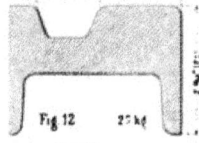

Fig 12   25 kg

Fig 22

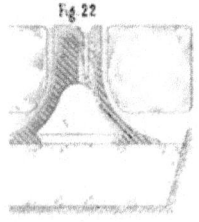

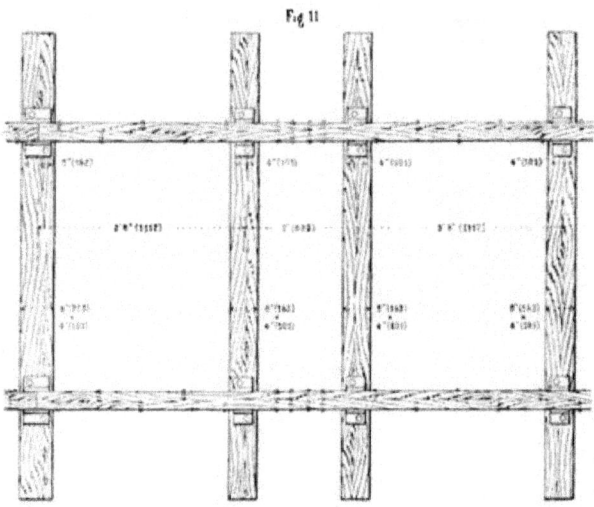

Fig 11

Photolithograph. Druck v Fr Gröber Leipzig

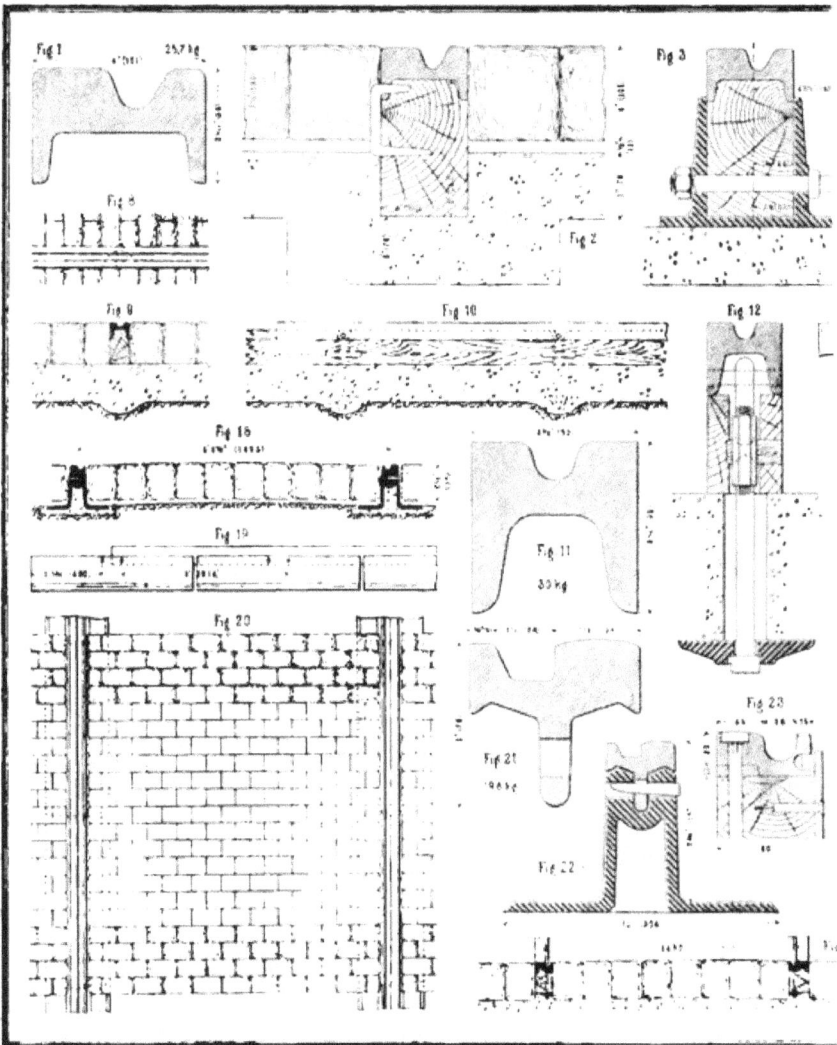

Fig 1   25,7 kg

Fig 3

Fig 6

Fig 2

Fig 9   Fig 10   Fig 12

Fig 16

Fig 19

Fig 11

30 kg

Fig 20

Fig 23

Fig 21

Fig 22

Verlag von Baumgärtners Buchhandlung, Leipzig

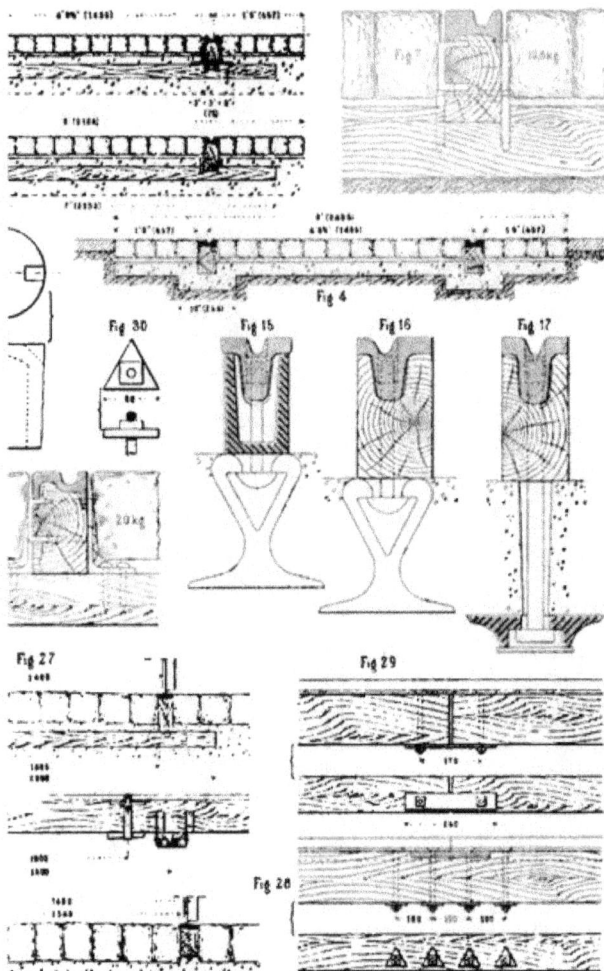

Fig. 4

Fig. 30 Fig. 15 Fig. 16 Fig. 17

20 kg

Fig. 27 Fig. 29

Fig. 28

Verlag von Baumgartners Buchhandlung, Leipzig

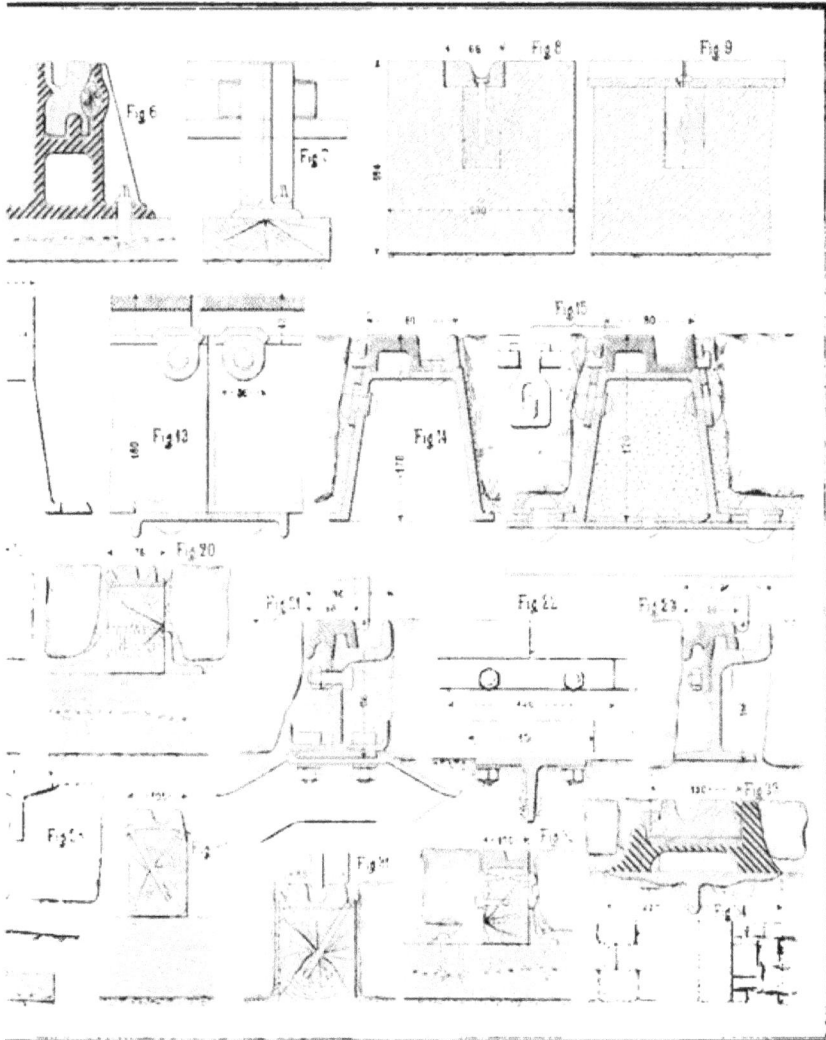

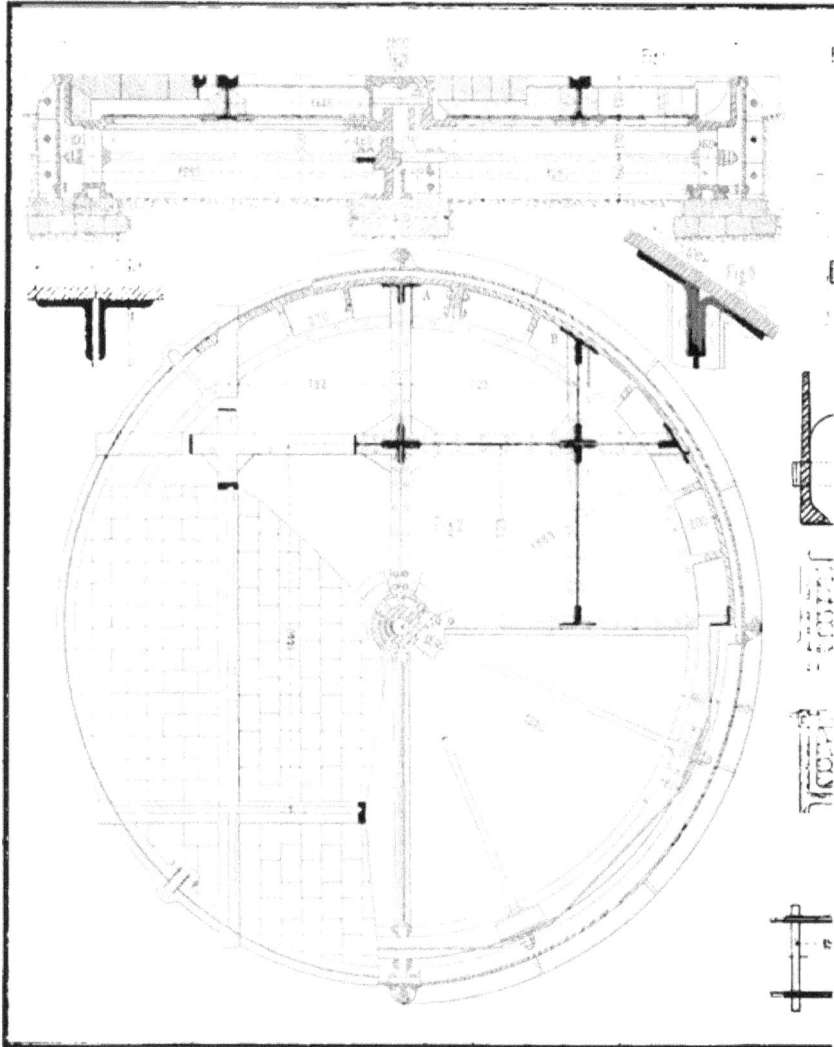

Verlag von Baumgärtners Buchhandlung, Leipzig

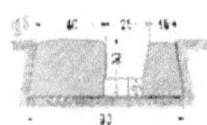

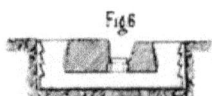

Fig 6.

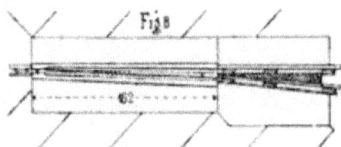

Fig 8.

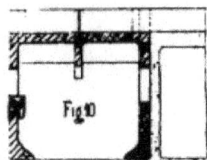

Fig 10.

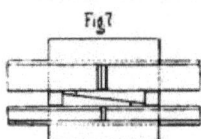

Fig 7.

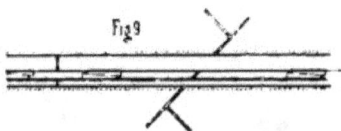

Fig 9.

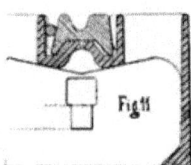

Fig 11.

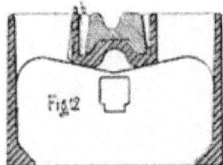

Fig 12.

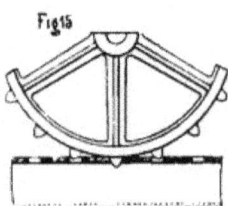

Fig 15.

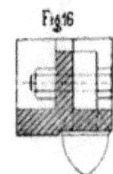

Fig 16.

Fig 17.

Fig 13.

Fig 14.

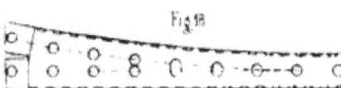

Fig 18.

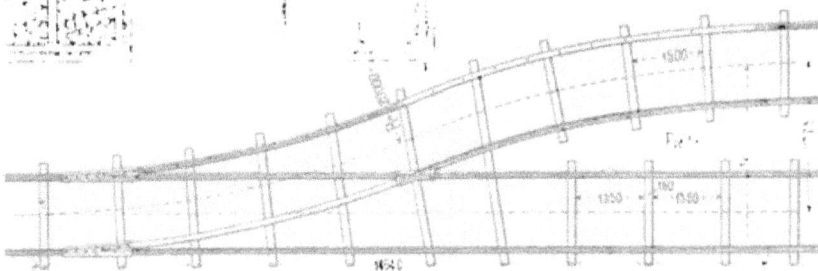

Photolithograph. Druck v. Fr. Gröber Leipzig.

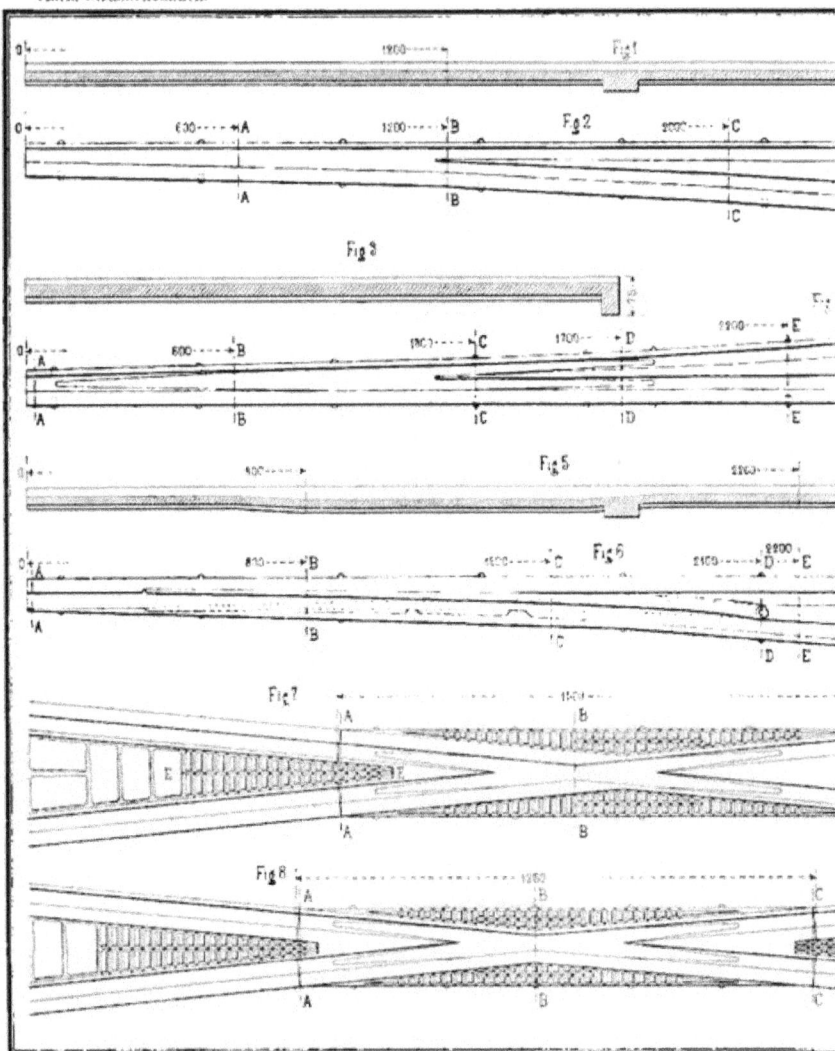

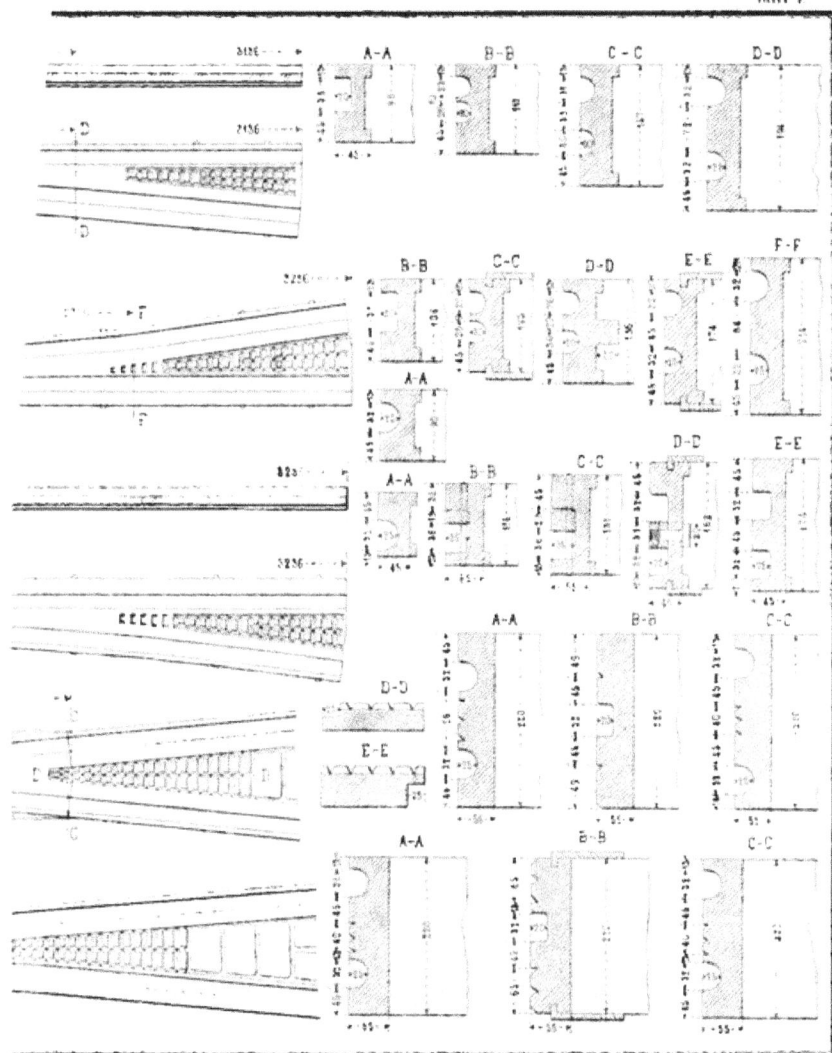

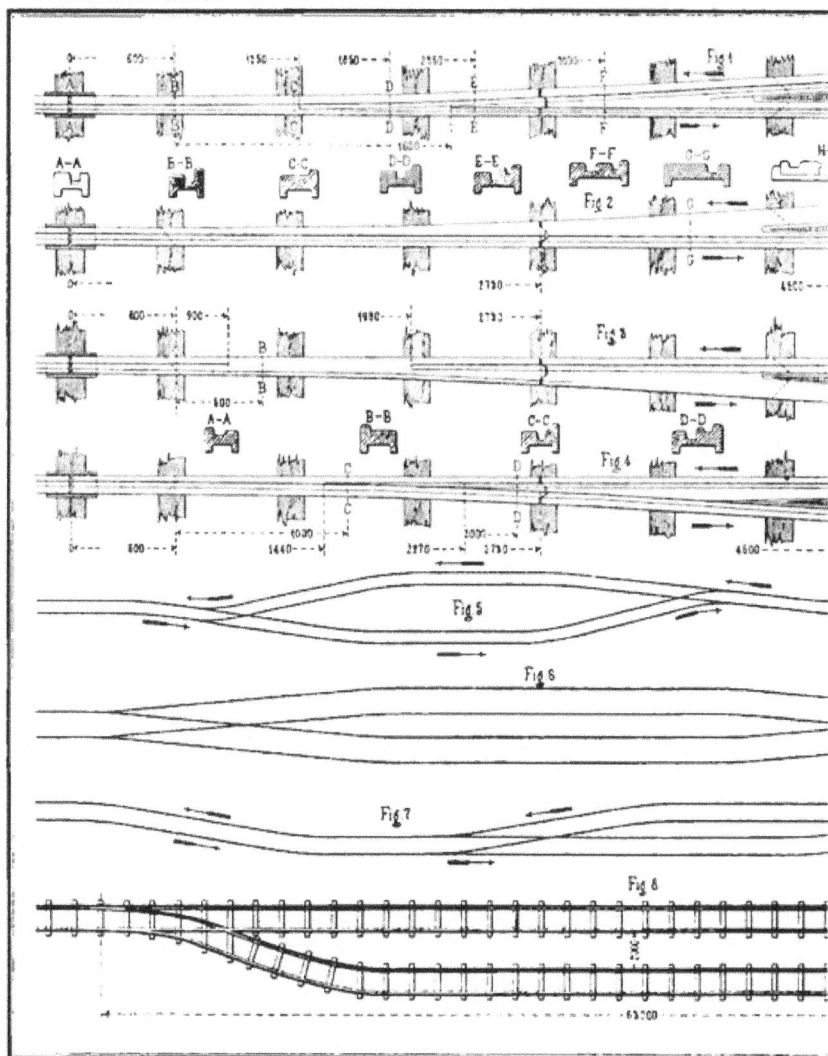

Fig 1

Fig 2

Fig 3

Fig 4

Fig 5

Fig 6

Fig 7

Fig 8

Verlag von Baumgärtners Buchhandlung, Leipzig.

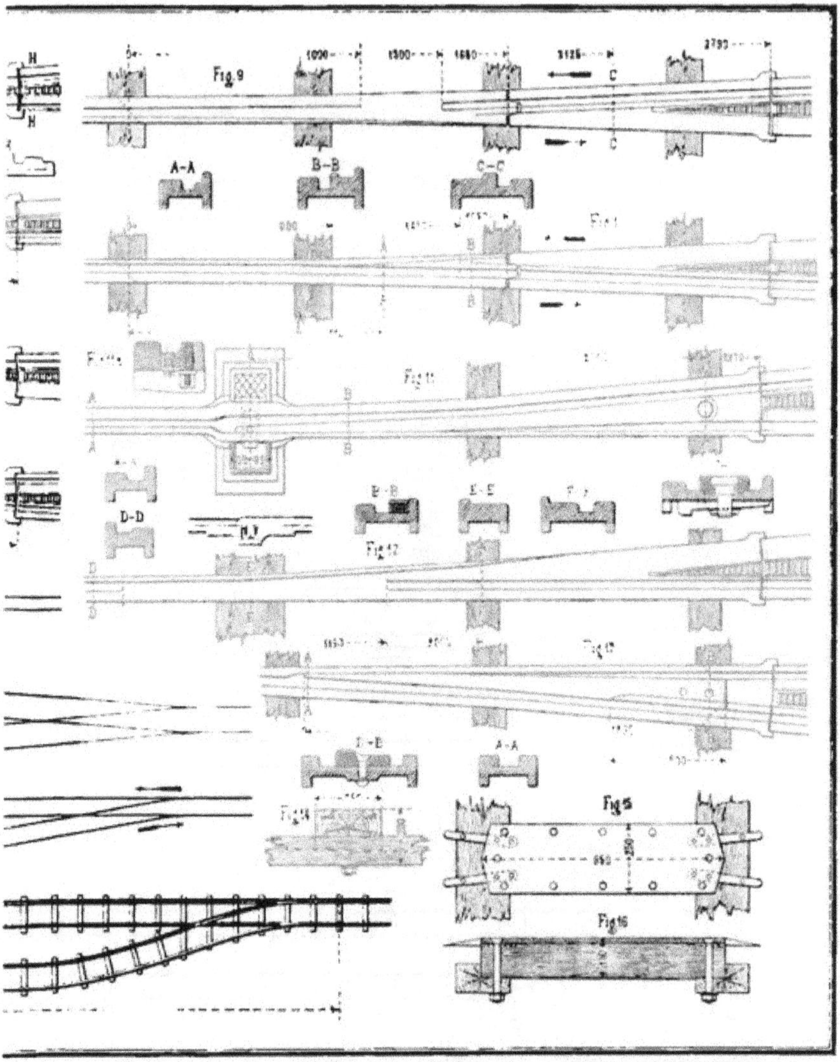

Fig. 9

A-A B-B C-C

Fig. 10

Fig. 11

D-D

Fig. 12

Fig. 13

Fig. 14

Fig. 15

Fig. 16

Photolithograph Druck v. Fr. Grober Leipzig.

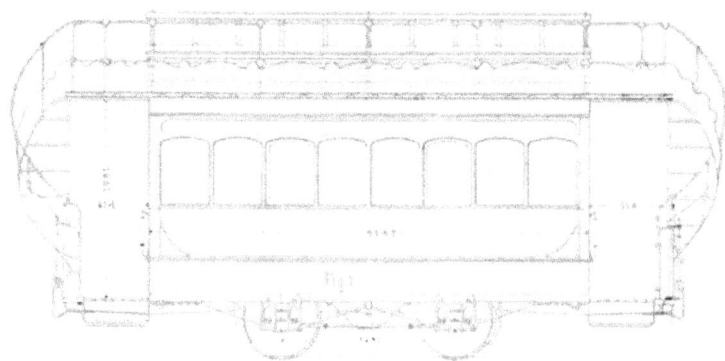

Fig 3

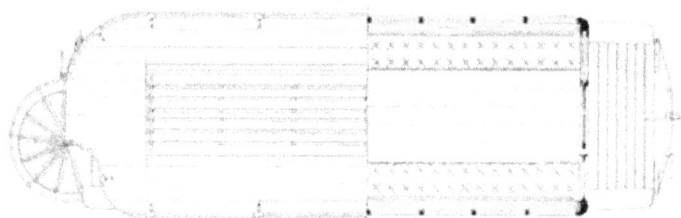
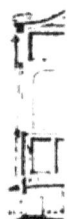

Fig 5

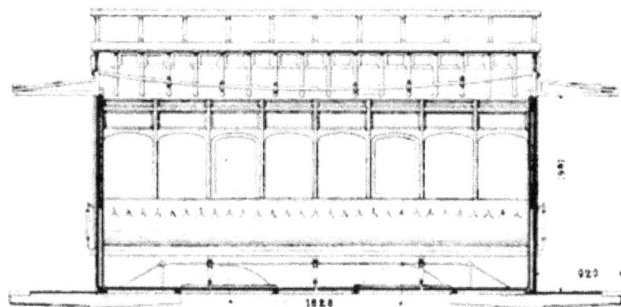
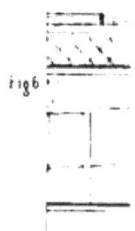

Fig 6

Verlag von Baumgartners Buchhandlung Leipzig

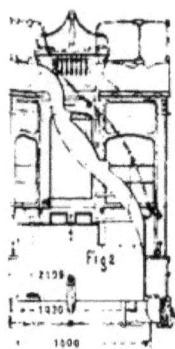

Fig 2

Fig 4

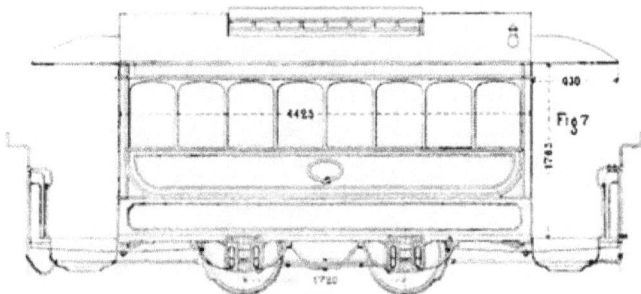

Fig 7

Fig 8

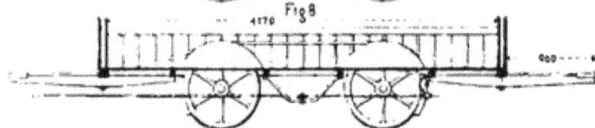

Fig 9

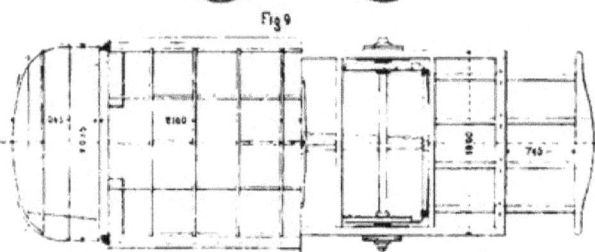

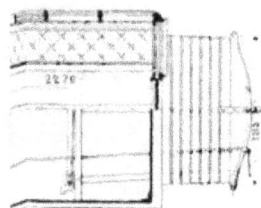

Fig 10

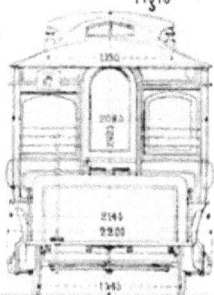

Fig 11

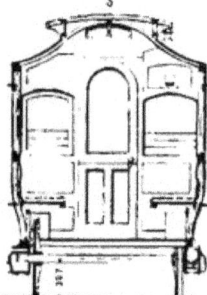

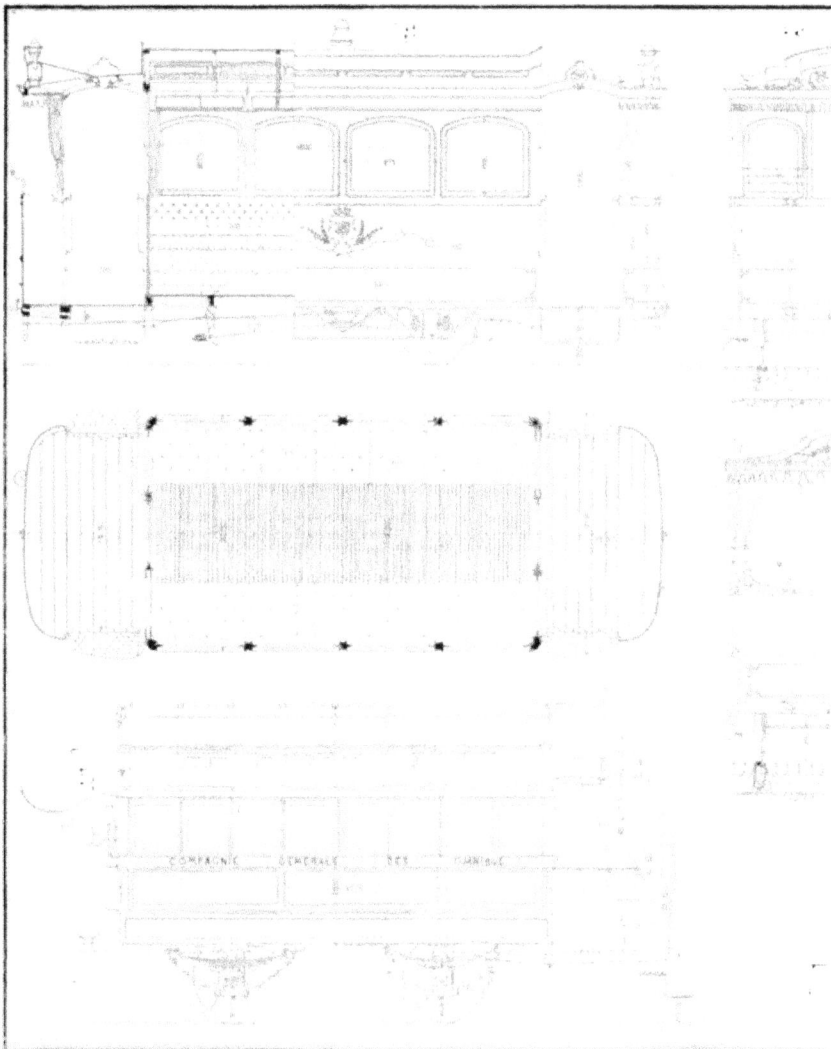

Verlag von Baumgärtners Buchhandlung, Leipzig.

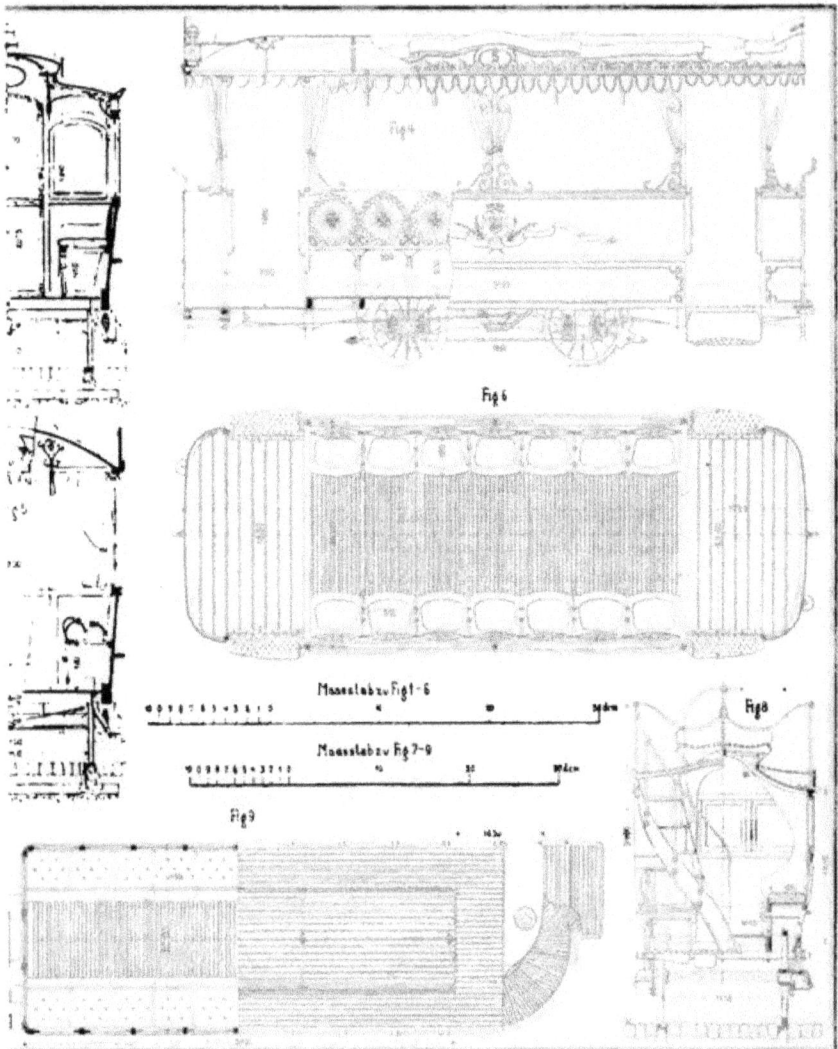

Fig 4

Fig 6

Maasstab zu Fig 4-6

Maasstab zu Fig 7-9

Fig 9

Fig 8

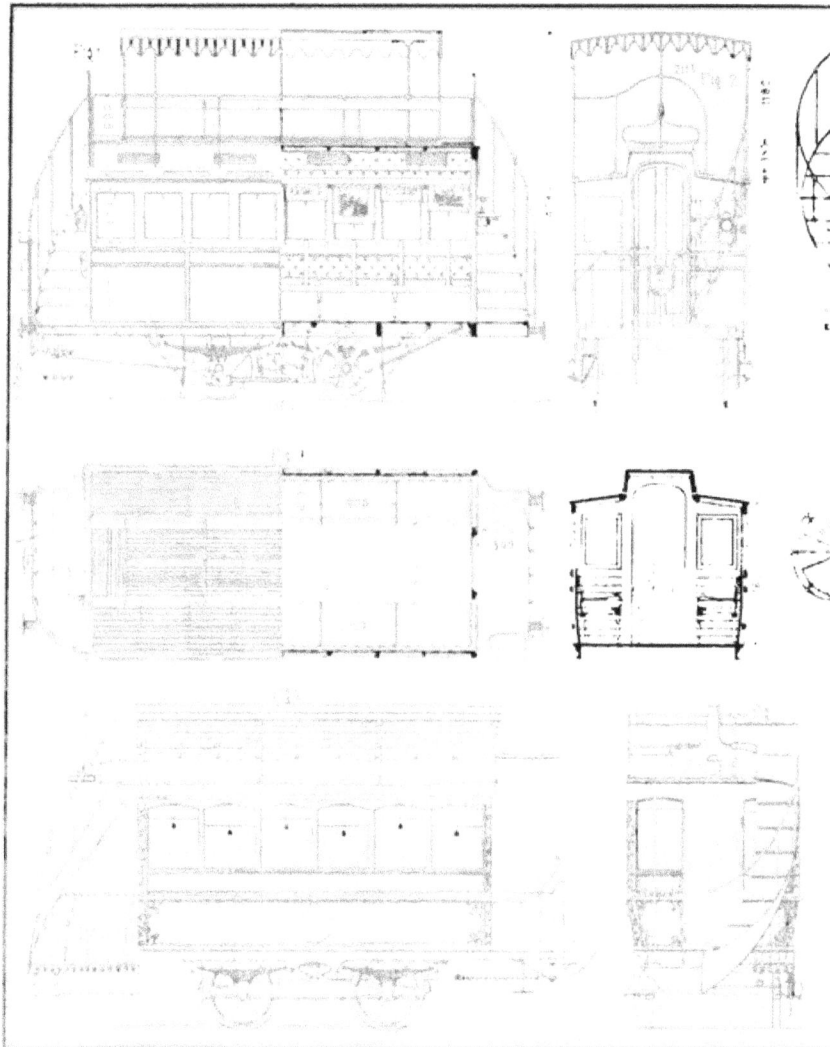

Verlag von Baumgärtners Buchhandlung. Leipzig

Fig 5.

Fig 6.

Fig 7.

Fig 8.

Maasstab zu Fig 3-4.

Fig 11.

Fig 12.

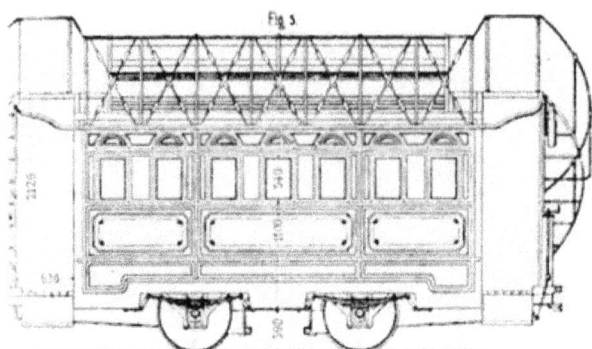

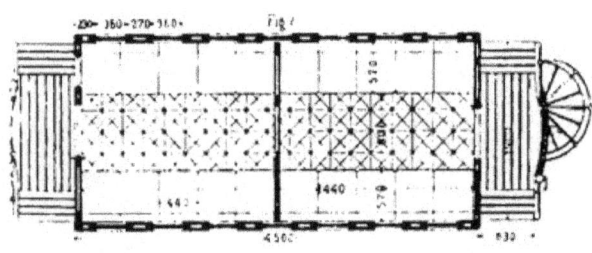

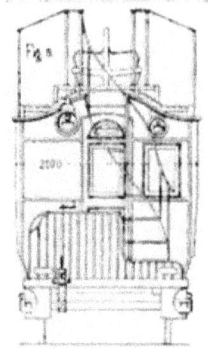

Maasstab zu Fig 5-12.

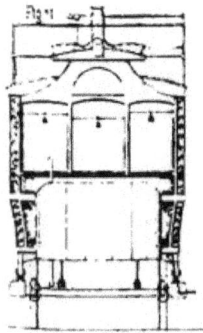

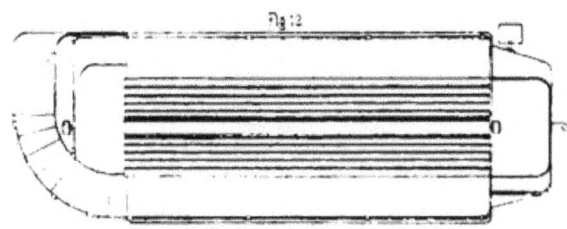

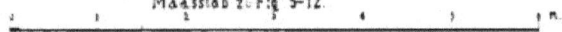

Photolithograph Druck v. Fr. Gruber Leipzig

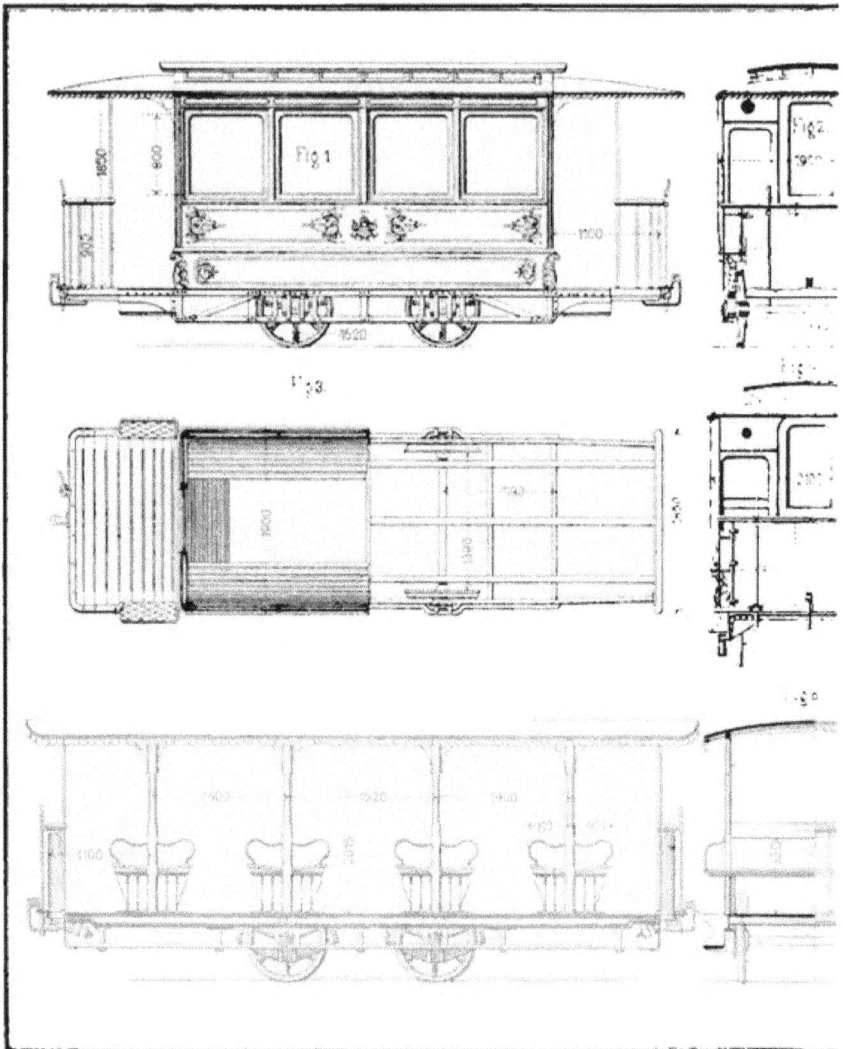

Fig. 1

Fig. 2

Fig. 3

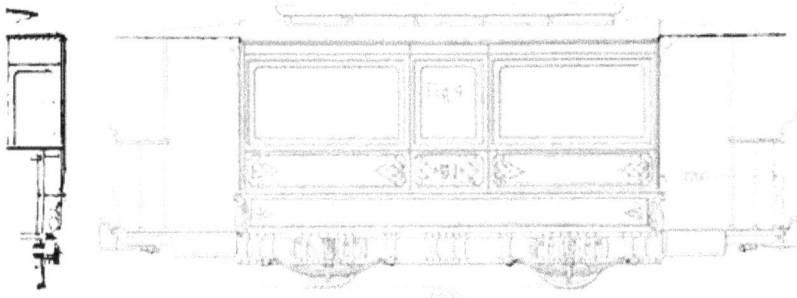

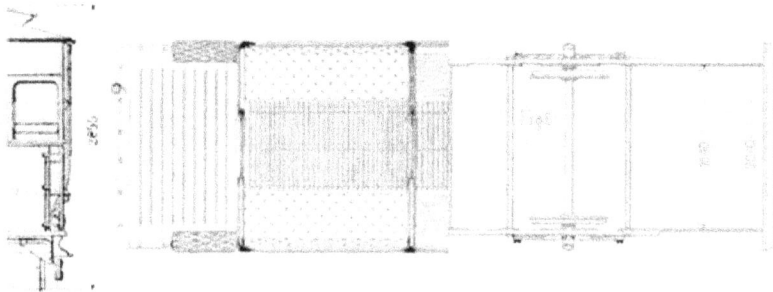

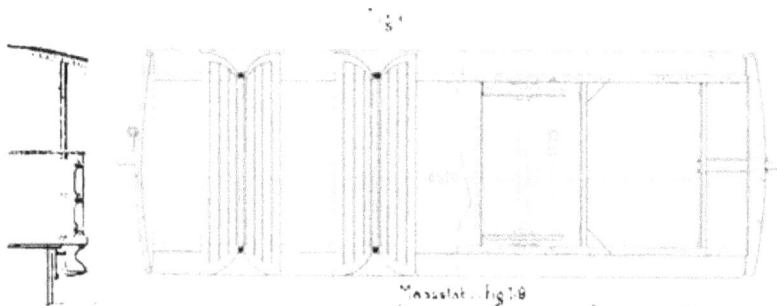

Maasstab. fig. 10

Photolithograph Druck v Fr Gröber Leipzig

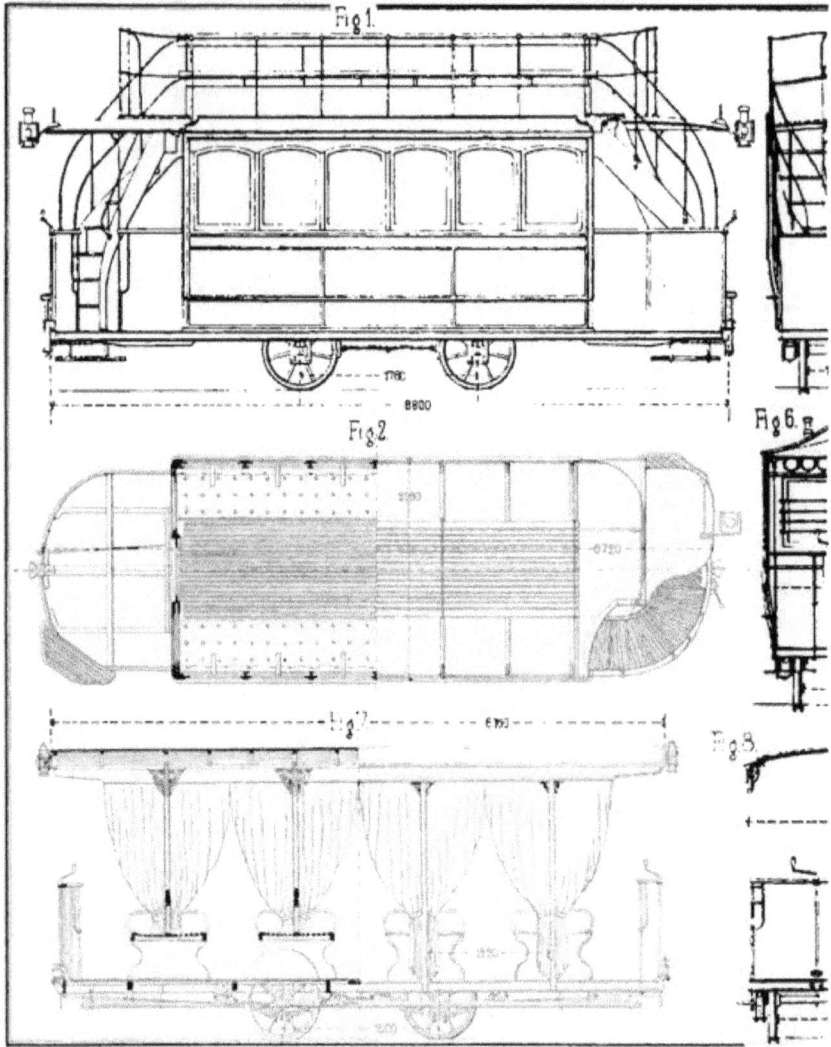

Fig 1.

Fig. 2.

Fig. 6.

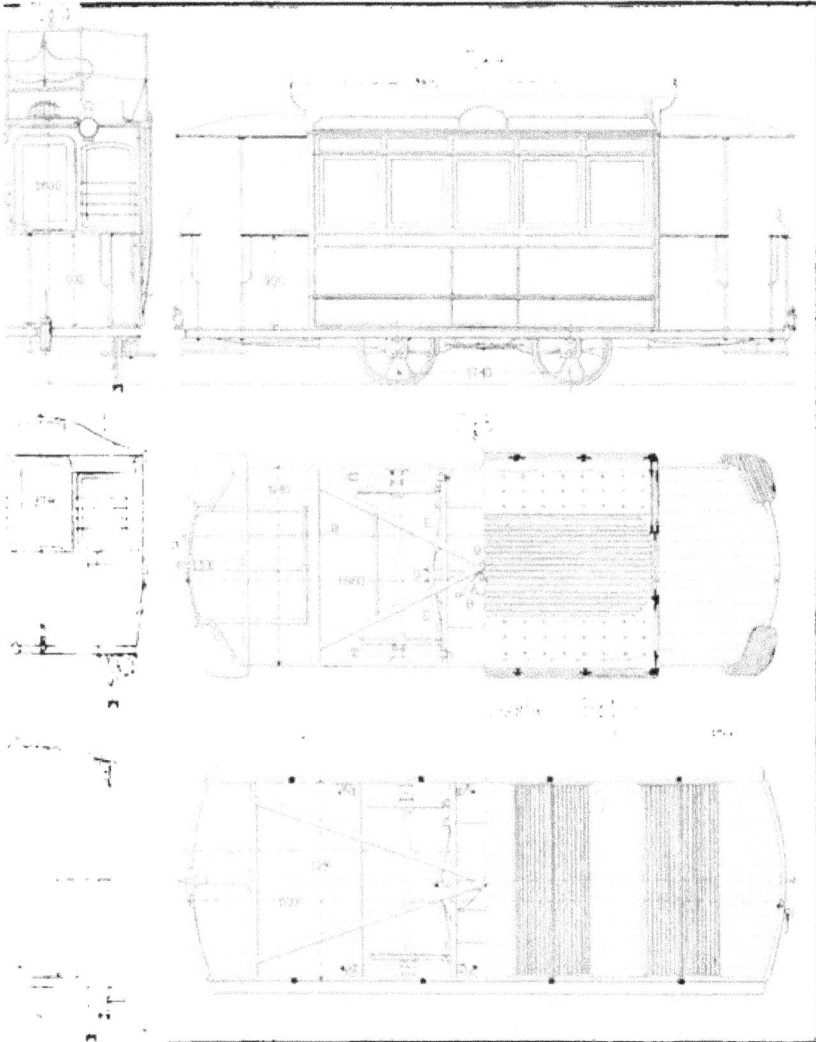

Photolithograph Druck v. Fr Gröber, Leipzig

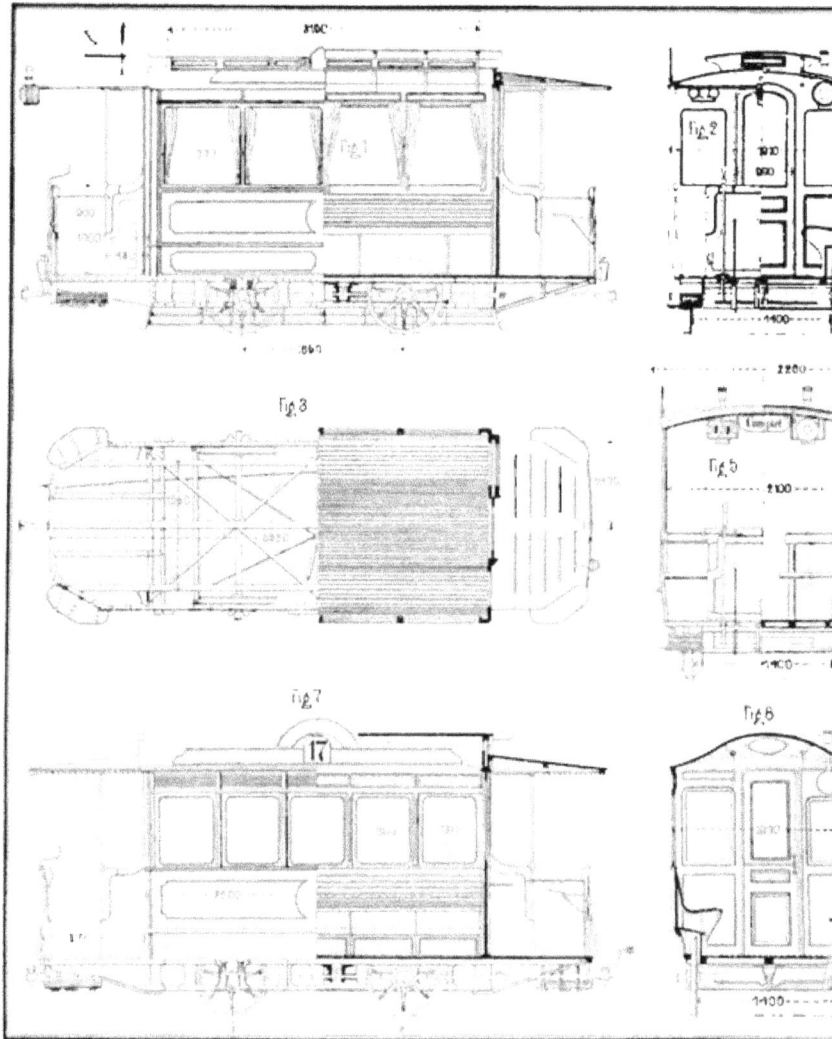

Verlag von Baumgärtners Buchhandlung, Leipzig.

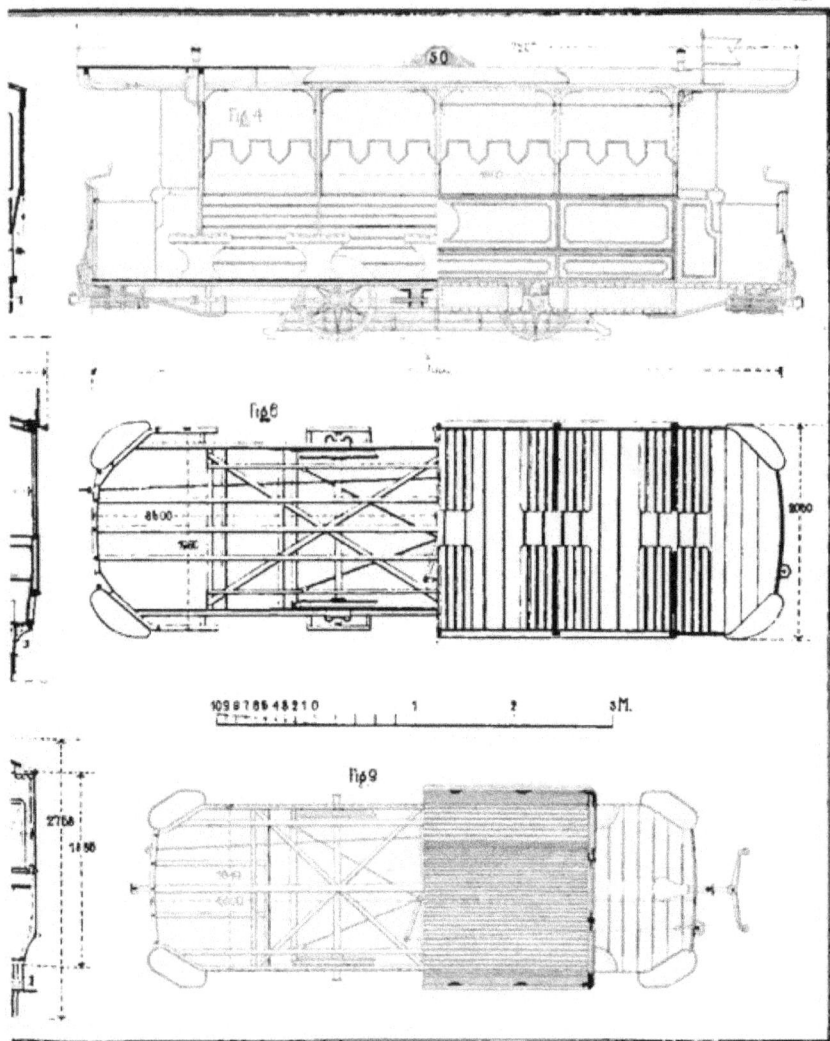

Fig 4

Fig 8

8600

1060

10 9 8 7 6 5 4 3 2 1 0   1   2   3 M.

Fig 9

2768

1855

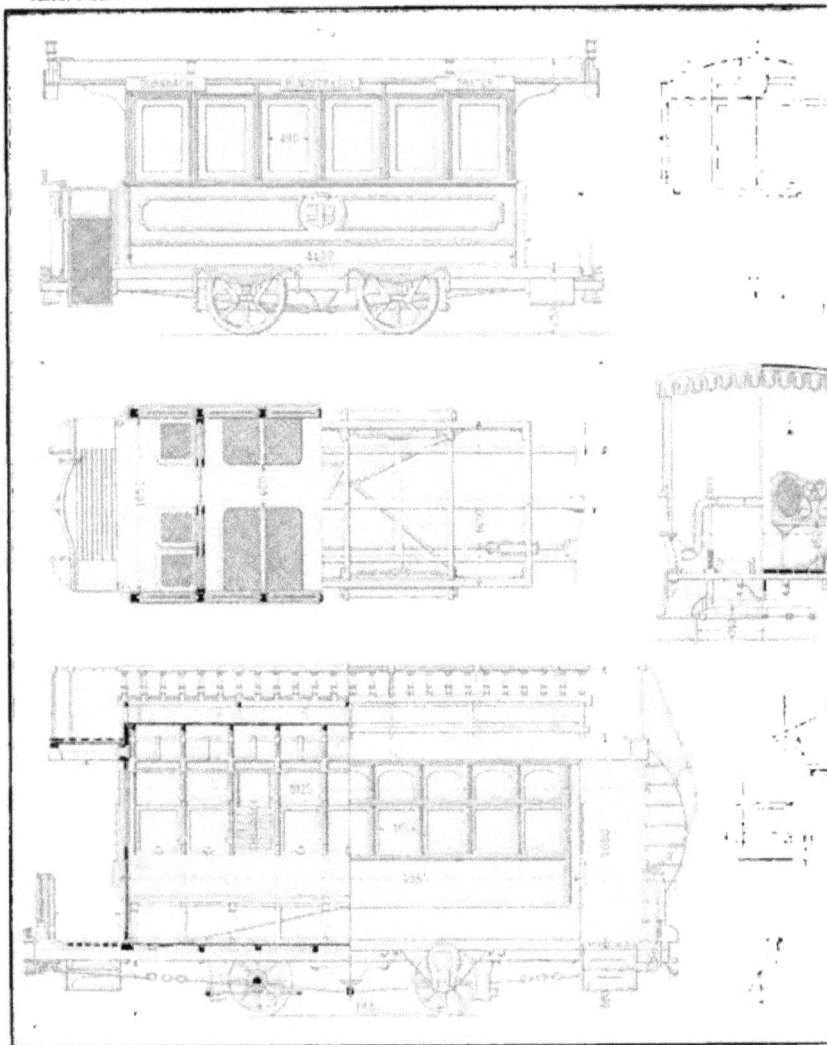

Verlag von Baumgärtners Buchhandlung. Leipzig.

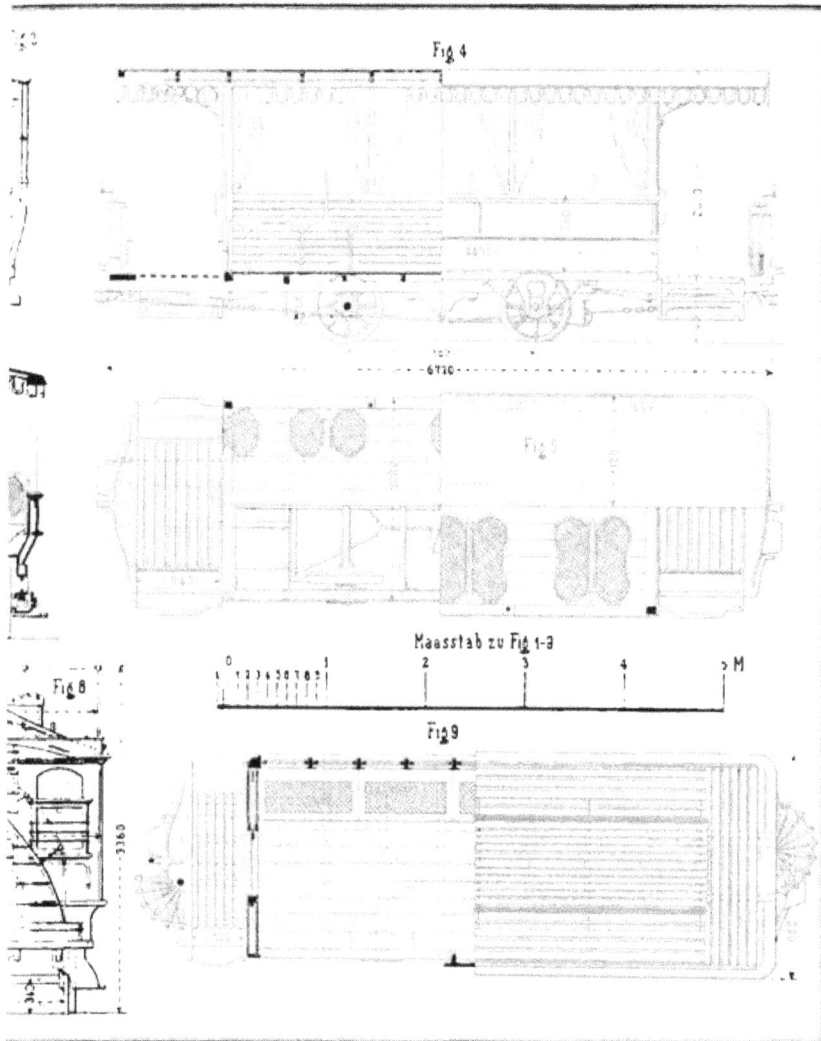

Fig 4

Fig 5

Maasstab zu Fig 1-3

0   1   2   3   4   5 M

Fig 8

Fig 9

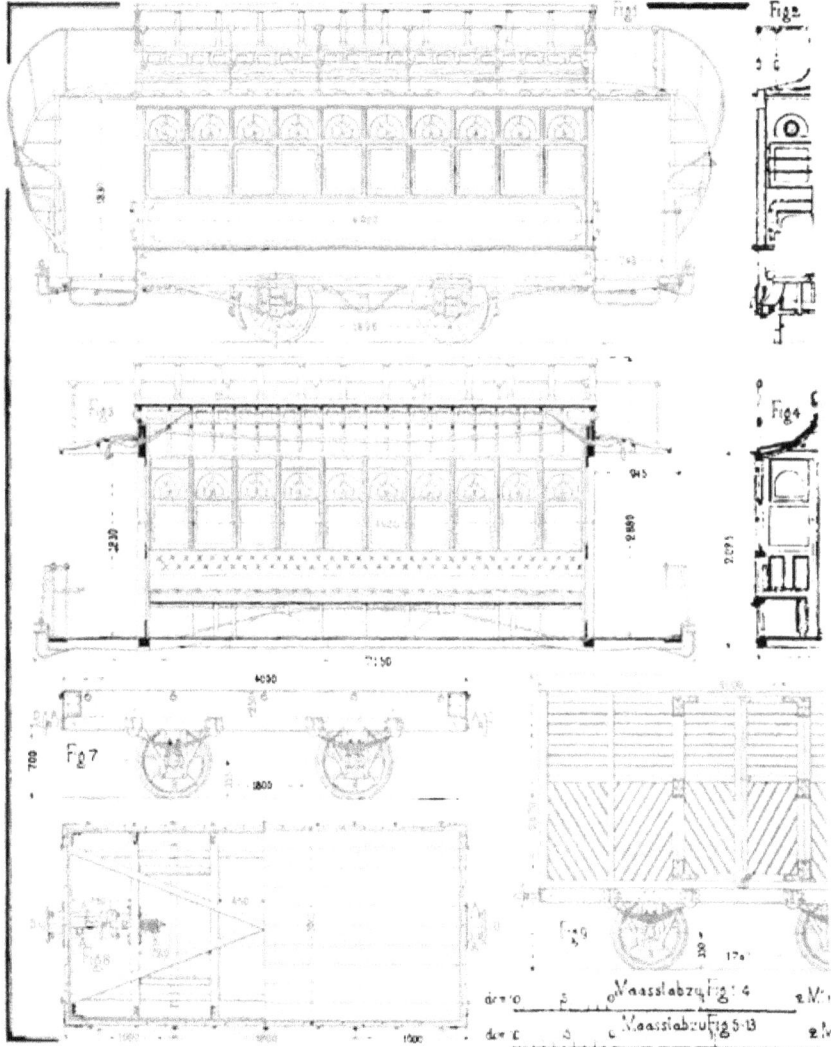

Verlag von Baumgärtners Buchhandlung, Leipzig.

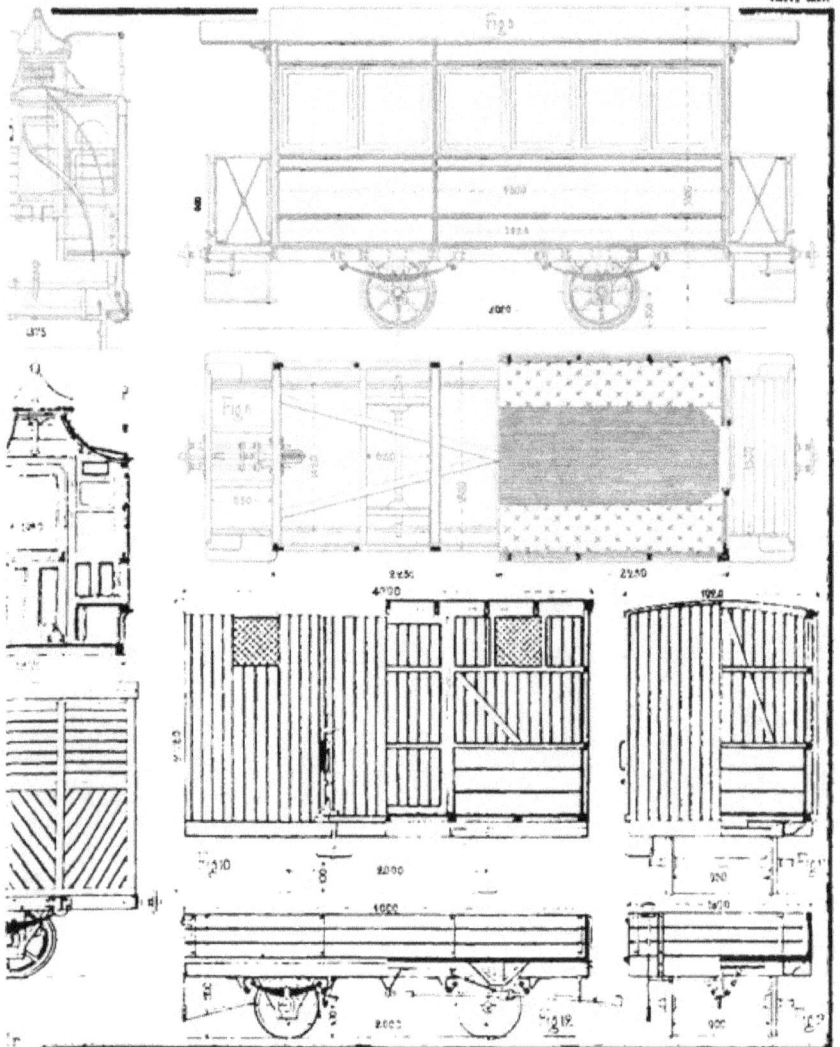

Fig. 5

Fig. 6

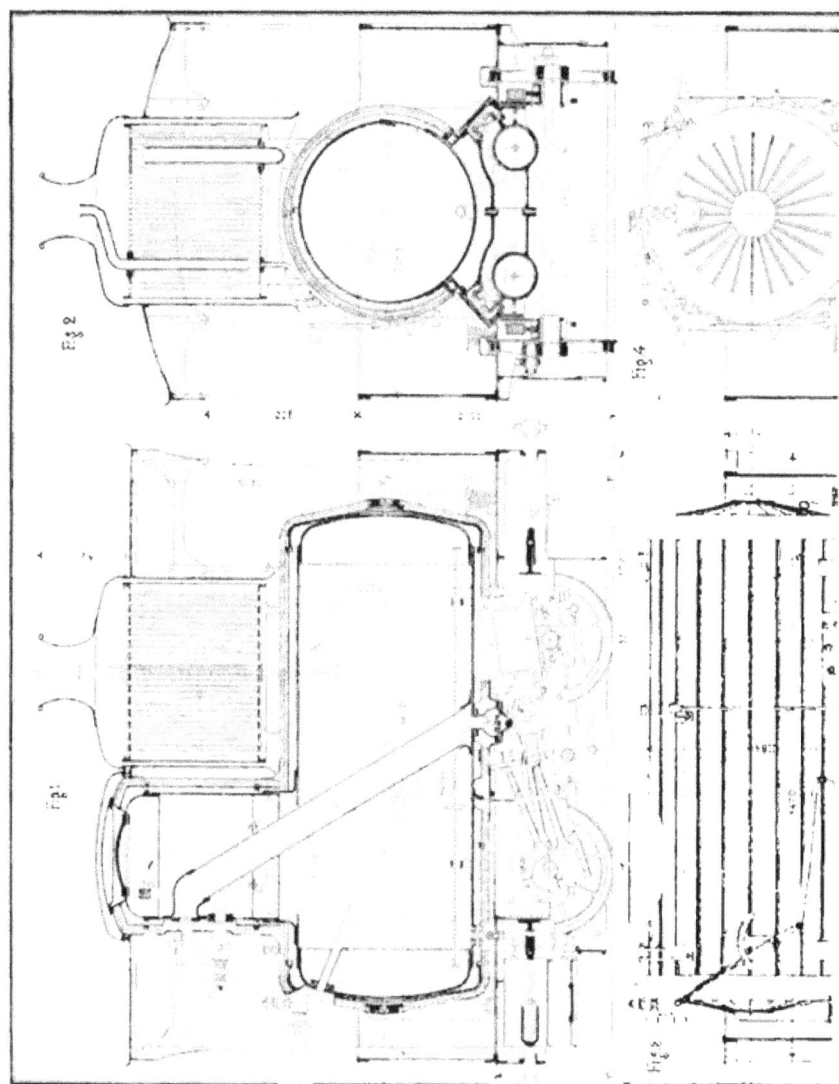

Verlag von Baumgartners Buchhandlung, Leipzig.

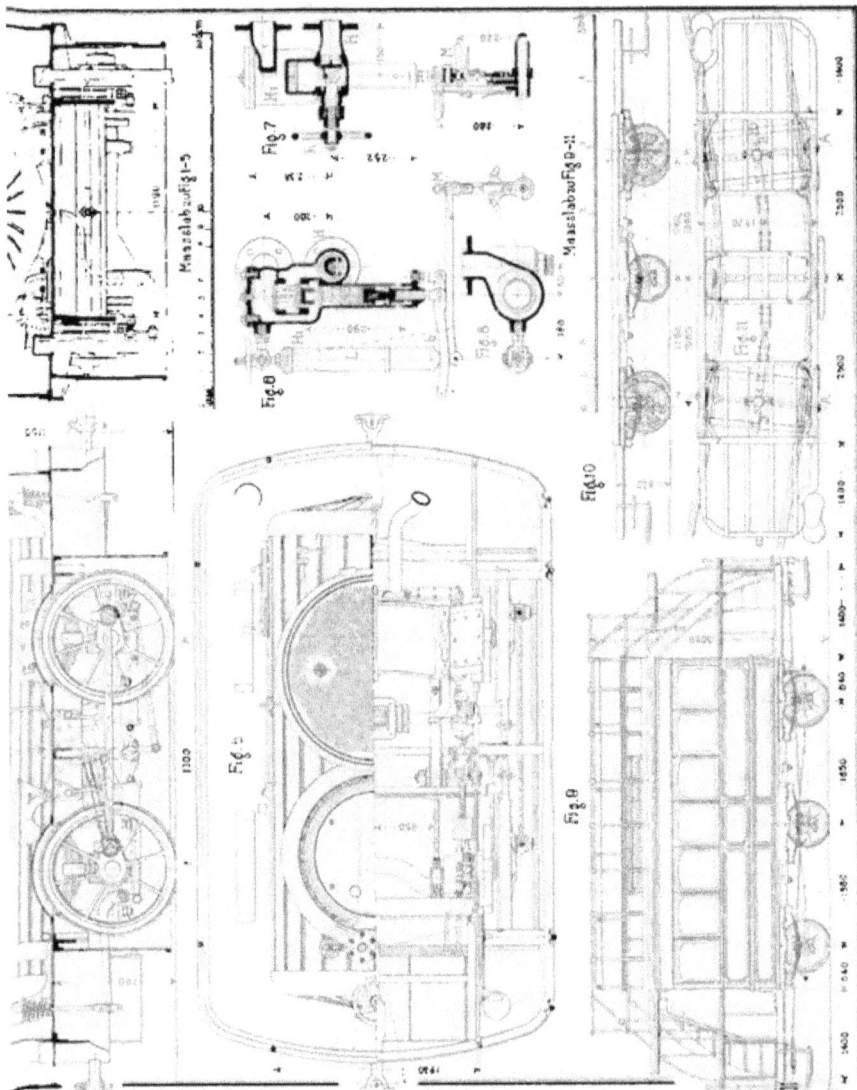

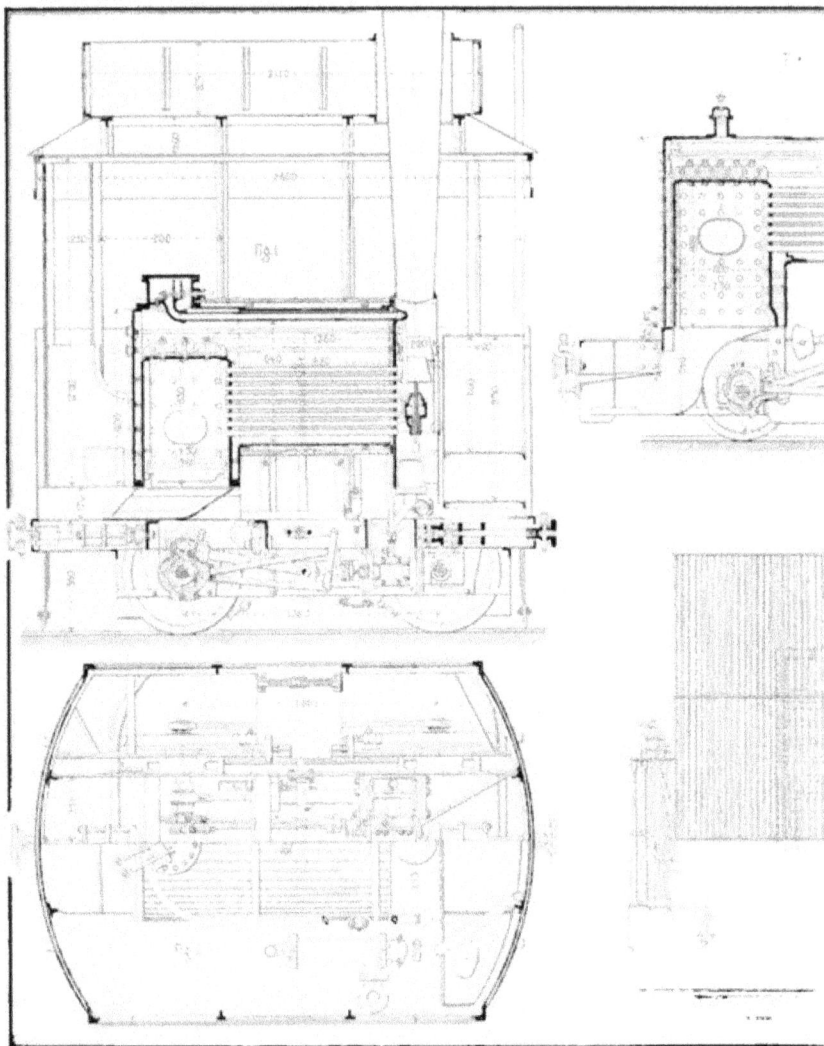

Fig 4

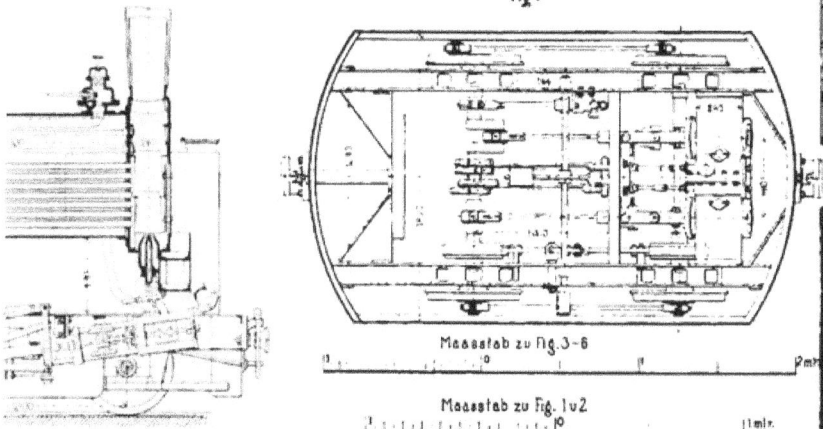

Maasstab zu Fig. 3–6

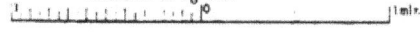

Maasstab zu Fig. 1 v 2

Fig 6

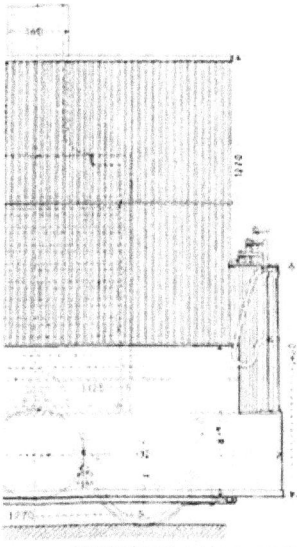

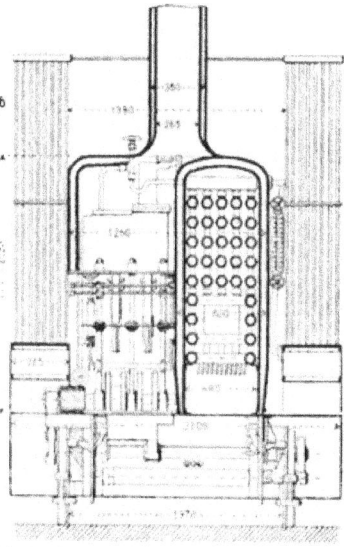

Verlag von Baumgärtners Buchhandlung. Leipzig

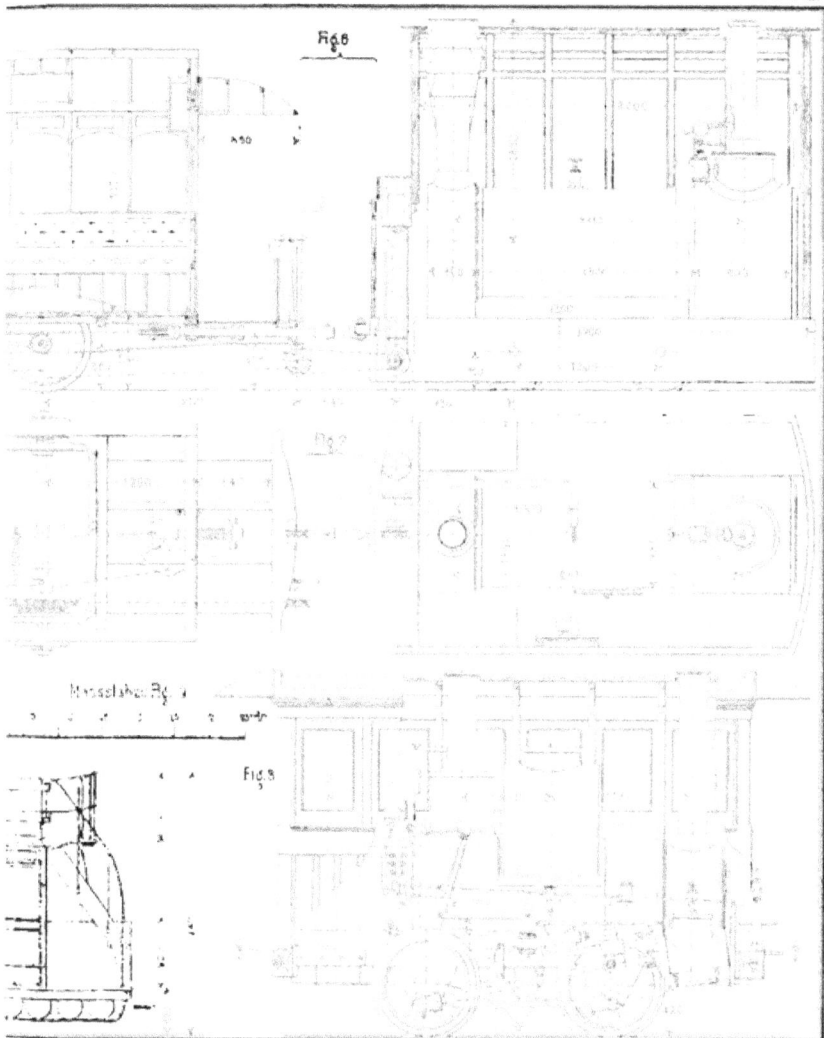

Fig.6

Fig.7

Massstab: Fig.

Fig.8

Photolithograph. Druck v. Fr. Grüber, Leipzig

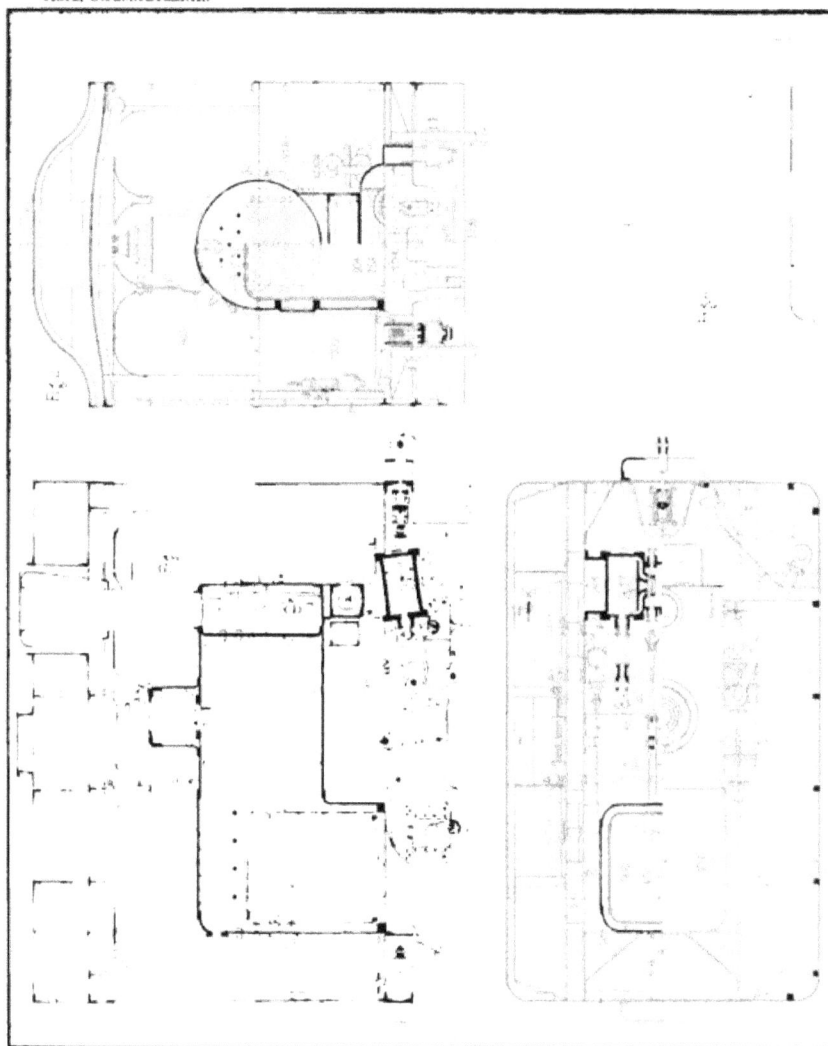

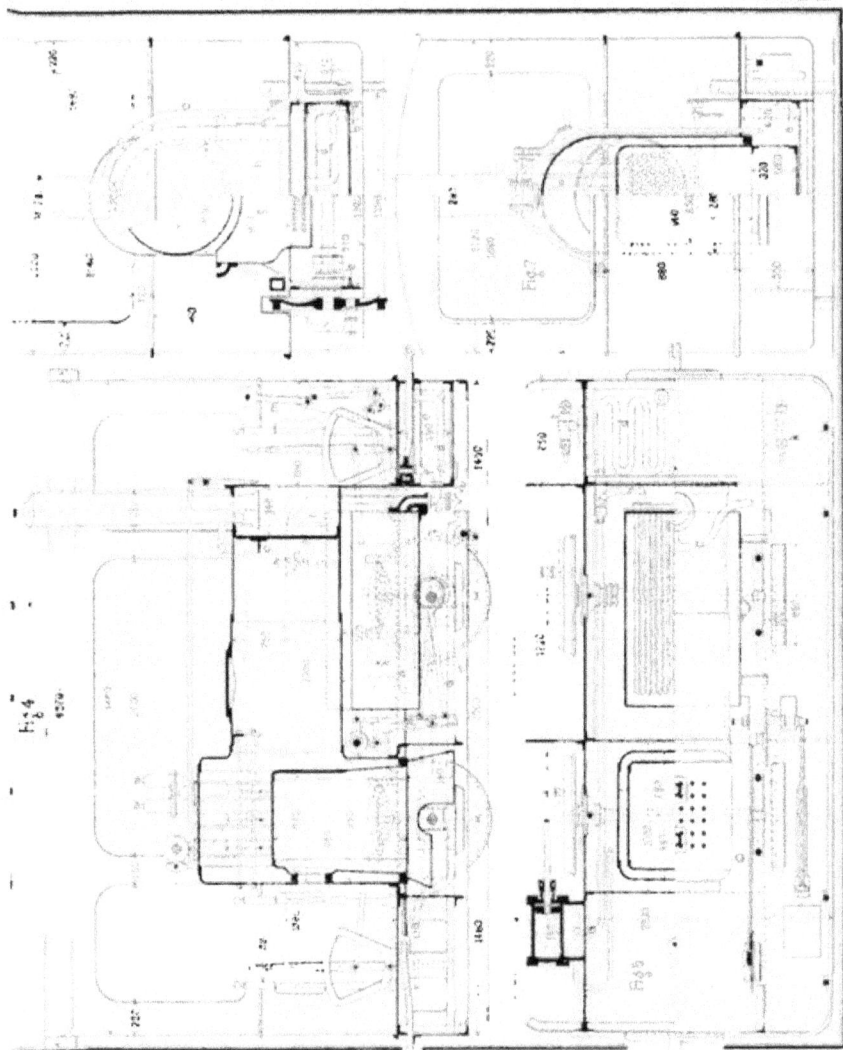

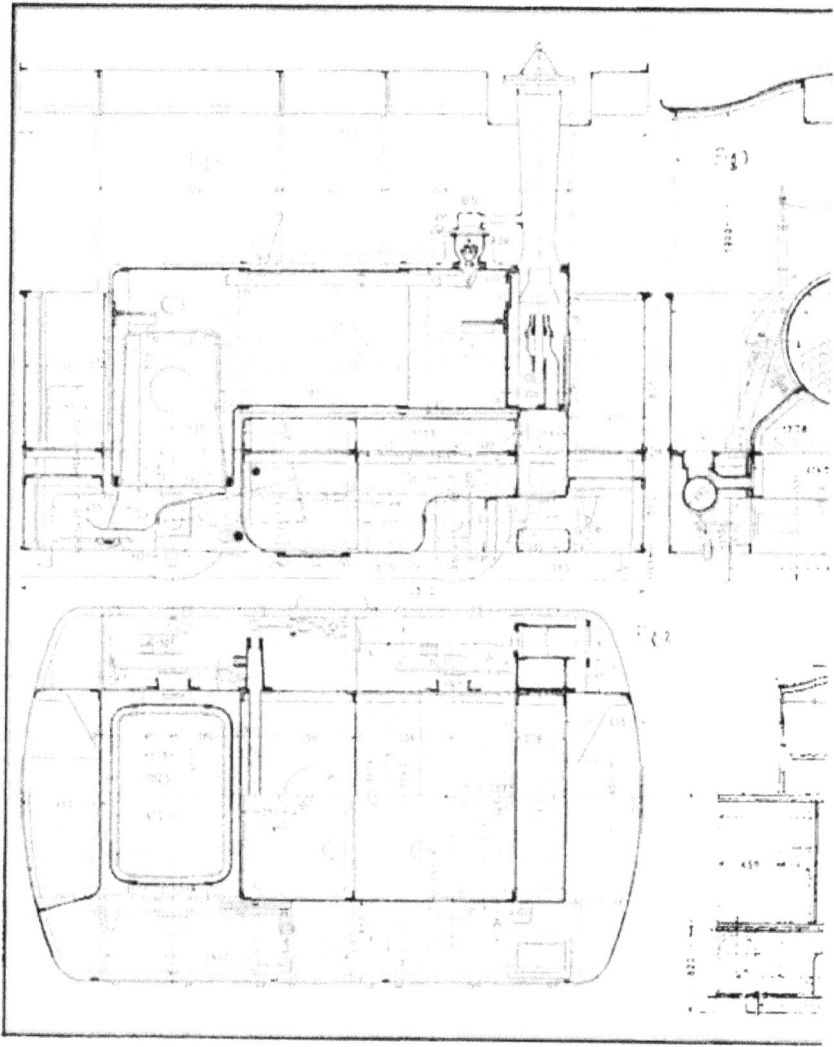

Verlag von Baumgärtners Buchhandlung, Leipzig.

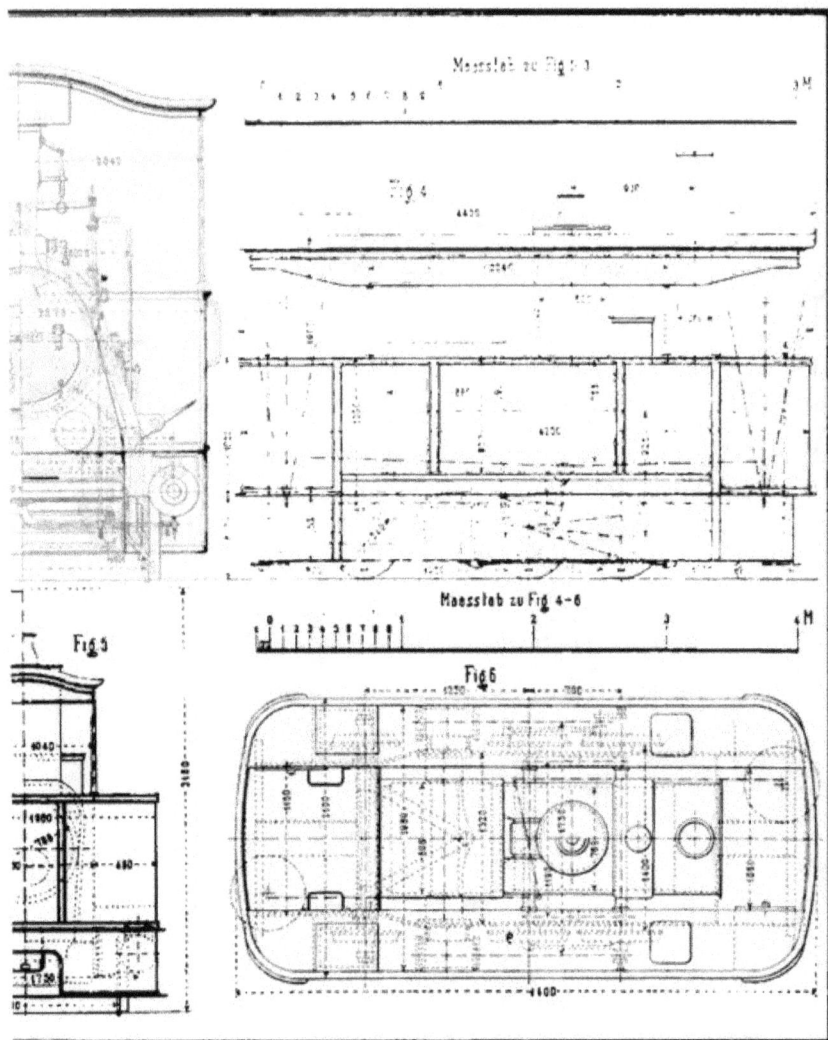

Maesstab zu Fig. 3

Fig. 4

Maesstab zu Fig 4-6

Fig. 5

Fig 6

Photolithograph. Druck v. Fr Gröber, Leipzig.

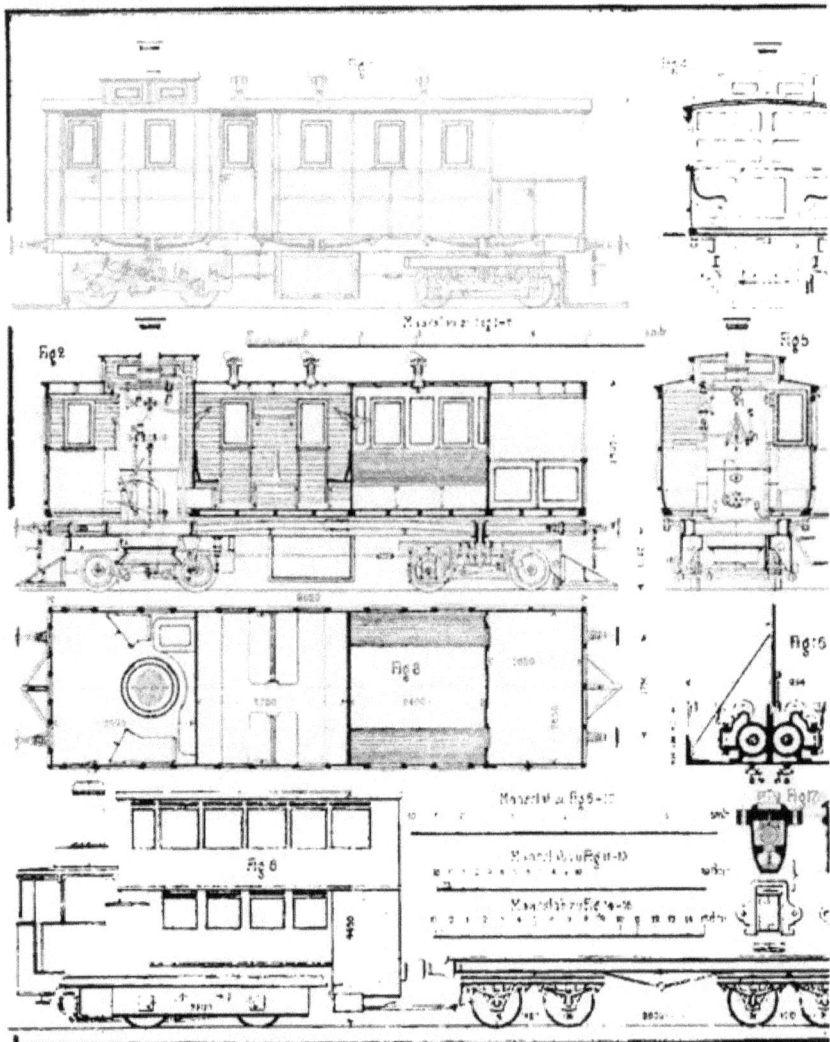

Fig 2

Fig 8

Fig 6

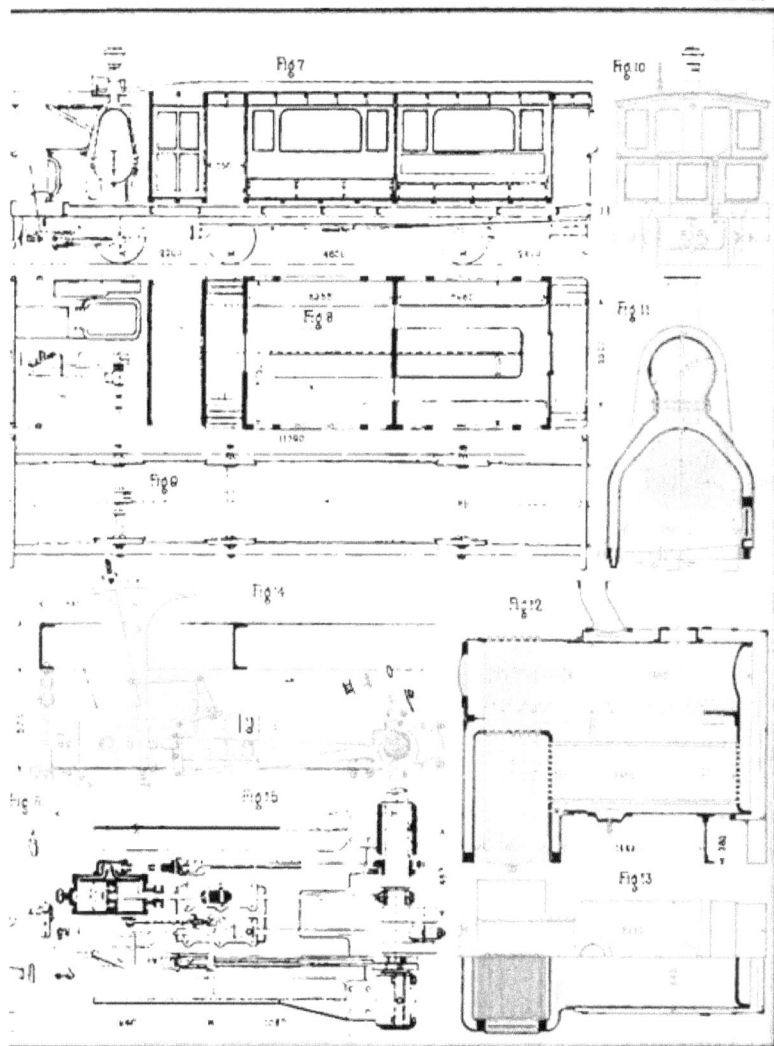

Fig 7

Fig 10

Fig 8

Fig 11

Fig 9

Fig 14

Fig 12

Fig 8

Fig 15

Fig 13

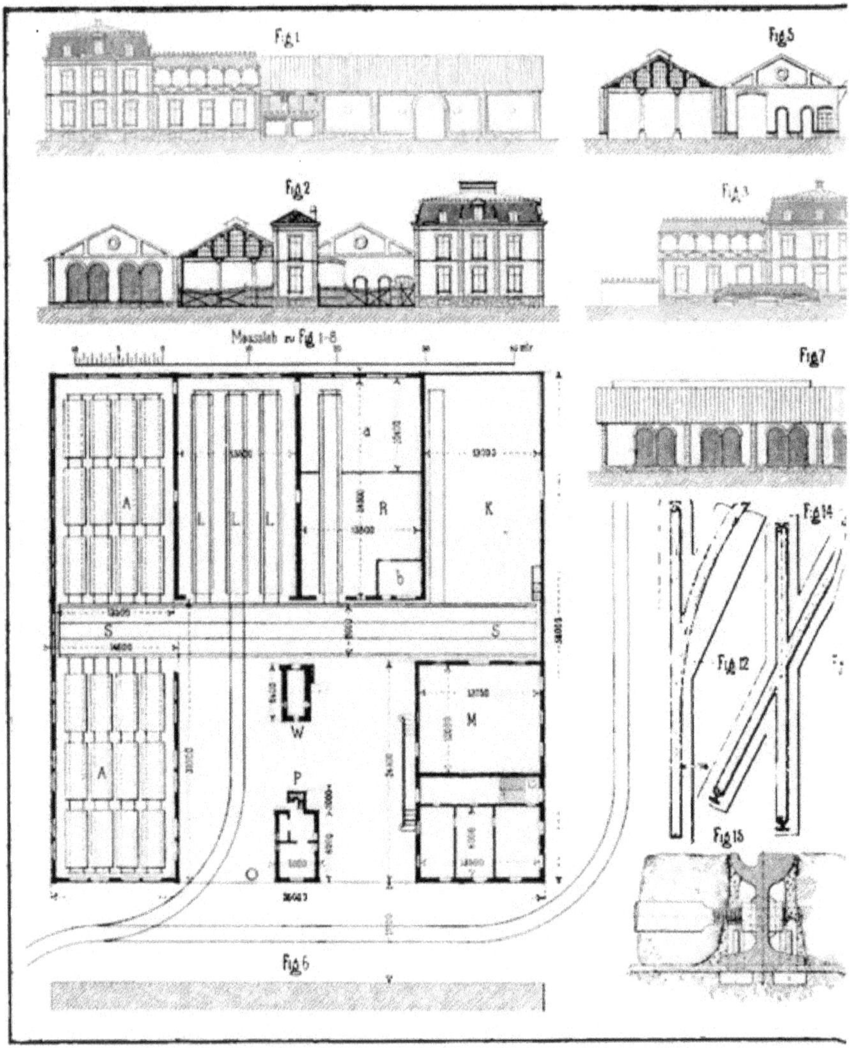
Fig. 1
Fig. 5
Fig. 2
Fig. 3
Maasstab zu Fig. 1-8
Fig. 7
A
L
L
L
a
R
b
K
S
S
W
M
P
A
Fig. 14
Fig. 12
Fig. 13
Fig. 6

Verlag von Baumgartners Buchhandlung, Leipzig

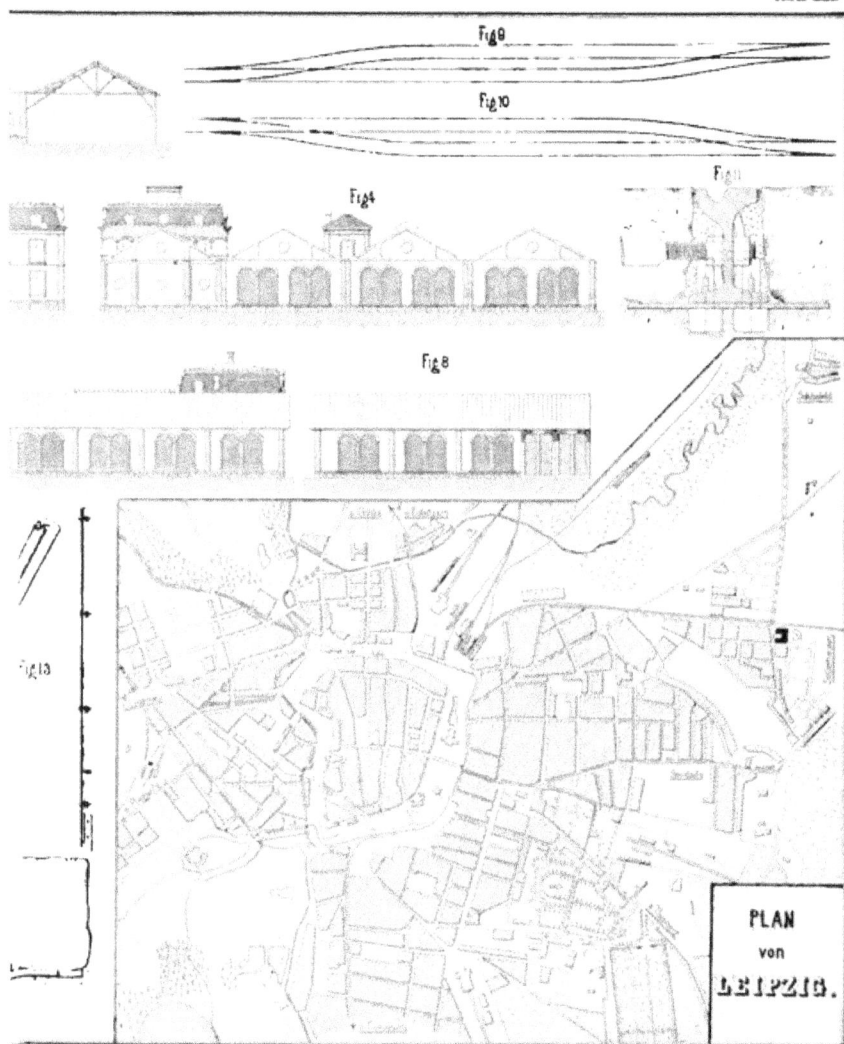

Fig 9

Fig 10

Fig 11

Fig 4

Fig 8

Fig 13

PLAN
von
LEIPZIG.

Photolithograph. Druck v. Fr. Gröber, Leipzig.

www.ingramcontent.com/pod-product-compliance
Lightning Source LLC
Chambersburg PA
CBHW021518210326
41599CB00012B/1300